离散数学

（第 3 版）

姜泽渠　主编

重庆大学出版社

内容简介

本书分 10 章介绍离散数学的几大基础内容:数理逻辑、集合论、图论、代数结构及组合论初步。它们分别是:命题逻辑、谓词逻辑、集合论、二元关系、函数、图论、特殊图、代数系统、格与布尔代数、组合论基础。本书将离散数学中的一些常用算法细化后分别插入到相应的章节中去,为通过编程、上机实践来加深对基础内容的理解作必要的引导。本书理论体系完整,内容较为丰富,文字简明、易懂且附有较多的例题及练习题。

本书可作为计算机、电子技术、信息、管理等学科、专业的本科学生的教材,也可作为大学专科及中等专业学校相应学科、专业的教学参考书,亦可作为广大青年和工程技术人员的阅读、参考资料。

图书在版编目(CIP)数据

离散数学 / 姜泽渠主编. --3 版. -- 重庆:重庆
大学出版社,2021.1
计算机科学与技术专业本科系列教材
ISBN 978-7-5624-2336-2

Ⅰ.①离…　Ⅱ.①姜…　Ⅲ.①离散数学—高等学校—
教材　Ⅳ.①O158

中国版本图书馆 CIP 数据核字(2020)第 267703 号

离散数学

(第 3 版)

姜泽渠　主编

策划编辑:周　立

责任编辑:周　立　版式设计:周　立
责任校对:谢　芳　责任印制:张　策

*

重庆大学出版社出版发行

出版人:饶帮华

社址:重庆市沙坪坝区大学城西路 21 号

邮编:401331

电话:(023) 88617190　88617185(中小学)

传真:(023) 88617186　88617166

网址:http://www.cqup.com.cn

邮箱:fxk@ cqup.com.cn(营销中心)

全国新华书店经销

重庆俊蒲印务有限公司印刷

*

开本:787mm×1092mm　1/16　印张:16.25　字数:406 千
2001 年 12 月第 1 版　2021 年 1 月第 3 版　2021 年 1 月第 5 次印刷
ISBN 978-7-5624-2336-2　定价:45.00 元

再版前言

本书第 1 版自 2001 年出版以来，经过多年的教学实践，我们了解到它还是基本适合现时教学需要的，但也发现了一些问题和需要改进的地方。近年来计算机本科专业《离散数学》课程的学时许多学校都进行了压缩，且在理论深度方面的要求也降低了不少。我们认为这样做是可以理解的，但作为教材其基本体系的相对完整还是必要的，其内容对学生智力的启迪作用，对读者分析问题、解决问题的能力的提高作用，对后续课程的基础作用是不可忽视的。为此，除修改书中明显的错误以外，我们保留了全书的基本结构和基本内容。在目录和章节前用"＊"标注了可以不列入教学计划的内容，还删去了个别较复杂的应用内容，教师还可根据实际情况舍去部分理论性较强的内容。本次修改中还增加了一些例题，以帮助对重要概念的理解和应用。

编　者

2021 年 1 月

前言

　　离散数学研究的主要对象是具有离散结构的数据。在古典数学中,如数学分析与线性代数,对连续型和离散型的数据都进行了研究,但主要是研究连续型数据。古典数学的研究方法许多是以极限过程和连续性的理论为基础。在离散数学中却不采用这样的理论为其基础,而是采用了逻辑学、形式主义和存在、使用于计算机、工程学、经济学、物理、化学、生物等学科中的其他数学方法为其基础。以前在这些学科中经常使用连续模型,其实模型描述的对象绝大多数是离散型的。有了离散数学的研究体系后,人们可以通过直接建立离散模型的方法来研究和解决各个领域中的实际问题,从而获得更切合实际、更准确的解答。这样一来具有历史渊源的离散数学,近二十年来在纵向、横向都有了很大的发展。

　　由于离散数学课程理论性较强,抽象内容较多,教师难教,学生难学的现象普遍存在,因此编写一本好的教材具有一定的难度。我们以满足计算机及相应学科本科教学的基本要求为目标,结合自身教学的具体实践,在选取内容方面,尽可能做到知识够用、突出重点、开拓眼界、深入有门、删繁就简;在语言叙述方面,力求简洁明了、通俗流畅、深入浅出。另外为了减少由于抽象性带来的学习困难,为了加深对学习内容的理解,同时也为了锻炼学生实际动手的能力,我们特抽出一些离散数学中常用算法,加以细化使之容易实现编程,并将其插入到相应的章节中去(这些内容一般作为选学或阅读内容)。通过我们的实践证明为本课程设置适当的上机学时是有好处的。

　　本书的主要内容可在 60～80 学时内授完。第 7 章 7.4 节(连通度和网络流)及第 10 章(组合论基础)可以作为选学内容,其他内容可根据学科、专业的需要取舍。

　　学习本书可不拘泥于章节的先后次序,如讲授图论和代数结构的内容,孰先孰后可自由选择。讲授本书可在具备线性代数的基础知识和主要的微积分知识之后进行。为了能上机实践,还要求初步掌握一门计算机算法语言,具有编写简单程序的能力。

本书的框架思路由姜泽渠提出,并编写了第 1 章、第 2 章、第 5 章、第 10 章及有关章节中的算法部分,完成全书的统稿、定稿及校对工作。孙萍编写了第 8 章和第 9 章,邝锦棠编写了第 3 章和第 4 章,宋江敏编写了第 6 章和第 7 章。牟行军完成了全书图稿的绘制工作。

由于编者水平所限,书中错误在所难免,恳请读者批评指正。

编　者
2001 年 7 月

目录

第 1 章
命题逻辑

1.1　命题与合式公式

1.1.1　命题与联结词

数理逻辑是用数学方法研究形式逻辑的数学分支。这里的数学方法,其主要特点是引进了一套符号体系作为重要手段,而形式逻辑中的推理是数理逻辑研究的重要内容。本书介绍的数理逻辑分为命题逻辑和谓词逻辑两部分。

推理离不开判断。判断是对事物有确切的肯定或否定的一种思维形式。自然语言中能描述判断的语句是陈述句。陈述句一般对所描述的事物有肯定和否定之分,它们在命题逻辑中分别用逻辑值"真"和"假"来表达,且统称为真值。

定义 1.1.1　**命题**是具有唯一真值的陈述句。

命题逻辑研究的对象是命题。命题的真值只有两个值:真和假。真值为真的命题称为真命题,真值为假的命题称为假命题。陈述句需要通过符号化才能得到数理逻辑研究的抽象化了的命题,这一工作称为命题符号化。在本书中用小写英文字母 $p,q,r,\cdots;p_i,q_i,r_i\cdots$ 表示命题,用 1 表示真,用 0 表示假(注:有些书用 T 表示真,F 表示假。T 和 F 分别是英文 True 和 False 的缩写)。作为命题的一个陈述句,若不能再分解为多个且意义等同的陈述句,则称它为**简单命题**又称**原子命题**;若一个陈述句又可以分解为由联结词("和""且""或""如果……则"等)联结的多个陈述句,则称它为**复合命题**。

判断自然语言中的语句是否为命题,首先需要判定它是否为陈述句,其次再判定它是否有唯一的真值。

例 1.1.1　判断下面自然语句中哪些是命题。若是请区分出简单命题和复合命题。

(1)中国是世界上人口最多的国家。

(2)2 不是素数。

(3)木星上有水。

（4）李红和王兰都看过这部影片。

（5）这个任务由老王或者老张去完成。

（6）如果我是你，我一定不会答应。

（7）多么壮观的景色啊！

（8）外面在下雨吗？

（9）我正在说谎。

（10）$x \geqslant y - 2$。

解　（1）～（6）符合命题的定义，均为命题，其中（1）～（3）为简单命题，（4）～（6）为复合命题。（7）（8）分别是感叹句和疑问句，因此不是命题。（9）为悖论中的断言，它没有确切的真值，因此不是命题。（10）因 x,y 的取值未定，无唯一真值，因此也不是命题。但是如果指定了 x,y 的具体实数值后，该句就成为了命题。

在该例中，根据语句的实际意义，可以知道（1）是真命题。（2）是假命题。（3）的真值现在还无法得知，但无论如何真值是唯一的。（4）～（6）的真值需要根据事实本身并通过逻辑运算才能得到。因为（1）～（3）是简单命题，是命题逻辑中最基本的研究对象，我们不再对它的成分进行细分，可以直接用 p,q,r 来表示它们，即对它们进行命题符号化。为了对（4）～（6）进行命题符号化，需要借助命题联结词。

命题逻辑中经常使用的联结词有 5 种，现定义如下。

定义 1.1.2　设 p,q 是两个命题。

（1）p 的否定为关于 p 的复合命题，记作 $\neg p$，称为 p 的否定式，读作非 p，符号"$\neg$"称为**否定联结词**。并规定 $\neg p$ 为真，当且仅当 p 为假。

（2）复合命题"p 并且（和）q"记作 $p \wedge q$，称为 p 与 q 的合取式，读作 p 合取 q，符号"$\wedge$"称为**合取联结词**。并规定 $p \wedge q$ 为真，当且仅当 p,q 同时为真。

（3）复合命题"p 或 q"记作 $p \vee q$，称为 p 与 q 的析取式，读作 p 析取 q，符号"$\vee$"称为**析取联结词**。并规定 $p \vee q$ 为假，当且仅当 p,q 同时为假。

（4）复合命题"如果 p，则 q"记作 $p \rightarrow q$，称为 p 与 q 的蕴涵式，p 为蕴涵式的前件，q 为蕴涵式的后件，读作 p 蕴涵 q，符号"$\rightarrow$"称为**蕴涵联结词**。并规定 $p \rightarrow q$ 为假，当且仅当 p 为真，q 为假。

（5）复合命题"p 当且仅当 q"记作 $p \leftrightarrow q$，称为 p 与 q 的等价式，读作 p 等价于 q，符号"$\leftrightarrow$"称为**等价联结词**。并规定 $p \leftrightarrow q$ 为真，当且仅当 p,q 同为真或同为假。

有了这些定义，可对例 1.1.1 的（4）～（6）进行命题符号化：

（4）表示为 $p_1 \wedge q_1$，其中 p_1：李红看过这部影片；q_1：王兰看过这部影片。

（5）表示为 $p_2 \vee q_2$，其中 p_2：这个任务由老王去完成；q_2：这个任务由老张去完成。

（6）表示为 $p_3 \rightarrow q_3$，其中 p_3：我是你；q_3：我一定不会答应。

定义 1.1.2（1）～（5）不但将自然语言中的联结词符号化，而且在本质上也定义了命题真值的逻辑运算。其中 $\neg$ 为一元运算，其余为二元运算。由命题的真值，根据表 1.1.1 很容易查出（1）～（5）中相应复合命题的真值。

表 1.1.1　基本复合命题的真值

p	q	$\neg p$	$p \wedge q$	$p \vee q$	$p \rightarrow q$	$p \leftrightarrow q$
0	0	1	0	0	1	1
0	1	1	0	1	1	0
1	0	0	0	1	0	0
1	1	0	1	1	1	1

在命题符号化中,使用联结词须注意以下几点:

(1)自然语言的联结词所联结的语句是有着某种内在联系的,但在数理逻辑中并不要求联结词所联结的命题之间要有什么联系。它的研究重点是放在逻辑的形式结构上的。如语句"如果鸟会飞,则 $3+2=8$ "是荒唐的。但将该语句命题符号化后,得到的复合命题则是有意义的。

(2)析取联结词" $\vee$ "表达的是"可兼或"的含义,意即它所联结的两件事既可以单独发生也可以同时发生。如果需要联结的两件事不可能同时发生,那么在命题符号化中就不能对此选择" $\vee$ ",而应该选择另外一种称为"不可兼或"的联结词" $\overline{\vee}$ "。如语句"明日上午 8 时,我在教室或者在图书馆。"中的"或者"就应该用" $\overline{\vee}$ "来表示。复合命题 $p \overline{\vee} q$ 的真值与另一多层次的复合命题 $(p \wedge \neg q) \vee (\neg p \wedge q)$ 的真值完全相同。

(3)联结词" $\rightarrow$ "可以对应自然语句中的多种叙述方法。例如"只要 p ,就 q ""因为 p ,所以 q "" p 仅当 q ""只有 q 才 p ""除非 q 才 p ""除非 q ,否则非 p "等,简言之当 q 是 p 的必要条件时,都应符号化为 $p \rightarrow q$ 。作为一种规定,当蕴涵式 $p \rightarrow q$ 的前件 p 为假时,无论后件 q 是真是假,该式的真值均为真。例如例 1.1.1 中(6)的前件"我是你"的真值显然应为假,因此不论后件"我一定不会答应"的真值为何,该复合命题的真值均为真。

(4)多层次的复合命题中将会出现圆括号和多个联结词,在求其真值时,为逻辑运算规定以下先后顺序:

( ), $\neg$, $\wedge$, $\vee$, $\rightarrow$, $\leftrightarrow$

对于相同联结词,规定先出现者先运算。

例 1.1.2　将下列命题符号化,并给出各命题的真值。

(1)若 $3+2=5$,则太阳从西边升起。

(2) $3+2=6$ 的充分必要条件是有外星人存在。

(3) $(10110)_2 + (10011)_2 = (101001)_2$ 与在区间 $(0,1)$ 内无最大实数。

(4)如果 7 是 3 的倍数或者 5 是素数,则老虎会飞,同时人可以在月球上居住。

解　(1)令 p : $3+2=5$,真值为 1 ; q :太阳从西边升起,真值为 0 。

该命题符号化为: $p \rightarrow q$,真值为 0 。

(2)令 s : $3+2=6$,真值为 0 ; t :外星人存在,目前可以认为真值为 0 。

该命题符号化为: $s \leftrightarrow t$,真值为 1 。

(3)令 r : $(10110)_2 + (10011)_2 = (101001)_2$,真值为 1 ;

w :在区间 $(0,1)$ 内无最大实数,真值为 1 。

该命题符号化为:$r \wedge w$,真值为1。如令 w_1:在区间$(0,1)$内有最大实数,
则该命题也可符号化为:$r \wedge \neg w_1$,真值仍为1。

(4)u_1:7 是 3 的倍数,真值为 0;u_2:5 是素数,真值为 1;

$\quad v_1$:老虎会飞,真值为 0;v_2:人可以在月球上居住,真值为 0。

该命题符号化为:$(u_1 \vee u_2) \rightarrow (v_1 \wedge v_2)$,由于 $u_1 \vee u_2$ 的真值为 1,$v_1 \wedge v_2$ 的真值为 0,所以该命题的真值为 0。

1.1.2 合式公式与真值表

用 p,q,r 等,代表未指定真值的任意命题,称其为命题变元,又称命题变项。因为我们不关心这些命题的内涵,只关心它们的真值,所以又可以称它们为抽象命题或命题符号。

定义 1.1.3 以逻辑真值"真""假"为变域的变元,称为**命题变元**;若以 1,0 分别表示"真""假",则称 1 和 0 为**命题常元**。单个命题变元和命题常元可统称为**原子公式**。

命题逻辑中的符号有三类:命题符号、命题联结词和圆括号。由它们按一定的逻辑关系联结起来的符号串,称为命题公式。按下述归纳方式定义的命题公式,称为合式公式,简称公式。

定义 1.1.4 **合式公式**是如下定义的一个符号串:

(1)原子公式是合式公式;

(2)若 A,B 是合式公式,则 $(\neg A),(A \wedge B),(A \vee B),(A \rightarrow B),(A \leftrightarrow B)$ 也是合式公式;

(3)只有有限次应用(1)和(2)构成的符号串,才是合式公式。

对合式公式的概念再作如下说明:

(1)大写英文字母 $A,B,C,\cdots$ 常用来表示抽象的合式公式,即在一般情况下它们并不是指定的某个(些)公式。

(2)单个合式公式的最外层括号可以省去,在公式中不影响运算次序的括号可以省去。如$(\neg A),(A \vee B),(p \wedge q) \wedge (\neg r)$ 可分别写成 $\neg A,A \vee B,p \wedge q \wedge \neg r$。

(3)正确书写合式公式中的各个符号,正确理解公式中各个层次的含义。

作为练习,读者可以阅读 1.5.1 段中关于判定符号串为合式公式的算法。有兴趣的读者还可编制程序去实现该算法。含有命题变元的公式,由于这些变元的真值没有被指定,所以公式的值也不能确定。因此,一般来说命题公式并不是命题,当对出现在公式中的所有变元指定一组真值时,命题公式就成了命题,而且可以按公式中的逻辑运算求出其真值。

定义 1.1.5 设 $p_1,p_2,\cdots,p_n$ 是出现在公式中的全部命题变元。给每个变元各指定一个真值,组成了变元的一组真值,称为该公式的一个**赋值**或**解释**。如果这个赋值使该公式取值为真,则这个赋值称为该公式的一个**成真赋值**;如果这个赋值使该公式取值为假,则这个赋值称为该公式的一个**成假赋值**。

例 1.1.3 试举出公式 $(p \vee \neg q) \wedge r$ 的一个成真赋值和一个成假赋值。

解 确定公式中变元的一个次序(一般按字母的自然顺序或按变元足标的顺序),这里的次序是 p,q,r。指定 p 为 1,q 为 0,r 为 1,记作(101),由逻辑运算知,公式此时取值为 1,所以(101)为成真赋值。若指定一组真值(110),则公式取值为 0,所以(110)为成假赋值。

定义 1.1.6 将命题公式 A 在所有赋值下取值的情况列成表,称为公式 A 的**真值表**。构造真值表可按如下步骤进行:

（1）将变元按一定顺序排出，再按从内到外的顺序列出公式的各个运算层次，将它们列成一行排在表头上。

（2）如有 n 个变元，则所有可能的赋值有 2^n 个，每个赋值可用 n 位的二进制数表示。按二进制数递增的顺序，依次列出全部赋值，一行写一个，其中每个真值排在相应变元所在列下面。

（3）从第一行到第 2^n 行，按变元的赋值，在每一层次列的下面写出这一层次运算所得结果。最后一列填上的应是该公式对应这个赋值所得的真值。

例 1.1.4　给出例 1.1.3 中的公式：$(p \lor \neg q) \land r$ 对应的真值表。

解　按上面步骤得出该公式的真值表如表 1.1.2。

表 1.1.2

p	q	r	$\neg q$	$p \lor \neg q$	$(p \lor \neg q) \land r$
0	0	0	1	1	0
0	0	1	1	1	1
0	1	0	0	0	0
0	1	1	0	0	0
1	0	0	1	1	0
1	0	1	1	1	1
1	1	0	0	1	0
1	1	1	0	1	1

利用公式的真值表，可以清楚地知道公式的哪些赋值是成真赋值，哪些赋值是成假赋值。注意具有相同变元的两个公式，它们的构造可以不一样，却可能具有相同的真值表。判断真值表是否相同，应看最后一列的值是否完全相同，而不去理会各层次列的值是否相同。当变元数目很大时，构造真值表将会十分麻烦。有兴趣的读者可阅读 1.5.2 中列出的构造真值表的算法。

1.1.3　合式公式的类型与真值函数

根据公式在各种赋值下的取值情况，可按下述定义将命题公式进行分类。

定义 1.1.7　设 A 为任一命题公式。

（1）若对应每组赋值 A 的取值均为真，则称 A 为**永真式**或称**重言式**。

（2）若对应每组赋值 A 的取值均为假，则称 A 为**永假式**或称**矛盾式**。

（3）若至少有一组赋值使 A 的取值为真，则称 A 为**可满足式**。

从定义不难看出，所有合式公式可分为两大类：可满足式和永假式。永假式也可称为不可满足式。永真式是可满足式，反之不成立。A 是永真式，当且仅当 $\neg A$ 是永假式。利用真值表可以很容易地判定公式的类型。

例 1.1.5　判定公式 $A = (\neg p \rightarrow q) \land (\neg q \land \neg p)$，公式 $B = (q \lor p) \lor (\neg q \land \neg p)$，$C = (p \leftrightarrow \neg q) \lor q$，$D = q \lor p$ 的类型。

解　为节约篇幅，将 4 个公式的真值表合成一个真值表，如表 1.1.3 所示。还可以看到

公式 B 可写成 $B = D \vee (\neg q \wedge \neg p)$。称公式 D 为公式 B 的子公式。

表 1.1.3

p	q	$\neg p$	$\neg q$	$\neg p \to q$	$\neg q \wedge \neg p$	$p \leftrightarrow \neg q$	D	A	B	C
0	0	1	1	0	1	0	0	0	1	0
0	1	1	0	1	0	1	1	0	1	1
1	0	0	1	1	0	1	1	0	1	1
1	1	0	0	1	0	0	1	0	1	1

从表 1.1.3 可知：A 为永假式，B 为永真式，C 和 D 均为可满足式，且 C 和 D 具有相同的真值表。

将具有 n 个命题变元 $x_1, x_2, \cdots, x_n$ 的公式 A，写成 n 元函数 $A(x_1, x_2, \cdots, x_n)$ 的形式，由于变域的特殊性，可得到了一类特殊的函数。

定义 1.1.8 称 $F: \{0,1\}^n \to \{0,1\}$ 为 n 元**真值函数**。

例 1.1.5 中的公式 A，可写成 2 元真值函数。$A: \{0,1\}^2 \to \{0,1\}$ 的形式，即
$$A(p,q) = (\neg p \to q) \wedge (\neg q \wedge \neg p)。$$

例 1.1.3 中的公式 $(p \vee \neg q) \wedge r$ 可写成 3 元真值函数 $F: \{0,1\}^3 \to \{0,1\}$ 的形式，即
$$F(p,q,r) = (p \vee \neg q) \wedge r。$$

n 元真值函数，即 n 元命题公式的结构形式可以千差万别，但从真值表是否相同的角度看，n 元真值函数的个数是有限的。设 $t_i = (x_1^{(i)}, x_2^{(i)}, \cdots, x_n^{(i)}) \in \{0,1\}^n$ 是 n 元真值函数 $F(x_1, x_2, \cdots, x_n)$ 的第 i 个赋值，显然有 $i = 0, 1, 2, \cdots, 2^n - 1$。此时函数 $F(t_i) \in \{0,1\}$，它可能的取值有 2 种，因此不同的真值函数的数目有 2^{2^n} 个。

令 $n = 2$，易知取值不同的 2 元真值函数的数目应是 $2^{2^2} = 16$ 个。下面列出了这 16 个真值函数的真值表，如表 1.1.4 所示。任意一个 2 元真值函数与 $F_0 \sim F_{15}$ 中的一个且仅一个具有相同的真值表。

表 1.1.4

p	q	F_0	F_1	F_2	F_3	F_4	F_5	F_6	F_7
0	0	0	0	0	0	0	0	0	0
0	1	0	0	0	0	1	1	1	1
1	0	0	0	1	1	0	0	1	1
1	1	0	1	0	1	0	1	0	1
p	q	F_8	F_9	F_{10}	F_{11}	F_{12}	F_{13}	F_{14}	F_{15}
0	0	1	1	1	1	1	1	1	1
0	1	0	0	0	0	1	1	1	1
1	0	0	0	1	1	0	0	1	1
1	1	0	1	0	1	0	1	0	1

1.2　逻辑等值式

1.2.1　等值式和基本等值式

对于确定的 n 个变元,真值表相同的命题公式属于同一类真值函数,称这些命题公式是相互等值的。在逻辑演算中,这种等值的概念是十分重要的,其主要作用在于,可用已知的形式简单的公式去替代与之等值的复杂的公式。

定义 1.2.1　设 A 和 B 是两个命题公式,如果等价式 $A \leftrightarrow B$ 是永真式,则称公式 A 与公式 B 是**等值**的,记作 $A \Leftrightarrow B$。

例 1.2.1　列出公式 $A = \neg p \vee q$ 和公式 $B = p \rightarrow q$ 的真值表,并判断它们是否是等值的。

解　列表如下:

表 1.2.1

p	q	$\neg p$	$\neg p \vee q$	$p \rightarrow q$	$A \leftrightarrow B$
0	0	1	1	1	1
0	1	1	1	1	1
1	0	0	0	0	1
1	1	0	1	1	1

由表 1.2.1 可知等价式 $A \leftrightarrow B$ 为永真式,所以 A 与 B 是等值的,即 $A \Leftrightarrow B$。

该例说明列出真值表,判断真值表是否相同,是判断两个公式是否等值的一种最直接且十分重要的方法。

构造真值表来判断两个公式是否等值的方法,有时由于公式的构造复杂导致工作量很大。借助一组基本而又很重要的等值式来判断较为复杂的公式间的等值,也是一种十分重要的方法。我们称这些基本的而又很重要的等值式为基本等值式(或称基本逻辑恒等式)。这些等值式的正确性均可用构造真值表的方法加以证明。将它们列表如表 1.2.2 所示,希望读者牢记这些"等值式模式",并运用自如。

表 1.2.2　**基本等值式**

类别	名　称	代号	等值式
(1)	双重否定律	E_1	$\neg \neg A \Leftrightarrow A$
(2)	等幂律	E_2	$A \vee A \Leftrightarrow A$
		E_3	$A \wedge A \Leftrightarrow A$
(3)	交换律	E_4	$A \vee B \Leftrightarrow B \vee A$
		E_5	$A \wedge B \Leftrightarrow B \wedge A$

续表

类别	名　称	代号	等值式
（4）	结合律	E_6	$(A \lor B) \lor C \Leftrightarrow A \lor (B \lor C)$
		E_7	$(A \land B) \land C \Leftrightarrow A \land (B \land C)$
（5）	分配律	E_8	$A \lor (B \land C) \Leftrightarrow (A \lor B) \land (A \lor C)$
		E_9	$A \land (B \lor C) \Leftrightarrow (A \land B) \lor (A \land C)$
（6）	德·摩根律	E_{10}	$\neg (A \lor B) \Leftrightarrow \neg A \land \neg B$
		E_{11}	$\neg (A \land B) \Leftrightarrow \neg A \lor \neg B$
（7）	吸收律	E_{12}	$A \lor (A \land B) \Leftrightarrow A$
		E_{13}	$A \land (A \lor B) \Leftrightarrow A$
（8）	零律	E_{14}	$A \lor 1 \Leftrightarrow 1$
		E_{15}	$A \land 0 \Leftrightarrow 0$
（9）	同一律	E_{16}	$A \lor 0 \Leftrightarrow A$
		E_{17}	$A \land 1 \Leftrightarrow A$
（10）	否定律	E_{18}	$A \lor \neg A \Leftrightarrow 1$
		E_{19}	$A \land \neg A \Leftrightarrow 0$
（11）	蕴涵等值式	E_{20}	$A \rightarrow B \Leftrightarrow \neg A \lor B$
（12）	等价等值式	E_{21}	$A \leftrightarrow B \Leftrightarrow (A \rightarrow B) \land (B \rightarrow A)$
（13）	逆否律	E_{22}	$A \rightarrow B \Leftrightarrow \neg B \rightarrow \neg A$
（14）	输出律	E_{23}	$(A \land B) \rightarrow C \Leftrightarrow A \rightarrow (B \rightarrow C)$
（15）	归谬律	E_{24}	$(A \rightarrow B) \land (A \rightarrow \neg B) \Leftrightarrow \neg A$

注:（1）表中的 A,B,C 代表抽象的命题公式,于是基本等值式代表无穷多具体的等值式。

（2）用 $0,1$ 分别代表永假式和永真式。

为了应用这些基本等值式,先对公式的代入实例作如下定义。

定义 1.2.2　在命题公式 $A(p_1,p_2,\cdots,p_n)$ 中,在某个 $p_i(1 \leqslant i \leqslant n)$ 出现的每一处,都用公式 A 代入之,由此得到的公式 B 称为公式 A 的**代入实例**。

例如公式 $A = (p \rightarrow q) \land (\neg q \land p)$,$A_1 = q \lor r$,在 p 出现的每一处用 A_1 去代入,得到的公式 $B = ((q \lor r) \rightarrow q) \land (\neg q \land (q \lor r))$ 为公式 A 的代入实例。

如果对基本等值式中符号“$\Leftrightarrow$”（注意它与符号“$\leftrightarrow$”的含义是不相同的）两边公式应用代入实例,就将得到一系列具体的等值式。这些具体的等值式,被称为原来等值式模式的代入实例。

例如在等值式 $E_{20} : A \rightarrow B \Leftrightarrow \neg A \lor B$ 中,取 $A = p,B = q(p,q$ 为命题变元）,得等值式: $p \rightarrow$

$q \Leftrightarrow \neg\, p \vee q$。

在实际应用中,可以不加证明而直接应用由基本等值式直接得到的代入实例。如对 E_{10} 可直接应用其代入实例,等值式:$\neg\,(p \vee q) \Leftrightarrow \neg\, p \wedge \neg\, q$。

1.2.2 等值演算及其应用

有了基本等值式及其代入实例,可以由已知的等值式推演出更多的等值式,这一过程称为等值演算。等值演算是数理逻辑和布尔代数的重要组成部分。

一个复杂的合式公式,往往包括多个较为简单的合式公式,在进行逻辑演算时往往用已知的与之等值的公式去置换它们。为此引入子公式和置换的概念。

定义 1.2.3 如果 X 是一个合式公式,同时它又是公式 A 中的组成部分,则称 X 是 A 的**子公式**。

例如例 1.1.5 中,公式 D 就是公式 B 的子公式。

有时用函数的形式来表达合式公式与它的子公式之间的关系。如在定义 1.2.3 中,使用 $A = \varphi(X)$。

定义 1.2.4 设公式 A_1 是公式 A 的子公式。B_1 是公式,在 A_1 出现的一处或多处,用 B_1 来代替,得到新的公式 B。称由公式 A 得到公式 B 的过程为公式的**置换**。

特别地,在这个定义中如果 A_1 与 B_1 是等值的,那么称这种置换为等值置换。

定理 1.2.1 如果 B 是合式公式 A 经过等值置换得到的公式,则 A 和 B 是等值的。

有一种重要的置换规则,表述如下:设公式 $A = \varphi(A_1)$,B_1 是公式且 $B_1 \Leftrightarrow A_1$,则用 B_1 置换了 A 中所有 A_1 后,得到公式 $B = \varphi(B_1)$,有 $B \Leftrightarrow A$。

等值置换是等值演算中最基本最重要的方法之一。在等值演算的过程中,每使用一次符号"$\Leftrightarrow$"就表示使用了一次或多次这样的置换。

等值演算的主要作用是证明两个或多个公式间是否等值。另外,还可运用它来判定公式的类型。

例 1.2.2 证明 $\neg\,((p \rightarrow q) \vee \neg\, r) \Leftrightarrow p \wedge \neg\, q \wedge r$。

证 在等值式 E_{10} 中,把公式 $(p \rightarrow q)$ 和 $\neg\, r$ 分别看成是 A 和 B 的代入实例。接着利用基本等值式进行一系列等值演算,步骤如下:

$$\neg\,((p \rightarrow q) \vee \neg\, r) \Leftrightarrow \neg\,(p \rightarrow q) \wedge \neg\, \neg\, r \qquad (E_{10}:\text{德·摩根律})$$
$$\Leftrightarrow \neg\,(\neg\, p \vee q) \wedge \neg\, \neg\, r \qquad (E_{20}:\text{蕴涵等值式})$$
$$\Leftrightarrow \neg\,(\neg\, p \vee q) \wedge r \qquad (E_1:\text{双重否定律})$$
$$\Leftrightarrow \neg\, \neg\, p \wedge \neg\, q \wedge r \qquad (E_{10}:\text{德·摩根律})$$
$$\Leftrightarrow p \wedge \neg\, q \wedge r \qquad (E_1:\text{双重否定律})$$

在此例的证明步骤中,一步仅用一个等值置换。在熟练后,可一步使用多个置换。

例 1.2.3 利用前面的基本等值式,证明 $E_{23}:(A \wedge B) \rightarrow C \Leftrightarrow A \rightarrow (B \rightarrow C)$。

证
$$(A \wedge B) \rightarrow C \Leftrightarrow \neg\,(A \wedge B) \vee C \qquad (E_{20}:\text{蕴涵等值式})$$
$$\Leftrightarrow (\neg\, A \vee \neg\, B) \vee C \qquad (E_{11}:\text{德·摩根律})$$
$$\Leftrightarrow \neg\, A \vee (\neg\, B \vee C) \qquad (E_6:\text{结合律})$$
$$\Leftrightarrow \neg\, A \vee (B \rightarrow C) \qquad (E_{20}:\text{蕴涵等值式})$$
$$\Leftrightarrow A \rightarrow (B \rightarrow C) \qquad (E_{20}:\text{蕴涵等值式})$$

例 1.2.4　用等值演算法判定下列公式的类型。

(1)$(\neg q \vee \neg p) \vee (p \wedge q)$

(2)$(\neg p \rightarrow \neg q) \wedge \neg p \wedge q$

(3)$(p \rightarrow q) \wedge \neg p$

(4)$\neg (p \rightarrow (p \vee q)) \wedge r$

解　(1)$(\neg q \vee \neg p) \vee (p \wedge q)$

$\qquad \Leftrightarrow (\neg p \vee \neg q) \vee (p \wedge q)$　　　　　　　　$(E_4 : 交换律)$

$\qquad \Leftrightarrow \neg (p \wedge q) \vee (p \wedge q)$　　　　　　　　$(E_{11} : 德·摩根律)$

$\qquad \Leftrightarrow 1$　　　　　　　　　　　　　　$(E_{18} : 否定律)$

由上可知(1)是永真式。

(2)$(\neg p \rightarrow \neg q) \wedge \neg p \wedge q$

$\qquad \Leftrightarrow (\neg \neg p \vee \neg q) \wedge \neg p \wedge q$　　　　　　　$(E_{20} : 蕴涵等值式)$

$\qquad \Leftrightarrow (p \vee \neg q) \wedge (\neg p \wedge q)$　　　　　　$(E_1 : 双重否定律和 E_7 : 结合律)$

$\qquad \Leftrightarrow (p \vee \neg q) \wedge \neg (p \vee \neg q)$　　　　　　$(E_{11} : 德·摩根律)$

$\qquad \Leftrightarrow 0$　　　　　　　　　　　　　　$(E_{19} : 否定律)$

由上可知(2)是永假式。

(3)$(p \rightarrow q) \wedge \neg p$

$\qquad \Leftrightarrow (\neg p \vee q) \wedge \neg p$　　　　　　　　$(E_{20} : 蕴涵等值式)$

$\qquad \Leftrightarrow \neg p$　　　　　　　　　　　　　$(E_{13} : 吸收律)$

由上可知(3)是可满足式。

(4)$\neg (p \rightarrow (p \vee q)) \wedge r$

$\qquad \Leftrightarrow \neg (\neg p \vee (p \vee q)) \wedge r$　　　　　　　$(E_{20} : 蕴涵等值式)$

$\qquad \Leftrightarrow \neg ((\neg p \vee p) \vee q)) \wedge r$　　　　　　$(E_6 : 结合律)$

$\qquad \Leftrightarrow \neg (1) \wedge r$　　　　　　　　$(E_{18} : 否定律和 E_{14} : 零律)$

$\qquad \Leftrightarrow 0 \wedge r$

$\qquad \Leftrightarrow 0$　　　　　　　　　　　　　　$(E_{15} : 零律)$

由上可知(4)是永假式。

1.2.3　全功能联结词与对偶原理

一、全功能联结词

命题逻辑中除了常用的 5 个联结词外,还提到了"不可兼或"的联结词 $\overline{\vee}$,如果使用下面的等值式,可以化去公式中的这个联结词:

$$A \overline{\vee} B \Leftrightarrow (A \wedge \neg B) \vee (\neg A \wedge B)$$

在实际应用中,有时想让所有公式中的联结词的种类尽可能少,于是引入下面的定义。

定义 1.2.5　在联结词集合中,如果一个联结词可以由集合中其他的联结词来定义,则此联结词称为**冗余联结词**,否则称为独立的联结词。

冗余联结词是相对于确定的联结词集合而言的。如在联结词集合 $\{\neg, \wedge, \vee\}$ 中,利用基本等值式 E_1 和 E_{10},有等值式:

$$A \vee B \Leftrightarrow \neg \neg (A \vee B) \Leftrightarrow \neg (\neg A \wedge \neg B)$$

即"∨"可用"¬"和"∧"来定义,于是"∨"在该联结词集合中为冗余联结词。类似地,可知"∧"也可成为冗余联结词。但是"¬"却是独立联结词。

定义 1.2.6　如果任一真值函数都可以仅用某一联结词集合中的联结词来表示,则称该联结词集合为**全功能的**。若其中不含冗余联结词,则又称它为**极小全功能的**。

易知$\{¬,∧,∨\}$为全功能联结词集合,但不是极小的。我们还有下面的定理。

定理 1.2.2　集合$\{¬,∧\},\{¬,∨\},\{¬,→\}$都是全功能联结词集合。

证　仅对集合$\{¬,→\}$证明。任一真值函数代表着一类命题公式,按定义 1.1.4 知其仅含"¬""∧""∨""→""↔"5 种联结词。使用E_1,E_{11},E_{10}可消去"∧":

$$A∧B⇔¬(A∧B)⇔¬(¬A∨¬B)⇔¬(A→¬B)$$

使用E_{20}可消去"∨":　$A∨B⇔¬A→B$

使用E_{21},以及前面消去"∧"的方法,可以消去"↔":

$$A↔B⇔(A→B)∧(B→A)⇔¬((A→B)→¬(B→A))$$

最终可用$\{¬,→\}$表达任一真值函数,即它是全功能联结词集合。证毕。

易知这 3 个联结词集合也是极小全功能的。

下面介绍在布尔代数和开关电路中有重要作用的两个联结词。

定义 1.2.7　设p,q是两个命题。

(1)复合命题"p 与 q 的否定"记作$p↑q$,称为p,q的与非式,符号"↑"称作**与非联结词**。并规定$p↑q$为假,当且仅当p,q同时为真。

(2)复合命题"p 或 q 的否定"记作$p↓q$,称为p,q的或非式,符号"↓"称为**或非联结词**。并规定$p↓q$为真,当且仅当p,q同时为假。

容易验证,关于与非式及或非式有下面的等值式:

$$p↑q⇔¬(p∧q),\qquad p↓q⇔¬(p∨q)$$

定理 1.2.3　集合$\{↑\},\{↓\}$都是全功能联结词集合。

证　只对集合$\{↑\}$证明。由定理 1.2.2 知,集合$\{¬,∧\}$为全功能联结词集合。再由下面的两个等值式知,"↑"可分别取代"¬""∧":

$$¬A⇔¬(A∧A)⇔A↑A$$

$$A∧B⇔¬(¬(A∧B))⇔¬(A↑B)⇔(A↑B)↑(A↑B)$$

所以集合$\{↑\}$是全功能联结词集合。显然它又是极小全功能的。

二、对偶原理

在命题逻辑中,经常使用的联结词集合是$\{¬,∧,∨\}$。从基本等值式中发现,在许多成对的等值式中,只需将某对等值式的一个公式中的"∧"换成"∨"(或"∨"换成"∧"),就得到另一公式。如E_2和E_3,E_8和E_9,E_{10}和E_{11}包括与非式及或非式。这种规律称为对偶规律。

定义 1.2.8　在仅含联结词"¬""∧""∨"的命题公式 A 中,将联结词"∨"换成"∧","∧"换成"∨",将 0 换成 1,1 换成 0,所得公式 A^* 称为 A 的**对偶式**。

由上述定义易知$(A^*)^*=A$,即 A 是 A^* 的对偶式。因此,对偶的概念是相互的。

例 1.2.5　写出$A=¬p∨(q∧r),B=(p∨q)∧0,C=(¬p∨r)∧(¬q∨r)$的对偶式。

解　$A^*=¬p∧(q∨r),B^*=(p∧q)∨1,C^*=(¬p∧r)∨(¬q∧r)$

对偶的概念是离散数学的一个重要概念,对偶原理是这个概念在命题逻辑中的应用。首先我们不加证明地介绍下面定理。

定理 1.2.4 设命题公式 A 和 A^* 互为对偶式。$p_1,p_2,\cdots,p_n$ 是出现在 A 中的全部命题变元,如用真值函数的形式表达,则有下面等值式成立。

(1) $\neg A(p_1,p_2,\cdots,p_n) \Leftrightarrow A^*(\neg p_1,\neg p_2,\cdots,\neg p_n)$

(2) $A(\neg p_1,\neg p_2,\cdots,\neg p_n) \Leftrightarrow \neg A^*(p_1,p_2,\cdots,p_n)$

例 1.2.6 用公式 $A(p,q,r)=p \vee (\neg q \wedge r)$ 验证定理 1.2.4。

解 (1) 一方面,$\neg A(p,q,r)=\neg p \wedge \neg(\neg q \wedge r) \Leftrightarrow \neg p \wedge (q \vee \neg r)$

另一方面,$A^*(p,q,r)=p \wedge (\neg q \vee r)$

$A^*(\neg p,\neg q,\neg r)=\neg p \wedge (\neg(\neg q) \vee \neg r) \Leftrightarrow \neg p \wedge (q \vee \neg r)$

所以 $\qquad\qquad \neg A(p,q,r) \Leftrightarrow A^*(\neg p,\neg q,\neg r)$

(2) 一方面,$A(\neg p,\neg q,\neg r)=\neg p \vee (\neg(\neg q) \wedge \neg r) \Leftrightarrow \neg p \vee (q \wedge \neg r)$

另一方面,$\neg A^*(p,q,r)=\neg(p \wedge (\neg q \vee r)) \Leftrightarrow \neg p \vee (q \wedge \neg r)$

所以 $\qquad\qquad A(\neg p,\neg q,\neg r) \Leftrightarrow \neg A^*(p,q,r)$

定理 1.2.5(对偶原理) 设命题公式 A 和 B 等值,则它们的对偶式 A^* 和 B^* 也等值。

证 设 $p_1,p_2,\cdots,p_n$ 是出现在公式 A 和公式 B 中的所有变元。因为 $A \Leftrightarrow B$,即

$A(p_1,p_2,\cdots,p_n) \leftrightarrow B(p_1,p_2,\cdots,p_n)$ 是永真式,故

$A(\neg p_1,\neg p_2,\cdots,\neg p_n) \leftrightarrow B(\neg p_1,\neg p_2,\cdots,\neg p_n)$ 也是永真式,即

$A(\neg p_1,\neg p_2,\cdots,\neg p_n) \Leftrightarrow B(\neg p_1,\neg p_2,\cdots,\neg p_n)$

再由定理 1.2.4 知:$\neg A^*(p_1,p_2,\cdots,p_n) \Leftrightarrow A(\neg p_1,\neg p_2,\cdots,\neg p_n)$

$\qquad\qquad B(\neg p_1,\neg p_2,\cdots,\neg p_n) \Leftrightarrow \neg B^*(p_1,p_2,\cdots,p_n)$

所以有 $\qquad\qquad \neg A^*(p_1,p_2,\cdots,p_n) \Leftrightarrow \neg B^*(p_1,p_2,\cdots,p_n)$

由基本等值式 E_1 知 $A^* \Leftrightarrow B^*$ 证毕。

由对偶原理易知,永真式的对偶式为永假式;永假式的对偶式为永真式。非永真式的可满足式的对偶式亦为非永真式的可满足式。

对偶原理还可用于等值演算中。在已知两公式等值的前提下,可以不加证明地使用两公式对偶式之间的等值式。

1.3 范 式

1.3.1 析取范式和合取范式

为了更好地认识和研究命题公式,将在本节给出命题公式的两种规范形式,这样的规范形式能表达真值表所能给出的一切信息。首先引入下面定义。

定义 1.3.1 (1) 仅由有限个命题变元或命题变元之否定构成的合取式,称为**简单合取式**。

(2) 仅由有限个命题变元或命题变元之否定构成的析取式,称为**简单析取式**。

例如 $p \wedge q \wedge \neg r, \neg q \wedge r \wedge \neg p, p, \neg q$ 等都是合取式。$p \vee q \vee \neg r, \neg q \vee r \vee \neg p, p, \neg q$ 等都是析取式。注意,单个的命题变元或命题变元之否定,既可当成合取式也可当成析取式。

定义 1.3.2 (1) 仅由有限个简单合取式构成的析取式,称为**析取范式**。

（2）仅由有限个简单析取式构成的合取式，称为**合取范式**。

例如 $(p \land q \land \neg r) \lor (\neg q \land r \land \neg p) \lor p \lor \neg q$ 为析取范式，而

$(p \lor q \lor \neg r) \land (\neg q \lor r \lor \neg p) \land p \land \neg q$ 为合取范式。

判定析（合）取范式的类型是比较方便的。首先介绍如下定理：

定理1.3.1 （1）一个简单合取式是永假式，当且仅当它同时含某个命题变元及它的否定。

（2）一个简单析取式是永真式，当且仅当它同时含某个命题变元及它的否定。

证 只证明（1）。若简单合取式 A 同时含命题变元 $p, \neg p$，则使用交换律 E_5 总可以在 A 的等值式中得到包含 $p \land \neg p$ 的简单合取式。由 E_{19} 知 $p \land \neg p \Leftrightarrow 0$，故再由 E_{15} 知 $A \Leftrightarrow 0$。充分性得证。

若简单合取式 A 是永假式，则使用交换律 E_5 可使如下等值式成立：
$$A \Leftrightarrow p_1 \land p_2 \land \cdots \land p_k \land \neg q_1 \land \neg q_2 \land \cdots \land \neg q_m$$
假设 A 中不同时含一个变元及其否定，即有

$p_i \neq q_j (i=1,\cdots,k; j=1,\cdots,m; k+m=n, n$ 为 A 中所含变元的个数)对所有 p_i 赋值为1，所有 q_j 赋值为0。则对这组赋值 A 取值为1，这和 A 是永假式矛盾。所以必存在某变元，使 A 同时含有它和它的否定。必要性得证。证毕。

定理1.3.2 （1）一个析取范式是永假式，当且仅当它的每个简单合取式都是永假式。

（2）一个合取范式是永真式，当且仅当它的每个简单析取式都是永真式。

证 只证明（1）。设 $A = A_1 \lor A_2 \lor \cdots \lor A_n$。如每个 $A_i(i=1,\cdots,n)$ 都是永假式，即对任意赋值，A_i 均取 0 值，故 A 亦取 0 值，即 A 为永假式。充分性得证。

设某个 $A_k(1 \leq k \leq n)$ 不是永假式，则存在命题变元的一组赋值，使 A_k 取 1 值。从而相应于这组赋值，A 也取 1 值，这与 A 是永假式矛盾。故所有 $A_i(i=1,2,\cdots,n)$ 都是永假式。必要性得证。

通过上面内容的介绍，读者应该看出析取范式的对偶式是合取范式，反之亦然。利用对偶原理，上述两个定理的（1）成立，立即可知这两个定理的（2）也成立。

定理1.3.3（范式存在定理） 任一命题公式都存在与之等值的析取范式和合取范式。

证 采用定理的构造性证明法，即只需给出构造析取范式和合取范式的算法即可。步骤如下：

（1）使用基本等值式 E_{20}, E_{21} 将公式中出现的联结词"→"和"↔"消去，使公式仅含联结词"$\neg$""$\land$""$\lor$"；

（2）使用基本等值式 E_{10}, E_{11} 和 E_1，将 A 中否定联结词"$\neg$"都移到命题变元之前，并消去双重否定联结词；

（3）使用基本等值式 E_9，可将公式化为析取范式，使用 E_8，可将公式化为合取范式。

例1.3.1 求公式 $A = \neg(p \lor q) \leftrightarrow (p \land q)$ 的析取范式和合取范式。

解 先求合取范式。

$A \Leftrightarrow (\neg(p \lor q) \rightarrow (p \land q)) \land ((p \land q) \rightarrow \neg(p \lor q))$ (E_{21})

$\Leftrightarrow (\neg \neg(p \lor q) \lor (p \land q)) \land (\neg(p \land q) \lor \neg(p \lor q))$ (E_{20})

$\Leftrightarrow ((p \lor q) \lor (p \land q)) \land ((\neg p \lor \neg q) \lor (\neg p \land \neg q))$ (E_1, E_{10}, E_{11})

$\Leftrightarrow ((p \lor (p \land q)) \lor q)) \land ((\neg p \lor (\neg p \land \neg q)) \lor \neg q)$ (E_4)

$\Leftrightarrow (p \lor q) \land (\neg p \lor \neg q) = B$ (E_{12})

公式 B 是与公式 A 等值的合取范式。再由 B 出发求与 A 等值的析取范式。

$B \Leftrightarrow (p \wedge (\neg p \vee \neg q)) \vee (q \wedge (\neg p \vee \neg q))$

$\Leftrightarrow ((p \wedge \neg p) \vee (p \wedge \neg q)) \vee ((q \wedge \neg p) \vee (q \wedge \neg q))$

$\Leftrightarrow (p \wedge \neg q) \vee (q \wedge \neg p) = C$

C 是与 B 等值,从而也是与 A 等值的析取范式。

注意:命题公式的析取范式和合取范式都不是唯一的。例如

$$(p \wedge \neg r) \vee (q \wedge \neg r) \vee p \Leftrightarrow p \vee (q \wedge \neg r)$$

是两个等值的析取范式,但它们的结构却不一样。又例如

$$(\neg p \vee \neg r) \wedge (q \vee \neg r) \wedge \neg p \Leftrightarrow \neg p \wedge (q \vee \neg r)$$

是两个结构不一样却相互等值的合取范式。

1.3.2 极小项和极大项

为求出命题公式的唯一规范化形式的范式,需要引入下面极小(大)项概念。为此,首先对公式中的命题变元按字典排序法或按足标确定排列顺序。如 $p, q, r, \cdots$ 或 $p_1, p_2, \cdots, p_n$ 等。另外再用在变元字母的头上加符号"—"的方法来表示变元或它的否定。

定义 1.3.3 (1)含有 n 个命题变元的简单合取式,如果具有如下形式 $\bar{p}_1 \wedge \bar{p}_2 \wedge \cdots \wedge \bar{p}_n$,则称它为**极小项**。

(2)含有 n 个命题变元的简单析取式,如果具有如下形式 $\bar{p}_1 \vee \bar{p}_2 \vee \cdots \vee \bar{p}_n$,则称它为**极大项**。

注意:含有 n 个命题变元的极小(大)项,一定含 $n-1$ 个联结词 $\wedge (\vee)$;$\bar{p}_i$ 一定位于除联结词外的第 i 个位置。

从定义可以立即看出,n 个命题变元能够构成各不相同的极小(大)项共有 2^n 个。

极小(大)项都是公式,可列出它们的真值表,以 $n=2$ 为例,其相应的极小项、极大项的真值表如表 1.3.1(1)和表 1.3.1(2)所示。

表 1.3.1(1) 2 元极小项真值表

p	q	赋值序号	$\neg p \wedge \neg q$	$\neg p \wedge q$	$p \wedge \neg q$	$p \wedge q$
0	0	0	1	0	0	0
0	1	1	0	1	0	0
1	0	2	0	0	1	0
1	1	3	0	0	0	1

表 1.3.1(2) 2 元极大项真值表

p	q	赋值序号	$p \vee q$	$p \vee \neg q$	$\neg p \vee q$	$\neg p \vee \neg q$
0	0	0	0	1	1	1
0	1	1	1	0	1	1
1	0	2	1	1	0	1
1	1	3	1	1	1	0

从表 1.3.1(1),可以总结出极小项的一些特点:

(1)含 n 个变元的每个极小项均只有一个成真赋值,其余 2^n-1 个赋值均为成假赋值。利用每个极小项的这个唯一的成真赋值的序号 i(十进制数),可以给极小项一个标识符 $m_i(i=0,1,\cdots,2^n-1)$。如 m_2 代表以第 2 个赋值为成真赋值的极小项,在表 1.3.1(1)中 $m_2=p\wedge\neg q$。

(2)可以由某极小项的结构直接写出该极小项对应的唯一的成真赋值。方法是将成真赋值看成是一个 n 位的二进制数,这个二进制数的第 k 位$(k=1,2,\cdots,n)$是 0 或 1,对应着极小项的第 k 个变元前有或无否定联结词。

(3)任意两个极小项的合取式为永假式。

(4)全体极小项的析取式为永真式。

利用对偶规律和极小项特点的(1)~(4),读者可以总结出极大项的相应的特点。事实上,只需将上述(1)~(4)的文字中,成真换成成假,成假换成成真,0 换成 1,1 换成 0,合取换成析取,析取换成合取,极小换成极大,m 换成 M 即可。比如 M_2 代表以第 2 个赋值为成假赋值的极大项,在表 1.3.1(2)中 $M_2=\neg p\vee q$。这个对应的成假赋值(二进制数)的第 k 位$(k=1,2,\cdots,n)$是 1 或 0,对应着极大项中第 k 个变元前有或无否定联结词。此例中即(1　0)为 M_2 对应的成假赋值。

从以上特点不难看出,极小(大)项 $m_i(M_i)$ 的成真(假)赋值与 i 相等的 n 位二进制数一一对应。

例 1.3.2　对有 3 个变元:p,q,r 的命题公式求

(1)m_6 和 M_6 的结构形式;

(2)i 和 j 的值,使得 $m_i=\neg p\wedge q\wedge\neg r$,$M_j=\neg p\vee q\vee\neg r$。

解　(1)与 6 相等的二进制数为 110,所以 $m_6=p\wedge q\wedge\neg r$ 而 $M_6=\neg p\vee\neg q\vee r$;

(2)相应于 i 的二进制数是 010,所以 $i=2$。相应于 j 的二进制数是 101,所以 $j=5$。

1.3.3　主析取范式和主合取范式

有了极小项,极大项的概念,就可以找出命题公式的唯一规范化形式,即主析取范式或主合取范式。

定义 1.3.4　全由极小(大)项作为简单合(析)取式,构成的析(合)取范式称为**主析(合)取范式**。特别地,若 A 为永假(真)式,约定 0(1)为其主析(合)取范式。

定理 1.3.4　任一命题公式 A 都存在着与之等值的主析取范式和主合取范式,并且都是唯一的。

证　只证主析取范式的存在性和唯一性。不妨设 A 为含有 n 个命题变元且具有 k 个$(1\leqslant k\leqslant2^n)$成真赋值的可满足式。这些成真赋值的序号为 $i_1,i_2,\cdots,i_k(0\leqslant i_j\leqslant2^n-1,j=1,2,\cdots,k)$。由每一个成真赋值所对应的极小项 $m_{i_1},m_{i_2},\cdots,m_{i_k}$ 作为简单合取式,可以构造一个主析取范式 B,记为 $B=\sum\limits_{j=1}^{k}m_{i_j}=m_{i_1}\vee m_{i_2}\vee\cdots\vee m_{i_k}$。

任取这 k 个成真赋值的第 i_s 个$(1\leqslant s\leqslant k)$,它是 A 的成真赋值,又是极小项 m_{i_s} 的成真赋值,从而也是 B 的成真赋值。另一方面,由极小项的成真赋值的唯一性知,所有的成假赋值均是 $m_{i_1},m_{i_2},\cdots,m_{i_k}$ 的成假赋值,即又是 B 的成假赋值。故 A 与 B 有相同真值表,即 $A\Leftrightarrow B$。

再证唯一性。设有主析取范式 B 和 B_1 均与 A 等值,则由 $B \Leftrightarrow A$, $B_1 \Leftrightarrow A$ 有 $B \Leftrightarrow B_1$。又由于 B 和 B_1 结构形式不同,则至少有一个极小项 m_i 不同时,在 B 和 B_1 之中,不妨设它在 B 而不在 B_1 中。命题变元的第 i 个赋值使 m_i 取值为真,而使其他所有极小项取值为假。于是在这个赋值下,B 为真而 B_1 为假。即 B 与 B_1 的真值表不同,这与 $B \Leftrightarrow B_1$ 矛盾,故 A 的主析取范式是唯一的。证毕。

利用对偶规律,不难证明主合取范式的存在性与唯一性。主合取范式有时用 $\prod\limits_{j=1}^{k} M_{i_j}$ 表示。其中,M_{i_j} 为公式 A 的极大项,$i_1, i_2, \cdots, i_k$ 为 A 的成假赋值的序号($0 \leqslant i_j \leqslant 2^n - 1, j = 1, \cdots, k$)。

定理 1.3.4 实际上给出了一种由命题公式 A 的真值表获取与之等值的主析取范式和主合取范式的方法。

例 1.3.3 求公式 $A = \neg (p \vee q) \leftrightarrow (p \wedge q)$ 的主析取范式和主合取范式。

解 先构造 A 的真值表(表 1.3.2)。

表 1.3.2

p	q	$p \vee q$	$\neg (p \vee q)$	$p \wedge q$	A
0	0	0	1	0	0
0	1	1	0	0	1
1	0	1	0	0	1
1	1	1	0	1	0

从表 1.3.2 中可看出 A 的成真赋值有 01 和 10,对应的极小项为 $m_1 = \neg p \wedge q$, $m_2 = p \wedge \neg q$;成假赋值有 00 和 11,对应的极大项为 $M_0 = p \vee q$, $M_3 = \neg p \vee \neg q$,于是所求主析取范式为:$(\neg p \wedge q) \vee (p \wedge \neg q)$;主合取范式为:$(p \vee q) \wedge (\neg p \vee \neg q)$。

例 1.3.4 求公式 $A = ((p \rightarrow r) \vee q) \wedge (q \rightarrow p)$ 的主析取范式和主合取范式。

解 先构造 A 的真值表(表 1.3.3)。

表 1.3.3

p	q	r	$p \rightarrow r$	$(p \rightarrow r) \vee q$	$q \rightarrow p$	A
0	0	0	1	1	1	1
0	0	1	1	1	1	1
0	1	0	1	1	0	0
0	1	1	1	1	0	0
1	0	0	0	0	1	0
1	0	1	1	1	1	1
1	1	0	0	1	1	1
1	1	1	1	1	1	1

成真赋值有:000, 001, 101, 110, 111,对应的极小项为:

$m_0 = \neg p \wedge \neg q \wedge \neg r$, $m_1 = \neg p \wedge \neg q \wedge r$, $m_5 = p \wedge \neg q \wedge r$, $m_6 = p \wedge q \wedge \neg r$, $m_7 = p \wedge q \wedge r$

成假赋值有:010,011,100

对应的极大项为:

$$M_2 = p \vee \neg q \vee r, M_3 = p \vee \neg q \vee \neg r, M_4 = \neg p \vee q \vee r$$

主析取范式为:$m_0 \vee m_1 \vee m_5 \vee m_6 \vee m_7$

主合取范式为:$M_2 \wedge M_3 \wedge M_4$

另一种构造命题公式主析(合)取范式的方法,是使用基本等值式进行等值推演而得到的。其步骤可归纳为:

(1)应用定理 1.3.3 将命题公式化为与之等值的析(合)取范式。

(2)如析(合)取范式中某一简单合(析)取式为永真(假)式,则该命题公式为永真(假)式,其主析(合)取范式为 1(0)。

(3)除去析(合)取范式中所有为永假(真)的简单合(析)取式。

(4)检查每一个简单合(析)取式,对其中没有出现的命题变元如 p_i,在其相应的位置上添加合取项 $\neg p_i \vee p_i$(析取项$\neg p_i \wedge p_i$),然后用基本等值式的分配律展开成两个简单合(析)取式的析(合)取。

(5)将析(合)取范式中重复出现的合取(析取)项,以及相同的变元进行合并。

例 1.3.5　用等值演算法求例 1.3.4 中,公式 $A = ((p \rightarrow r) \vee q) \wedge (q \rightarrow p)$ 的主析取范式和主合取范式。

解　$A \Leftrightarrow (\neg p \vee r \vee q) \wedge (\neg q \vee p)$

$\Leftrightarrow (\neg p \vee q \vee r) \wedge (p \vee \neg q \vee (\neg r \wedge r))$

$\Leftrightarrow (\neg p \vee q \vee r) \wedge (p \vee \neg q \vee \neg r) \wedge (p \vee \neg q \vee r) = B$

B 为 A 的主合取范式。再求 A 的主析取范式,可采用以下两种方法之一。

方法一:在求主合取范式的某一步(此例是第一步)的基础上,使用分配律。对此例有

$A \Leftrightarrow ((\neg p \vee r) \wedge (\neg q \vee p)) \vee (q \wedge (\neg q \vee p))$

$\Leftrightarrow ((\neg p \wedge (\neg q \vee p)) \vee (r \wedge (\neg q \vee p))) \vee ((q \wedge \neg q) \vee (q \wedge p))$

$\Leftrightarrow (\neg p \wedge \neg q) \vee (\neg p \wedge p) \vee (r \wedge \neg q) \vee (r \wedge p) \vee (q \wedge p)$

$\Leftrightarrow (\neg p \wedge \neg q \wedge (\neg r \vee r)) \vee ((\neg p \vee p) \wedge \neg q \wedge r) \vee (p \wedge (\neg q \vee q) \wedge r) \vee (p \wedge q \wedge (\neg r \vee r))$

$\Leftrightarrow (\neg p \wedge \neg q \wedge \neg r) \vee (\neg p \wedge \neg q \wedge r) \vee (\neg p \wedge \neg q \wedge r) \vee (p \wedge \neg q \wedge r) \vee (p \wedge \neg q \wedge r)$
$\vee (p \wedge q \wedge r) \vee (p \wedge q \wedge \neg r) \vee (p \wedge q \wedge r)$

$\Leftrightarrow (\neg p \wedge \neg q \wedge \neg r) \vee (\neg p \wedge \neg q \wedge r) \vee (p \wedge \neg q \wedge r) \vee (p \wedge q \wedge \neg r) \vee (p \wedge q \wedge r) = C$

C 为 A 的主析取范式。

方法二:利用主合取范式,不必再进行等值演算,可利用极大项与极小之间的关系直接得到主析取范式,即主析取范式中的极小项的序号与主合取范式中的极大项的序号是互补的。对此例有:

因为 $\neg p \vee q \vee r = M_4$,$p \vee \neg q \vee r = M_2$,$p \vee \neg q \vee \neg r = M_3$,$B = M_2 \wedge M_3 \wedge M_4$,所以 A 的主析取范式 $C = m_0 \vee m_1 \vee m_5 \vee m_6 \vee m_7$

即 $C = (\neg p \wedge \neg q \wedge \neg r) \vee (\neg p \wedge \neg q \wedge r) \vee (p \wedge \neg q \wedge r) \vee (p \wedge q \wedge \neg r) \vee (p \wedge q \wedge r)$

反过来,在求得主析取范式的基础上,用类似的方法可求出主合取范式。

1.4 推理理论

1.4.1 推理正确的判断

所谓推理是指从某些前提 $A_1, A_2, \cdots, A_n$ 出发,依据某些公理或规则以及已知的结论推出某个结论 A 的过程。数理逻辑的主要任务之一,就是要研究与推理相关的概念,建立起推理的规则,给出论证的方法及其形式结构。

定义 1.4.1 如果前提公式 $A_1, A_2, \cdots, A_n$ 和命题公式 A 构成的公式:

$(A_1 \wedge A_2 \wedge \cdots \wedge A_n) \rightarrow A$ 是永真式,则称 A 是前提 $A_1, A_2, \cdots, A_n$ 的**有效结论**,且称由 $A_1, A_2, \cdots, A_n$ 推出 A 的推理是正确的或有效的。

在形式逻辑中推理和推理正确的形式结构常分别表示为:

$$\{A_1, A_2, \cdots, A_n\} \vdash A \quad \text{和} \quad \{A_1, A_2, \cdots, A_n\} \vDash A$$

在本书中,推理表示为以前提的合取式为前件,结论为后件的蕴涵式:

$$(A_1 \wedge A_2 \wedge \cdots \wedge A_n) \rightarrow A$$

当 $A_1 \wedge A_2 \wedge \cdots \wedge A_n$ 的结论正确,即 A 为有效结论时,则相应地表示为:

$$(A_1 \wedge A_2 \wedge \cdots \wedge A_n) \Rightarrow A$$

注意这里的符号"$\Rightarrow$"可读作"推出",它与联结词"$\rightarrow$"的含义是完全不同的。与 $A \Leftrightarrow B$ 表示 $A \leftrightarrow B$ 是永真式类似,$A \Rightarrow B$ 表示 $A \rightarrow B$ 是永真式。

数理逻辑中的"推理"的概念与日常生活以及数学中常用的"推理"概念不完全相同。比如说,通常所说的正确推理所得的结论应该是成立的,即取值为真。而数理逻辑中,正确推理所得的有效结论却不一定要取值为真。

例 1.4.1 前提 $A_1 = p \rightarrow q, A_2 = p$,试问命题公式 $A = q$ 是否是 A_1, A_2 推出的有效结论。

解 为判断 $A_1 \wedge A_2 \rightarrow A$ 是否为永真式,可列出它的真值表(表 1.4.1)。

表 1.4.1

p	q	$A_1 = p \rightarrow q$	$A_2 = p$	$A_1 \wedge A_2$	$A = q$	$A_1 \wedge A_2 \rightarrow A$
0	0	1	0	0	0	1
0	1	1	0	0	1	1
1	0	0	1	0	0	1
1	1	1	1	1	1	1

从表中看出,$A_1 \wedge A_2 \rightarrow A$ 为永真式,所以 A 是 A_1, A_2 推出的有效结论,记作 $A_1 \wedge A_2 \Rightarrow A$。从此例的真值表也可看出有效结论 A,也有取值为 0,即假的情况。

为进一步弄清有效结论与前提之间的关系,引入下面定义。

定义 1.4.2 如果前提的合取式:$A_1 \wedge A_2 \wedge \cdots \wedge A_n$ 为可满足式,则称推理的前提是一致的(或称相容的),否则(即该合取式是永假式)称前提是不一致的(或称不相容的)。

从上述两个定义可以看出,有效结论和前提是否一致是两个不同的概念,但两者之间有一定的联系。归结起来可以这样说:前提不一致,任何命题公式都可以作为它们的有效结论;前提一致,某一命题公式 A 可能是,也可能不是它们的有效结论。

例 1.4.2 判定下面的一段文字的推理是否正确,前提是否一致:"张洪不管有无空闲时间,都不去看电影。张洪去看电影了,所以张洪有空闲时间同时又没有空闲时间。"

解 首先将简单命题符号化。设 p:张洪有空闲时间,q:张洪看电影。

$$A_1 = (p \lor \neg p) \to \neg q, A_2 = q, A = p \land \neg p$$

从真值表(表 1.4.2)看出 $A_1 \land A_2 \to A$ 是永真式,所以这段文字推理正确,即结论为有效结论。同时也看出前提的合取式是永假式,即前提是不一致的。

表 1.4.2

p	q	A_1	A_2	$A_1 \land A_2$	A	$A_1 \land A_2 \to A$
0	0	1	0	0	0	1
0	1	1	1	0	0	1
1	0	1	0	0	0	1
1	1	0	1	0	0	1

事实上,数理逻辑中研究推理正确的概念,不是关心命题公式的内涵是否合理或有无意义,而是着重研究前提和结论的论证形式。

例 1.4.3 前提 $A_1 = p \to q, A_2 = \neg p \to r, A_3 = r$,试问命题公式 $A = q$ 是否为 A_1, A_2, A_3 推出的有效结论。

解 列出相应的真值表(表 1.4.3)。

表 1.4.3

p	q	r	A_1	A_2	A_3	$A_1 \land A_2 \land A_3$	A	$A_1 \land A_2 \land A_3 \to A$
0	0	0	1	0	0	0	0	1
0	0	1	1	1	1	1	0	0
0	1	0	1	0	0	0	1	1
0	1	1	1	1	1	1	1	1
1	0	0	0	1	0	0	0	1
1	0	1	0	1	1	0	0	1
1	1	0	1	1	0	0	1	1
1	1	1	1	1	1	1	1	1

因为 $A_1 \land A_2 \land A_3 \to A$ 不是永真式,所以 A 不是 A_1, A_2, A_3 推出的有效结论。事实上,只要找到 $A_1 \land A_2 \land A_3 \to A$ 的一个成假赋值(0 0 1)即可判定 A 不是 A_1, A_2, A_3 推出的有效结论。

1.4.2 基本蕴涵式

类似 1.2.1 中的基本等值式,可以把一些常用的有效结论当成固定的模式加以运用,称为基本蕴涵关系式,又称基本永真蕴涵式,简称基本蕴涵式,它们在推理理论中起着重要的作用。将它们列表如下(表 1.4.4)。

表 1.4.4　基本蕴涵关系式

类别	名　称	代号	蕴涵关系式
(1)	简化式	I_1	$A \land B \Rightarrow A$
		I_2	$A \land B \Rightarrow B$
		I_3	$\neg (A \to B) \Rightarrow A$
		I_4	$\neg (A \to B) \Rightarrow \neg B$
(2)	附加式	I_5	$A \Rightarrow A \lor B$
		I_6	$B \Rightarrow A \lor B$
		I_7	$\neg A \Rightarrow A \to B$
		I_8	$B \Rightarrow A \to B$
(3)	假言推理	I_9	$(A \to B) \land A \Rightarrow B$
(4)	拒取式	I_{10}	$(A \to B) \land \neg B \Rightarrow \neg B$
(5)	析取三段式	I_{11}	$(A \lor B) \land \neg A \Rightarrow B$
(6)	假言三段论	I_{12}	$(A \to B) \land (B \to C) \Rightarrow A \to C$
(7)	等价三段论	I_{13}	$(A \leftrightarrow B) \land (B \leftrightarrow C) \Rightarrow A \leftrightarrow C$
(8)	二难推论	I_{14}	$(A \to B) \land (C \to D) \land (A \lor C) \Rightarrow B \lor D$

例 1.4.4　证明 $I_{10}:(A \to B) \land \neg B \Rightarrow \neg A$。

证　利用等值演算的方法证明$((A \to B) \land \neg B) \to \neg A$ 为永真式,推演过程如下:
$$((A \to B) \land \neg B) \to \neg A \Leftrightarrow \neg ((\neg A \lor B) \land \neg B) \lor \neg A$$
$$\Leftrightarrow \neg (\neg A \lor B) \lor B \lor \neg A$$
$$\Leftrightarrow \neg (\neg A \lor B) \lor (\neg A \lor B)$$
$$\Leftrightarrow 1$$

由于推理正确的证明最终化为前提和结论构成的命题公式是否为永真式的证明,因此证明方法就有真值表法、等值演算法和主析取范式法。

1.4.3 自然推理系统 P

当命题变元较多时,利用前面提到的 3 种证明方法,其工作量都较大。为了把推理的过程写成一个逻辑结构严谨的证明,而证明的表现形式为一个描述推理过程的命题公式序列,必须以一个形式系统为基础。形式系统一般分为两类:一类是自然推理系统;另一类是公理推理系统。两类系统的共同点是都具有自身的符号集和推理规则。主要不同之处在于前者由前提公式出发,由推理规则得到结论公式;而后者则由公理出发,由推理规则得到本系统中的重言式(称为定理)。这里仅介绍自然推理系统 P,它由 3 个部分组成:

(1)字符表:命题常元,命题变元,5 种联结词,圆括号和逗号。

(2)合式公式:同定义 1.1.4。

(3)推理规则:

①前提引入规则(P 规则):在证明的任何步骤上都可以引入前提。

②结论引入规则(T 规则):在证明的任何步骤上都可以将在该步骤之前所得到的结论作为前提引入。

③置换规则:在证明的任何步骤上,命题公式或其中任何子命题公式都可以用与之等值的命题公式去置换。常用 1.2.1 中的基本等值表。

④永真蕴涵规则:将 1.4.2 中的基本蕴涵关系式 $I_1 \sim I_{14}$ 作为自然推理系统 P 的推理规则。将符号"$\Rightarrow$"换为"$\models$";将符号"$\wedge$"换为",",即把前提的合取换成单个独立的前提。

有了这个形式系统,可以用规范而简洁的方式构造公式的证明体系。即首先列出所有单个的前提公式,再列出结论公式,接着写出用推理规则得到的命题公式序列,并在其中每一个公式后面写出它所使用的推理规则,直到得到相应的结论公式为止。可以给出"证明"的如下定义:

定义 1.4.3　把描述推理过程的命题公式序列称为这个**推理的证明**。要求序列中每个命题公式或者是已知的前提,或者是由前提出发应用推理规则而得到的公式。

下面两个例题给出了在自然推理系统 P 中关于推理的证明。

例 1.4.5　证明一个十分有用的蕴涵关系式:
$$(A \rightarrow B) \Rightarrow (A \wedge C) \rightarrow (B \wedge C)$$

证明　① $A \rightarrow B$　　　　　　　　　　　　　　P 规则

　　　② $\neg A \vee B$　　　　　　　　　　　　　①,E_{20}

　　　③ $\neg A \vee B \vee \neg C$　　　　　　　　　②,I_5

　　　④ $\neg A \vee ((\neg C \vee B) \wedge (\neg C \vee C))$　③,E_{18},E_{17}

　　　⑤ $\neg A \vee (\neg C \vee (B \wedge C))$　　　　④,E_9,E_{13}

　　　⑥ $(\neg A \vee \neg C) \vee (B \wedge C)$　　　　⑤,E_6

　　　⑦ $\neg (A \wedge C) \vee (B \wedge C)$　　　　　⑥,E_{11}

　　　⑧ $(A \wedge C) \rightarrow (B \wedge C)$　　　　　⑦,E_{20}

例 1.4.6　构造下面推理的证明。

(1)前提:$(p \vee q) \rightarrow r, r \rightarrow s, \neg s$,结论:$\neg p \wedge \neg q$

(2)前提:$p \vee q, q \rightarrow r, p \rightarrow s, \neg s$,结论:$r \wedge (p \vee q)$

证明　(1)① $(p \vee q) \rightarrow r$　　　　　　　　P 规则

　　　　② $r \rightarrow s$　　　　　　　　　　　　P 规则

　　　　③ $(p \vee q) \rightarrow s$　　　　　　　　①②,I_{12}

　　　　④ $\neg s$　　　　　　　　　　　　　　P 规则

　　　　⑤ $\neg (p \vee q)$　　　　　　　　　③④,I_{10}

　　　　⑥ $\neg p \wedge \neg q$　　　　　　　　　⑤,E_{10}

（2）①$p \rightarrow s$ P 规则
②$\neg s$ P 规则
③$\neg p$ ①②,I_{10}
④$p \vee q$ P 规则
⑤q ③④,I_{11}
⑥$q \rightarrow r$ P 规则
⑦r ⑤⑥,I_9
⑧$r \wedge (p \vee q)$ ⑦④合取

1.4.4　推理证明的方法

推理一般分为演绎推理和归纳推理,因此推理的证明一般也分为演绎证明和归纳证明。目前讨论的演绎证明法可以归结为 3 类:一是由定义出发证明前提的合取与结论所构成的蕴涵式为永真式,真值表法、等值演算法和主析取范式法属于这一类;二是直接证明法,它直接由前提出发,根据推理规则构造取值为真的公式序列,序列的最后一个公式即为有效结论,这个方法最能体现演绎推理的过程;三是间接证明法,它与直接证明法的主要区别在于,不是直接从前提出发,而是在原来前提的基础上附加了一个与结论有关的公式作为新的前提,另外构造的公式序列的最后一个公式也不一定是结论公式。第二、三类方法都是在自然推理系统 P 下的证明。例 1.4.5 和例 1.4.6 使用的就是直接证明法。再举一些应用问题的例子,希望读者对命题符号化及证明的构造形式有更深入的认识。

例 1.4.7　若复平面上的点 a 代表复数,则它不是实数就是虚数。若 a 不在实轴上,则它不是实数。a 是复数且它不在实轴上。所以 a 是虚数。

解　先将简单命题符号化。

设 p:a 是复数,q:a 是实数,r:a 是虚数,s:a 在实轴上。

再列出前提、结论及证明的构造形式。

前提:$p \rightarrow (q \vee r)$,$\neg s \rightarrow \neg q$,$p \wedge \neg s$

结论:r

证明　①$p \wedge \neg s$ P 规则
②p ①,I_1
③$\neg s$ ①,I_2
④$p \rightarrow (q \vee r)$ P 规则
⑤$q \vee r$ ②④,I_9
⑥$\neg s \rightarrow \neg q$ P 规则
⑦$\neg q$ ③⑥,I_9
⑧r ⑤⑦,I_{11}

例 1.4.8　公安局受理某单位发生的一桩案件,已获取如下事实:

（1）疑犯甲或疑犯乙,至少有一人参与作案。

（2）若甲作案,则作案不在上班时间。

（3）若乙的证词正确,则大门还未上锁。

（4）若乙的证词不正确,则作案发生在上班时间。

（5）已证实大门上了锁。

解　先将命题符号化。

设 p:甲作案, q:乙作案, r:作案发生在上班时间,

s:乙的证词正确, u:大门未上锁。

前提: $p \vee q, p \rightarrow \neg r, s \rightarrow u, \neg s \rightarrow r, \neg u$

结论:待定(在推演的过程中,若能判断谁是作案人,则推演结束)

推演过程如下:

①$\neg u$ 　　　　　　　　　　　　　　　P 规则

②$s \rightarrow u$ 　　　　　　　　　　　　　P 规则

③$\neg s$ 　　　　　　　　　　　　　　①②, I_{10}

④$\neg s \rightarrow r$ 　　　　　　　　　　　P 规则

⑤r 　　　　　　　　　　　　　　　③④, I_9

⑥$p \rightarrow \neg r$ 　　　　　　　　　　　P 规则

⑦$\neg p$ 　　　　　　　　　　　　　⑤⑥, I_{10}

⑧$p \vee q$ 　　　　　　　　　　　　　P 规则

⑨q 　　　　　　　　　　　　　　⑦⑧, I_{11}

至此,已能从⑦和⑨得出结论:甲不是作案人,乙是作案人。

下面介绍间接证明法,它又可分为附加前提证明法和归谬法(或称反证法)。

一、附加前提证明法

在证明下面一类蕴涵关系式: $(A_1 \wedge A_2 \wedge \cdots \wedge A_n) \Rightarrow (A \rightarrow B)$,即证明结论为一命题蕴涵式时,可以将这个蕴涵式的前件作为一个附加的前提,与已知的前提一起推出这个蕴涵式的后件。这种证明的方法称为附加前提证明法(或称为 CP 规则)。

现对这种方法的正确性作如下说明。由定义出发证明这一类蕴涵关系式,即是要证明 $(A_1 \wedge A_2 \wedge \cdots \wedge A_n) \rightarrow (A \rightarrow B)$ 为永真式。由基本等值式 E_{23} ,这个蕴涵式与另一蕴涵式 $((A_1 \wedge A_2 \wedge \cdots \wedge A_n) \wedge A) \rightarrow B$ 是等值的,所以证明前者是永真式与证明后者是永真式是等效的,证明后者是永真式正好是附加前提证明法的工作,即证明 $(A_1 \wedge A_2 \wedge \cdots \wedge A_n \wedge A) \Rightarrow B$ 。

例 1.4.9　用附加前提证明法证明由前提 $(p \wedge q) \rightarrow r, \neg s \vee p, q$ 推出的结论 $s \rightarrow r$ 是有效的。

证明　①s 　　　　　　　　　　　　CP 规则

②$\neg s \vee p$ 　　　　　　　　　　　　P 规则

③p 　　　　　　　　　　　　　　①②, I_{11}

④$(p \wedge q) \rightarrow r$ 　　　　　　　　　P 规则

⑤q 　　　　　　　　　　　　　　P 规则

⑥$p \wedge q$ 　　　　　　　　　　　　③⑤合取

⑦r 　　　　　　　　　　　　　　④⑥, I_9

r 是附加前提法的结论,因此附加前提与 r 的蕴涵式 $s \rightarrow r$ 是有效结论。

例 1.4.10　星期日上午或者天晴,或者下雨。如果天晴,我就进城。如果我进了城,我就不看书。结论是:如果我在看书,则天在下雨。试问结论是否有效?

解　先将命题符号化。设 p:天晴, q:下雨, r:我进城, s:我看书。

前提: $p \overline{\vee} q, p \rightarrow r, r \rightarrow \neg s$

结论: $s \rightarrow q$

首先有等值式
$$p \overline{\vee} q \Leftrightarrow (p \wedge \neg q) \vee (\neg p \wedge q)$$
$$\Leftrightarrow (p \vee (\neg p \wedge q)) \wedge (\neg q \vee (\neg p \wedge q))$$
$$\Leftrightarrow (p \vee q) \wedge (\neg q \vee \neg p)$$
$$\Leftrightarrow (\neg q \rightarrow p) \wedge (p \rightarrow \neg q)$$

记最后得到的等值式为 E^*。然后用附加前提法列出证明的构造形式。

证明

①s		CP 规则
②$r \rightarrow \neg s$		P 规则
③$s \rightarrow \neg r$		②, E_{22}
④$\neg r$		①③, I_9
⑤$p \rightarrow r$		P 规则
⑥$\neg p$		④⑤, I_{10}
⑦$p \overline{\vee} q$		P 规则
⑧$(\neg q \rightarrow p) \wedge (p \rightarrow \neg q)$		⑦, E^*（置换规则）
⑨$\neg q \rightarrow p$		⑧, I_1
⑩q		⑥⑨, I_{10}

至此已得到结论公式（为一蕴涵式）的后件,由 CP 规则知结论为有效结论。

二、归谬法

在证明一般的蕴涵关系式 $(A_1 \wedge A_2 \wedge \cdots \wedge A_n) \Rightarrow A$ 时,如果使用直接证明法有困难,也可以采用归谬法。所谓归谬法是将结论的否定,即 $\neg A$,作为附加前提加入原已知前提中,加入后如果使前提不一致了,即推出矛盾式,就说明 A 为原已知前提的有效结论。

现对归谬法的正确性作如下说明。由定义出发,就要证明 $(A_1 \wedge A_2 \wedge \cdots \wedge A_n) \rightarrow A$ 为永真式。由基本等值式 E_{20},该式与 $\neg ((A_1 \wedge A_2 \wedge \cdots \wedge A_n) \wedge \neg A)$ 等值,即要证明后者为永真式,与证明 $A_1 \wedge A_2 \wedge \cdots \wedge A_n \wedge \neg A$ 是永假式是等效的,这正好是归谬法所要做的工作。

例 1.4.11 用归谬法证明由前提 $\neg p, \neg q$ 推出有效结论 $\neg (p \wedge q)$。

证明

①$\neg (\neg (p \wedge q))$		CP 规则（结论的否定作附加前提）
②$p \wedge q$		①, E_1
③p		②, I_1
④$\neg p \wedge \neg q$		P 规则（前提的合取）
⑤$\neg p$		④, I_1
⑥$p \wedge \neg p$		③⑤, T 规则

⑥式已说明,结论的否定作附加前提后推出矛盾式,所以 $\neg (p \wedge q)$ 是 $\neg p, \neg q$ 的有效结论。

例 1.4.12 如果小王能考上研究生,则必须外语成绩好。然而对小王来说,外语成绩好或者数学成绩好都不是事实。可以断言小王不能考上研究生。

解 先对简单命题符号化。

设 p:小王能考上研究生, q:小王外语成绩好, r:小王数学成绩好。

再列出前提、结论，并写出用归谬法得到矛盾式的公式序列。

前提：$p \rightarrow q, \neg(q \vee r)$

结论：$\neg p$

证明

①$\neg(\neg p)$	CP 规则（结论的否定作附加前提）
②p	①，E_1
③$p \rightarrow q$	P 规则
④q	②③，I_9
⑤$\neg(q \vee r)$	P 规则
⑥$\neg q \wedge \neg r$	⑤，E_{10}
⑦$\neg q$	⑥，I_1
⑧$q \wedge \neg q$	④⑦，T 规则

⑧式为矛盾式，这说明$\neg p$是前提$p \rightarrow q, \neg(q \vee r)$的有效结论。

*1.5　命题逻辑中的有关算法

1.5.1　判定符号串为合式公式的算法

一、算法实现的主要功能及基本结构

确定一些符号为合法的命题变元和命题常元，并且指定一些符号表示 5 种联结词。使用者可以用这些符号任意组成一个符号串，利用本算法可判定这个符号串是否合乎合式公式的定义 1.1.4，从而判定它是否为命题公式。如不是命题公式，还将指出其理由。

算法的基本结构如下：

（1）按照规定的字符集合，输入一个合法的字符串，如有不合法的字符，指出并重输。

（2）对合法的字符串进行符号简化处理：将命题变元和常元统一表示为字母 A，将表示二元运算的符号（等价、蕴涵、合取、析取）用符号" $+$ "表示，保留表示命题否定的符号" $-$ "及左右圆括号。

（3）检查符号简化处理后的字符串是否含有以下 5 种子串：" $-A$ "" $(-A)$ "" $A+A$ "" $(A+A)$ "" (A) "，如有，则将它们用" A "取而代之，转向（3），如没有则转向（4）。

（4）检查此时的符号串是否仅剩字母 A，如是则原符号串为命题公式；如不是，则原符号串不是命题公式，并根据具体情况，指出不是命题公式的原因。

程序由主程序和一个子程序组成。上面的算法主要在子程序中体现。

二、实现算法的基本流程

1. 程序中所用的数组及主要变量

一维字符数组 $ch0$ 和 ch，$ch0(i)$ 表示符号串中第 i 个符号。字符集合 data1，data2 分别装有命题变元、常元和表示 5 种联结词的符号与左右圆括号。data1 中的符号有英文大、小写字母及表示逻辑假、真的数字符 0 和 1；data2 中的符号有分别表示等价、蕴涵、合取、析取及否定运算的符号：" ~ "" ^ "" * "" $+$ "" $-$ "及"、"。字符变量 $ch1$ 为逐个接受输入字符的工作变量。" da "" i "" k "为整型工作变量。

2. 主程序的主要流程

①输入单个字符装入 $ch1$，允许输入空格，但空格不记入字符串。

②将 $ch1$ 逐个累加（连接）到字符串数组 $ch0$ 中去，若 $ch1$ 不为回车键则转①，若 $ch1$ 为回车键，字符串输入结束（不包括该回车键），转③。

③调用判断 $ch0$ 是否为命题公式的子程序 FHCPD$(ch0,ch,p)$，输入参数 $ch0$ 为原字符串，ch 为表达形式简化后的字符串，逻辑变量 p 用来装返回参数值，若 p 为真，则符号串是命题公式，否则不是命题公式。

④整型变量 l 用来装符号串中第一个非法字符的位置，调用子程序后，l 的值不为零，则符号串存在非法字符。主程序允许重新输入（仅限一次）字符串。整型变量 m 和逻辑变量 p_1 用于允许并限于一次重输时所用，当 p 为真时程序结束。

3. 子程序 FHCPD(cc,ch,p) 的主要流程

①测定字符串的实际长度，将原符号串装入字符串数组 cc 中，p 赋值为真。

②逐个检查字符串 cc 中每个字符（装入字符串变量 $ch2$ 中）同时进行符号简化处理：$ch2$ 若在 data1 中，则将其变为字母 A，若在 data2 中（不是符号"–"和左、右圆括号），则将其变为"+"，若为符号"–""("")"则不变。将 $ch2$ 累加到 ch 中，转向③；若 $ch2$ 既不在 data1 中，也不在 data2 中，则用 l 记下 $ch2$ 此时所在位置，转向⑦。

③使用字符串函数（确定子串在母串中的位置），判定以下子串："$-A$""$(-A)$""$A+A$""$(A+A)$""(A)"是否在字符串数组 ch 中，如在，则转向④，如不在，则转向⑤。

④用整型变量 da 分别表示③中的 5 个子串在 ch 的位置，使用子串删除函数分别在 ch 中删去这 5 个子串，并使用子串插入函数，用字母 A 取而代之，转向③。

⑤检查此时的 ch，若其中含且仅含字母 A，则结论为原符号串为命题公式，转向⑦；否则 P 赋值为假，转向⑥。

⑥若 ch 此时还有"("或")"，指出括号有错；若 ch 还有"–"则表明否定运算符表达有错；若 ch 此时含有"AA"，表明是变元间缺少运算符的错误；若 ch 此时含有"++"表明有二元运算符连续出现的错误。最后结论都是原符号串不是命题公式。

⑦返回调用程序。

1.5.2　构造真值表的算法

本算法借用了 1.1.4 中判断符号串是否为命题公式的基本做法，程序中使用了处理符号串的一些技术。

一、算法实现的主要功能

（1）对输入的符号串，首先检查其中是否含有程序规定符号集之外的符号，若有，则允许重输一次符号串，再行检查，若再次出现非法字符，则需重新运行程序。

（2）生成不含非法字符的符号串，并采用 1.1.4 中的方法对符号串进行约简。

（3）自动搜索变元（设有 n 个），并依次产生 2^n 个变元赋值，对每组变元赋值，求出公式相应的真值。输出公式的真值表。

二、算法的主要功能模块和结构

（1）将符号串中的合法字符分成两个字符集合 data1 和 data2。data1 中为合法的变元和常元符号（用"0""1"分别表示逻辑假和逻辑真）；data2 中为合法的 5 种联结词符号的代表符号及左右圆括号。把用户输入的字符与 data1,data2 中元素比较,确定其是否含有非法字符。

（2）在判断是否有非法字符的同时,形成字符串 $ch0$ 及约简的字符串;统计互不相同的变元个数并装入字符串 cc;字符串 $ch0$ 的第 i 个字符若是变元,确定它在变元数组 cc 中的位置,装入整型数组 $d(i)$ 中。字符串 ch 的形成过程如下:逐个扫描字符串 $ch0$;若第 i 个字符属于 data1 则 ch 的第 i 个位置装字符"A";若第 i 个字符为 data2 中的 4 个二元联结词代表字符之一时,则 ch 的第 i 个位置装字符" + ";圆括号和否定联结词的代表字符原样装入 ch。

（3）设变元有 $k0$ 个,对第 i 组赋值 $(i = 0,1,\cdots,2^n - 1)$ 作如下处理:

①这组赋值对应的二进制数设为 $p_1\cdots p_l\cdots p_{k0}$ 第 l 个变元的赋值在这个二进制数中,位于从低位数起的第 j 位,于是 $l = k0 - j$;

②当 $I/2^j$ 取整后为奇数时,则第 l 个变元赋值为真,为偶数时则赋值为假 $(j = 0,1,\cdots,k0 - 1)$;

③通过②中的数组 d,确定当字符串中第 j 个字符为命题变元时,它应为第 $d(j)$ 个变元;若这个变元的赋值为真,则将此字符改为字符"1";若为假,则改为字符"0";

④利用约简后的字符串(仅含圆括号;一元联结词" - ";二元联结词" + ";变元和常元的代表字符"A"),确定此时其中是否还包含着以下 5 个基本子串:"(A)"" - A""(- A)""A + A""(A + A)",分别用整型变量 $d1 \sim d5$ 来记录它们第一次出现在字符串中的位置。当存在其中某一种情形时,又作如下处理:删去这个基本成分的全部字符,在约简字符串中仅用"A"来代之。而在原字符串中,需具体确定二元联结词的类型及其前后变元(或常元)的值,调用相应的与二元联结词运算相关的函数,得到的函数值来代替这个基本成分的全部字符(若函数值为真,则用"1"代之;若为假,则用"0"代之)。

（4）针对每组赋值,按③进行处理,必然改变(逐步简化)原字符串和约简后的字符串的形式结构,当处理下次赋值时,将导致处理对象发生变化。为避免此现象发生,对每次赋值将针对原字符串 $ch0$ 和约简后字符串 ch 的复制品:字符串 $cc1$ 和 $cc2$ 来进行上述处理。处理过程中,还需注意的是:在含有某种基本成分时,对 $cc1$ 和 $cc2$ 进行简化后,要重新确定这 5 种基本成分在简化后的 $cc1$ 和 $cc2$ 中的位置(对 $d1 \sim d5$ 再次赋值)。

（5）当简化后的 $cc1$ 和 $cc2$ 中,不再含有这 5 种基本成分时,化简工作即告结束。若此时 $cc2$ 中仅含字符"A",则原符号串为合法的命题公式,否则原符号串不是公式。对应的 $cc1$ 中应仅含字符"0"或"1",它们分别表示针对这组赋值,该公式的真值为假或为真。

本程序由一个主程序和 4 个函数子程序(或称过程)组成。这 4 个函数子程序的名字分别取为 HQ,XQ,YH,DZ。它们均含两个字符形参,函数值亦为字符,分别代表命题变元(或常元)作合取,析取,蕴涵和等值运算。主程序从结构上可简单地分为两大部分:第一部分完成以下工作:输入字符串,找出非法字符,形成字符串 $ch0$ 及其约简形式;第二部分完成以下工作:自动生成变元的赋值;对 $ch0$ 及 ch 的复制品进行简化,由化简结果得到公式的真值。

三、程序的主要流程

1. 程序中的主要数据结构

data1,data2 为字符串集合,以确定字符串中的字符是否合法。$ch0,ch,cc1,cc2$ 为字符串,分别表示原字符串约简后的字符串及其复制品;字符串 cc 表示字符串中,按先后次序出现的互不相同的变元。整型数组 $d,d(i)$ 表示 $ch0$ 中当第 i 个字符为变元时,它在 cc 中的位置。二维逻辑数组 $G,G(i,j)$ 表示第 i 组赋值中,第 j 个变元的值是真还是假,该数组的最后一列表示相应于各组赋值,公式所取的真值。

整型变量 k,表示字符串 $ch0$ 的实际长度;$k0$ 表示变元实有个数(cc 的长度)其他变量均为工作变量。

2. 主要流程

主要流程分两大部分,分别描述它们的基本流程:

第一部分:

①对 data1,data2 及有关字符串,变量进行初始化;并给出输入字符时应遵循的提示;

②按下面步骤进行,直到无非法字符($l = 0$)或者第二次输入错误发生($p1 = false$)时转向⑥;

③若 $l = 0$,令 $m: = 1$,否则 $m: = 3$,再依次输入字符串中的各字符,中间允许输入空格,但不记入字符串,字符串以回车键结束,亦不记入字符串;

④检查该串中各字符。当 $l = 0$,同时 $i \leqslant k$ 时,取第 i 个字符 $ch1$,根据它的属性,确定它在 ch 中的形象,同时生成 cc 和 d 中的元素,若它为非法字符,则用 $l = i$ 记录这个位置 $i: = i + 1$,转向④;当 $l \neq 0$ 或 $i > k$,则转②;

⑤若 $l \neq 0$ 且 $m = 1$,表示第一次输入中有非法字符,允许重输,作适当处理后(包括删去 $ch0,ch$ 等),转③;若 $l \neq 0$ 且 $m \neq 1$,表示再次输入有误,$p1: = false$ 转②;

⑥若 $p1 = false$ 转回①;否则(即 $l = 0$)程序转入第二部分。

第二部分:

本部分的程序流程的基本思想和做法已经在前面进行了描述,此处不再赘述。当对所有赋值都得到公式相应的真值后(注意中间过程中若发生错误,令 $pp: = false$,即可中断程序,停机检查),即可输出真值表(表中仍用"0"表假;用"1"表真)。

1.5.3 获取命题公式主析取范式的算法

本算法是通过构造命题公式真值表的方法,来获取与之等价的主析取范式的表达形式。为扩大学生眼界,为以后的学习打下良好的基础,本算法采用了与 1.5.2 中不同的方法来构造真值表。程序中运用了表达式的波兰前置法和用堆栈求表达式值的方法。

一、算法实现的主要功能

(1)调用 1.1.4 算法中的子程序 FHCPD,对输入的符号串,检查其中有无非法字符,若有,允许修改一次符号串,若再次出现错误,则需要新运行程序。并进一步判断符号串是否为命题公式。

(2)按波兰前置法去掉命题公式中的所有圆括号,并将二元联结词置于联结对象的前面,最终形成用波兰前置表示法的符号串。

(3)自动搜索出公式中 n 个不同的变元,依次产生 2^n 个变元赋值。将形成的符号串置于一数组表示的堆栈中,按先进后出,后进先出的办法,处理这些符号,最终对每组变元赋值求出公式相应的真值表。

(4)在形成的真值表中,寻找成真赋值,输出与成真赋值相对应的极小项,将这些极小项用析取符号联结,即得出与命题公式等价的主析取范式。

二、算法的几个主要功能模块和结构

(1)按规定字符(用字符集合 data1 和 data2 分别表示变元,常元和 5 种联结词与圆括号)

输入字符串。此部分与1.1.4中算法的相应部分同。

（2）对形成公式的字符串$ch0$（长度为k），统计其中互不相同的变元个数$k0$，形成变元字符串cc。

（3）对公式$ch0$，用子程序（过程）QKH将其化成不含圆括号且联结词前置的字符串。

（4）对第i组赋值（$i=0,1,\cdots,2^n-1$），作如下处理：

①将前置表示法的公式$ch0$复制到字符串ch中，以下针对ch进行处理（ch相当于一个栈）。

②这组赋值对应的二进制数设为：$p_1\cdots p_l\cdots p_{k0}$，第$l$个变元的赋值在这个二进制数中位于从低位数起的第$j$位，有$l=k0-j$。

③当$i/2^j$取整后为奇数时，则第l个变元赋值为真；为偶数时取值为假（$j=0$，1，$\cdots$，$k0-1$）；由此可得到表示真值表的二维逻辑数组元素$g(i,l)$的值。

④查出$ch0$中第j个符号（$1\leqslant j\leqslant k$）为cc中第l个变元，根据$g(i,l)$的值，将ch中第j个符号改为"0"或"1"。

⑤逆序取出栈ch中的第j个符号$ch(j)$（$j=k$，$k-1$，$\cdots$，1），若$ch(j)$属于集合data1，则将其放入另一字符串st（另一栈）中；若$ch(j)$为符号"$-$"，则取出栈st中最后一符号，若其为"0"换为"1"；若其为"1"换为"0"，放回原处；若$ch(j)$为4种联结词之一种，则依次取出栈st中最后两个符号，视该联结词的形式，调用4个函数子程序（过程）中之一个（4个函数子程序为：HQ，XQ，YH，DZ，分别用字符形式代表逻辑运算：合取、析取、蕴涵和等值）所得函数值（为"0"或"1"），仍放回st之最后。当取完ch中所有符号后，在st中应仅剩一个符号"0"或"1"（代表逻辑真值假或真），此即为公式相应于这组赋值的真值，将此真值置于g数组的最后一列（即第$k0+1$列）。

（5）使用二维逻辑数组x，来装真值表g的成真赋值（设有$k2$个），根据成真赋值得出相应的极小项：若该组成真赋值的第j个变元为假，则极小项中相应的变元前加否定联结词，若为真，则极小项相应变元形式不变。极小项中，用合取符号联结变元或其否定形式，极小项之间，用析取符号联结之，即得与原公式等价的主析取范式（注：本算法中如用二维逻辑数组Y来装真值表g的成假赋值，仿照5的做法，可得到与原公式等价的主合取范式）。

实现本算法的程序结构为：一个主程序，一个去括号的子程序QKH，调用一个1.1.4中的子程序FHCPD，4个函数子程序：HQ，XQ，YH和DZ。

三、程序的主要流程

1. 程序中的主要数据结构

data1，data2为字符集合，规定了公式中合法字符的形式。变量mj为枚举类型，它可以取的值为枚举元素：and1，or2，imp3和equ4，分别表示合取、析取、蕴涵和等值运算。$ch0$为输入的字符串，若其为公式，将通过子程序QXH，变形为前置法表示的形式；符号串ch为$ch0$的复制品，在求公式相应于某组变元赋值的真值表时，作为栈使用；符号串st与ch配合，求公式的真值；符号串cc表示互不相同的变元符号。二维逻辑数组g和x，分别表示公式的真值表和成真赋值。整型变量k，表示字符串$ch0$的实际长度；$k0$表示变元实有个数；$k2$表示成真赋值的个数。

2. 主程序基本流程

①对data1，data2及有关字符串，变量进行初始化，给出输入字符时应遵循的提示；

②按下面步骤进行,直到无非法字符($l = 0$),或者第二次输入错误发生($p1 = false$)时,转到⑤;

③若 $l = 0$,令 $m := 1$,否则 $m := 2$,再依次输入字符串的各字符,中间允许输入空格,但不记入字符串,字符串以回车键结束,亦不记入字符串;

④调用子程序 FHCPD,若 $l \neq 0$ 且 $m = 1$,表示第一次输入中有非法字符,允许重输,做适当处理后(包括删去 $ch0$ 等),转③;若 $l \neq 0$ 且 $m \neq 0$ 表明再次输入有误,$p1 := false$;转回②;

⑤若 $p1 = false$ 转回①;否则转到⑥;

⑥扫描公式 $ch0$ 以统计其中互不相同的变元个数 $k0$,生成字符串 cc;

⑦调用子程序 QKH,将 $ch0$ 变成没有圆括号的前置法表示形式;

⑧依次形成公式的全部赋值及相应于该赋值公式的真值,以形成真值表 g;

⑨根据真值表 g 得出成真赋值组成的二维逻辑数组 x;

⑩由 x 形成由极小项的析取组成的主析取范式,并输出其表达形式。

3. 子程序 QKH 的基本流程

在本子程序中字符串 ch 为形式参数。逻辑数组 p 用来表示串中二元联结词是否已经前置。$d1, d2$ 表示串中当前处理的最内层圆括号的起、止位置。

①将数组 p 赋初值,求出第一次处理的 $d1, d2$ 的初始值。

②若 $d1 \cdot d2 = 0$,转⑧;否则作下面工作:$d2$ 为最内层的右圆括号,从 $d1 + 1$ 开始到 $d2 - 1$ 为止,寻找与之配对的最内层左圆括号,仍用 $d1$ 记其位置。

③在最内层括号内,依次寻找二元联结词,若存在二元联结词,且该联结词未被前置,则将其前置于运算对象之前,删去原位置上的该联结词,去掉这对圆括号,串的长度减 2。

④在删去这对括号之前,处理右圆括号之后的符号 $ch1$(即 $ch(d2 + 1)$):因为,此时符号串为公式,$ch1$ 只可能是三种情况之一:二元联结词,右圆括号,空(即串已结束)。若为第一种情形,则需将其前置,又如 $d1 - 1$ 的位置上为否定联结词,则应插入 $d1 - 1$ 这个位置,否则插入 $d1$ 这个位置。

⑤在③和④中前置过的联结词的新位置上,将 p 的值置为真。

⑥由于删去了这对圆括号,使其后面的字符位置发生了变化,必须对这些位置上已经标注前置过的二元联结词,重新调整位置后加以标注。

⑦用 $d1, d2$ 记录处理了这对括号后的字符串 ch 的最内层左,右圆括号的初始位置转②。

⑧若 $d1$ 与 $d2$ 不同时为 0,则程序执行有误,停机检查;若同时为 0,则此时的 ch 为原公式的波兰前置法表达形式;输出它并返回调用程序。

习题 1

1.1 针对给出的语句回答下面问题:

(A)哪些语句是命题?哪些不是?为什么?

(B)对于是命题的语句,判定哪些是简单命题?哪些是复合命题?

(C)对于是命题的语句,能否得出它们的真值?如能请给出。

其中,给出的语句如下:

（1）梅花在冬天开放。

（2）血是红的。

（3）2050 年,城市居民做饭不烧煤。

（4）祖国的河山是多么壮丽啊!

（5）李刚和李强是兄弟。

（6）3 + 2 = 5,当且仅当太阳从西边升起。

（7）星期日,学生可以上机吗?

（8）若不注意引导,则 5 + 2 = 0。

（9）甲和乙中至少有一人在说谎。

（10）他不但思想好,而且学习也好。

（11）在(a,b)区间可导的函数,必定连续。

（12）方程 x + 2 = 0,有实根。

1.2 将下面命题符号化。

（1）王英虽然聪明,但不用功。

（2）张丽不是不聪明,而是不用功。

（3）明天或是阴天,或有小雨。

（4）这件事,你和他谁去办都行。

（5）陈虹现在在图书馆或者在教室。

（6）两军相遇,勇者胜。

（7）除非天气好,否则他是不出门的。

（8）两个球的体积相等的充要条件是它们的半径相等。

1.3 设 p,q,r 是有下面含义的简单命题:

p:赵五是个年轻人。

q:赵五是个热心人。

r:赵五帮助李大娘。

试用日常语言复述下列各复合命题:

（1）$p \land (q \leftrightarrow r)$

（2）$p \land \neg (q \lor r)$

（3）$\neg p \land (q \leftrightarrow r)$

1.4 判断下列符号串中,哪些不是合式公式(命题公式)? 说明理由。指明 p,q,r,s 值分别为 0,1,0,1,求出下面为合式公式的符号串的真值(从内层括起做起,写出过程)。

（1）$p \lor (q \land r)$

（2）$(\neg p \land \neg q) \lor r$

（3）$\neg (q \rightarrow p) \land p \land r$

（4）$(p \neg q \lor (p \land r))$

（5）$(p \leftrightarrow r) \land ((\neg q \land \neg s) \lor (q \land s)$

（6）$(pq \land s) \rightarrow r$

（7）$\neg (p \lor (q \rightarrow (r \land \neg p))) \rightarrow (r \lor \neg s)$

（8）$((p \leftrightarrow s) \rightarrow (q \rightarrow r)$

1.5 当 p,q 的真值为 1，r,s 的真值为 0 时，求下列各命题公式的真值：

(1) $r \lor (s \land p)$

(2) $(r \leftrightarrow p) \land (\neg s \lor q)$

(3) $(\neg r \land \neg s \land p) \leftrightarrow (r \land s \land \neg p)$

(4) $(\neg p \land q) \to (r \land \neg s)$

1.6 构造下列命题公式的真值表，由此指出哪些是永真式(重言式)？哪些是永假式(矛盾式)？哪些是非永真式的可满足式？

(1) $\neg (q \to p) \land p$

(2) $(p \to (p \lor q)) \land ((p \to \neg p) \to \neg p)$

(3) $(p \land \neg q) \lor (r \land q)$

(4) $((p \to q) \land (q \to r)) \to (p \to r)$

(5) $\neg (q \to p) \land p$

(6) $(p \to q) \to ((p \land r) \to (q \land r))$

(7) $\neg (p \lor (q \land r)) \leftrightarrow ((p \lor q) \land (p \lor r))$

(8) $((p \lor q) \to r) \land s$

1.7 用真值表验证下面的基本等价式。

(1) $A \land (A \lor B) \Leftrightarrow A$ (E_{13}:吸收律)

(2) $A \to B \Leftrightarrow \neg B \to \neg A$ (E_{22}:逆否律)

(3) $(A \to B) \land (A \to \neg B) \Leftrightarrow \neg A$ (E_{24}:归谬律)

1.8 用等值演算法判定下列公式的类型，对不是永真式的可满足式，再用真值表法求出成真赋值。

(1) $\neg (q \land p \to p)$

(2) $(p \to (p \lor q)) \lor (p \to r)$

(3) $(q \lor p) \to (p \land r)$

1.9 用等值演算法证明下面等值式：

(1) $q \Leftrightarrow (q \land p) \lor (q \land \neg p)$

(2) $((p \to q) \land (p \to r)) \Leftrightarrow (p \to (q \land r))$

(3) $\neg (q \leftrightarrow p) \Leftrightarrow (q \lor p) \land \neg (q \land p)$

(4) $(p \land \neg q) \lor (\neg p \land q) \Leftrightarrow (p \lor q) \land \neg (p \land q)$

1.10 写出与公式 $A_1 = \neg (p \to q)$，$A_2 = (q \to p) \to q$，$A_3 = \neg ((q \to p) \to q)$ 分别等价的 3 个公式 B_1, B_2, B_3，要求它们的联结词集合为 $\{\neg, \land\}$；再将 B_1, B_2, B_3 等价地换成仅含联结词"↑"的形式。

1.11 已知公式 $A = ((p \to r) \lor (q \to r))$ 与公式 $B = ((p \land q) \to r)$ 等价，试将它们化成仅含联结词"$\neg$""$\land$""$\lor$"的形式，由此得到它们的对偶式 A^*, B^*；并用等值演算法验证 $A^* \Leftrightarrow B^*$。

1.12 证明 $\{\neg, \leftrightarrow\}$ 不是全功能联结词集合。

1.13 已知 A, B, C, D 是含命题变元 p, q, r 的命题公式。又已知

(1) A 是永真式。

(2) B 是永假式。

（3）C 的成真赋值为 $000,010,101$。

（4）D 的成假赋值为 $011,100,101,010$。

求 $\neg A,\neg B,\neg C,\neg D$ 的成真赋值和成假赋值；写出 A,B,C,D 的极小项和极大项。

1.14 设 A,B 是含命题变相 p,q,r 的命题公式，已知 A 的极小项为 m_0,m_1,m_2,m_5,m_7；B 的极小项为 m_1,m_2,m_6，试求 $\neg A \wedge \neg B,A\rightarrow B,A\leftrightarrow B$ 的成真赋值和成假赋值。

1.15 求下面各命题公式的析取范式，并判断各公式的类型。

（1）$(\neg p\rightarrow q)\rightarrow(\neg q\vee p)$

（2）$((p\rightarrow q)\rightarrow p)\leftrightarrow p$

（3）$(p\rightarrow(q\vee r))\vee(\neg r\rightarrow(p\rightarrow q))$

1.16 利用真值表法求下列各公式的主析取范式和主合取范式。

（1）$(p\wedge q)\vee((p\rightarrow q)\wedge(\neg q\leftrightarrow p))$

（2）$\neg(p\rightarrow q)\wedge q\wedge r$

（3）$(\neg p\vee\neg q)\rightarrow(p\leftrightarrow\neg q)$

（4）$(p\vee q)\rightarrow(q\wedge r)$

1.17 用等值演算法求下列各公式的主析取范式和主合取范式。

（1）$q\wedge(p\vee\neg q)$

（2）$(p\rightarrow(q\wedge r))\wedge(\neg p\rightarrow(\neg q\wedge\neg r))$

（3）$(q\rightarrow p)\wedge(\neg p\wedge q)$

（4）$((p\vee q)\rightarrow r)\rightarrow p$

1.18 通过求主析取或主析取范式判断下列各组命题公式是否等值。

（1）①$(p\wedge q)\vee(\neg p\wedge q\wedge r)$

　　②$(p\vee(q\wedge r))\wedge(q\vee(\neg p\wedge r))$

（2）①$(p\rightarrow q)\wedge(p\rightarrow r)$

　　②$p\rightarrow q\wedge r$

1.19 用构造公式序列的方法给出下列推理的证明。

（1）前提：$p\rightarrow(q\rightarrow r),p\wedge q$，

　　结论：r。

（2）前提：$p\wedge q,(p\leftrightarrow q)\rightarrow(r\vee s)$，

　　结论：$s\vee r$。

（3）前提：$p\vee q,p\rightarrow r,q\rightarrow r$，

　　结论：$r\vee s$。

（4）前提：$\neg(p\rightarrow q)\rightarrow\neg(r\vee s),(q\rightarrow p)\vee\neg r,r$，

　　结论：$p\leftrightarrow q$。

1.20 以下列三组命题公式作为 3 个蕴涵关系的前提，试分别判断各组前提的一致性。

（1）$p\rightarrow(\neg(s\wedge r)\rightarrow\neg q),\neg s\wedge p,q$

（2）$(p\vee q)\rightarrow r,r\rightarrow s,\neg s$

（3）$(p\wedge q\wedge r)\rightarrow p,p\rightarrow(p\vee q\vee r),((p\rightarrow q)\wedge p)\rightarrow q$

1.21 用附加前提法证明下列推理：

（1）$(\neg p\vee q,r\rightarrow\neg q)\Rightarrow p\rightarrow\neg r$

(2) $((p \lor q) \to (r \to s), (s \lor t) \to u) \Rightarrow p \to u$

1.22 用反证(归谬)法证明下列推理：

(1) $(p \to \neg q, q \lor \neg r, r \land \neg s) \Rightarrow \neg p$

(2) $(p \lor q, p \to r, q \to s) \Rightarrow r \lor s$

1.23 判断下面推理是否正确。要求先将命题符号化,再写出前提、结论、推理的形式结构,并写出判断结论和理由。

(1) 若今天是星期一,则明天是星期二。明天是星期二。所以今天是星期一。

(2) 若今天是星期一,则明天是星期三。明天不是星期三。所以今天不是星期一。

(3) 今天是星期一,当且仅当明天是星期三。今天不是星期一。所以明天不是星期三。

1.24 用两种方法(真值表法和主析取范式法)证明下面推理不正确:

如果 a, b 二数之积是负数,则 a, b 之中恰有一个是负数。a, b 二数之积不是负数。所以 a, b 中无负数。

1.25 将下列各组文字符号化后,判断推理是否正确,对正确的推理,构造其相应的证明。

(1) 如果今天是星期六,则我们要到公园或到商店。如果公园的游人太多,我们就不去公园。今天是星期六。公园人太多,所以我们去商店。

(2) 有红、黄、绿、白四队参加足球联赛。如果红队第三,则当黄队第二时,绿队第四。或者白队不是第一,或者红队第三。已知黄队第二。因此,如白队第一,那么绿队第四。

(3) 除非复习完功课,我才去打排球。如果打排球,就不打乒乓球。我没有复习完功课。所以我既不打排球也不打乒乓球。

(4) 如果 6 是偶数,则 2 不能整除 7。或者 5 不是素数,或者 2 整除 7。5 是素数。因此 6 是奇数。

第2章
谓词逻辑

2.1 谓词逻辑的基本概念

在命题逻辑中,对简单命题即原子命题不再进行分解,这在讨论命题间的关系时是恰当的。但在描述实际问题时,这种处理方式有较大的局限性,有时甚至是无能为力的。例如对公认是正确的苏格拉底三段论:"所有的人总是要死的。苏格拉底是人。所以苏格拉底总是要死的。"用命题逻辑中的推理,却不能确认该三段论的结论是有效结论。事实上,如用 p,q,r 分别表示该三段论中的 3 个陈述句,其中 p,q 为前提,r 为结论,因为 $p \wedge q \rightarrow r$ 不是永真式,所以 r 不是有效结论。为了克服这种局限性,有必要对原子命题内部的成分、结构及特征进行剖分。这样,在命题逻辑的基础上又形成了谓词逻辑的理论体系。

2.1.1 谓词逻辑的基本要素

谓词逻辑又称一阶逻辑,它的基本研究方法是将原子命题分为个体与谓词两部分,同时它还使用量词来描述个体间的基本数量关系。由此个体词、谓词和量词就组成了谓词逻辑符号化的三个基本要素。

个体词简称**个体**,一般是指可以独立存在的事件或物体,它可以是抽象的,也可以是具体的。例如:张三,电脑,$\sqrt{5}$,定理,社会主义等都是个体。具体的或特定的个体称为**个体常元**,常用小写字母 $a,b,c,\cdots$ 表示;泛指的或未指定的个体称为**个体变元**,常用小写字母 $x,y,z,\cdots$ 表示。个体变元取值的范围称为**个体域**(或称**论域**)。个体域可以是有穷集合,也可以是无穷集合。在实际问题中,有时并未指明个体域是什么,这时可以把全总个体域作为个体所属的论域。所谓**全总个体域**是指宇宙间的一切事物组成的集合,即各种个体域的总和。

谓词是用于刻画单个个体性质或多个个体间相互关系的词。一般来说,谓词可以理解为陈述句中的谓语部分。例如陈述句"$\sqrt{5}$ 是无理数""王五是优秀学生"中的 $\sqrt{5}$ 和王五都是单个的个体;"…是无理数"和"…是优秀学生"分别是描述 $\sqrt{5}$ 和王五性质的谓词。又如陈述句"$x+y=5$"和"张三比李四高"中,x,y 以及张三、李四分别是句子中的多个个体,谓词

"…+…=5"和"…比…高",分别描述 x 与 y 以及张三与李四之间的某种关系。

具体的或指定的谓词称为**谓词常项**,如上面例句中的谓词都是谓词常项。泛指的或未指定的谓词称为**谓词变项**,如某个体具有性质 P,两个(或多个)个体间具有关系 L 等。谓词常项和谓词变项均用大写字母 $F,G,P,\cdots$ 表示。区分是常项还是变项要由上下文而定。

谓词的符号化与个体有紧密的联系。首先讨论与 n 个($n \geqslant 1$)个体变元相联系的谓词,记为 $F(x_1,x_2,\cdots,x_n)$。当 $n \geqslant 2$ 时,它表示这 n 个变元具有关系 F;当 $n=1$ 时,它表示单个个体变元 x_1 具有性质 F,其中谓词 F 可以是常项,也可以是变项。

定义 2.1.1 含有 n 个($n \geqslant 1$)个体变元的谓词称为 n 元谓词。

再讨论与个体常元相联系的谓词。以 $F(a)$;$G(b,c)$;$H(a_1,a_2,\cdots,a_n)$ 表示个体常元 a;$b,c;a_1,a_2,\cdots,a_n$ 分别具有性质 F;关系 G;关系 H。可以把谓词的这种表示看成是 1 元谓词 $F(x)$,2 元谓词 $G(y,z)$,n 元谓词 $H(x_1,x_2,\cdots,x_n)$ 中的个体变元取作相应的个体常元时的表示。例如,若 $F(x)$ 表示:x 是无理数。易知 $F(x)$ 不是命题。但若取 a 为 $\sqrt{5}$,则 $F(a)$ 为命题且为真命题。同理,若 $G(y,z)$ 表示:y 比 z 高。$G(y,z)$ 也不是命题。若令 b 为张三,c 为李四,则 $G(b,c)$ 为命题。一般来说 n 元($n \geqslant 1$)谓词不是命题,但若将 n 元谓词中的所有个体变元都换成个体常元,则 n 元谓词就变成了一个命题。有时将不含个体变元的谓词称为 **0 元谓词**,显然上述仅与个体常元相联系的谓词均为 0 元谓词。0 元谓词是命题。这样一来,命题逻辑中的命题就可以看成是谓词逻辑中特殊的谓词。

由上可知,一个 n 元($n \geqslant 1$)谓词,实际上是一个 n 元命题函数,其值域是 $\{0,1\}$(即 $\{F,T\}$),一般可记为 $F(x_1,x_2,\cdots,x_n):D^n \to \{0,1\}$(此处设所有变元的个体域均为 D)。注意:求命题函数值的时候,个体变元一定要在自己的论域中取值,否则即便是个体变元都取定为常元,命题函数也不一定能成为命题。例如 $H(x,y)$ 表示:"x 大于 y",x,y 的论域均为实数。当 x,y 取定为任意具体的实数时,该 2 元命题函数都将成为命题,但当 x,y 中至少有一个取定为虚常数,该 2 元命题函数都不能成为命题。

仅有个体词和谓词还不能准确地描述个体常元和个体变元之间的数量关系。在谓词逻辑中,个体间的数量关系常归纳为"所有的""存在有"两大类,现给出如下定义:

定义 2.1.2 (1)表示个体间数量关系的词称为量词。

(2)日常语言中"所有的""一切""任意的"等量词称为全称量词,用符号"$\forall$"表示,读作"对所有的"(或读作"对一切的""对任意的")。

(3)日常语言中的"存在着""有一个""至少有一个"等量词称为存在量词,用符号"$\exists$"表示,读作"存在"(或读作"有一个""有一些")。

设 D 为个体变元的论域,常用($\forall x$)或($\forall y$)表示 D 中所有个体;用($\exists x$)或($\exists y$)表示存在于 D 中的某个或某些个体。符号"$\forall$"和符号"$\exists$"的后面必须紧跟一个变元,称这个变元为相应量词的**作用变元**,或称为**指导变元**,如上面这两个符号后的 x,y。以后提到量词,总是指量词符号与相应作用变元的总称。在不引起混淆的前提下,总称的括号可省略。

一般将量词加在其修饰的谓词之前。量词的作用范围称为量词的**辖域**,或称**作用域**。用 $\forall x F(x)$ 表示在个体变元所属的论域 D 中的所有个体都具有性质 F;用 $\exists x F(x)$ 表示在 D 中存在有个体具有性质 F。如论域 $D=\{\sqrt{2},\sqrt{5},8,\sqrt{7}\}$,且 $F(x)$ 表示:"是无理数"时,则 $\forall x F(x)$ 表示:"D 中所有个体都是无理数";$\exists x F(x)$ 表示:"D 中有个体是无理数"。可以看出此例中,前者是假命题而后者是真命题。一般情况下,有如下定义:

定义 2.1.3　设个体变元的论域为 D，F 为任一谓词，$1,0$ 分别表示逻辑值真与假。

(1) $\forall xF(x) = \begin{cases} 1 & D \text{ 中所有个体都具有性质 } F \\ 0 & D \text{ 中至少有一个个体不具有性质 } F \end{cases}$

(2) $\exists xF(x) = \begin{cases} 1 & D \text{ 中至少有一个个体具有性质 } F \\ 0 & D \text{ 中所有个体都不具有性质 } F \end{cases}$

由上可知，对 1 元谓词的变元使用一次量词，便使其变成了 0 元谓词，即命题。事实上对 n 元谓词的一个变元使用一次量词，便使其变成 $n-1$ 元谓词，可见量词对谓词中的变元起着约束的作用，在 2.2 节中将进一步讨论之。

2.1.2　命题符号化

在对个体，谓词和量词有了初步的认识后，来讨论谓词逻辑中命题符号化的问题。

例 2.1.1　用谓词逻辑的方法，将下列命题符号化。

(1) 2 是素数且是偶数。

(2) 张三比李四高，且李四不比张三重。

(3) 如果 $a > b$ 且 $b > c$，则 $a > c$。

解　(1) 设 $P(x):x$ 是素数，$Q(x):x$ 是偶数。则该命题符号化为：
$$P(2) \wedge Q(2)$$

(2) 设 $H(x,y):x$ 比 y 高；$W(x,y):x$ 比 y 重。个体常元 a 代表张三，b 代表李四。则该命题符号化为：
$$H(a,b) \wedge \neg W(b,a)$$

(3) 设 $G(x,y):x > y$，则该命题符号化为：
$$G(a,b) \wedge G(b,c) \rightarrow G(a,c)$$

例 2.1.2　分别在两种个体域：(Ⅰ) D_1：人类集合；(Ⅱ) D_2：全总个体域中，将下列命题符号化。

(1) 所有的人都是要死的。

(2) 有些人是聪明的。

解　(Ⅰ) 由于个体域与讨论对象都是人，所以用不着对个体的属性用谓词进行强调。

(1) 设 $A(x):x$ 是要死的。则"所有的人都是要死的。"可符号化为：$\forall xA(x)$。

(2) 设 $B(x):x$ 是聪明的。则"有些人是聪明的。"可符号化为：$\exists xB(x)$。

(Ⅱ) 由于个体变元 x 属于全总个体域，它可以是一切事物，而我们讨论的对象是人，因此应该用谓词表示强调讨论对象的特性。

(1) 设 $M(x):x$ 是人；$A(x):x$ 是要死的。原命题可符号化为：
$$\forall x(M(x) \rightarrow A(x))。$$

(2) 设 $M(x):x$ 是人；$B(x):x$ 是聪明的。原命题可符号化为：
$$\exists x(M(x) \wedge B(x))。$$

在一种个体域内，用来区分出其中一类个体特性的谓词，称为**特性谓词**。本例中的 $M(x)$ 就是这样的特性谓词。在量词和特性谓词配合使用时，要特别注意相关联结词的使用方法。例如在本例 (Ⅱ)(1) 中就不能符号化为：$\forall x(M(x) \wedge A(x))$，因为这种符号化表示的意思为："宇宙间的一切事物都是人且都要死。"显然这并不符合题意。类似地，本例 (Ⅱ)(2) 不能符号化为：$\exists x(M(x)\rightarrow B(x))$。因为它表示的意思为："在宇宙间存在个体,如果这个个体为人,则它是聪明的。"这显然也不符合题意。一般来说,在使用全称量词时,特性谓词总是作为蕴涵式的前件;在使用存在量词时,特性谓词总是作为一个合取式的合取项。什么时候使用特性谓词呢？一般情况下,为了把满足某种性质的个体从更大的个体域中,以强调的方式区分出来,才使用特性谓词。如果没有区分的必要就用不着使用特性谓词。

例 2.1.3　将下列命题符号化,并确定它们的真值。

(1)对任意复数 x,y 均有 $x^2-y^2=(x+y)(x-y)$。

(2)存在自然数 x,使得 $x+10=2$。

(3)在实数中有 x,使得 $x+10=2$。

(4)任意大于等于 4 的偶数,可以表示为两个素数之和。

解　(1)讨论对象与个体域均为复数,用不着对个体性质加以强调,故不使用特性谓词。设 $F(x,y):x^2-y^2=(x+y)(x-y)$,原命题可符号化为：
$$\forall x\forall yF(x,y)$$

由数学常识知该命题为真命题。

(2)有必要使用特性谓词。设 $N(x):x$ 是自然数,$Q(x):x+10=2$,该命题符号化为：
$$\exists x(N(x)\wedge Q(x))$$

显然该命题为假命题。

(3)有必要使用特性谓词。设 $R(x):$ 是实数,$Q(x):x+10=2$,该命题符号化为：
$$\exists x(R(x)\wedge Q(x))$$

显然该命题为真命题。

(4)有必要使用特性谓词。设

$$E(x):x \text{ 是大于等于 4 的偶数}。S(x):x \text{ 是素数}。H(x,y,z):x=y+z$$

该命题符号化为：$\forall x(E(x)\rightarrow\exists y\exists z(S(y)\wedge S(z)\wedge H(x,y,z)))$

该命题为哥德巴赫猜想,到目前为止该命题为真为假,尚不得而知。

在命题符号化时,应该注意以下几点：

(1)在不同的个体域中,命题符号化的形式可能不一样。

(2)如果事先没有给出个体域,一般应以全总个体域为个体域。

(3)在引入特性谓词后,使用全称量词与存在量词的符号化的形式是不同的。

(4)同一个命题,在不同个体域内的真值也可能不同。

(5)多元谓词的变元顺序要与所表示的关系中个体的顺序相吻合。

(6)多个量词出现时,不能随意颠倒它们的顺序,否则就可能会改变原命题的含义。

关于(6),举例说明如下。

例 2.1.4　请将下面命题符号化："如果某单位有人得了传染病,那么这个单位所有的人都得去检查身体。"

解　如确定集合 $D=\{x\mid x \text{ 是某单位的人}\}$ 为本例的个体域,则不使用特性谓词。设 $A(x):x$ 得传染病,$B(x):x$ 去检查身体。该命题符号化为：
$$\exists xA(x)\rightarrow\forall xB(x)$$

若交换两个量词的顺序得：$\forall xA(x)\rightarrow\exists xB(x)$,则它表达的是："如果某单位所有的人都得了传染病的话,则有人得去检查身体。"这显然不合原题意。

2.2　谓词公式与等值演算

2.2.1　谓词公式

与命题公式一样,谓词公式也是由符号串构成的,只不过这里的符号体系的内容更加丰富。现将谓词逻辑中使用的符号体系归纳如下:

(1)个体常元符号:　　　　　$a,b,c,\cdots,a_1,b_2,c_3,\cdots$

(2)个体变元符号:　　　　　$x,y,z,\cdots,x_1,y_2,z_3,\cdots$

(3)函数符号:　　　　　　　$f,g,h,\cdots,f_1,g_2,h_3,\cdots$

(4)谓词符号:　　　　　　　$F,G,H,\cdots,F_1,G_2,H_3,\cdots$

(5)量词符号:　　　　　　　$\forall,\exists$

(6)联结词与圆括号:$\neg,\wedge,\vee,\rightarrow,\leftrightarrow,(,)$

为方便符号体系中(1),(2),(3)的综合运用,特引入项的概念。

定义 2.2.1　谓词逻辑的符号体系中,**项**的递归定义如下:

(1)个体常元符号和个体变元符号是项。

(2)若 $f(x_1,x_2,\cdots,x_n)$ 是任意的 n 元函数符号,$t_1,t_2,\cdots,t_n$ 是项,则 $f(t_1,t_2,\cdots,t_n)$ 是项。

(3)所有的项都是有限次运用(1),(2)得到的。

定义 2.2.2　$G(x_1,x_2,\cdots,x_n)$ 是任意 n 元谓词,$t_1,t_2,\cdots,t_n$ 是任意 n 个项,则称 $G(t_1,t_2,\cdots,t_n)$ 为原子谓词公式,简称**原子公式**。

事实上,可以将原子公式理解为不含命题联结词和量词的命题函数。例如 $f(x),g(x,y)$ 是 2 元函数符号,$f(g(f(a),g(a,x)))$ 是项,$F(x,y)$ 是 2 元谓词符号,$F(f(a),g(a,x))$ 则为原子公式。

定义 2.2.3　**合式公式**的递归定义如下:

(1)原子公式是合式公式。

(2)若 A,B 是合式公式,则$(\neg A),(A\wedge B),(A\vee B),(A\rightarrow B),(A\leftrightarrow B)$ 也是合式公式。

(3)若 A 是合式公式,则 $\forall xA,\exists xA$ 也是合式公式。

(4)只有有限次应用(1)~(3)构成的符号串才是合式公式。

此处定义的合式公式也称为谓词公式,简称公式。

例 2.2.1　判断下列符号串是否为合式公式。

(1)$\forall x(P(x)\vee Q(y))$;　　　　　　(2)$\exists x(G(x)\vee\forall x(H(x,y)))$;

(3)$\neg\forall x(\exists y(\neg R(x,y))\rightarrow F(x))$;　　(4)$\forall x(Q(x)\leftrightarrow R(y))$;

(5)$\forall y\exists z\wedge P(x)$;　　　　　　　(6)$\exists xf(x)\vee\forall yG(x,y)$。

解　(1)(2)(3)是公式。(4)因括号不配对,(5)因量词无辖域,(6)因量词 $\exists x$ 后不是公式,所以(4)(5)(6)均不是公式。

谓词公式括号的省略方式与命题公式的一样,即最外层括号可以省去。若某量词之辖域中,只出现一个原子公式,则该量词后的圆括号可以省去,否则不能省去。

2.2.2　约束变元与自由变元

出现在合式公式中的量词及其作用变元,对它的辖域内谓词符号中的同名变元,起着十分重要的作用;同时对谓词符号中的非同名变元又不起任何作用。

例 2.2.2　讨论公式 $\forall x(P(x) \lor Q(x,y) \to R(y)) \land G(x)$ 中量词在其辖域中的作用。

解　在全称量词的辖域内,P,Q 中的变元 x 与作用变元同名,因而受该量词的约束;Q,R 中的变元 y,则不受该量词的约束。谓词 G 中的变元 x 虽然与前面的作用变元同名,但它不在其辖域内,因而不受该量词的约束。

由以上分析可以看出,有必要在形式上严格区分公式中与量词有关的和与量词无关的变元。

定义 2.2.4　若 x 是某量词(全称量词或存在量词)的作用变元,公式 A 是该量词的辖域,则 x 在 A 中的出现称为约束出现,A 中出现的 x 称为**约束变元**。A 中的变元若不是约束出现的,则称为自由出现的,凡自由出现的变元均称为**自由变元**。

例 2.2.3　说明下列各公式中,量词的辖域与变元约束的情况。

(1) $\forall x(P(x) \to Q(x))$

(2) $\forall x(P(x) \to \exists yR(x,y))$

(3) $\forall x \forall y(P(x,y) \land Q(y,z)) \land \exists xP(x,y)$

(4) $\forall x(P(x) \land \exists xQ(x,z) \to \exists yR(x,y)) \lor Q(x,y)$

解　(1) $\forall x$ 的辖域是 $(P(x) \to Q(x))$,其中的变元 x 是约束变元。

(2) $\forall x$ 的辖域是 $(P(x) \to \exists yR(x,y))$,$\exists y$ 的辖域是 $R(x,y)$,P 和 R 的 x 是 $\forall x$ 的约束变元;y 是 $\exists y$ 的约束变元。

(3) $\forall x$ 和 $\forall y$ 的辖域是 $(P(x,y) \land Q(y,z))$,其中 x,y 是约束变元,z 是自由变元。$\exists x$ 的辖域是 $P(x,y)$,其中 x 是约束变元,y 是自由变元。在整个公式中,x 是约束出现的,y 既是约束出现的又是自由出现的,z 是自由出现的。

(4) $\forall x$ 的辖域是 $(P(x) \land \exists xQ(x,z) \to \exists yR(x,y))$,$x$ 和 y 都是约束变元,但 $Q(x,z)$ 中的 x 是受 $\exists x$ 的约束,而不是受 $\forall x$ 的约束,z 是自由变元。最后一个谓词 $Q(x,y)$ 中的 x,y 均是自由变元。

前面提到 n 元谓词是 n 元命题函数,那么含有 n 个变元的公式(记为 $A(x_1,x_2,\cdots,x_n)$)是否也是 n 元命题函数呢? 答案是不一定。如果公式 $A(x_1,x_2,\cdots,x_n)$ 中所有变元均是自由出现的,则该公式是 n 元函数;如果该公式中有 r 个($1 \leqslant r \leqslant n$)变元是约束出现的,那么它是 $n-r$ 元命题函数。特别地,当 $r=n$ 时,公式 A 就是一个 0 元命题函数,即为一命题。有时将不含自由变元的公式称为闭式,显然闭式就是上述 $r=n$ 时的情形。反过来,如果要想使含 r 个约束变元的公式变为闭式,可以以公式 A 为辖域,在它前面加上 $n-r$ 个量词,这些量词的作用变元分别是 A 中那 $n-r$ 个自由变元。

从上面讨论可知,认识公式中的变元是约束的还是自由的是十分重要的。但是存在这样的情况:公式中某变元既是约束出现的又是自由出现的,如例 2.2.2 中的变元 x,以及例 2.2.3(3) 中的变元 y 和(4) 中的变元 x。另外还有一种情况:不同辖域中有同名的约束变元,如例 2.2.3 中(3) 的变元 x。为便于研究,应设法改变变元名,以避免上述两种情况的发生。正如改变函数变元符号的名称(如将 $f(x)$ 换为 $f(t)$)并不改变函数实质一样,如果按一定的规则改变公式中变元符号的名称,也不会改变公式的实质。

为了使一个变元在同一个公式中只以约束或自由中的一种身份出现,特引入两条规则。

规则 1(约束变元的**换名规则**)　将谓词公式中某量词的作用变元及相应量词辖域中该变元之所有出现处,都用在该谓词公式中未曾出现过的个体变元符号来替换,公式的其余部分不变。

规则 2(自由变元的**代入规则**)　在谓词公式中某个体变元的所有自由出现处,将其用该公式中未曾出现过的同一个体变元符号来代替,公式的其余部分不变。

例 2.2.4　运用规则 1 或规则 2,将例 2.2.2 及例 2.2.3 中需要更名的变元更名。

(1) $\forall x(P(x) \vee Q(x,y) \to R(y)) \wedge G(x)$

(2) $\forall x \forall y(P(x,y) \wedge Q(y,z)) \wedge \exists x P(x,y)$

(3) $\forall x(P(x) \wedge \exists x Q(x,z) \to \exists y R(x,y)) \vee Q(x,y)$

解　(1) $\forall x(P(x) \vee Q(x,y) \to R(y)) \wedge G(z)$

(2) $\forall x \forall y(P(x,y) \wedge Q(y,z)) \wedge \exists t P(t,w)$

(3) $\forall x(P(x) \wedge \exists t Q(t,z) \to \exists y R(x,y)) \vee Q(u,v)$

2.2.3　谓词公式的求值及类型

在命题逻辑中,一个具体的命题公式,可以由该公式中所有变元的一组赋值求得一个相应的真值。由于限定了变元数目是有限的,因此可列出所有变元的全部赋值,从而得到公式的真值表。

在谓词逻辑中,一般的谓词公式不但有个体变元符号,而且还有谓词符号或函数符号等。为了求得谓词公式的值,必须首先对这些符号指定具体的含义,于是就引入解释(或称指派)的概念。

定义 2.2.5　谓词公式 A 的每一个**解释** I,可以由以下 4 部分组成。

(1) 非空个体域 D;

(2) D 中一些特定元素的集合,如为 A 中的每个个体常元符号指定一个 D 中的元素;

(3) 对 A 中出现的每个 m 元函数符号,指定一个 $D^m \to D$ 的函数;

(4) 对 A 中出现的每个 n 元谓词符号,指定一个 $D^n \to \{0,1\}$ 的谓词。

谓词公式最终要变成命题才能对其求值,即是说只有当公式中不含自由变元时,才能对其求值。公式中约束出现的变元,实质上是在定义解释 I 的(2)中所指的那些特定的元素。特别地,当个体域 D 的元素是有限个时,即 $D = \{a_1, a_2, \cdots, a_n\}$ 时,由定义 2.1.3 有

$$\begin{cases} \forall x A(x) \Leftrightarrow A(a_1) \wedge A(a_2) \wedge \cdots \wedge A(a_n) \\ \exists x A(x) \Leftrightarrow A(a_1) \vee A(a_2) \vee \cdots \vee A(a_n) \end{cases} \quad (*)$$

例 2.2.5　求下列谓词公式相应于给定解释的真值。

(1) 公式 $A = \exists x(P(x) \to Q(x))$,解释 I 为:

个体域　$D = \{2,3\}$;$P(x): x = 2$,$Q(x): x = 3$

(2) 公式 $B = \exists x \forall y(P(x) \wedge Q(f(f(x)), y))$,解释 I 为:

个体域　$D = \{2,3\}$;$f(x) = \begin{cases} 3 & x = 2 \\ 2 & x = 3 \end{cases}$;$P(x) = \begin{cases} 0 & x = 2 \\ 1 & x = 3 \end{cases}$;

$Q(x,y):$

$Q(2,2)$	$Q(2,3)$	$Q(3,2)$	$Q(3,3)$
1	1	0	1

解 （1）因为 $\quad A \Leftrightarrow (P(2) \to Q(2)) \vee (P(3) \to Q(3))$

$$\Leftrightarrow (1 \to 0) \vee (0 \to 1)$$

$$\Leftrightarrow 0 \vee 1 \Leftrightarrow 1$$

所以公式 A 相应于该解释的真值为 T。

$(2) B \Leftrightarrow \exists x((P(x) \wedge Q(f(f(x)),2)) \wedge (P(x) \wedge Q(f(f(x)),3)))$

$$\Leftrightarrow ((P(2) \wedge Q(f(f(2)),2)) \wedge (P(2) \wedge Q(f(f(2)),3)))$$

$$\vee ((P(3) \wedge Q(f(f(3)),2)) \wedge ((P(3) \wedge Q(f(f(3)),3)))$$

$$\Leftrightarrow ((Q(f(3),2)) \wedge (Q(f(3),3))) \vee ((Q(f(2),2)) \wedge (Q(f(2),3)))$$

$$\Leftrightarrow (0 \wedge 0) \vee (1 \wedge (Q(3,2)) \wedge (1 \wedge Q(3,3)))$$

$$\Leftrightarrow Q(3,2) \wedge Q(3,3)$$

$$\Leftrightarrow 0 \wedge 1 \Leftrightarrow 0$$

所以公式 B 相应于该解释的真值为 F。

例 2.2.6 求公式 $A = \forall y \exists x (P(x,y) \to Q(x,y))$ 在下面两个解释下的真值。

（1）解释 I_1 为：个体域为 N^+（大于 0 的整数）；$P(x,y)$："$x \geq y$"；$Q(x,y)$："$x \geq 1$"。

（2）解释 I_2 为：个体域为 $N = \{0,1,2,\cdots\}$；$P(x,y)$："$xy = 0$"；$Q(x,y)$："$x = y$"。

解 （1）对任意的 $y \in N^+$，总存在有 $x \in N^+$，满足 $x \geq y$，即 $P(x,y)$ 此时取值为真；但存在有 x，满足 $x \geq 1$，即 $Q(x,y)$ 此时取值为真，因而公式 A 取值为真。

（2）在 N 中，当 $y \geq 1$，取 $x \neq 0$，则不满足 $xy = 0$，即 $P(x,y)$ 取值为假；不论 $Q(x,y)$ 取何值，蕴涵式取值皆为真，即公式 A 此时取值为真；当取 $y = 0$，存在 $x = 0$，满足 $xy = 0$，即 $P(x,y)$ 取值为真，但同时也满足 $x = y$，即 $Q(x,y)$ 取值亦为真，此时公式 A 取值为真。综上所述，公式 A 在此解释下取值为真。

例 2.2.7 对如下解释 I：个体域为 N；常元 $a = 0$；函数 $f(x,y) = x + y, g(x,y) = x \cdot y$；谓词 $F(x,y)$：$x = y$，讨论下列公式取值的情况。

$(1) F(f(x,a),y) \to F(g(x,y),z)$

$(2) \forall x F(g(x,a),x) \to F(x,y)$

$(3) \exists x \forall y\, F(g(x,a),y)$

$(4) \forall x \forall y \exists z F(f(x,y),z)$

解 （1）公式被解释为："$(x + 0 = y) \to (x \cdot y = z)$"，因含有自由变元，所以不是命题，无法对其求值。

（2）公式被解释为："$\forall x(x \cdot 0 = x) \to (x = y)$"，虽然公式仍含有自由变元，但因该蕴涵式的前件为假，所以公式取值为真。

（3）公式被解释为："$\exists x \forall y(x \cdot 0 = y)$"，因为 x 无论取何整数，总存在 y 不满足 $x \cdot 0 = y$，所以该命题成为假命题。

（4）公式被解释为："$\forall x \forall y \exists z(x + y = z)$"，因为任意整数 x,y 相加后仍为整数，取 z 为该数，等式总可以成立，所以该命题成为真命题。

定义 2.2.6 　如果对于合式公式 A 的任一组解释 I , A 的取值皆为真,则称 A 为永真式(又称逻辑有效式)。如果对于合式公式 A 的任一组解释, A 的取值皆为假,则称 A 为永假式(矛盾式)。如果对于合式公式 A ,至少存在一组解释,使 A 的取值为真,则称 A 为可满足式。

一般来说,在谓词逻辑中,判定公式的类型是一件十分困难的事。主要原因是个体域组成的复杂性(包括个体元素有无限多的情形)以及谓词指定的多样性。所以命题逻辑中,用真值表判定公式类型的方法在谓词逻辑中一般是行不通的。对于某些特殊公式,总可以设法判断出它们的类型。

定义 2.2.7 　设 $A_0(p_1,p_2,\cdots,p_n)$ 为命题公式。将个体变元 $p_1,p_2,\cdots,p_n$ 出现的每个地方,分别用任意的谓词 $A_1,A_2,\cdots,A_n$ 处处替换之,得到的新谓词公式 $A_0(A_1,A_2,\cdots,A_n)$,称为 A_0 的代入实例。

关于代入实例的重要结论是:永真式的代入实例是永真式,永假式的代入实例是永假式。

例 2.2.8 　判定下列公式的类型。

(1) $P(a)\rightarrow\forall xP(x)$

(2) $\forall xF(x)\rightarrow(\exists x\exists yG(x,y)\rightarrow\forall xF(x))$

(3) $\neg(\forall xF(x)\rightarrow\exists yG(y))\wedge\exists yG(y)$

(4) $\forall xG(x)\rightarrow\exists xG(x)$

解 　(1)取解释 I_1 :个体域 $D=\{2,3\}$;指定 a 为 2 ; $P(2)=1,P(3)=0$ 。

则公式被解释为:" $P(2)\rightarrow(P(2)\wedge P(3))$ ",即" $1\rightarrow(1\wedge 0)$ "。此为假命题,即解释 I_1 为成假解释。

再取解释 I_2 :个体域仍为 $D=\{2,3\}$; a 指定为 3 , $P(2)=1,P(3)=0$,

则公式被解释为:" $P(3)\rightarrow(P(2)\wedge P(3))$ ",即" $0\rightarrow(1\wedge 0)$ "。此为真命题,即解释 I_2 为成真解释。

综上所述,该公式既有成假解释又有成真解释,则该公式为非永真的可满足式。

(2)令 $A_1=\forall xF(x),A_2=\exists x\exists yG(x,y)$,则原公式为命题公式 $p\rightarrow(q\rightarrow p)$ 的代入实例。易知该命题公式为永真式,所以原公式亦为永真式。

(3)令 $A_1=\forall xF(x),A_2=\exists yG(y)$,则原公式为命题公式 $\neg(p\rightarrow q)\wedge q$ 的代入实例。易知该命题公式为永假式,所以原公式亦为永假式。

(4)设对任一解释 I ,个体域为 D ,原公式记为 A ,一方面假设存在 $x_0\in D$,使得 $G(x)$ 为假,则 $\forall xG(x)$ 为假,所以 A 的前件为假,故 A 取值为真。另一方面假设对任意 $x\in D,G(x)$ 均为真,则 $\forall xG(x)$, $\exists xG(x)$ 都为真,故 A 取值为真。综合两个方面,再由解释 I 的任意性,知 A 是永真式。

2.2.4 　逻辑等值式

在谓词逻辑中,有些命题可以有不同的符号化形式。但同一命题的不同形式所描述的实际问题的实质应该相同。实质相同可以理解为谓词公式的等值。现给出如下定义:

定义 2.2.8 　设 A,B 是任意两个谓词公式,若 $A\leftrightarrow B$ 是永真式,则称 A 与 B 是等值的,记作 $A\Leftrightarrow B$,称 $A\Leftrightarrow B$ 是等值式。

为了在谓词逻辑中进行等值演算,仅靠定义 2.2.8 是远远不够的,必须借用人们已经证明过的等值式模式作为等值演算的重要工具。下面将选择其主要内容进行介绍。

1. 基本等值式的代入实例

在1.2节中我们列举了24个基本等值式,它们的基本形式可以归纳为:$B \Leftrightarrow C$(B,C为命题公式)。按等值的定义,知命题公式$A_0 =$为永真式。现将A_0中的所有命题变元都换成相应的谓词公式,即是按谓词逻辑中的代入实例的定义2.2.7进行操作,将得到A_0的代入实例A,根据代入实例的重要结论知A为永真的谓词公式。

由于替换命题变元的谓词公式可以是任意的合式公式,因此可以由基本等值式的代入实例得到谓词逻辑中等值式的模式。例如由表1.2.2中的E_{20}, E_{11}, E_1和E_{19}的代入实例,可得到以下等值式:

$$\forall x(P(x) \rightarrow Q(x)) \Leftrightarrow \forall x(\neg P(x) \vee Q(x))$$

$$\forall x P(x) \vee \exists y R(x,y) \Leftrightarrow \neg(\neg P(x) \wedge \neg \exists y R(x,y))$$

$$\exists x H(x,y) \wedge \neg \exists x H(x,y) \Leftrightarrow F$$

2. 有限个体域中,消去量词的等值式

设有限个体域$D = \{a_1, a_2, \cdots, a_n\}$,我们将定义2.2.5下面的(*)式重写如下:

$$\begin{cases} \forall x A(x) \Leftrightarrow A(a_1) \wedge A(a_2) \wedge \cdots \wedge A(a_n) \\ \exists x A(x) \Leftrightarrow A(a_1) \vee A(a_2) \vee \cdots \vee A(a_n) \end{cases}$$

3. 与量词和否定联结词相关的等值式

设$A(x)$是含自由变元x的公式,则有

$$E_{25}: \neg \forall x A(x) \Leftrightarrow \exists x \neg A(x)$$

$$E_{26}: \neg \exists x A(x) \Leftrightarrow \forall x \neg A(x)$$

注意:出现在量词之前的否定词,不是否定该量词,而是否定被量化的整个命题。事实上对于E_{25},左边的意思是"并不是所有x的都有性质A"与右边的意思:"存在x,它没有性质A"是完全一样的;对于E_{26},左边的意思:"不存在有性质A的x"与右边的意思:"所有x都没有性质A"也是完全一样的。可以在有限个体域上验证E_{24}式:

$$\neg \forall x A(x) \Leftrightarrow \neg(A(a_1) \wedge A(a_2) \wedge \cdots \wedge A(a_n))$$

$$\Leftrightarrow \neg A(a_1) \vee \neg A(a_2) \vee \cdots \vee \neg A(a_n)$$

$$\Leftrightarrow \exists x \neg A(x)$$

E_{25}, E_{26}等值符号两边全称量词与存在量词正好互换,所以又称它们为量词转换律。

4. 与量词辖域的扩张及收缩相关的等值式

$E_{27}: \forall x(A(x) \vee B) \Leftrightarrow \forall x A(x) \vee B$

$E_{28}: \forall x(A(x) \wedge B) \Leftrightarrow \forall x A(x) \wedge B$

$E_{29}: \forall x(A(x) \rightarrow B) \Leftrightarrow \exists x A(x) \rightarrow B$

$E_{30}: \forall x(B \rightarrow A(x)) \Leftrightarrow B \rightarrow \forall x A(x)$

$E_{31}: \exists x(A(x) \vee B) \Leftrightarrow \exists x A(x) \vee B$

$E_{32}: \exists x(A(x) \wedge B) \Leftrightarrow \exists x A(x) \wedge B$

$E_{33}: \exists x(A(x) \rightarrow B) \Leftrightarrow \forall x A(x) \rightarrow B$

$E_{34}: \exists x(B \rightarrow A(x)) \Leftrightarrow B \rightarrow \exists x A(x)$

5. 量词分配等值式

设$A(x), B(x)$是含有自由变元x的公式,则有

$E_{35}: \forall x(A(x) \wedge B(x)) \Leftrightarrow \forall x A(x) \wedge \forall x B(x)$

$E_{36}: \exists x(A(x) \vee B(x)) \Leftrightarrow \exists x A(x) \vee \exists x B(x)$

这两个等值式的特点可以归结为:全称量词仅对合取式的各项满足分配律,而存在量词仅对析取式满足分配律。对 E_{35} 式可以理解为:"所有的 x 同时满足性质 A 和性质 B"与"所有的 x 满足性质 A,同时所有的 x 也满足性质 B"的意思是完全等同的。类似地可理解 E_{36} 式。全称量词对析取式,存在量词对合取式均不满足分配律,现择其一证明之。事实上要证明全称量词对析取式不满足分配律,只需证明

$$\forall x(A(x) \vee B(x)) \leftrightarrow \forall x A(x) \vee \forall x B(x)$$

不是永真式,这又只需对该等价式找到一个成假解释即可。可令解释 I 为:个体域为 $D = \{2,3\cdots\}$,指定 $A(x): x$ 是合数;$B(x): x$ 是素数。由于对此解释 I,"↔"号左边子公式取值为真,而右边子公式取值为假,从而该等价式取值为假,即是说此解释为一成假解释。

例 2.2.9　证明下列各等值式。

(1) $\neg \exists x(M(x) \wedge F(x)) \Leftrightarrow \forall x(M(x) \rightarrow F(x))$

(2) $\neg \forall x \forall y(F(x) \wedge G(y) \rightarrow H(x,y))$
　　$\Leftrightarrow \exists x \exists y(F(x) \wedge G(y) \wedge \neg H(x,y))$

证　(1) $\neg \exists x(M(x) \wedge F(x))$

$\Leftrightarrow \forall x \neg (M(x) \wedge F(x))$

$\Leftrightarrow \forall x(\neg M(x) \vee \neg F(x))$

$\Leftrightarrow \forall x(M(x) \rightarrow \neg F(x))$

(2) $\neg \forall x \forall y((F(x) \wedge G(y)) \rightarrow H(x,y))$

$\Leftrightarrow \exists x \neg \forall y(\neg (F(x) \wedge G(y)) \vee H(x,y))$

$\Leftrightarrow \exists x \exists y \neg(\neg (F(x) \wedge G(y)) \vee H(x,y))$

$\Leftrightarrow \exists x \exists y((F(x) \wedge G(y)) \wedge \neg H(x,y))$

2.2.5　前束范式

类似命题逻辑中的析(合)取范式,在谓词逻辑中,也有范式形式。

定义 2.2.9　若谓词公式 A 具有如下形式:

$$Qx_1 Qx_2 \cdots Qx_n B$$

则称 A 为前束范式,其中 $Q_i(1 \leqslant i \leqslant n)$ 为 ∀ 或 ∃,B 为不含量词的公式。称 B 为母式或基式,母式前的量词部分可统称为首标。

任一谓词公式都可以化为与之等值的前束范式,其化归步骤如下:

(1) 消去公式中出现的多余量词;

(2) 将公式中的否定词深入到谓词符号前;

(3) 用换名规则和代入规则使公式中的所有变元仅有一种出现,即或者是"约束"出现,或者是"自由"出现。在一般情况下,要使不同辖域中的约束变元均不同名,不同谓词中的自由变元也不同名。

(4) 利用量词辖域的扩张和收缩律,将公式中所有量词的辖域扩大到整个公式,即将所有量词依次移到公式的最前面。

例 2.2.10　求下面公式的前束范式。

(1) $A_1 = \exists x P(x) \vee \neg \; \forall x Q(x)$

(2) $A_2 = \exists x P(x) \wedge \neg \; \forall x \; Q(x)$

解 (1) $A_1 \Leftrightarrow \exists x P(x) \vee \neg \; \forall y Q(y)$

$\Leftrightarrow \exists x P(x) \vee \exists y \neg \; Q(y)$

$\Leftrightarrow \exists x (P(x) \vee \exists y \neg \; Q(y))$

$\Leftrightarrow \exists x \exists y (P(x) \vee \neg \; Q(y))$

或者 $\quad A_1 \Leftrightarrow \exists x P(x) \vee \exists y \neg \; Q(y)$

$\Leftrightarrow \exists y (\exists x P(x) \vee \neg \; Q(y))$

$\Leftrightarrow \exists y \exists x (P(x) \vee \neg \; Q(y))$

或者 $\quad A_1 \Leftrightarrow \exists x P(x) \vee \exists x \neg \; Q(x)$

$\Leftrightarrow \exists x (P(x) \vee \neg \; Q(x))$

(2) $\quad A_2 \Leftrightarrow \exists x P(x) \wedge \neg \; \forall y Q(y)$

$\Leftrightarrow \exists x P(x) \wedge \exists y \neg \; Q(y)$

$\Leftrightarrow \exists x (P(x) \wedge \exists y \neg \; Q(y))$

$\Leftrightarrow \exists x \exists y (P(x) \wedge \neg \; Q(y))$

从本例(1)中,公式 A_1 的前束范式可以有 3 种形式,其中第三种形式还仅含一个量词。而公式 A_2 的前束范式也可以有类似 A_1 的第二种范式的形式,但却没有类似于 A_1 的第三种范式的形式,请读者考虑一下,这是为什么?

一般来说,将谓词公式化为与之等值的前束范式时,形式不是唯一的。在化为前束范式的过程中,要特别注意量词的辖域及其中变元的出现形式,量词前移时还要注意与相应联结词的配合。

例 2.2.11 求下列公式的前束范式。

(1) $A_1 = (\forall x \; P(x) \vee \exists y R(y)) \rightarrow \forall x F(x)$

(2) $A_2 = \forall x ((\forall y P(x) \vee \forall z Q(z, y)) \rightarrow \neg \; \forall y R(x, y))$

解 (1) $A_1 \Leftrightarrow \neg \; (\forall x P(x) \vee \exists y R(y)) \vee \forall x F(x)$

$\Leftrightarrow (\exists x \neg \; P(x) \wedge \forall y \neg \; R(y)) \vee \forall x F(x)$

$\Leftrightarrow (\exists x \neg \; P(x) \wedge \forall y \neg \; R(y)) \vee \forall z F(z)$

$\Leftrightarrow \exists x \forall y (\neg \; P(x) \wedge \neg \; R(y)) \vee \forall z F(z)$

$\Leftrightarrow \exists x \forall y \forall z ((\neg \; P(x) \wedge \neg \; R(y)) \vee F(z))$

或者 $\quad A_1 \Leftrightarrow \forall x \exists y (P(x) \vee R(y)) \rightarrow \forall x F(x)$

$\Leftrightarrow \forall x \exists y (P(x) \vee R(y)) \rightarrow \forall z F(z)$

$\Leftrightarrow \exists x \forall y ((P(x) \vee R(y)) \rightarrow \forall z F(z))$

$\Leftrightarrow \exists x \forall y \forall z ((P(x) \vee R(y)) \rightarrow F(z))$

(2) $\quad A_2 \Leftrightarrow \forall x ((P(x) \vee \forall z Q(z, y)) \rightarrow \neg \; \forall y R(x, y))$

$\Leftrightarrow \forall x (\forall z (P(x) \vee Q(z, y)) \rightarrow \neg \; \forall t R(x, t))$

$\Leftrightarrow \forall x \forall z ((P(x) \vee Q(z, y)) \rightarrow \exists t \neg \; R(x, t))$

$\Leftrightarrow \forall x \forall z \exists t ((P(x) \vee Q(z, y)) \rightarrow \neg \; R(x, t)) = A_3$

还可以将前束范式 A_3 化为另一种形式:

$A_3 \Leftrightarrow \forall x \forall z \exists t (\neg \; (P(x) \vee Q(z, y)) \vee \neg \; R(x, t))$

$$\Leftrightarrow \forall x \forall z \exists t ((\neg P(x) \wedge \neg Q(z,y)) \vee \neg R(x,t))$$

$$\Leftrightarrow \forall x \forall z \exists t ((\neg P(x) \vee \neg R(x,t)) \wedge (\neg Q(z,y) \vee \neg R(x,t)))$$

所得到的前束范式中的母式为一合取范式,故称其为前束合取范式。

*2.3 推理理论

2.3.1 基本永真蕴涵式

仿照 1.4.1 中关于推理正确和有效结论的定义,在谓词逻辑中,有如下类似定义。

定义 2.3.1 谓词公式 $A_1, A_2, \cdots, A_n$ 和 A 分别作为前提和结论。如果由它们构成的公式 $(A_1 \wedge A_2 \wedge \cdots \wedge A_n) \rightarrow A$ 是永真式,则称 A 是由前提 $A_1, A_2, \cdots, A_n$ 推出的有效结论,且称得到有效结论的推理是正确的或有效的。

由于在谓词逻辑中,判定公式是永真式是十分困难的,因此在谓词逻辑中进行推理,必须借用人们已经证明过了的永真蕴涵式模式作为推理的重要工具。下面择其主要的进行介绍。

1. 蕴涵关系式的代入实例

1.4.2 中列出 8 类 14 个基本蕴涵关系式($I_1 \sim I_{14}$)。将其中的命题公式 A, B, C, D 换成谓词公式,就得到相应的代入实例。例如假言推理的 I_9 式及拒取式 I_{10},可以有如下的代入实例:

$$(\forall x F(x) \rightarrow \exists y G(y)) \wedge \forall x F(x) \Rightarrow \exists y G(y)$$

$$(\forall x F(x) \rightarrow \exists y G(y)) \wedge \neg \exists y G(y) \Rightarrow \neg \forall x F(x)$$

2. 由等值式得到永真蕴涵式

任何等值式 $A \Leftrightarrow B$(A, B 为任意公式),可表示为两个永真蕴涵式:$A \Rightarrow B$ 且 $B \Rightarrow A$。因此前面讲过的 36 个基本等值式($E_1 \sim E_{36}$)也就成了推理的重要模式。例如,由吸收律 E_{12},可得到如下的两个代入实例:

$$\forall x F(x) \vee (\forall x F(x) \wedge \exists y G(y)) \Rightarrow \forall x F(x)$$

$$\forall x F(x) \Rightarrow \forall x F(x) \vee (\forall x F(x) \wedge \exists y G(y))$$

3. 量词辖域扩张与收缩时的永真蕴涵式

全称量词对析取式,存在量词对合取式均不满足量词分配律,但它们却分别满足下面两个永真蕴涵式:

$$I_{15}: \forall x A(x) \vee \forall x B(x) \Rightarrow \forall x (A(x) \vee B(x))$$

$$I_{16}: \exists x (A(x) \wedge B(x)) \Rightarrow \exists A(x) \wedge \exists B(x)$$

现对 I_{15} 证明如下:

设个体域为 D。欲证 $\forall x A(x) \vee \forall x B(x) \rightarrow \forall x (A(x) \vee B(x))$ 为永真式,只需证当某解释使后件为假时,又要使前件取值为假。事实上,设解释 I 为蕴涵式后件公式的任一成假解释,在 I 下,对 D 中所有个体,$A(x) \vee B(x)$ 取值皆为假,即是说在 I 下,对 D 中所有个体,既使 $A(x)$ 取值为假,又使 $B(x)$ 取值为假,这样 $\forall x A(x) \vee \forall x B(x)$ 在 I 下取值为假,即蕴涵式前件亦为假,则该蕴涵式取值为真。在其他解释下,该蕴涵式取值皆为真,所以该蕴涵式为永真式。

用类似方法可以证明 I_{16}，也可以按以下方法用 I_{15} 证明 I_{16}：

在 I_{15} 中分别用 $\neg A(x)$，$\neg B(x)$ 代替 $A(x)$，$B(x)$，可得下面代入实例：

$$\forall x \neg A(x) \vee \forall x \neg B(x) \Rightarrow \forall x(\neg A(x) \vee \neg B(x)) \qquad (**)$$

于是

$$\exists x(A(x) \wedge B(x)) \Leftrightarrow \exists x(\neg \neg A(x) \wedge \neg \neg B(x)) \qquad (E_1)$$

$$\Leftrightarrow \exists x(\neg (\neg A(x) \vee \neg B(x))) \qquad (E_{10})$$

$$\Leftrightarrow \neg \forall x(\neg A(x) \vee \neg B(x)) \qquad (E_{25})$$

$$\Rightarrow \neg (\forall x \neg A(x) \vee \forall x \neg B(x)) \qquad (**)(E_{22})$$

$$\Leftrightarrow \exists x \neg \neg A(x) \wedge \exists x \neg \neg B(x) \qquad (E_{25})(E_{10})$$

$$\Leftrightarrow \exists x A(x) \wedge \exists x B(x) \qquad (E_1)$$

$I_{17}: \forall x(A(x) \rightarrow B(x)) \Rightarrow \forall x A(x) \rightarrow \forall x B(x)$

$I_{18}: \exists x(A(x) \rightarrow B(x)) \Rightarrow \exists x A(x) \rightarrow \exists x B(x)$

$I_{19}: \forall x(A(x) \leftrightarrow B(x)) \Rightarrow \forall x A(x) \leftrightarrow \forall x B(x)$

$I_{20}: \exists x(A(x) \leftrightarrow B(x)) \Rightarrow \exists x A(x) \leftrightarrow \exists x B(x)$

在 I_{18} 的证明中，可能要用到一个显然的永真蕴涵式：

$$\forall x A(x) \Rightarrow \exists x A(x)$$

由量词的定义，很容易证明该式是正确的。该式在许多永真蕴涵式的证明中有重要作用。

4. 与多个量词相关的永真蕴涵式

前面提到过当谓词（或公式）前有多个量词时，不可以随意交换量词的顺序。下面两个等值式表明，量词有时是可以交换的：

$$E_{37}: \forall x \forall y A(x,y) \Leftrightarrow \forall y \forall x A(x,y)$$

$$E_{38}: \exists x \exists y A(x,y) \Leftrightarrow \exists y \exists x A(x,y)$$

另外，还有一些量词交换得到的永真蕴涵式，举例如下：

$$I_{21}: \forall x \forall y A(x,y) \Rightarrow \exists y \forall x A(x,y)$$

$$I_{22}: \exists y \forall x A(x,y) \Rightarrow \forall x \exists y A(x,y)$$

$$I_{23}: \forall x \exists y A(x,y) \Rightarrow \exists y \forall x A(x,y)$$

2.3.2 量词的消去和引入规则

为了使谓词逻辑中的推理过程能像命题逻辑中的推理过程那样进行，有时需要消去和引入量词。这样做的目的，主要是在推演过程中能使用等值式和永真蕴涵式。下面介绍有关消去量词和引入量词的规则，并请读者注意使用这些规则的条件。

1. 全称量词消去规则（简称 US 规则）

$$\forall x P(x) \Rightarrow P(y) \quad \text{或} \quad \forall x P(x) \Rightarrow P(c)$$

注意：（1）第一式中的 y 应为不在 $P(x)$ 中约束出现的个体变元。

（2）第二式中的 c 为任意个体常元。

（3）在这两个式子中，在 $P(x)$ 中变元 x 出现的每一处，都分别要用 y 或 c 来取代。

满足这些条件是为了保证当 $\forall x P(x)$ 为真时，$P(y)$（或 $P(c)$）也为真。

2. 存在量词消去规则(简称 ES 规则)

$$\exists x P(x) \Rightarrow P(c)$$

注:(1)c 是能使 $P(c)$ 为真的特定个体常元。

(2)c 不在 $P(x)$ 中出现。

(3)除 x 外,$P(x)$ 中不能出现其他自由出现的个体变元。

3. 全称量词引入规则(简称 UG 规则)

$$P(y) \Rightarrow \forall x P(x)$$

注意:(1)必须保证,无论自由变元 y 取何值,$P(y)$ 总为真。

(2)取代自由变元 y 的变元 x,不能在 $P(y)$ 中约束出现,否则不能保证 $P(y)$ 为真时,$\forall x P(x)$ 亦为真。

4. 存在量词引入规则(简称 EG 规则)

$$P(c) \Rightarrow \exists x P(x)$$

注意:(1)c 是能使 $P(c)$ 为真的特定个体常元。

(2)取代 c 的变元 x 不能在 $P(c)$ 中出现过。

2.3.3　推理证明的构造

本书命题逻辑中的推理证明是建立在自然系统 P 上的,在谓词逻辑中的推理证明也应建立在一个形式系统的基础之上。这里介绍一种自然推理系统 F,它由 3 个部分组成:

(1)字符表:同 2.2.1 介绍的符号体系 1 ~ 6。

(2)合式公式:同定义 2.2.3。

(3)推理规则:

①1.4 节中介绍的前提引入规则(P 规则),结论引入规则(T 规则),置换规则($E_1 \sim E_{38}$);

②永真蕴涵规则($I_1 \sim I_{23}$);

③量词消去和引入规则(US, ES, UG 和 EG 规则)。

在自然推理系统 F 推理证明的组成仍表现为一个公式序列,其格式仍是:写出前提,结论和证明过程。

例 2.3.1　指出下面推理证明中,在使用量词消去或引入规则时发生的错误。

(1)个体域为实数,$F(x,y)$ 为 $x > y$,$P(y)$ 为 $\exists x F(x,y)$。由前提 $\exists x \exists y F(x,y)$ 推出结论 $\exists x F(x,x)$ 的证明过程如下:

①$\exists x \exists y F(x,y)$　　　　　　　　P 规则

②$\exists y \exists x F(x,y)$　　　　　　　　①E_{38}

③$P(8)$　　　　　　　　　　　　②ES 规则

④$\exists x P(x)$　　　　　　　　　　　③EG 规则

⑤$\exists x F(x,x)$　　　　　　　　　　④,由 P 的定义

(2)个体域为实数,$F(x,y)$ 为 $x > y$,由前提 $\forall x \exists y F(x,y)$,推出结论 $\forall x F(x,c)$(c 为个体常元)的证明过程如下:

①$\forall x \exists y F(x,y)$　　　　　　　　P 规则

②$\exists y F(t,y)$　　　　　　　　　　①US 规则

③$F(t,c)$　　　　　　　　　　　　②ES 规则

④$\forall x F(x,c)$　　　　　　　③UG 规则

解　(1)容易知道前提为一真命题,而结论为一假命题,所以该证明过程必有错误。事实上,错误发生在 EG 规则的使用上。当用 x 取代 $P(8)$ 中的 8 时,忽略了 $P(8)$ 中含有 x 的同名变元,这违背了 EG 规则的使用条件(2)。

(2)容易知道前提为一真命题,而结论为一假命题,所以该证明过程必有错误。事实上,错误发生在 ES 规则的使用上。在消去量词 $\exists y$ 时,忽略了 $F(t,y)$ 中还含有自由变元 t,这违背了 ES 规则的使用条件(3)。

例 2.3.2　证明苏格拉底三段论。

证　设 $F(x):x$ 是人,$G(x):x$ 是要死的,$a:$苏格拉底。

前提:$\forall x(F(x)\rightarrow G(x))$,$F(a)$

结论:$G(a)$

证明:①$\forall x(F(x)\rightarrow G(x))$　　　　　　P 规则

②$F(a)\rightarrow G(a)$　　　　　　①,US 规则

③$F(a)$　　　　　　P 规则

④$G(a)$　　　　　　②③,I_9

例 2.3.3　构造下面推理的证明。

前提:$\neg\exists x(F(x)\wedge H(x))$,$\forall x(G(x)\rightarrow H(x))$

结论:$\forall x(G(x)\rightarrow\neg F(x))$

证明:①$\neg\exists x(F(x)\wedge H(x))$　　　　　　P 规则

②$\forall x(\neg F(x)\vee\neg H(x))$　　　　　　①,E_{26},E_{11}

③$\forall x(H(x)\rightarrow\neg F(x))$　　　　　　②,E_4,E_{20}

④$H(y)\rightarrow\neg F(y)$　　　　　　③,US 规则

⑤$\forall x(G(x)\rightarrow H(x))$　　　　　　P 规则

⑥$G(y)\rightarrow H(y)$　　　　　　⑤US 规则

⑦$G(y)\rightarrow\neg F(y)$　　　　　　④⑥,I_{12}

⑧$\forall x(G(x)\rightarrow\neg F(x))$　　　　　　⑦,UG 规则

注意:本例中结论带有全称量词,因而在用 US 规则时,要用个体变元 y 取代 x。

例 2.3.4　证明下述论断的正确性:

所有的实数都是复数。并非所有的实数都是有理数。故有些复数不是有理数。

解　设谓词 $P(x):x$ 是实数;$Q(x):x$ 是复数;$R(x):x$ 是有理数。

前提:$\forall x(P(x)\rightarrow Q(x))$,$\neg\forall x(P(x)\rightarrow R(x))$

结论:$\exists x(Q(x)\neg R(x))$

证明:①$\neg\forall x(P(x)\rightarrow R(x))$　　　　　　P 规则

②$\exists x\neg(\neg P(x)\vee R(x))$　　　　　　①,E_{25},E_{20}

③$\neg(\neg P(c)\vee R(c))$　　　　　　②,ES 规则

④$P(c)\wedge\neg R(c)$　　　　　　③,E_{10},E_1

⑤$P(c)$　　　　　　④,I_1

⑥$\neg R(c)$　　　　　　④,I_1

⑦$\forall x(P(x)\rightarrow Q(x))$　　　　　　P 规则

⑧$P(c) \rightarrow Q(c)$　　　　　　　⑦,US 规则
⑨$Q(c)$　　　　　　　　　　　⑤,⑧,I_9
⑩$Q(c) \wedge \neg R(c)$　　　　　　⑥⑨合取式
⑪$\exists x(Q(x) \wedge \neg R(x))$　　　　⑩,UG 规则

习题 2

2.1　将下列命题用 0 元谓词符号化:

(1)存在着偶素数。

(2)小张不是工人,也不是农民。

(3)2 大于 3 仅当 2 大于 4。

(4)一切人都不是一样高。

(5)不是一切人都一样高。

(6)在正整数中,一个数不是偶数,那么它就是奇数。

(7)如果 $a = b$ 与 $b = c$,则 $a = c$。

(8)所有大于等于零的实数都可以开平方。

(9)不管白猫、黑猫,抓住老鼠就是好猫。

2.2　设 $Q(x)$ 表示"x 是奇数",$E(x)$ 表示"x 是偶数",$D(x,y)$ 表示"x 是 y 的因子"。试将下列各式先译成自然语言,然后判定各命题的真值(个体域为自然数集合)。

(1)$E(4) \wedge \neg Q(4)$

(2)$\forall x(D(2,x) \rightarrow E(x))$

(3)$\exists x(E(x) \wedge D(x,6))$

(4)$\exists x \forall y \forall z(x + y = z)$

2.3　将下列各命题分别在指定的两种个体域中符号化,并讨论其相应的真值。

(1)凡有理数都能被 2 整除。个体域分别为(a)有理数集合;(b)实数集合。

(2)有的有理数都能被 2 整除。个体域分别为(a)有理数集合;(b)实数集合。

(3)对于任意的 x,均有 $x^2 - 2 = (x + \sqrt{2})(x - \sqrt{2})$。个体域分别为($a$)自然数集合;($b$)实数集合。

(4)存在 x,使得 $x + 4 = 8$。个体域分别为(a)自然数集合;(b)实数集合。

2.4　在谓词逻辑中将下列命题符号化:

(1)在城里卖菜的人不全是城外的人。

(2)有的人天天练长跑。

(3)有的汽车比所有的汽艇都慢。

(4)不存在比所有火车都快的汽车。

(5)所有的金属都能溶解于某种液体之中。

2.5　指出下列公式中的自由变元和约束变元,并指出对应量词的作用域:

(1)$\forall x(F(x) \rightarrow H(x,y))$

(2)$\exists x(P(x) \wedge Q(x)) \wedge \forall x R(x)$

（3）$\forall x(P(x,y) \to \exists y Q(x,y,z))$

（4）$\forall x \exists y(F(x,y) \wedge G(y,z)) \vee \exists x H(x,y,z)$

2.6 将下列公式化成与之等值的公式,使其中变元只以自由或约束中的一种形式出现:

（1）$\forall x F(x,y,z) \to \exists y G(x,y,z)$

（2）$\forall x \exists y(F(x,z) \to G(y)) \leftrightarrow H(x,y)$

（3）$\forall x(P(x) \to (R(x) \vee Q(x) \wedge \exists x R(x))) \to \exists z S(x,z)$

2.7 对指定的个体域消去下列各公式中的量词:

（1）$\forall x(F(x) \to G(x))$,个体域 $D = \{a,b,c\}$

（2）$\forall x \neg P(x) \vee \exists x P(x)$,个体域 $D = \{a,b,c\}$

（3）$\forall x \forall y P(x,y)$ 个体域 $D = \{0,1\}$

2.8 求下列各公式在相应解释下的真值:

（1）$\exists x(P(x) \vee Q(x))$,其中 $P(x):x=2;Q(x):x=3$;个体域 $D = \{2,3\}$

（2）$\forall x(P \to Q(x)) \vee R(a)$,其中 $P:2>-1;Q(x):x \leqslant 3;R(x):x>5;a:5$;个体域 $D = \{-2,3,6\}$

2.9 试判定下列公式是永真式,还是永假式? 给出证明或举反例说明。

（1）$\forall x(P(x) \to Q(x)) \to (\forall x P(x) \to \forall x Q(x))$

（2）$\forall x(P(x) \to Q(x)) \to (\exists x P(x) \to \forall x Q(x))$

2.10 判定下列各公式的类型:

（1）$F(x,y) \to (G(x,y) \to F(x,y))$

（2）$\forall x \exists y F(x,y) \to \exists x \forall y F(x,y)$

（3）$\forall x \forall y(F(x,y) \to F(y,x))$

2.11 将下列各公式化为与之等值的前束范式:

（1）$\forall x F(x,y) \leftrightarrow \exists x G(x,y)$

（2）$\forall x(F(x) \to \exists y G(x,y))$

（3）$\exists x(\neg(\exists y F(x,y)) \to (\exists z G(z) \to H(x)))$

（4）$\exists x_1 F(x_1,x_2) \to (H(x_1) \to \neg \exists x_2 G(x_1,x_2))$

2.12 在谓词逻辑中将下列命题符号化,要求用两种不同的等值形式。

（1）没有大于正数的负数。

（2）相等的两个角不一定都是同位角。

2.13 在下列各题的推理中,错误地使用了量词的消去或引入规则,指出原因并纠正之。

（1）① $F(x) \to \exists x G(x)$

　　② $F(c) \to G(c)$

（2）① $F(y) \to G(y)$

　　② $\exists x(F(c) \to G(x))$

（3）① $F(a) \wedge F(b)$

　　② $\exists x(F(x) \wedge G(x))$

（4）① $F(c) \to G(c)$

　　② $\forall x(F(x) \to G(x))$

（5）① $\exists y(z>y)$　　　　　　　　　　　　P 规则

②$z > c$　　　　　　　　　①,ES 规则

③$\forall x(x > c)$　　　　　②,UG 规则

④$c > c$　　　　　　　　　③,US 规则

(6)①$\forall x\, A(x)$　　　　　　P 规则

②$A(c)$　　　　　　　　　①,US 规则

③$\exists x\, B(x)$　　　　　　P 规则

④$B(c)$　　　　　　　　　③,ES 规则

2.14　证明下列永真蕴涵式:

(1) $\forall x(P(x) \wedge Q(x)) \wedge \forall x \neg\, P(x) \Rightarrow \forall x\, Q(x)$

(2) $\exists x\, A(x) \rightarrow \forall x\, B(x) \Rightarrow \forall x(A(x) \rightarrow B(x))$

*2.15　在谓词逻辑推理系统中,构造下列推理的证明:

(1)前提:$\forall x(F(x) \rightarrow G(x))$

　结论:$\forall x\, F(x) \rightarrow \forall x\, G(x)$

(2)前提:$\exists x\, F(x) \rightarrow \forall x\, G(x)$

　结论:$\forall x(F(x) \rightarrow G(x))$

(3)前提:$\exists x\, F(x) \rightarrow \forall y((F(y) \vee G(y)) \rightarrow R(y)), \exists x\, F(x)$

　结论:$\exists x\, R(x)$

(4)前提:$\forall x(F(x) \vee G(x)), \neg\, \exists x\, G(x)$

　结论:$\exists x\, F(x)$

(5)前提:$\forall x(F(x) \vee G(x))$

　结论:$\neg\, \forall x\, F(x) \rightarrow \exists x\, G(x)$

*2.16　在谓词逻辑中,先将下列命题符号化,再构造推理的证明:

(1)每个有理数都是实数。有的有理数是整数。因此有的实数是整数。

(2)不存在能表示成分数的无理数。有理数都能表示成分数。因此有理数都不是无理数。

(3)每一个大学生,不是文科生就是理工科生。有的大学生是优等生。小张不是文科生,但他是优等生。因此,小张如是大学生,他就是理工科学生。

(4)每个旅客或者坐头等舱,或者坐二等舱。每个旅客当且仅当他富裕时,坐头等舱。有些旅客富裕但并非所有的旅客都富裕。因此,有些旅客坐二等舱。

第**3**章
集合论

集合论是现代各数学学科的基础,它的起源可以追溯到 16 世纪末期。到了 19 世纪,由著名的数学家康托尔(George Cantor)发表了一系列有关集合论的文章,奠定了集合论的深厚基础。现在,集合论已经深入现代科学的各个领域之中,正在得到广泛的应用。对于从事计算机科学的工作者来说,集合论是不可缺少的理论知识,熟悉和掌握它是十分必要的。

3.1 集合论基础

3.1.1 集合及其表示方法

一、集合的概念

集合是不能用其他的概念加以精确定义的一个基本概念。一般来说,把一些明确的,各不相同的事物,汇合成一个整体,这就是集合。如一个家庭中的成员,某图书馆里的藏书,甚至把风、花、雪、月凑合起来,也可以构成一个集合。我们把集合中不再细分的个体称为元素,作为元素的个体有时是单个的且不能再细分;有时集合中的某元素又可以是另一个集合。集合可以简称为集。

在多数情况下,我们讨论的集合是"具有同一种特性的对象所构成的整体"。这里所说的对象就是这个集合的元素。在各种各样的集合中,有着各种各样不同的对象。有些对象形式比较简单,有些对象结构比较复杂,以下分别举例说明。

例 3.1.1 具有比较简单的形式的对象的集合如:

(1)所有英文字母;

(2)所有的自然数;

(3)所有的整数;

(4)一个学校里所有学生的姓名;

(5)C 语言中的所有标识符。

例 3.1.2 具有比较复杂的结构的对象的集合如:

(1)平面上的所有点;

(2)所有的复数;

(3)区间(0,1)上的所有实函数;

(4)一个工厂中所有职工的档案;

(5)一个计算机程序中的所有子程序;

(6)以某几个集合为元素的集合。

通常用大写字母 $A,B,C,\cdots$ 及 $X,Y,Z,\cdots$ 表示集合;而用小写字母 $a,b,c,\cdots$ 及 $x,y,z,\cdots$ 表示集合的元素。

在集合的描述中有以下约定:

(1)同一个集合中各元素互不相同,即把若干相同的元素看成一个元素;

(2)集合中元素的顺序可以任意确定,即把元素相同仅顺序不同的多个集合看成是一个集合;

(3)元素之间可以没有任何联系;

(4)把集合中元素的个数称为集合的**基数**,集合 G 的基数记为 $|G|$。基数是有限数的集合称为有限集,或称有穷集;否则称为无限集。如 $A = \{a,b,c\}$,$B = \{a,\{b,c\}\}$ 则 $|A| = 3$,$|B| = 2$。

二、集合的表示法

集合的表示法有很多种,现列出其中 3 种如下。

1. 枚举法

把集合中的元素全部列出(或只列出部分元素,而其余元素可从容易看出的规律中得知)的方法。

例 3.1.3　以下是几个有限集合或容易看出规律的无限集合。

(1)$A = \{a,b,c,d,e,f,g\}$

(2)$N = \{0,1,2,3,\cdots\}$

(3)$B = \{1,2,3,5,6,10,15,30\}$

(4)$C = \{\text{Sunday},\text{Monday},\cdots,\text{Saturday}\}$

用枚举法表示集合,一目了然,但当集合的元素很多甚至无限时,这种方法是不便,甚至是不可行的。

2. 谓词法

这种方法有两种主要的形式,一种是 $\{x \mid P(x)\}$ 的形式,一种是 $\{f(x) \mid P(x)\}$ 的形式。其中,$f(x)$ 是 x 的函数,$P(x)$ 称为入集条件。$P(x)$ 既可以是一个谓词公式,也可以是用自然语言叙述的条件。

例 3.1.4　以下是几个用谓词法表示的集合。

(1)$E = \{x \mid x \text{ 是偶数}\}$

(2)$S = \{x \mid x \text{ 是 2 的整数次幂}\}$

(3)$S = \{2^n \mid n \text{ 是整数}\}$

(4)$P = \{x \mid (x \text{ 是实数}) \wedge (0 \leqslant x \leqslant 1)\}$

3. 文氏图法

在平面上用圆、矩形或某种封闭图形表示集合,如图 3.1.1 所示。

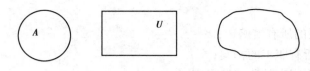

图 3.1.1

三、集合与元素的关系

元素与集合之间的"属于"关系是一种最基本的关系。当一个集合 A 确定之后,对某个元素 a 来说,"a 是集合 A 的元素"或"a 不是集合 A 的元素"这两种说法之中,必有一种且只能有一种是正确的。对前者,称之为"a 属于 A",记为 $a \in A$;对后者,称之为"a 不属于 A",记为 $a \notin A$。

利用元素与集合之间的属于关系,可以判定两个集合是否相等。两个集合 A 和 B 相等,当且仅当它们的元素完全相同,记为 $A = B$;否则 A 与 B 不相等,记为 $A \neq B$。

3.1.2 几种特殊集合

1. 子集

定义 3.1.1 设 A, B 是集合,若 A 的每一个元素都是 B 的元素,则称 A 是 B 的**子集**,或称 A **包含于** B,或称 B **包含** A,记作 $A \subseteq B$,或 $B \supseteq A$;又若 $A \subseteq B$,且 B 中至少有一个元素不是 A 的元素,则称 A 是 B 的**真子集**,或 A **真包含于** B,或 B **真包含** A,记作 $A \subset B$,或 $B \supset A$。

例 3.1.5 设 $\mathbf{N}, \mathbf{I}, \mathbf{Q}, \mathbf{R}$ 依次表示自然数集、整数集、有理数集、实数集,则有:
$$\mathbf{N} \subset \mathbf{I} \subset \mathbf{Q} \subset \mathbf{R}$$
对任意集合 A, B, C,集合相等的关系具有以下基本性质:

$A \subseteq A$(自反性);若 $A = B \Leftrightarrow B = A$(对称性);$(A \subseteq B) \wedge (B \subseteq C) \Rightarrow (A \subseteq C)$(传递性);$(A \subseteq B) \wedge (B \subseteq A) \Leftrightarrow (A = B)$(证明两集合相等的基本方法)。

2. 全集

定义 3.1.2 在一定范围内若所有集合均为某集合的子集,则称该集合为**全集**,记作 U 或 E。

全集是相对唯一的,而不是绝对唯一的。给出若干个全集的例子如下。

(1)在进行实数运算时,全集由全体实数组成。此时全集是无限集;

(2)在人口研究中,全集由世界上的所有人组成。此时全集是有限集。

3. 空集

定义 3.1.3 不包含任何元素的集合称为**空集**,通常记为 Φ。

下面给出两个以谓词法表示空集的例子。

(1)$R = \{x \mid x$ 是方程 $x^2 + 4x + 5 = 0$ 的实根$\}$;

(2)$S = \{y \mid (y$ 是正数$) \wedge (y$ 是负数$)\}$

空集的概念在集合理论中有着重要的作用,它有以下两个主要性质:

(1)空集是绝对唯一的;

(2)空集是任一个集合的子集。

这两个性质都可以用反证法来加以证明。

(1)的证明:若有两个不同的空集,则其中之一个空集必定有一个元素 a 不是另一个空集的元素,这与先前的空集之中没有 ~~~~~~~~~~~ ；

（2）的证明：若空集 Φ 不是集合 A 的子集,则 Φ 中必定有一个元素 a 不是 A 的元素,这与 Φ 中没有任何元素矛盾。

4. 幂集

定义 3.1.4　给定集合 A,由 A 的每个子集为元素所组成的集合称为 A 的**幂集**,记为 $P(A)$ 。

这种以集合为元素构成的集合,常称为集合的集合,又称为集合族。对集合族的研究,在数学、数据库以及人工智能等方面都有十分重大的意义。

例 3.1.6　不同的集合的幂集大不相同,试看以下例子。

（1）设 $A = \{1,2\}$,则 $P(A) = \{\Phi,\{1\},\{2\},\{1,2\}\}$ 。

（2）设 $B = \{a,b,c\}$,则 $P(B) = \{\Phi,\{a\},\{b\},\{c\},\{a,b\},\{a,c\},\{b,c\},\{a,b,c\}\}$ 。

（3）对于空集 Φ ,有

$P(\Phi) = \{\Phi\}; P(P(\Phi)) = \{\Phi,\{\Phi\}\}; P(P(P(\Phi))) = \{\Phi,\{\Phi\},\{\{\Phi\}\},\{\Phi,\{\Phi\}\}\}$ 。

考虑一个由 n 个元素组成的有限集合 A 的幂集 $P(A)$,它有多少个元素? 当我们构造 A 的一个子集时,对 A 的每一个元素,都有两种可能,被选到或不被选到。因此,对 A 的 n 个元素,就有 2^n 种不同的选法。这样一来, A 有 2^n 个不同的子集,即 $|P(A)| = 2^n$ 。对 $P(A)$ 中的元素（即 A 的子集）,可以按所含元素个数从少到多的次序排列,也可以按以下方法排列。例如若 $A = \{1,2,\cdots,n\}$, A 的每一个子集 S 对应一个 n 位二进制数,取 A 中正整数 i ,若 $i \in S$,则这个二进制数从最高位数起第 i 位为 1;否则为 0。例如,若 $A = \{1,2,3\}$,则可得二进制整数与 A 的子集对应表如下。

表 3.1.1

二进制整数	A 的子集
000	Φ
001	$\{3\}$
010	$\{2\}$
011	$\{2,3\}$
100	$\{1\}$
101	$\{1,3\}$
110	$\{1,2\}$
111	$\{1,2,3\}$

$P(A)$ 中的 8 个元素（即 A 的 8 个子集）恰好分别对应 0 ~ 7 这 8 个十进制整数的二进制表达形式。用这种方法可以方便地把 A 的全部子集按一定顺序排列出来。

3.2 集合的运算

3.2.1 集合运算类型及其定义

集合的某种运算,就是以集合为运算对象,按照某种规则得到一个确定的集合作为运算结果。

定义 3.2.1 (1)集合 A 和集合 B 的**交**记为 $A \cap B$,其中 $A \cap B = \{x \mid (x \in A) \wedge (x \in B)\}$。

(2)集合 A 和集合 B 的**并**记为 $A \cup B$,其中 $A \cup B = \{x \mid (x \in A) \vee (x \in B)\}$。

(3)集合的补分为**相对补**和**绝对补**两种。集合 B 对于集合 A 的相对补记为 $A - B$,其中,$A - B = \{x \mid (x \in A) \wedge (x \notin B)\}$,$A - B$ 又称为 A 和 B 的**差**。集合 A 的**绝对补**(简称 A 的补)就是集合 A 对于全集的相对补,记为 $\sim A$,$\sim A = \{x \mid (x \in U) \wedge (x \notin A)\}$ 或 $\sim A = \{x \mid x \notin A\}$,其中 U 是全集。

(4)集合 A 和集合 B 的**对称差**(又称**环和**),记为 $A \oplus B$,其定义及有关等式如下:

$$A \oplus B = \{x \mid (x \in A \wedge x \notin B) \vee (x \in B \wedge x \notin A)\}$$

$$A \oplus B = (A - B) \cup (B - A) = (A \cup B) - (A \cap B)$$

各种运算的定义用文氏图表示,见图 3.2.1—图 3.2.5,其中阴影部分表示运算结果的集合。

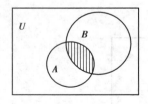

图 3.2.1 $A \cap B$

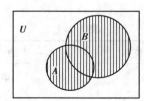

图 3.2.2 $A \cup B$

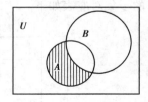

图 3.2.3 $A - B$

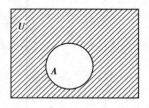

图 3.2.4 $\sim A$

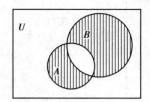

图 3.2.5 $A \oplus B$

例 3.2.1 设全集为 $U = \{0,1,2,3,4,5,6,7,8,9\}$,$A = \{2,3,4,5\}$,$B = \{4,5,6,7,8\}$,$C = \{1,2,8,9\}$,求 $A \cap B$,$A \cup B$,$A - B$,$B - A$,$B - C$,$C - B$,$\sim A$,$A \oplus B$,$B \oplus C$,$(A \oplus B) \oplus C$,$A \oplus (B \oplus C)$。

解 $A \cap B = \{4,5\}$,$A \cup B = \{2,3,4,5,6,7,8\}$,$A - B = \{2,3\}$,$B - A = \{6,7,8\}$,

$B - C = \{4,5,6,7\}$,$C - B = \{1,2,9\}$,$\sim A = \{0,1,6,7,8,9\}$,

$A \oplus B = \{2,3,6,7,8\}$,$B \oplus C = \{1,2,4,5,6,7,9\}$,

$(A \oplus B) \oplus C = \{2,3,6,7,8\} \oplus \{1,2,8,9\} = \{1,3,6,7,9\}$,

$$A \oplus (B \oplus C) = \{2,3,4,5\} \oplus \{1,2,4,5,6,7,9\} = \{1,3,6,7,9\}$$

3.2.2 集合运算基本定律

集合运算基本定律的公式又称集合恒等式。其中,U 表示全集;Φ 表示空集;A,B,C 表示任意集合。

第一组 等幂律

$A \cap A = A, A \cup A = A$

第二组 交换律

$A \cap B = B \cap A, A \cup B = B \cup A, A \oplus B = B \oplus A$

第三组 结合律

$(A \cap B) \cap C = A \cap (B \cap C), (A \cup B) \cup C = A \cup (B \cup C), (A \oplus B) \oplus C = A \oplus (B \oplus C)$

第四组 分配律

$A \cap (B \cup C) = (A \cap B) \cup (A \cap C), A \cup (B \cap C) = (A \cup B) \cap (A \cup C),$

$A \cap (B - C) = (A \cap B) - (A \cap C), A \cap (B \oplus C) = (A \cap B) \oplus (A \cap C)$

第五组 吸收律

$A \cap (A \cup B) = A, A \cup (A \cap B) = A$

第六组 德·摩根律及有关公式

$\sim (A \cap B) = \sim A \cup \sim B, \ \sim (A \cup B) = \sim A \cap \sim B, \sim (\sim A) = A,$

$A - B = A \cap \sim B, A - B = A - (A \cap B)$

第七组 与全集和空集有关的公式

$A \cap \sim A = \Phi, \qquad A \cup \sim A = U,$

$A \cap U = A, \qquad A \cup U = U,$

$A \cap \Phi = \Phi, \qquad A \cup \Phi = A,$

$\sim U = \Phi, \qquad \sim \Phi = U$

另外还有两个与分配律及德·摩根律有关的公式:

$A - (B \cup C) = (A - B) \cap (A - C), A - (B \cap C) = (A - B) \cup (A - C)$

今对 ∩ 的交换律、∩ 对 - 的分配律、⊕ 的结合律及德·摩根律的第一个公式,这 4 个公式加以证明。

一般说来,要证明两个集合相等有下列几种方法。

1. 利用集合相等的定义证明。

对 $A \cap B = B \cap A$ 的证明:对任 x,

$$x \in A \cap B \Leftrightarrow (x \in A) \wedge (x \in B) \Leftrightarrow (x \in B) \wedge (x \in A) \Leftrightarrow x \in B \cap A$$

因此,$A \cap B = B \cap A$

2. 利用已知集合恒等式证明。

①对 $A \cap (B - C) = (A \cap B) - (A \cap C)$ 的证明:

一方面,$A \cap (B - C) = A \cap (B \cap \sim C) = A \cap B \cap \sim C$

另一方面,$(A \cap B) - (A \cap C) = (A \cap B) \cap \sim (A \cap C) = (A \cap B) \cap (\sim A \cup \sim C)$

$$= (A \cap B \cap \sim A) \cup (A \cap B \cap \sim C) = A \cap B \cap \sim C$$

因此,$A \cap (B - C) = (A \cap B) - (A \cap C)$

②对$(A \oplus B) \oplus C = A \oplus (B \oplus C)$的证明：记$D = A \oplus B$,则

$D = (A - B) \cup (B - A)$

$\quad = (A \cap \sim B) \cup (B \cap \sim A)$

$\quad = ((A \cap \sim B) \cup (B \cap \sim A)) \cap (C \cup \sim C)$

$\quad = (A \cap \sim B \cap C) \cup (A \cap \sim B \cap \sim C) \cup (B \cap \sim A \cap C) \cup (B \cap \sim A \cap \sim C)$

$(A \oplus B) \oplus C = D \oplus C = (D \cap \sim C) \cup (C \cap \sim D)$

其中,$D \cap \sim C = (A \cap \sim B \cap \sim C) \cup (\sim A \cap B \cap \sim C)$

$C \cap \sim D = C \cap \sim (A \cap \sim B \cap C) \cap \sim (A \cap \sim B \cap \sim C) \cap \sim (\sim A \cap B \cap C) \cap$
$\qquad\qquad\quad (\sim A \cap B \cap \sim C)$

$\qquad\quad = C \cap (\sim A \cup B \cup \sim C) \cap (\sim A \cup B \cup C) \cap (A \cup \sim B \cup \sim C) \cap (A \cup \sim B \cup C)$

$\qquad\quad = C \cap (\sim A \cup B \cup \sim C) \cap (A \cup \sim B \cup \sim C)$

$\qquad\quad = C \cap (((\sim A \cup B) \cap (A \cup \sim B)) \cup \sim C)$

$\qquad\quad = C \cap ((\sim A \cap \sim B) \cup (A \cap B)))$

$\qquad\quad = (\sim A \cap \sim B \cap C) \cup (A \cap B \cap C)$

从而 $(A \oplus B) \oplus C = (A \cap \sim B \cap \sim C) \cup (\sim A \cap B \cap \sim C) \cup (\sim A \cap \sim B \cap C) \cup (A \cap B \cap C)$

另一方面,利用$\oplus$的交换律和上一行的等式得

$A \oplus (B \oplus C) = (B \oplus C) \oplus A$

$\qquad\qquad = (B \cap \sim C \cap \sim A) \cup (\sim B \cap C \cap \sim A) \cup (\sim B \cap \sim C \cap A) \cup (B \cap C \cap A)$

$\qquad\qquad = (A \cap \sim B \cap \sim C) \cup (\sim A \cap B \cap \sim C) \cup (\sim A \cap \sim B \cap C) \cup (A \cap B \cap C)$

因此,$(A \oplus B) \oplus C = A \oplus (B \oplus C)$

用文氏图解释$(A \oplus B) \oplus C$和$A \oplus (B \oplus C)$见图3.2.6—图3.2.9。

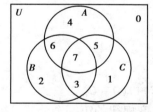

图3.2.6　区域划分示意图

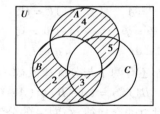

图3.2.7　$A \oplus B$

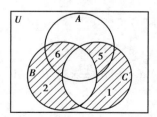

图3.2.8　$B \oplus C$

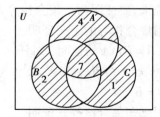

图3.2.9　$(A \oplus B) \oplus C$和$A \oplus (B \oplus C)$

其中,区域0～7分别为

0：$\sim A \cap \sim B \cap \sim C$　　　　1：$\sim A \cap \sim B \cap C$　　　　2：$\sim A \cap B \cap \sim C$

3：$\sim A \cap B \cap C$　　　　　　　4：$A \cap \sim B \cap \sim C$　　　　5：$A \cap \sim B \cap C$

6：$A \cap B \cap \sim C$　　　　　　　7：$A \cap B \cap C$

3. 用集合成员表证明两集合相等

约定:(1)用"1"表示 x 属于某集合,用"0"表示 x 不属于某集合。

(2)与集合的各种运算所对应的集合成员表规定如下:

表 3.2.1(1)

A	$\sim A$
0	1
1	0

表 3.2.1(2)

$A\ B$	$A\cap B$	$A\cup B$	$A - B$	$A\oplus B$
0 0	0	0	0	0
0 1	0	1	0	1
1 0	0	1	1	1
1 1	1	1	0	0

注:集合成员表类似于命题公式真值表,表中的 1 和 0 分别表示 x 属于和不属于集合的情形。

对 $(A\oplus B)\oplus C = A\oplus(B\oplus C)$ 的证明:作出集合成员表

表 3.2.2

$A\ B\ C$	$A\oplus B$	$B\oplus C$	$(A\oplus B)\oplus C$	$A\oplus(B\oplus C)$
0 0 0	0	0	0	0
0 0 1	0	1	1	1
0 1 0	1	1	1	1
0 1 1	1	0	0	0
1 0 0	1	0	1	1
1 0 1	1	1	0	0
1 1 0	0	1	0	0
1 1 1	0	0	1	1

表 3.2.2 最后两列相同,表示 $x \in (A\oplus B)\oplus C$,当且仅当 $x \in A\oplus(B\oplus C)$。原等式成立。

例 3.2.2 证明 $(A\cap B)\cup(\sim A\cap C) = (A\cap B)\cup(\sim A\cap C)\cup(B\cap C)$。

证 此题适合使用集合成员表来证明,如表 3.2.3。其中令 $P = (A\cap B)\cup(\sim A\cap C)$,$Q = (A\cap B)\cup(\sim A\cap C)\cup(B\cap C)$。

表 3.2.3 最后两列相同,表示 $x\in P$ 当且仅当 $x\in Q$。原等式成立。

4. 利用谓词公式等价证明集合相等。

对 $\sim(A\cap B) = \sim A\cup \sim B$ 的证明:

$\sim(A\cap B) = \{x \mid x \in \sim(A\cap B)\} = \{x \mid \neg (x \in A\cap B)\}$

$\qquad\qquad = \{x \mid \neg ((x\in A)\wedge(x\in B))\} = \{x \mid \neg (x\in A)\vee\neg(x\in B)\}$

$\qquad\qquad = \{x \mid (x\in \sim A)\vee(x\in \sim B)\}$

$\qquad\qquad = \sim A\cup \sim B$

因此,$\sim(A\cap B) = \sim A\cup \sim B$。

表 3.2.3

$A\ B\ C$	$A\cap B$	$\sim A$	$\sim A\cap C$	$B\cap C$	P	Q
0 0 0	0	1	0	0	0	0
0 0 1	0	1	1	0	1	1
0 1 0	0	1	0	0	0	0
0 1 1	0	1	1	1	1	1
1 0 0	0	0	0	0	0	0
1 0 1	0	0	0	0	0	0
1 1 0	1	0	0	0	1	1
1 1 1	1	0	0	1	1	1

例 3.2.3 证明 $(B-A)\cup A = B\cup A$

证 任取元素 x,有下列推理:

$$
\begin{aligned}
x\in(B-A)\cup A &\Leftrightarrow x((B-A)\lor x\in A) & \text{并集定义}\\
&\Leftrightarrow (x\in B\land x\notin A)\lor x(A) & \text{差集定义}\\
&\Leftrightarrow (x\in B\lor x\in A)\land(x\notin A\lor x\in A) & E_8\\
&\Leftrightarrow (x\in B\lor x\in A)\land T & E_{18}\\
&\Leftrightarrow x\in B\lor x\in A & E_{17}\\
&\Leftrightarrow x\in(A\cup B) & \text{并集定义}
\end{aligned}
$$

所以 $(B-A)\cup A = A\cup B = B\cup A$

3.3 集合的包含与计数

3.3.1 集合的包含的证明方法

两个集合相等,当且仅当它们互相包含。因此证明两个集合相等,可以借用集合包含的证明方法。用数理逻辑的方法证明集合间相等,实际上是证明命题间等价,这两个概念自身都是对称的;而证明集合间是否互相包含,实际上是证明命题间是否互相永真蕴涵,这两个概念自身都是不对称的。使用这些概念,将有关集合包含的一些重要结论列在下面定理之中。

定理 3.3.1 设 U 表示全集,Φ 表示空集,A,B,C,D 表示任意集合。则有

(1) $\Phi\subseteq A$, $A\subseteq A$, $A\subseteq U$

(2) $(A\subseteq B)\land(B\subseteq A)\Leftrightarrow A=B$

(3) $(A\subseteq B)\land(C\subseteq D)\Rightarrow A\cap C\subseteq B\cap D$

(4) $(A\subseteq B)\land(C\subseteq D)\Rightarrow A\cup C\subseteq B\cup D$

(5) $(A\subseteq B)\land(B\subseteq C)\Rightarrow A\subseteq C$

(6) $A\cap B\subseteq A\subseteq A\cup B$, $A\cap B\subseteq B\subseteq A\cup B$

$(7) A \subseteq B \Leftrightarrow A \cup B = B \Leftrightarrow A \cap B = A \Leftrightarrow \sim B \subseteq \sim A \Leftrightarrow A - B = \Phi$

$(8) A \cap B = \Phi \Leftrightarrow A \subseteq \sim B \Leftrightarrow B \subseteq \sim A$

$(9) A \cup B = U \Leftrightarrow \sim A \subseteq B \Leftrightarrow \sim B \subseteq A$

证 只对公式(5)、(7)、(8)加以证明。

①对(5)的证明如下(采用文字推理的方法)。

对任意 $x \in A$,由于 $A \subseteq B$,故 $x \in B$,又由于 $B \subseteq C$,故 $x \in C$。从而 $A \subseteq C$。所以
$$(A \subseteq B) \wedge (B \subseteq C) \Rightarrow A \subseteq C$$

对(7)中前两个公式等价的证明:

先证"$\Rightarrow$"。设 $A \subseteq B$。对任意 $x \in A \cup B$,则 $x \in A$ 或 $x \in B$。若 $x \in A$ 则由 $x \in A$ 及 $A \subseteq B$ 得 $x \in B$,故总有 $x \in B$。所以 $A \cup B \subseteq B$,又 $B \subseteq A \cup B$。故得到 $A \cup B = B$。

再证"$\Leftarrow$"。若 $A \cup B = B$,因为 $A \subseteq A \cup B$,故 $A \subseteq B$。

到此证得 $A \subseteq B \Leftrightarrow A \cup B = B$。

②对(7)中等价式 $A \subseteq B \Leftrightarrow \sim B \subseteq \sim A$ 的证明(采用等值演算的方法)。对任取的 x 推理如下:

$$A \subseteq B \Leftrightarrow x \in A \to x \in B \Leftrightarrow \neg (x \in A) \vee x \in B \Leftrightarrow x \in B \vee x \in \sim A$$
$$\Leftrightarrow \neg (x \in B) \to x \in \sim A \Leftrightarrow x \in \sim B \to x \in \sim A$$
$$\Leftrightarrow \sim B \subseteq \sim A$$

③对(8)中 $A \cap B = \Phi \Leftrightarrow A \subseteq \sim B$ 的证明(采用反证法)。若 $A \subseteq \sim B$ 不成立,对任意 x,推理如下:

$$\neg (x \in A \to x \in \sim B) \Leftrightarrow x \in A \wedge x \notin \sim B \Leftrightarrow x \in A \wedge x \in B$$
$$\Leftrightarrow x \in A \cap B$$

这与 $A \cap B = \Phi$ 矛盾,因而必有 $A \cap B = \Phi \Leftrightarrow A \subseteq \sim B$。

与(7)和(8)有关的文氏图见图 3.3.1—图 3.3.5。

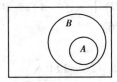

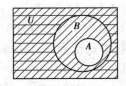

图 3.3.1　$A \subseteq B$　　　　　　图 3.3.2　$\sim B \subseteq \sim A$

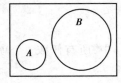

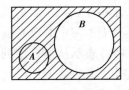

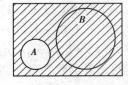

图 3.3.3　$A \cap B = \Phi$　　　图 3.3.4　$A \subseteq \sim B$　　　图 3.3.5　$B \subseteq \sim A$

3.3.2　集合的计数与包含排斥原理

对有限集合的计数,就是计算有限集合元素的个数,即集合的基数。集合 A 的基数记为 $|A|$。根据集合运算的定义,以下各式成立。

$$|A \cup B| \leq |A| + |B|$$
$$|A \cap B| \leq \min(|A|, |B|)$$
$$|A - B| = |A| - |A \cap B|$$
$$|A \oplus B| = |A \cup B| - |A \cap B|$$

定理 3.3.2（包含排斥原理的简单形式） 设 A 和 B 为任意有限集合，则

$$|A \cup B| = |A| + |B| - |A \cap B|$$

证 （1）若 A 与 B 不相交，则 $A \cap B = \Phi$，则 $|A \cap B| = 0$，

$$|A \cup B| = |A| + |B| = |A| + |B| - |A \cap B|$$

（2）若 $A \cap B \neq \Phi$，则

$$|A| = |A \cap \sim B| + |A \cap B|$$
$$|B| = |\sim A \cap B| + |A \cap B|$$

所以 $|A| + |B| = |A \cap \sim B| + |\sim A \cap B| + 2|A \cap B|$

但 $|A \cap \sim B| + |\sim A \cap B| + |A \cap B| = |A \cup B|$

故 $|A \cup B| = |A| + |B| - |A \cap B|$

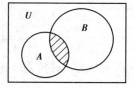

图 3.3.6

注：（1）为便于理解证明过程，请参看图 3.3.6。

（2）本定理又称**容斥原理**。

（3）本定理的另一常用形式：

$$|\sim A \cap \sim B| = |U| - |A \cup B|$$
$$= |U| - |A| - |B| + |A \cap B|$$

例 3.3.1 某个班有学生 30 人，其中爱好打篮球的有 22 人，爱好打排球的有 15 人，既不爱好打篮球也不爱好打排球的有 4 人。问：既爱好打篮球也爱好打排球的有多少人？

解 设 U：全班学生的集合，A：爱好打篮球的学生的集合，B：爱好打排球的学生的集合。

则 $|U| = 30$，$|A| = 22$，$|B| = 15$，$|\sim(A \cup B)| = |\sim A \cap \sim B| = 4$，

$$|A \cup B| = |U| - |\sim(A \cup B)| = 30 - 4 = 26,$$

因此，得既爱好打篮球也爱好打排球的人数为

$$|A \cap B| = |A| + |B| - |A \cup B| = 22 + 15 - 26 = 11（人）$$

以上的定理 3.3.2，可以推广到多个集合的情形。

定理 3.3.3 设 $A_1, A_2, \cdots, A_n$ 均为有限集合，则

$$|A_1 \cup A_2 \cup \cdots \cup A_n| = S_1 - S_2 + \cdots + (-1)^{n-1} S_n,$$

或 $|\sim A_1 \cap \sim A_2 \cap \cdots \cap \sim A_n| = |U| - |A_1 \cup A_2 \cup \cdots \cup A_n|$

其中 $S_i (i = 1, 2, \cdots, n; n$ 为任意正整数）表示从集合序列 $A_1, A_2, \cdots, A_n$ 中，所有任取 i 个项的交集的元素个数之和。例如，$n = 4$，则

$$S_1 = |A_1| + |A_2| + |A_3| + |A_4|$$
$$S_2 = |A_1 \cap A_2| + |A_1 \cap A_3| + |A_1 \cap A_4| + |A_2 \cap A_3| + |A_2 \cap A_4| + |A_3 \cap A_4|$$
$$S_3 = |A_1 \cap A_2 \cap A_3| + |A_1 \cap A_2 \cap A_4| + |A_1 \cap A_3 \cap A_4| + |A_2 \cap A_3 \cap A_4|$$
$$S_4 = |A_1 \cap A_2 \cap A_3 \cap A_4|$$

*证 用归纳法证明。

（1）奠基 见定理 3.3.2。

（2）归纳　设对 n 个有限集合 $A_1, A_2, \cdots, A_n$ 等式成立，即

$$|A_1 \cup A_2 \cup \cdots \cup A_n| = S_1 - S_2 + \cdots + (-1)^{n-1} S_n$$

则　$|A_1 \cup A_2 \cup \cdots \cup A_{n+1}| = |(A_1 \cup A_2 \cup \cdots \cup A_n) \cup A_{n+1}|$

$= |A_1 \cup A_2 \cup \cdots \cup A_n| + |A_{n+1}| - |(A_1 \cup A_2 \cup \cdots \cup A_n) \cap A_{n+1}|$

$= S_1 - S_2 + \cdots + (-1)^{n-1} S_n + |A_{n+1}| - |(A_1 \cap A_{n+1}) \cup (A_2 \cap A_{n+1}) \cup \cdots \cup (A_n \cap A_{n+1})|$

$= S_1 - S_2 + \cdots + (-1)^{n-1} S_n + |A_{n+1}| - (T_1 - T_2 + \cdots + (-1)^{n-1} T_n)$

$= (S_1 + |A_{n+1}|) - (S_2 + T_1) + \cdots + (-1)^{n-1}(S_n + T_{n-1}) + (-1)^n T_n$

其中，$T_i (i = 1, 2, \cdots, n)$ 表示从集合序列 $(A_1 \cap A_{n+1}), (A_2 \cap A_{n+1}), \cdots, (A_n \cap A_{n+1})$ 中所有任取 i 个项的交集的元素个数之和。

设 $U_i (i = 1, 2, \cdots, n+1)$ 表示从集合序列 $A_1, A_2, \cdots, A_{n+1}$ 中，所有任取 i 个项的交集的元素个数之和。

注意到　　$S_1 + |A_{n+1}| = |A_1| + |A_2| + \cdots + |A_n| + |A_{n+1}| = U_1$

对 $i = 2, 3, \cdots, n$，有

$S_i + T_{i-1} = $（从序列 $A_1, A_2, \cdots, A_n$ 中，所有任取 i 个项的交集的元素个数之和）$+$（从序列 $(A_1 \cap A_{n+1}), (A_2 \cap A_{n+1}), \cdots, (A_n \cap A_{n+1})$ 中，所有任取 $(i-1)$ 个项的交集的元素个数之和）

$= $（从序列 $A_1, A_2, \cdots, A_n$ 中，所有任取 i 个不同的集合项的交集的元素个数之和）$+$（从序列 $A_1, A_2, \cdots, A_n, A_{n+1}$ 中，所有任取含有项 A_{n+1} 的 i 个项所构成的交集的元素个数之和）

$= $从序列 $A_1, A_2, \cdots, A_{n+1}$ 中，所有任取 i 个项的交集的元素个数之和

$= U_i$

$T_n = |(A_1 \cap A_{n+1}) \cap (A_2 \cap A_{n+1}) \cap \cdots \cap (A_n \cap A_{n+1})| = U_{n+1}$

因此　　$|A_1 \cup A_2 \cup \cdots \cup A_{n+1}| = U_1 - U_2 + \cdots + (-1)^{n-1} U_n + (-1)^{n+1(1} U_{n+1}$

归纳完成，命题得证。

例 3.3.2　求 $1 \sim 250$ 不能被 $2, 3, 5, 7$ 这 4 个数中任一个数整除的整数的个数。

解　设　A_1：由 $1 \sim 250$ 可被 2 整除的整数构成的集合。

A_2：由 $1 \sim 250$ 可被 3 整除的整数构成的集合。

A_3：由 $1 \sim 250$ 可被 5 整除的整数构成的集合。

A_4：由 $1 \sim 250$ 可被 7 整除的整数构成的集合。

在以下的计算过程中，$\lfloor x \rfloor$ 表示不大于实数 x 的最大整数。

则　$|A_1| = \lfloor 250/2 \rfloor = 125$，　　$|A_2| = \lfloor 250/3 \rfloor = 83$，

$|A_3| = \lfloor 250/5 \rfloor = 50$，　　$|A_4| = \lfloor 250/7 \rfloor = 35$，

$|A_1 \cap A_2| = \lfloor 250/(2 \times 3) \rfloor = 41$，　　$|A_1 \cap A_3| = \lfloor 250/(2 \times 5) \rfloor = 25$，

$|A_1 \cap A_4| = \lfloor 250/(2 \times 7) \rfloor = 17$，　　$|A_2 \cap A_3| = \lfloor 250/(3 \times 5) \rfloor = 16$，

$|A_2 \cap A_4| = \lfloor 250/(3 \times 7) \rfloor = 11$，　　$|A_3 \cap A_4| = \lfloor 250/(5 \times 7) \rfloor = 7$，

$|A_1 \cap A_2 \cap A_3| = \lfloor 250/(2 \times 3 \times 5) \rfloor = 8$，$|A_1 \cap A_2 \cap A_4| = \lfloor 250/(2 \times 3 \times 7) \rfloor = 5$，

$|A_1 \cap A_3 \cap A_4| = \lfloor 250/(2 \times 5 \times 7) \rfloor = 3$，$|A_2 \cap A_3 \cap A_4| = \lfloor 250/(3 \times 5 \times 7) \rfloor = 2$，

$|A_1 \cap A_2 \cap A_3 \cap A_4| = \lfloor 250/(2 \times 3 \times 5 \times 7) \rfloor = 1$，

则　　　　$S_1 = 125 + 83 + 50 + 35 = 293$，　　　　$S_2 = 41 + 25 + 17 + 16 + 11 + 7 = 117$，

$S_3 = 8 + 5 + 3 + 2 = 18$，　　　　　　$S_4 = 1$

由此得，$1 \sim 250$ 至少能被 $2,3,5,7$ 这 4 个数中的一个数整除的整数的个数为

$$|A_1 \cup A_2 \cup A_3 \cup A_4| = 293 - 117 + 18 - 1 = 193$$

从而，$1 \sim 250$ 不能被 $2,3,5,7$ 这 4 个数中的任一个数整除的整数的个数为

$$|\sim(A_1 \cup A_2 \cup A_3 \cup A_4)| = 250 - 193 = 57$$

*3.4　实现集合基本运算的算法

某些高级算法语言,提供了集合定义与运算的功能(如 PASCAL)。为加深对离散数学中集合概念的理解;了解计算机处理集合的功能;认识结构化程序设计的方法,我们仍提供以字符集合为例的算法和程序。

一、算法实现的主要功能

对用户输入的以字符数组为元素的两个有限集合,通过本算法可求出它们的交集,并集,相对补集(或称差集)和对称差集合,并且以集合形式输出运算结果。

二、程序提供的功能模块和结构

本程序由一个主程序,一个集合输入程序(SETIN),一个运算结果输出程序(SETOUT)和 4 个有关运算的程序(JIAO,BIN,BU,DC,CHA)组成。

主程序完成下面工作:输入集合的初始化;再次调用 SETIN;为用户提供选择运算种类或退出程序的菜单;根据选择分别调用 4 个有关运算的子程序,允许多次调用,序号选择错误时允许重输。

子程序 SETIN 采用逐个输入集合元素的方式,每个元素为一字符串(用字符数组处理),以回车键结束,该键不记入该集合的元素。以集合形式输出用户输入的内容。

子程序 SETOUT 针对要输出的集合 JI,将两个集合 $S1,S2$ 的元素分别与 JI 的元素进行比较,如 $S1,S2$ 的元素在 JI 中则输出之。使用整型变量 $k1,k2$ 可分别统计 $S1,S2$ 在 JI 的个数,如 $k1 + k2 = P$,则表示 JI 为空集。4 个与运算有关子程序,根据参与运算的两个集合,直接使用高级语言中有关集合的运算,得出运算结果,再调用 SETOUT,用统一的形式输出之。

三、程序的基本流程

1. 程序的主要数据结构

$s1,s2$ 为字符集合,它们的每一元素为一字符数组元素。

$st1,st2$ 字符数组,它们的元素分别为集合 $S1,S2$ 的元素。

整型变量 $len1,len2$,分别表示 $st1,st2$ 元素的个数(即集合 $S1,S2$ 的基数)。它们在程序中为全程变量,即在每一子程序中,它们的值都是有效的。整型变量 ll 表示用户选择的菜单中的序号。其余变量为工作变量。

2. 基本流程

①将两个集合的元素初始化(令为空串)。

②两次调用 SETIN,以得到集合 $S1$,$S2$ 的元素。

③为用户给出运算选择的菜单,如选择 $ll = P$,则转到⑥;如 $ll < P$ 或 $ll \geqslant 5$ 或其余字符,输出错误信息,转回③;否则转到④。

④根据序号 ll,调用相应的 4 个子程序(JIAO,BIN,DC,CHA)之一,选择相应的集合运算后得到结果(集合 JI),再调用 SETOUT 子程序转⑤,执行完返回后,转回③。

⑤根据集合 JI 进入 SET,查出 $S1$,$S2$ 在 JI 中的元素输出之,如没有,则 JI 为空集,并分别输出 $S1$,$S2$ 的元素在 JI 中的个数,返回④。

⑥程序结束。

习题 3

3.1　用枚举法给出以下集合:

(1)绝对值不大于 5 的所有整数;

(2)1 ~ 20 的全体质数;

(3)小于 100 的 12 的正整数倍数;

(4)能整除 12 的所有正整数。

3.2　用谓词法写出以下集合:

(1)0 ~ 100 的整数;

(2)奇数的全体;

(3)所有实系数一元二次方程的根组成的集合;

(4)所有大于 0 而小于 1 的实数;

(5)5 的正整数倍数的全体;

(6)方程 $x^3 - 7x^2 + 6x - 5 = 0$ 的所有根组成的集合。

3.3　用枚举法写出以下集合:

(1)$\{x \mid x$ 是整数并且 $(2 < x < 10)\}$;

(2)$\{x \mid x$ 是十进制的数字符号$\}$;

(3)$\{x \mid x$ 是 p 进制的数字符号$\}$,$p = 2,8,16$;

(4)$\{x \mid x$ 是 computer science 中的英文字母$\}$。

3.4　用枚举法写出以下集合:

(1)$\{2^n \mid n$ 是 0 ~ 5 的整数$\}$;

(2)$\{2x \mid x$ 是 0 ~ 5 的整数$\}$;

(3)$\{3x + 2 \mid x$ 是 0 ~ 5 的整数$\}$;

(4)$\{S \mid S$ 是集合$\{1,2,3\}$的子集$\}$。

3.5　设全集是整数集,试判定下列哪些集合是相等的:

(1)$A = \{x \mid x$ 是偶数或奇数$\}$;

(2)$B = \{x \mid \exists y (x = 2y)\}$;

$(3) C = \{1, 2, 3\}$;

$(4) D = \{0, 1, -1, 2, -2, 3, -3, 4, -4, \cdots\}$;

$(5) G = \{x \mid x$ 是方程 $x^2 + 1 = 0$ 的根$\}$;

$(6) F = \{x \mid x$ 不是奇数$\}$;

$(7) E = \{x \mid x$ 是方程 $x^3 - 6x^2 + 11x - 6 = 0$ 的根$\}$;

$(8) H = \{x \mid x$ 既不是偶数也不是奇数$\}$。

3.6 求以下各个集合的幂集:

$(1) \{a, b, c\}$; $(2) \{a, \{b, c\}\}$; $(3) \{\{a, b, c\}\}$;

$(4) \{a\}$; $(5) P(\{a\})$; $(6) P(P(\{a\}))$。

3.7 设全集 $U = \{a, b, c, d, e\}$, $A = \{a, d\}$, $B = \{a, b, c\}$, $C = \{b, d\}$,试求下列集合:

$(1) A \cap \sim B$; $(2) P(A) \cap P(C)$; $(3) A - C$; $(4) U \oplus A$; $(5) (A \cap B) \cup \sim C$。

3.8 设 $A = \{x \mid x$ 是 book 中的字母$\}$, $B = \{x \mid x$ 是 black 中的字母$\}$,求 $A \cap B, A \cup B$。

3.9 设 R 是实数集, R_i 是实数集的子集,定义为

$$R_i = \{x \mid (x \leq 1 + i) \wedge (x \in R)\}, i = 0, 1, 2, 3, \cdots\}, 试证明 \bigcup_{i=0}^{\infty} R_i = R。$$

3.10 证明:若 a, b, c, d 为任意元素,则 $\{\{a\}, \{a, b\}\} = \{\{c\}, \{c, d\}\}$,当且仅当 $a = c$ 和 $b = d$。

3.11 有可能有 $A \subset C$ 且 $A \in C$ 吗?论证你的结论。

3.12 证明对所有集合 A, B, C ,有 $(A \cap B) \cup C = A \cap (B \cup C)$,当且仅当 $C \subseteq A$。

3.13 证明下列集合等式,其中 A, B, C 是全集 U 的子集。

$(1) (A \cap B) \cup (A \cap \sim B) = A$; $(2) B \cup \sim ((\sim A \cup B) \cap A) = U$;

(3) 设 $R = (A \cap \sim B) \cup (\sim A \cap (B \cup \sim C))$,则 $\sim R = (\sim A \cup B) \cap (A \cup \sim B) \cap (A \cup C)$。

3.14 证明对任意集合 A, B, C ,有

$(1) (A - B) - C = A - (B \cup C)$; $(2) (A - B) - C = (A - C) - B$;

$(3) (A - B) - C = (A - C) - (B - C)$。

3.15 当 $A \neq \Phi$ 时,

(1) 若只有 $A \cup B = A \cup C$,是否一定有 $B = C$?

(2) 若只有 $A \cap B = A \cap C$,是否一定有 $B = C$?

(3) 若只有 $(A \cup B = A \cup C)$ 并且 $(A \cap B = A \cap C)$,是否一定有 $B = C$?

3.16 设 A, B 为任意集合,证明:

$(1) A \subseteq B \Rightarrow P(A) \subseteq P(B)$; $(2) P(A) \subseteq P(B) \Rightarrow A \subseteq B$; $(3) P(A) = P(B) \Leftrightarrow A = B$。

3.17 证明: $(1) A \cap (B \oplus C) = (A \cap B) \oplus (A \cap C)$; $(2) A \cup (B \oplus C) \neq (A \cup B) \oplus (A \cup C)$。

3.18 画出下列集合的文氏图。

$(1) \sim A \cap \sim B$; $(2) (A - (B \cap C)) \cup ((B \cup C) - A)$; $(3) A \cap (\sim B \cup C)$。

3.19 用公式表示以下各图的阴影部分。

3.20 设某校足球队有球衣 38 件,篮球队有球衣 15 件,排球队有球衣 20 件,3 个队的队员的总数为 58 人,且其中只有 3 人同时参加 3 个队。求恰好同时参加两个队的队员的人数。

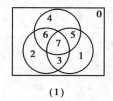
(1)

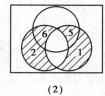
(2)

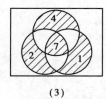
(3)

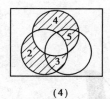
(4)

题图 3.19

3.21　设某班学生共有 30 人。

（1）如果在第一次考试中得成绩 A 的共有 16 人，在第二次考试中得成绩 A 的共有 12 人，两次考试都没有得成绩 A 的共有 6 人。问：两次考试都得成绩 A 的共有多少人？

（2）如果在第一次考试中得成绩 A 的人数等于在第二次考试中得成绩 A 的人数，在这两次考试中仅得一次成绩 A 的人数为 24 人，在这两次考试中都没有得到成绩 A 的人数为 2 人。

问：多少人仅在第一次考试得成绩 A？多少人仅在第二次考试得成绩 A？多少人两次考试都得了成绩 A？

第 **4** 章
二元关系

集合元素之间的某种联系统称为"关系",并对"关系"在数学上加以形式的定义。特别是在计算机科学中,"关系"的概念有着十分广泛和重要的应用。关系理论广泛应用于计算机科学技术,如计算机程序的输入和输出的关系;数据库的数据特性关系,等等。关系理论又是数据结构、情报检索、数据库、算法分析、计算机网络等计算机学科中的很好的数学工具。

4.1 二元关系及其基本性质

4.1.1 二元关系的定义

定义 4.1.1 (1)由 n 个元素 $a_1, a_2, \cdots, a_n$ 按照一定的次序组成的 n 元组,称为**有序 n 元组**,记作 $< a_1, a_2, \cdots, a_n >$。

(2) (1)中当 $n = 2$ 时,即由两个元素 x 和 y 组成的有序二元组,称为**序偶**,记作 $< x, y >$。其中,x 称为第一元素(前元素),y 称为第二元素(后元素)。

例 4.1.1 平面直角坐标系中的点的坐标 $< x, y >$ 是序偶,$<$ 上,下 $>$ 是序偶,$<$ 左,右 $>$ 是序偶,$<$ 操作码,地址码 $>$ 是序偶。

注:(1)当 $x \neq y$ 时,$< x, y > \neq < y, x >$。这是因为元素次序不同,则产生不同的序偶。

(2)对序偶 $< x, y >$ 和 $< u, v >$,$< x, y > = < u, v >$,当且仅当 $x = u$ 且 $y = v$。

(3) n 个元素 $a_1, a_2, \cdots, a_n$ 按不同的次序构成的有序 n 元组是不同的。

定义 4.1.2 (1)设 $A_1, A_2, \cdots, A_n$ 是 n 个集合,称下述集合

$$A_1 \times A_2 \times \cdots \times A_n = \{ < a_1, a_2, \cdots, a_n > \mid a_i \in A_i, \ i = 1, 2, \cdots, n \}$$

为由集合 $A_1, A_2, \cdots, A_n$ 构成的 **n 元笛卡尔乘积**。

(2)设 A 和 B 是两个集合,称下述集合

$$A \times B = \{ < x, y > \mid (x \in A) \wedge (y \in B) \}$$

为由集合 A 和 B 构成的**二元笛卡尔乘积**。

由几何直观而言,总可以把两个集合的笛卡尔乘积看成平面上点的集合。如图 4.1.1 中的有阴影线的矩形表示 $X \times Y$,其中 X 为区间 $[2, 5]$ 内的实数集,Y 为区间 $[1, 3]$ 内的实数集。

图 4.1.2 中小星点的集合表示 $P \times Q$, 其中 $P = \{1,2,3,4\}, Q = \{A,B,C\}$。

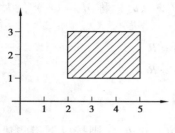

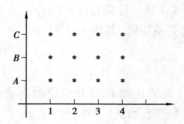

图 4.1.1   图 4.1.2

$P \times Q = \{ <1,A>, <1,B>, <1,C>, <2,A>, <2,B>, <2,C>, <3,A>, <3,B>, <3,C>, <4,A>, <4,B>, <4, C> \}$。

注:(1)如果 $A \neq B$, 则 $A \times B \neq B \times A$。

(2)如果 $A = B$, 则 $A \times B$ 可记为 A^2。

(3)由 n 个相同的集合 A 构成的笛卡尔乘积记为 A^n。

本章主要讨论由二元笛卡尔乘积所产生的二元关系。

定义 4.1.3   设 A 和 B 是两个集合,则称笛卡尔乘积 $A \times B$ 的任何一个子集 R, 为从 A 到 B 的一个**二元关系**,简称关系,常表示为 $R \subseteq A \times B$。如 R 为从 A 到 A 的二元关系,则称 R 为 A 上的二元关系,常表示为 $R \subseteq A \times A$ 或 $R \subseteq A^2$。

由此定义可以看出,二元关系可以看成以序偶为元素的集合。对于某个序偶 $<x,y>$ 和某个二元关系 R, 可以有两种情形:一种情形是 $<x,y> \in R$, 这时称"x 对 y 有关系 R",可记为 xRy;另一种情形是 $<x,y> \notin R$, 这时称"x 对 y 没有关系 R",可记为 $x \not\!R y$。

对于实数集上的常见的"大于等于""等于""小于等于"等二元关系,当 x 对 y 有这些关系时,就直接用常见的关系符取代 R, 记为 $x \geq y$、$x = y$、$x \leq y$ 等。

定义 4.1.4   若 R 为从 A 到 B 的二元关系,则称 A 为 R 的**前域**,B 为 R 的**后域**。若 A 的子集 C 及 B 的子集 D 满足:

$$C = \{x \mid \exists y(<x,y> \in R)\}$$
$$D = \{y \mid \exists x(<x,y> \in R)\}$$

则称 C 为 R 的**定义域**,D 为 R 的**值域**,分别记为 $C = \mathrm{dom}\, R$ 及 $D = \mathrm{ran}\, R$。

若 A 和 B 都是有限集合,由于 $A \times B$ 共有 $|A| \cdot |B|$ 个序偶,即 $|A \times B| = |A| \cdot |B|$, 所以 $A \times B$ 有 $2^{|A| \cdot |B|}$ 个不同的子集,因而从 A 到 B 的不同的二元关系就有 $2^{|A| \cdot |B|}$ 种,即 $|P(A \times B)| = 2^{|A| \cdot |B|}$。

4.1.2 二元关系的表示法

二元关系的表示法主要有 3 种:

1. 集合表示法

正如上面所述,二元关系可以表示为序偶的集合,所以,用来表示集合的各种方法如枚举法、谓词法等,均可以用来表示二元关系。

2. 关系矩阵表示法

定义 4.1.5 设集合 $A = \{a_1, a_2, \cdots, a_n\}$, $B = \{b_1, b_2, \cdots, b_m\}$, 称 $M_R = (r_{ij})_{n \times m}$ 为 A 到 B 的关系 R 的关系矩阵, 其中

$$r_{ij} = \begin{cases} 0 & 若 <a_i, b_j> \notin R \\ 1 & 若 <a_i, b_j> \in R \end{cases}$$

注:此处的 0 和 1,应看成逻辑真值假和真。

3. 关系图表示法

定义 4.1.6 设集合 $A = \{a_1, a_2, \cdots, a_n\}$, $B = \{b_1, b_2, \cdots, b_m\}$, 则按以下步骤建立的图为从 A 到 B 的关系 R 的**关系图**:

①令 $F = A \cup B$, 对 F 中的每一个元素用一个小圆圈表示, 写上标记。

②对表示两个不同元素 x 和 y 的两个小圆圈, 如果 xRy, 则画一条从 x 指向 y 的有向线段或弧线段连接 x 和 y; 如果不成立 xRy, 则不连接 x 和 y。

③如对某个元素 x, 成立 xRx, 则画一条从 x 指向 x 的圆圈, 这种圆圈称为**自环**(自回路)。

例 4.1.2 设 $A = \{1, 2, 3, 6\}$, A 上的二元关系 R_1 定义为整除关系, 则 R_1 用序偶集合表示为:

$R_1 = \{<1,1>, <1,2>, <1,3>, <1,6>, <2,2>, <2,6>, <3,3>, <3,6>, <6,6>\}$

例 4.1.3 设 $U = \{1, 2, 3, 4, 5, 6\}$ 表示 6 个人, $V = \{A, B, C\}$ 表示 3 个房间。某种住宿分配方案可表示为一个从 U 到 V 的关系:

$$R_2 = \{<1,A>, <2,C>, <3,A>, <4,B>, <5,B>, <6,B>\}$$

在例 4.1.2 和例 4.1.3 中的关系矩阵分别为

$$M_{R_{11}} = \begin{pmatrix} 1 & 1 & 1 & 1 \\ 0 & 1 & 0 & 1 \\ 0 & 0 & 1 & 1 \\ 0 & 0 & 0 & 1 \end{pmatrix}, \quad M_{R_2} = \begin{pmatrix} 1 & 0 & 0 \\ 0 & 0 & 1 \\ 1 & 0 & 0 \\ 0 & 1 & 0 \\ 0 & 1 & 0 \\ 0 & 1 & 0 \end{pmatrix}$$

在例 4.1.2 和例 4.1.3 中的关系 R 的关系图分别见图 4.1.3 和图 4.1.4。

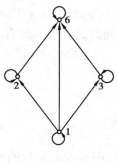

图 4.1.3

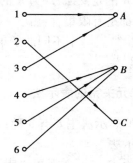

图 4.1.4

4.1.3 集合 A 上的二元关系的 5 种主要性质

对于集合 A 上的二元关系 R, 即 $R \subseteq A \times A$, 常讨论它可能具有的 5 种性质。现用 0 元谓词

（即命题）的形式加以定义,为书写方便,把 $<x,y>\in R$ 记为 xRy,把 $<x,y>\notin R$ 记为 $x\not R y$。

1. 自反性

定义 4.1.7 集合 A 上的二元关系 R,我们说它是**自反的**,就是

$$\forall x(x\in A\to xRx)$$

亦即,如果命题"对于 A 中任意元素 x, $<x,x>$ 都必在 R 中"是真,则说 R 是自反的。

2. 反自反性

定义 4.1.8 集合 A 上的二元关系 R,我们说它是**反自反的**,就是

$$\forall x(x\in A\to x\not R x)$$

亦即,如果命题"对于 A 中任意元素 x, $<x,x>$ 都不在 R 中"是真,则说 R 是反自反的。

例 4.1.4 设集合 $A=\{1,2,3,4\}$, A 上的关系

$$R_1=\{<1,1>,<1,2>,<2,1>,<2,2>,<3,3>,<4,4>\}$$
$$R_2=\{<1,2>,<1,3>,<1,4>,<2,3>,<2,4>,<3,4>\}$$
$$R_3=\{<1,1>,<1,2>,<2,1>,<2,2>,<2,3>,<3,3>\}$$
$$R_4=\{<1,1>,<2,2>,<3,3>\}$$

则 R_1 是自反的而不是反自反的;R_2 是反自反的而不是自反的;R_3 和 R_4 都既不是自反的也不是反自反的。

3. 对称性

定义 4.1.9 集合 A 上的二元关系 R,我们说它是**对称的**,就是

$$\forall x\forall y(x\in A\wedge y\in A\wedge xRy\to yRx)$$

亦即若命题"对于 A 中任意两个元素 x 和 y,若 $<x,y>\in R$,则必有 $<y,x>\in R$"是真,则说 R 是对称的。

4. 反对称性

定义 4.1.10 集合 A 上的二元关系 R,我们说它是**反对称的**,就是

$$\forall x\forall y(x\in A\wedge y\in A\wedge xRy\wedge yRx\to x=y)$$

亦即若命题"对于 A 中任意两个元素 x 和 y,若 $<x,y>\in R$ 且 $<y,x>\in R$ 则必有 $x=y$"是真,则说 R 是反对称的。

"R 是反对称的"的另一种等价的定义为

$$\forall x\forall y(x\in A\wedge y\in A\wedge x\neq y\wedge xRy\to y\not R x)$$

亦即若命题"对于 A 中任意两个不同的元素 x 和 y,若 $<x,y>\in R$,则 $<y,x>$ 一定不在 R 中"是真,则说 R 是反对称的。

例 4.1.4 中的 4 个关系中,R_1 是对称的而不是反对称的;R_2 是反对称的而不是对称的;R_3 既不是对称的也不是反对称的;R_4 既是对称的也是反对称的。

为了说明前 4 种性质在关系矩阵和关系图之中怎样反映出来,以下写出例 4.1.4 中 R_1 和 R_2 的关系矩阵,并画出 R_1 和 R_2 的关系图,见图 4.1.5 和图 4.1.6。

$$\begin{bmatrix} 1 & 1 & 0 & 0 \\ 1 & 1 & 0 & 0 \\ 0 & 0 & 1 & 0 \\ 0 & 0 & 0 & 1 \end{bmatrix} \qquad \begin{bmatrix} 0 & 1 & 1 & 1 \\ 0 & 0 & 1 & 1 \\ 0 & 0 & 0 & 1 \\ 0 & 0 & 0 & 0 \end{bmatrix}$$

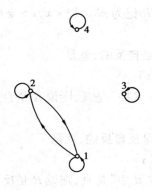

图 4.1.5 图 4.1.6

其中,R_1 是自反的和对称的,R_2 是反自反的和反对称的。

5. 传递性

定义 4.1.11 集合 A 上的二元关系 R,我们说它是**传递的**,就是

$$\forall x \forall y \forall z(x \in A \land y \in A \land z \in A \land xRy \land yRz \to xRz)$$

亦即若命题"对于 A 中任意 3 个元素 x,y 和 z,若 $<x,y> \in R$,且 $<y,z> \in R$ 则必有 $<x,z> \in R$"是真,则说 R 是传递的。

例 4.1.4 中的 4 个关系中,R_1 是传递的;R_2 是传递的;R_3 不是传递的;R_4 是传递的。

关系的性质在关系矩阵和关系图中表现出以下的规律:

(1)关系是自反的,当且仅当关系矩阵主对角线上的元素全部是 1;关系图中每一个结点都有自环。

(2)关系是反自反的,当且仅当关系矩阵主对角线上的元素全部是 0;关系图中每一个结点都没有自环。

(3)关系是对称的,当且仅当关系矩阵是对称的;关系图中任意两个不同结点若有有向弧线连接,则必是成对出现的。

(4)关系是反对称的,当且仅当关系矩阵中关于主对角线为对称的任意两个位置上的元素不同时为 1;关系图上任意两个不同结点若有有向弧线连接,则必定不是成对出现的。

至于关系的传递性,由于特征较复杂,不易从关系矩阵和关系图直接判断。

定义 4.1.12 在集合 A 上的二元关系之中:

(1)不含任何序偶的关系称为**空关系**,记为 Φ;

(2)$A \times A$ 称为**全域关系**;

(3)$I_A = \{ <x,x> \mid x \in A \}$ 称为**相等关系**或称**恒等关系**。

空关系 Φ 是反自反的,对称的,反对称的,传递的;全域关系是自反的,对称的,传递的;相等关系是自反的,对称的,反对称的,传递的。

例 4.1.5 对下列集合 A 和 B,给出 A 到 B 的关系 R,构造 R 的关系矩阵。

(1)$A = \{1,2,3,4\}$,$B = \{3,4,5\}$,$R = \{ <a,b> \mid (a \in A-B) \land (b \in A \cap B) \}$;

(2)$A = \{1,2,3,4\}$,$B = A$,$R = \{ <a,b> \mid a \leq b \}$。

解 (1)$A - B = \{1,2\}$,$A \cap B = \{3,4\}$,$R = \{ <1,3>, <1,4>, <2,3>, <2,4> \}$,

$$M_R = \begin{pmatrix} 1 & 1 & 0 \\ 1 & 1 & 0 \\ 0 & 0 & 0 \\ 0 & 0 & 0 \end{pmatrix}$$

（2）$R = \{ <1,1>, <1,2>, <1,3>, <1,4>, <2,2>, <2,3>, <2,4>, <3,3>, <3,4>, <4,4> \}$

$$M_R = \begin{pmatrix} 1 & 1 & 1 & 1 \\ 0 & 1 & 1 & 1 \\ 0 & 0 & 1 & 1 \\ 0 & 0 & 0 & 1 \end{pmatrix}$$

例 4.1.6　设集合 $A = \{1,2,3\}$ 上的 4 种关系由下面 4 个关系图表示。试写出所对应的序偶集合表示及关系矩阵表示,并分别说明它们具备什么性质。

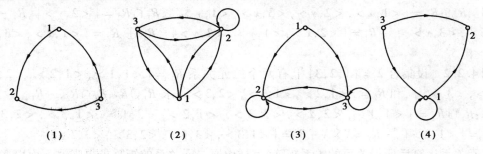

　　　（1）　　　　　（2）　　　　　（3）　　　　　（4）

图 4.1.7

解　（1）$R_1 = \{ <1,2>, <3,1>, <3,2> \}$, $M_{R_1} = \begin{pmatrix} 0 & 1 & 0 \\ 0 & 0 & 0 \\ 1 & 1 & 0 \end{pmatrix}$, 它具有反自反性, 反对称性, 传递性。

（2）$R_2 = \{ <1,2>, <2,1>, <1,3>, <3,1>, <2,3>, <3,2>, <2,2> \}$, $M_{R_2} = \begin{pmatrix} 0 & 1 & 1 \\ 1 & 1 & 1 \\ 1 & 1 & 0 \end{pmatrix}$, 它具有对称性。

（3）$R_3 = \{ <1,2>, <1,3>, <2,3>, <3,2>, <2,2>, <3,3> \}$, $M_{R_3} = \begin{pmatrix} 0 & 1 & 1 \\ 0 & 1 & 1 \\ 0 & 1 & 1 \end{pmatrix}$, 它具有传递性。

（4）$R_4 = \{ <1,1>, <1,2>, <3,1>, <3,2> \}$, $M_{R_4} = \begin{pmatrix} 1 & 1 & 0 \\ 0 & 0 & 0 \\ 1 & 1 & 0 \end{pmatrix}$, 它具有反对称性, 传递性。

例 4.1.7　证明 A 上二元关系 R 是反自反的和传递的,则 R 是反对称的。

证　任取 $x,y \in A$, 且 $x \neq y$, xRy, 用反证法证明必没有 yRx。事实上假设有 yRx, 又因为有

xRy,由传递性就应有 yRy,这与是反自反的相矛盾,由反对称的另一定义知 R 是反对称的。

4.2 二元关系的运算

4.2.1 二元关系的基本运算

这里所说的基本运算,是指对任意集合都可以进行的运算,即集合的并、交、差、补及对称差等运算。事实上,只有前域、后域分别相同的两个二元关系,才可以进行这些运算。

例 4.2.1 设有两个二元关系 $R_1 \subseteq X \times Y, R_2 \subseteq X \times Y$,其中 $X = \{1,2,3\}, Y = \{x,y\}, R_1 = \{<1,x>, <2,y>, <3,x>\}, R_2 = \{<1,y>, <2,y>\}$,求 $R_1 \cup R_2, R_1 \cap R_2, R_1 - R_2, \sim R_1, R_1 \oplus R_2$。

解 $R_1 \cup R_2 = \{<1,x>, <2,y>, <3,x>, <1,y>\}, R_1 \cap R_2 = \{<2,y>\}, R_1 - R_2 = \{<1,x>, <3,x>\}, \sim R_1 = \{<2,x>, <1,y>, <3,y>\}, R_1 \oplus R_2 = \{<1,x>, <3,x>, <1,y>\}$

例 4.2.2 设集合 $X = \{1,2,3\}$ 上有两个二元关系 $R_1 = \{<1,1>, <1,2>, <2,1>, <2,2>, <3,3>\}$,和 $R_2 = \{<1,2>, <1,3>, <2,3>\}$,求 $R_1 \cup R_2, R_1 \cap R_2, \sim R_1$。

解: $R_1 \cup R_2 = \{<1,1>, <2,2>, <3,3>, <1,2>, <2,1>, <1,3>, <2,3>\}, R_1 \cap R_2 = \{<1,2>\}, \sim R_1 = X \times X - R_1 = \{<1,3>, <3,1>, <2,3>, <3,2>\}$

二元关系运算后所得关系的关系矩阵,怎样由原二元关系的矩阵求得呢?下面以 X 上的二元关系为例说明之。设 $|X| = n, R_1, R_2, R_1 \cup R_2, R_1 \cap R_2, \sim R_1$ 均为 X 上的二元关系,其关系矩阵均为 n 阶方阵,分别用 $U(u_{ij}), V(v_{ij}), A(a_{ij}), B(b_{ij}), C(c_{ij}) (i,j = 1,2,\cdots,n)$,则有

$$a_{ij} = u_{ij} \vee v_{ij}, b_{ij} = u_{ij} \wedge v_{ij}, c_{ij} = \neg u_{ij}$$

其中,"$\vee$""$\wedge$""$\neg$"分别为逻辑真值的析取(逻辑加)、合取(逻辑乘)及否定运算,

于是对于例 4.2.2 的关系 R_1 和 R_2,相应的关系矩阵 U, V, A, B, C 为

$$U = \begin{bmatrix} 1&1&0 \\ 1&1&0 \\ 0&0&1 \end{bmatrix}, V = \begin{bmatrix} 0&1&1 \\ 0&0&1 \\ 0&0&0 \end{bmatrix}, A = \begin{bmatrix} 1&1&1 \\ 1&1&1 \\ 0&0&1 \end{bmatrix}, B = \begin{bmatrix} 0&1&0 \\ 0&0&0 \\ 0&0&0 \end{bmatrix}, C = \begin{bmatrix} 0&0&1 \\ 0&0&1 \\ 1&1&0 \end{bmatrix}$$

4.2.2 二元关系的求逆运算和合成运算

定义 4.2.1 设 A,B 是任意集合,关系 $R \subseteq A \times B$,则

$$R^{-1} = \{<x,y> \mid <y,x> \in R\}$$

称为 R 的**逆关系**。显然 $R^{-1} \subseteq B \times A$,$R^{-1}$ 的关系矩阵是 R 的关系矩阵的转置矩阵。

定理 4.2.1 设 A,B 是任意集合,关系 $R \subseteq A \times B$,关系 $S \subseteq A \times B$。

(1) $(R^{-1})^{-1} = R$;   (2) $(A \times B)^{-1} = B \times A$;

(3) $(R \cup S)^{-1} = R^{-1} \cup S^{-1}$;   (4) $(R \cap S)^{-1} = R^{-1} \cap S^{-1}$;

(5) $(R - S)^{-1} = R^{-1} - S^{-1}$;   (6) $(\sim R)^{-1} = B \times A - R^{-1}$;

(7) $R \subseteq S \Leftrightarrow R^{-1} \subseteq S^{-1}$。

证 在此,只证(1)和(4)。

（1）任取 $<x,y>$，根据逆关系的定义，有

$$<x,y> \in (R^{-1})^{-1} \Leftrightarrow <y,x> \in R^{-1} \Leftrightarrow <x,y> \in R$$

所以 $(R^{-1})^{-1} = R$

（4）任取 $<x,y>$，根据逆关系的定义，有

$$<x,y> \in (R \cap S)^{-1} \Leftrightarrow <y,x> \in R \cap S$$
$$\Leftrightarrow <y,x> \in R \wedge <y,x> \in S$$
$$\Leftrightarrow <x,y> \in R^{-1} \wedge <x,y> \in S^{-1}$$
$$\Leftrightarrow <x,y> \in R^{-1} \cap S^{-1}$$

所以 $(R \cap S)^{-1} = R^{-1} \cap S^{-1}$

例 4.2.3 令例 4.2.1 中的 R_1, R_2 分别为 R 和 S，求 R^{-1}, S^{-1} 及 $R^{-1} \cap S^{-1}$，并写出相应的关系矩阵。

解 $R^{-1} = \{<x,1>, <y,2>, <x,3>\}$，$S^{-1} = \{<y,1>, <y,2>\}$，$R^{-1} \cap S^{-1} = \{<y,2>\}$，它们都是 $Y = \{x,y\}$ 到 $X = \{1,2,3\}$ 的二元关系，其矩阵分别是：$\begin{bmatrix} 1 & 0 & 1 \\ 0 & 1 & 0 \end{bmatrix}$，$\begin{bmatrix} 0 & 0 & 0 \\ 1 & 1 & 0 \end{bmatrix}$，$\begin{bmatrix} 0 & 0 & 0 \\ 0 & 1 & 0 \end{bmatrix}$

例 4.2.4 令例 4.2.2 中的 R_1, R_2 分别为 R 和 S，求 R^{-1}, S^{-1} 及 $R^{-1} \cup S^{-1}$，并写出相应的关系矩阵。

解 $R^{-1} = \{<1,1>, <2,1>, <1,2>, <2,2>, <3,3>\}$，$S^{-1} = \{<2,1>, <3,1>, <3,2>\}$，

$R^{-1} \cup S^{-1} = \{<1,1>, <2,1>, <1,2>, <2,2>, <3,3>, <3,1>, <3,2>\}$，它们都是 $X = \{1,2,3\}$ 上的二元关系，

其矩阵分别是：$\begin{bmatrix} 1 & 1 & 0 \\ 1 & 1 & 0 \\ 0 & 0 & 1 \end{bmatrix}$，$\begin{bmatrix} 0 & 0 & 0 \\ 1 & 0 & 0 \\ 1 & 1 & 0 \end{bmatrix}$，$\begin{bmatrix} 1 & 1 & 0 \\ 1 & 1 & 0 \\ 1 & 1 & 1 \end{bmatrix}$

如果 a、b、c 都是同一个家庭（集合）中的成员，而且 $<a,b> \in$ 父子关系，同时 $<b,c> \in$ 父子关系，由此可知 $<a,c> \in$ 祖孙关系。在日常生活中，由两个关系构成另一种新关系的现象，比比皆是。以上新关系之所以得以形成，关键是 b 在其中起到"传媒"的作用。把这个事实抽象出来，就得到下面关于合成关系的概念。

定义 4.2.2 设 A, B, C 是任意集合，关系 $R \subseteq A \times B$，关系 $S \subseteq B \times C$，则称关系

$R \circ S = \{<a,c> \mid a \in A \wedge c \in C \wedge \exists b(b \in B \wedge <a,b> \in R \wedge <b,c> \in S)\}$

为关系 R 与关系 S 的**合成关系**。

要合成关系 $R \circ S$ 有意义，其先决条件是 R 的后域等于 S 的前域。由关系 R 和关系 S 求关系 $R \circ S$ 的运算，称为关系的合成运算。对于关系的合成，有以下事实。

定理 4.2.2 设 A, B, C, D 是 4 个集合，且有如下关系：

$R \subseteq A \times B, R_1 \subseteq A \times B, R_2 \subseteq A \times B, S \subseteq B \times C, S_1 \subseteq B \times C, S_2 \subseteq B \times C, T \subseteq C \times D$，则

（1）$R_1 \subseteq R_2 \wedge S_1 \subseteq S_2 \Rightarrow R_1 \circ S_1 \subseteq R_2 \circ S_2$；

（2）合成运算满足结合律

$$R \circ (S \circ T) = (R \circ S) \circ T$$

（3）合成运算对并运算满足分配律

$$R \circ (S_1 \cup S_2) = (R \circ S_1) \cup (R \circ S_2)$$
$$(S_1 \cup S_2) \circ R = (S_1 \circ R) \cup (S_2 \circ R)$$

（4）合成运算对交运算有

$$R \circ (S_1 \cap S_2) \subseteq (R \circ S_1) \cap (R \circ S_2)$$
$$(S_1 \cap S_2) \circ R \subseteq (S_1 \circ R) \cap (S_2 \circ R)$$

（5）$(R \circ S)^{-1} = S^{-1} \circ R^{-1}$

证 只对（1）（3）（4）和（5）进行证明。

（1）$R_1 \subseteq R_2 \wedge S_1 \subseteq S_2$ 即：对于 $a \in A, b \in B$，如果 $<a,b> \in R_1$，必有 $<a,b> \in R_2$；并且对于 $b \in B, c \in C$，如果 $<b,c> \in S_1$，必有 $<b,c> \in S_2$。需要证明，对于 $a \in A$ 和 $c \in C$，如果 $<a,c> \in R_1 \circ S_1$，则必有 $<a,c> \in R_2 \circ S_2$。因为 $<a,c> \in R_1 \circ S_1$，根据合成关系的定义，必存在 $b \in B$ 使得 $<a,b> \in R_1 \wedge <b,c> \in S_1$，于是根据题设条件有 $<a,b> \in R_2 \wedge <b,c> \in S_2$，从而 $<a,c> \in R_2 \circ S_2$。于是对于任取的 $<a,c>$，有 $<a,c> \in R_1 \circ S_1 \Rightarrow <a,c> \in R_2 \circ S_2$。即 $R_1 \circ S_1 \in R_2 \circ S_2$。

（3）只证 $R \circ (S_1 \cup S_2) = (R \circ S_1) \cup (R \circ S_2)$。

设 $a \in A \wedge c \in C$，根据合成关系的定义

$<a,c> \in R \circ (S_1 \cup S_2)$

$\Leftrightarrow \exists b (b \in B \wedge <a,b> \in R \wedge <b,c> \in S_1 \cup S_2)$

$\Leftrightarrow \exists b (b \in B \wedge <a,b> \in R \wedge (<b,c> \in S_1 \vee <b,c> \in S_2))$

$\Leftrightarrow \exists b ((b \in B \wedge <a,b> \in R \wedge <b,c> \in S_1) \vee (b \in B \wedge <a,b> \in R \wedge <b,c> \in S_2))$

$\Leftrightarrow \exists b (b \in B \wedge <a,b> \in R \wedge <b,c> \in S_1) \vee \exists b (b \in B \wedge <a,b> \in R \wedge <b,c> \in S_2)$

$\Leftrightarrow (<a,c> \in R \circ S_1) \vee (<a,c> \in R \circ S_2)$

$\Leftrightarrow <a,c> \in ((R \circ S_1) \cup (R \circ S_2))$

所以 $R \circ (S_1 \cup S_2) = (R \circ S_1) \cup (R \circ S_2)$。

（4）只证 $R \circ (S_1 \cap S_2) \subseteq (R \circ S_1) \cap (R \circ S_2)$

设 $a \in A \wedge c \in C$，根据合成关系的定义

$<a,c> \in R \circ (S_1 \cap S_2)$

$\Leftrightarrow \exists b (b \in B \wedge <a,b> \in R \wedge <b,c> \in S_1 \cap S_2)$

$\Leftrightarrow \exists b (b \in B \wedge <a,b> \in R \wedge (<b,c> \in S_1 \wedge <b,c> \in S_2))$

$\Leftrightarrow \exists b ((b \in B \wedge <a,b> \in R \wedge <b,c> \in S_1) \wedge (b \in B \wedge <a,b> \in R \wedge <b,c> \in S_2))$

$\Leftrightarrow \exists b (b \in B \wedge <a,b> \in R \wedge <b,c> \in S_1) \wedge \exists b (b \in B \wedge <a,b> \in R \wedge <b,c> \in S_2)$

$\Leftrightarrow (<a,c> \in R \circ S_1) \wedge (<a,c> \in R \circ S_2)$

$\Leftrightarrow <a,c> \in ((R \circ S_1) \cap (R \circ S_2))$

即 $<a,c> \in R \circ (S_1 \cap S_2) \Rightarrow <a,c> \in ((R \circ S_1) \cap (R \circ S_2))$，所以 $R \circ (S_1 \cap S_2) \subseteq (R \circ S_1) \cap (R \circ S_2)$。

（5）设 $c \in C, a \in A$，根据逆关系和合成关系的定义

$$<c,a> \in (R \circ S)^{-1}$$
$$\Leftrightarrow <a,c> \in R \circ S$$
$$\Leftrightarrow \exists b(b \in B \wedge <a,b> \in R \wedge <b,c> \in S)$$
$$\Leftrightarrow \exists b(b \in B \wedge <c,b> \in S^{-1} \wedge <b,a> \in R^{-1})$$
$$\Leftrightarrow <c,a> \in S^{-1} \circ R^{-1}$$

所以　$(R \circ S)^{-1} = S^{-1} \circ R^{-1}$。

当二元关系 R 和 S 都是用关系矩阵表示时，它们的合成关系 $R \circ S$ 的关系矩阵怎样计算？

设三个集合 A, B, C 的元素个数分别是 m, n, p，

$$A = \{a_1, a_2, \cdots, a_m\}, B = \{b_1, b_2, \cdots, b_n\}, C = \{c_1, c_2, \cdots, c_p\},$$

关系 $R \subseteq A \times B, S \subseteq B \times C, R \circ S \subseteq A \times C$，它们的关系矩阵依次为 $U = (u_{ij})_{m \times n}, V = (v_{ij})_{n \times p}, W = (w_{ij})_{m \times p}$，则有计算公式：$W = \overline{U \cdot V}$，在此矩阵乘法法则中，元素的乘法和加法应换为逻辑乘和逻辑加，即有

$$w_{ij} = (u_{i1} \wedge v_{1j}) \vee (u_{i2} \wedge v_{2j}) \vee \cdots \vee (u_{in} \wedge v_{nj}), (i=1, \cdots, m; j=1, \cdots, p)$$

例 4.2.5　$X = \{1,2,3\}, Y = \{x,y\}, Z = \{a,b,c\}$，$X$ 到 Y 上的关系 $R = \{<1,x>, <2,y>, <3,x>\}$，$Y$ 到 Z 上的关系 $S = \{<x,a>, <y,b>, <y,c>\}$，求 X 到 Z 上的关系 $R \circ S$，并写出相应的关系矩阵。

解　$R \circ S = \{<1,a>, <2,b>, <2,c>, <3,a>\}$

R 的矩阵 $U = \begin{bmatrix} 1 & 0 \\ 0 & 1 \\ 1 & 0 \end{bmatrix}$，$S$ 的矩阵 $V = \begin{bmatrix} 1 & 0 & 0 \\ 0 & 1 & 1 \end{bmatrix}$，则 $R \circ S$ 的矩阵为 $W = \begin{bmatrix} 1 & 0 & 0 \\ 0 & 1 & 1 \\ 1 & 0 & 0 \end{bmatrix}$

例 4.2.6　设集合 $X = \{1,2,3\}$ 上有两个二元关系 $R = \{<1,1>, <1,2>, <2,1>, <2,2>, <3,3>\}$，和 $S = \{<1,2>, <1,3>, <2,3>\}$，求 $R \circ S$ 并写出相应的关系矩阵。

解　$R \circ S = \{<1,2>, <1,3>, <2,2>, <2,3>\}$

R 的矩阵 $U = \begin{bmatrix} 1 & 1 & 0 \\ 1 & 1 & 0 \\ 0 & 0 & 1 \end{bmatrix}$，$S$ 的矩阵 $V = \begin{bmatrix} 0 & 1 & 1 \\ 0 & 0 & 1 \\ 0 & 0 & 0 \end{bmatrix}$，则 $R \circ S$ 的矩阵为 $W = \begin{bmatrix} 0 & 1 & 1 \\ 0 & 1 & 1 \\ 0 & 0 & 0 \end{bmatrix}$

为了方便研究问题，定义集合 A 上的关系 R 的合成幂，简称 R 的幂。

定义 4.2.3　设 $R \subseteq A \times A$，约定

（1）$R^0 = I_A = \{<x,x> \mid x \in A\}$

（2）$R^1 = R$

（3）$R^{k+1} = R^k \circ R (k=1,2,\cdots)$

根据定理 4.2.2，关系的合成运算满足结合律，因此，下面指数运算法则对关系的幂适用

（1）$R^m \circ R^n = R^{m+n}$

（2）$(R^m)^n = R^{mn}$

例 4.2.7　对例 4.2.6 中集合 X 上的二元关系 R 和 S，求 $R^2, S^2, R^2 \circ S^2, (R \circ S)^2$ 的矩阵。

解　R^2 的矩阵 $U^2 = \begin{bmatrix} 1 & 1 & 0 \\ 1 & 1 & 0 \\ 0 & 0 & 1 \end{bmatrix} \cdot \begin{bmatrix} 1 & 1 & 0 \\ 1 & 1 & 0 \\ 0 & 0 & 1 \end{bmatrix} = \begin{bmatrix} 1 & 1 & 0 \\ 1 & 1 & 0 \\ 0 & 0 & 1 \end{bmatrix}$，

S^2 的矩阵 $V^2 = \begin{bmatrix} 0 & 1 & 1 \\ 0 & 0 & 1 \\ 0 & 0 & 0 \end{bmatrix} \cdot \begin{bmatrix} 0 & 1 & 1 \\ 0 & 0 & 1 \\ 0 & 0 & 0 \end{bmatrix} = \begin{bmatrix} 0 & 0 & 1 \\ 0 & 0 & 0 \\ 0 & 0 & 0 \end{bmatrix}$,

$(R \circ S)^2$ 的矩阵 $W^2 = \begin{bmatrix} 0 & 1 & 1 \\ 0 & 1 & 1 \\ 0 & 0 & 0 \end{bmatrix} \cdot \begin{bmatrix} 0 & 1 & 1 \\ 0 & 1 & 1 \\ 0 & 0 & 0 \end{bmatrix} = \begin{bmatrix} 0 & 1 & 1 \\ 0 & 1 & 1 \\ 0 & 0 & 0 \end{bmatrix}$,

$R^2 \circ S^2$ 的矩阵 $M_{R^2 \circ S^2} = M_{R^2} \cdot M_{S^2} = U^2 \cdot V^2 = \begin{bmatrix} 1 & 1 & 0 \\ 1 & 1 & 0 \\ 0 & 0 & 1 \end{bmatrix} \cdot \begin{bmatrix} 0 & 0 & 1 \\ 0 & 0 & 0 \\ 0 & 0 & 0 \end{bmatrix} = \begin{bmatrix} 0 & 0 & 1 \\ 0 & 0 & 1 \\ 0 & 0 & 0 \end{bmatrix}$,以上结果

说明由于矩阵乘法不满足交换律,所以在一般情况下,$(R \circ S)^2 \neq R^2 \circ S^2$。

对任意大于 1 的正整数 k,根据关系的合成运算的定义,对于由定义在集合 A 上的关系 R 的合成幂 R^k,对任意 $<x, y> \in R^k$,存在 A 中的 $k-1$ 个元素 $b_1, b_2, b_3, \cdots, b_{k-1}$,使

$<x, b_1> \in R, <b_1, b_2> \in R, <b_2, b_3> \in R, \cdots, <b_{k-2}, b_{k-1}> \in R, <b_{k-1}, y> \in R$

即可以由 A 的 $k+1$ 个元素 $x, b_1, b_2, b_3, \cdots, b_{k-1}, y$ 构成这样一个序列,它的任意相邻两元素都有关系 R。

为便于判定集合 A 上的二元关系 R 是否具有自反性,对称性和传递性,特引入以下定理。

定理4.2.3 设 R 是集合 A 上的二元关系,则有以下判定它具有自反、对称、传递等性质的充要条件。

(1) R 是自反的,当且仅当 $I_A \subseteq R$;

(2) R 是对称的,当且仅当 $R = R^{-1}$;

(3) R 是传递的,当且仅当 $R^2 \subseteq R$。

证 (1) 先证必要性:任取 $x \in A$,显然有 $<x, x> \in I_A$,因为 R 自反,所以 $<x, x> \in R$,即 $I_A \subseteq R$;

再证充分性:任取 $x \in A$,显然有 $<x, x> \in I_A$,因为 $I_A \subseteq R$,所以 $<x, x> \in R$,即 R 是自反的。

(2) 先证必要性:任取 $<x, y> \in R$(其中 $x, y \in A$),因为 R 对称则必有 $<y, x> \in R$,即 $<x, y> \in R^{-1}$,所以 $R \subseteq R^{-1}$;任取 $<x, y> \in R^{-1}$(其中 $x, y \in A$),即有 $<y, x> \in (R^{-1})^{-1} = R$,因为 R 对称则必有 $<x, y> \in R$,所以 $R^{-1} \subseteq R$,综上 $R = R^{-1}$。

再证充分性:任取 $<x, y> \in R$(其中 $x, y \in A$),因有 $R = R^{-1}$,所以 $<x, y> \in R^{-1}$,即 $<y, x> \in R$,所以 R 是对称的。

(3) 先证必要性:任取 $<x, z> \in R^2 = R \circ R$(其中 $x, z \in A$),即存在 $y \in A$,使 $<x, y> \in R$,$<y, z> \in R$,因为 R 是传递的,故 $<x, z> \in R$,所以 $R^2 \subseteq R$。

再证充分性:对任 $x, y, z \in A$,若 $<x, y> \in R$,$<y, z> \in R$,则 $<x, z> \in R \circ R = R^2$,又由于 $R^2 \subseteq R$,故 $<x, z> \in R$。所以 R 是传递的。

这样由此定理的(1)与(2),极易从其关系矩阵中判定它是否具有自反性和对称性;由定理的(3),只需把 R 的关系矩阵自乘,把所得的矩阵与原矩阵比较,若对所得的矩阵中任一元素 1 所在的位置,原矩阵的对应位置上的元素也都是 1,则说明 $R^2 \subseteq R$,可以判断 R 是传递的。从例 4.2.7 中的 $R^2 = R$ 可知,该例中的关系 R 具有传递性,而关系 S 不满足 $S^2 \subseteq S$,所以 S 不具有传递性。

例 4.2.8 设 R_1 和 R_2 是集合 A 上的对称关系。

(1)证明若 $R_1 \circ R_2 \subseteq R_2 \circ R_1$,则 $R_1 \circ R_2 = R_2 \circ R_1$;

(2)$R_1 \circ R_2$ 具对称性的充要条件是 $R_1 \circ R_2 = R_2 \circ R_1$。

证 (1)由 $R_1 \circ R_2 \subseteq R_2 \circ R_1$ 及定理 4.2.1(7),有 $(R_1 \circ R_2)^{-1} \subseteq (R_2 \circ R_1)^{-1}$,再由定理 4.2.2(5),有 $(R_2)^{-1} \circ (R_1)^{-1} \subseteq (R_1)^{-1} \circ (R_2)^{-1}$,因为 R_1 和 R_2 是对称的,由定理 4.2.3(2) 知:$(R_1)^{-1} = R_1$,$(R_2)^{-1} = R_2$,所以上式变为 $R_2 \circ R_1 \subseteq R_1 \circ R_2$,与条件的包含式结合,可得 $R_1 \circ R_2 = R_2 \circ R_1$;

(2)由定理 4.2.3(2),$R_1 \circ R_2$ 具对称性,当且仅当 $(R_1 \circ R_2)^{-1} = R_1 \circ R_2$,即 $(R_2)^{-1} \circ (R_1)^{-1} = R_1 \circ R_2$,亦即 $R_2 \circ R_1 = R_1 \circ R_2$(因为由对称性,有 $(R_1)^{-1} = R_1$,$(R_2)^{-1} = R_2$)。证毕

4.2.3 二元关系的闭包运算

集合 A 上的二元关系 R,在一般情况下不一定具有前面所提到的自反、对称、传递这 3 种性质,能否找出一种关系,它既与 R 相关,又具有上述某种性质呢? 能,关系 R 的闭包就是这种关系。

定义 4.2.4 设 R 是集合 A 上的二元关系。如果 R' 也是集合 A 上的二元关系,并且满足以下 3 个条件:

(1)$R \subseteq R'$;

(2)R' 是自反的(对称的,传递的);

(3)若有集合 A 上的二元关系 R'',既满足 $R \subseteq R''$,且 R'' 也是自反的(对称的,传递的),则必有 $R' \subseteq R''$,即是说 R' 是满足条件(1)和(2)的最小(元素个数最少)集合,

则称 R' 是 R 的**自反(对称,传递)闭包**。

R 的自反闭包、对称闭包、传递闭包分别记为 $r(R)$、$s(R)$、$t(R)$。

注:(1)由定义可知,闭包运算的基本做法是在 R 的基础上增加某些序偶,增加序偶的目标是使当所得关系恰好具有指定的性质时,就中止序偶的增加。简而言之,条件(1),(2),(3)可概括为闭包运算具有扩充性,自反性(对称性,传递性),极小性。

(2)当 R 本身就具有自反性或对称性或传递性,则 R 无须扩充,即必有:

$$r(R) = R \text{ 或 } s(R) = R \text{ 或 } t(R) = R$$

反之亦然。

定理 4.2.4 设 R 是集合 A 上的二元关系,则有

(1)$r(R) = R \cup I_A$

(2)$s(R) = R \cup R^{-1}$

(3)$t(R) = R \cup R^2 \cup R^3 \cup \cdots \cup R^n \cup \cdots$

证 只证(1)和(3)。

证(1):① $R \subseteq R \cup I_A$,符合闭包定义的第一个条件;

②对任 $x \in A$,$<x,x> \in I_A$,而 $I_A \subseteq R \cup I_A$,故 $<x,x> \in R \cup I_A$,故 $R \cup I_A$ 是自反的,符合闭包定义的第二个条件;

③若有集合 A 上的二元关系 R'',它既是自反的,又有 $R \subseteq R''$ 则由 $I_A \subseteq R''$,有 $R \cup I_A \subseteq R''$,符合闭包定义的第三个条件。

所以,$r(R) = R \cup I_A$。

证(3)：设 $R' = R \cup R^2 \cup R^3 \cup \cdots \cup R^n \cup \cdots$

①由 R' 的定义知 $R \subseteq R'$；

②对任意 a,b,c，若 $<a,b> \in R'$，$<b,c> \in R'$，则存在正整数 m 和 n，使 $<a,b> \in R^m$，$<b,c> \in R^n$，由合成关系的定义，$<a,c> \in R^m \circ R^n$，则 $<a,c> \in R^{m+n}$，而

$$R^{m+n} \subseteq R \cup R^2 \cup R^3 \cup \cdots \cup R^n \cup \cdots$$

即 $R^{m+n} \subseteq R'$，故 $<a,c> \in R'$，因此，R' 是传递的。

③设有集合 A 上的二元关系 R''，既满足 $R \subseteq R''$ 且 R'' 也是传递的。对任 $<x,y> \in R'$，存在正整数 k，使 $<x,y> \in R^k$。若 $k=1$，则由 $<x,y> \in R$ 及 $R \subseteq R''$ 可知 $<x,y> \in R''$；若 $k \geq 2$，则存在 A 的 $k-1$ 个元素 $b_1, b_2, b_3, \cdots, b_{k-1}$，使

$<x,b_1> \in R$，$<b_1,b_2> \in R$，$<b_2,b_3> \in R$，$\cdots$，$<b_{k-2},b_{k-1}> \in R$，$<b_{k-1},y> \in R$

则由 $R \subseteq R''$ 得

$<x,b_1> \in R''$，$<b_1,b_2> \in R''$，$<b_2,b_3> \in R''$，$\cdots$，$<b_{k-2},b_{k-1}> \in R''$，$<b_{k-1},y> \in R''$

又由于 R'' 是传递的，故

$<x,b_2> \in R''$，$<x,b_3> \in R''$，$\cdots$，$<x,b_{k-1}> \in R''$，$<x,y> \in R''$

从而 $R' \subseteq R''$。

所以，$t(R) = R \cup R^2 \cup R^3 \cup \cdots \cup R^n \cup \cdots$。

定理 4.2.5 设 A 是有限集，且 $|A| = n$，$R \subseteq A \times A$，则 $t(R) = R \cup R^2 \cup R^3 \cup \cdots \cup R^n$。

*证 分两步证明。

(1)证明存在正整数 $k \leq n$，使 $t(R) = R \cup R^2 \cup R^3 \cup \cdots \cup R^k$

由 $t(R) = R \cup R^2 \cup R^3 \cup \cdots \cup R^n \cup \cdots$，知对任意正整数 k 有：$R \cup R^2 \cup R^3 \cup \cdots \cup R^k \subseteq t(R)$

以下证明存在正整数 $k \leq n$，使 $t(R) \subseteq R \cup R^2 \cup R^3 \cup \cdots \cup R^k$。

对任意序偶 $<x,y> \in t(R)$，存在正整数 m，使 $<x,y> \in R^m$。满足这个关系式的正整数 m 可能不止一个，令 u 为满足这个关系式的所有正整数 m 中的最小者，要用反证法证 $u \leq n$。

倘若 $u > n$，则对 $<x,y> \in R^u$，则存在 A 中的元素序列 $b_1, b_2, b_3, \cdots, b_{u-1}$，使 $<x,b_1> \in R$，$<b_1,b_2> \in R$，$<b_2,b_3> \in R$，$\cdots$，$<b_{u-2},b_{u-1}> \in R$，$<b_{u-1},y> \in R$

用 b_0 记 x，由于序列 $b_0, b_1, b_2, b_3, \cdots, b_{u-1}$ 中，共有 u 个且 $u > n$，而 A 中只有 n 个不同元素，故存在着两个不同的整数 i 和 j，满足 $0 \leq i < j \leq u-1$，使 $b_i = b_j$，于是，从 A 的元素序列 $b_0, b_1, b_2, b_3, \cdots, b_{u-1}$ 中去掉从 b_{i+1} 到 b_j 共 $j-i$ 个，所剩下的元素成立 $<x,b_1> \in R$，$<b_1,b_2> \in R$，$\cdots$，$<b_{i-1},b_i> \in R$，$<b_i,b_{j+1}> \in R$，$\cdots$，$<b_{u-2},b_{u-1}> \in R$，$<b_{u-1},y> \in R$

从而 $<x,y> \in R^{u-(j-i)}$，这与 u 为满足 $<x,y> \in R^u$ 的所有正整数中的最小者矛盾。由此矛盾可知 $u \leq n$。

设 $t(R)$ 中有 $p(p \leq n^2)$ 个序偶，每个序偶对应一个满足上述性质的 u，分别记为 $u_1, u_2, \cdots, u_p$，令 $k = \max(u_1, u_2, \cdots, u_p)$，则显然有 $k \leq n$ 且 $t(R) \subseteq R \cup R^2 \cup R^3 \cup \cdots \cup R^k$。

所以，存在正整数 $k \leq n$，使 $t(R) = R \cup R^2 \cup R^3 \cup \cdots \cup R^k$。

(2)设 $S = R \cup R^2 \cup R^3 \cup \cdots \cup R^n$，证明 $t(R) = S$。

由(1)证得，存在正整数 $k \leq n$，使 $t(R) = R \cup R^2 \cup R^3 \cup \cdots \cup R^k$，故 $t(R) \subseteq S$。

由定理 4.2.4 得，$t(R) = R \cup R^2 \cup R^3 \cup \cdots \cup R^n \cup \cdots$，故 $S \subseteq t(R)$。

所以，$t(R) = S$，即 $t(R) = R \cup R^2 \cup R^3 \cup \cdots \cup R^n$。

例 4.2.9 对例 4.2.6 集合 $X = \{1,2,3\}$ 上的关系 $R = \{<1,1>$，$<1,2>$，$<2,1>$，

$<2,2>,<3,3>\}$,和 $S=\{<1,2>,<1,3>,<2,3>\}$,分别求出它们的 3 种闭包。

解　$r(R)=R,s(R)=R,t(R)=R$(具有自反性,对称性及传递性,由上面注(2)可得);$r(S)=\{<1,2>,<1,3>,<2,3>,<1,1>,<2,2>,<3,3>\},s(S)=\{<1,2>,<1,3>,<2,3>,<2,1>,<3,1>,<3,2>\}$,为求 $t(S)$,必须先求出 $S^2,S^3:S^2=\{<1,3>\}$,$S^3=\{<1,3>\}$,由定理 4.2.5 知 $t(S)=S\cup S^2\cup S^3=\{<1,2>,<1,3>,<2,3>\}$。此处恰有 $t(S)=S$,由上面注(2)知 S 具有传递性。

定理 4.2.6　设 A 是有限集且 $|A|=n,R\subseteq A\times A$,则

(1) $rs(R)=sr(R)$;

(2) $rt(R)=tr(R)$;

(3) $st(R)\subseteq ts(R)$。

证(略)

4.3　等价关系与偏序关系

4.3.1　等价关系和等价类

根据关系性质的不同,可以得到若干种特殊的关系,以下将讲述一些特别有用的关系。

定义 4.3.1　非空集合 A 上的关系 R,若它是自反的、对称的和传递的,则称它是**等价关系**。

例 4.3.1　设 $A=\{a,b,c,d\}$, A 上的关系

$R=\{<a,a>,<a,b>,<a,c>,<b,a>,<b,b>,<b,c>,<c,a>,<c,b>,<c,c>,<d,d>\}$

则 R 是自反的、对称的和传递的,故 R 是等价关系。

一些常见的等价关系可以以描述的方式说明,如:三角形之间的相似关系,一个人群中人与人之间的同乡关系,各个英文单词之间的首字母相同的关系。另外一些等价关系可用某些公式表示。

例 4.3.2　设 $\mathbf{I}$ 为整数集,R 是 $\mathbf{I}$ 上的关系,定义为:对任意 $n_1,n_2\in\mathbf{I}$, $<n_1,n_2>\in R\Leftrightarrow (n_1-n_2)$ 能被 3 整除。试证明 R 是等价关系。

证　(1)对任 $-n\in\mathbf{I},n-n=0$,而 0 能被 3 整除,因此 R 是自反的。

(2)设 $n_1,n_2\in\mathbf{I}$, $<n_1,n_2>\in R$,则 $n_1-n_2=3s,s\in\mathbf{I}$,则 $n_2-n_1=-(n_1-n_2)=3\cdot(-s)$,且 $-s\in\mathbf{I}$,从而 $<n_2,n_1>\in R$。因此 R 是对称的。

(3)设 $n_1,n_2,n_3\in\mathbf{I}$, $<n_1,n_2>\in R$, $<n_2,n_3>\in R$,则 $n_1-n_2=3s$,且 $n_2-n_3=3t$,其中 $s,t\in\mathbf{I}$,则 $n_1-n_3=(n_1-n_2)+(n_2-n_3)=3s+3t=3\cdot(s+t)$,且 $s+t\in\mathbf{I}$,从而 $<n_1,n_3>\in R$。因此 R 是传递的。

综上所述,R 是等价关系。

定义 4.3.2　设 R 是非空集合 A 上的等价关系,对任一 $a\in A$,称 A 的子集

$$[a]_R=\{x\mid x\in A\wedge <a,x>\in R\}$$

为由元素 a 生成的 R **等价类**,简称由 a 生成的等价类。

注:(1)对任一 $a \in A$,由 R 的自反性可知 $<a,a> \in R$,故 $a \in [a]_R$,从而等价类 $[a]_R$ 必然非空;

(2)在同一个 R 等价类中,任意两个元素有关系 R,而两个不属于同一个 R 等价类的元素则没有关系 R。

在例 4.3.2 中,由 $\mathbf{I}$ 上的等价关系 R 产生的等价类有

$[0]_R = \{\cdots, -6, -3, 0, 3, 6, \cdots\} = [3]_R = [6]_R = \cdots$

$[1]_R = \{\cdots, -5, -2, 1, 4, 7, \cdots\} = [4]_R = [7]_R = \cdots$

$[2]_R = \{\cdots, -4, -1, 2, 5, 8, \cdots\} = [5]_R = [8]_R = \cdots$

例 4.3.3 设 $\mathbf{I}$ 为整数集,S 是 $\mathbf{I}$ 上的关系,定义为:对任意 $x, y \in \mathbf{I}$,$<x, y> \in S \Leftrightarrow x (\bmod 3) \equiv y (\bmod 3)$(此为模 3 的同余关系)。试证明 S 是等价关系,并写出由 S 产生的所有等价类。

证 由 S 的定义知:$<x, y> \in S$,当且仅当 x, y 分别除以 3 所得余数相等。显然 S 具有自反性,对称性和传递性,因此 S 是等价关系。容易看出 S 产生的不同的等价类共有 3 个:不妨以余数分别是 0,1,2 为代表元素,可写为

$[0]_S = \{\cdots, -6, -3, 0, 3, 6, \cdots\}$

$[1]_S = \{\cdots -7, -4, -1, 1, 4, 7, \cdots\}$

$[2]_S = \{\cdots -8, -5, -2, 2, 5, 8, \cdots\}$

例 4.3.2 的 R 与例 4.3.3 的 S 同为整数集 $\mathbf{I}$ 上的等价关系,但它们的等价类是有区别的。

定理 4.3.1 设 R 是非空集合 A 上的等价关系,则有

(1) $<a, b> \in R \Leftrightarrow [a]_R = [b]_R$

(2) $[a]_R \neq [b]_R \Leftrightarrow [a]_R \cap [b]_R = \Phi$

证 (1)先证 $<a, b> \in R \Rightarrow [a]_R = [b]_R$

任取 $x \in [a]_R$,根据等价类的定义有 $<a, x> \in R$。由 R 对称及 $<a, b> \in R$ 得知 $<b, a> \in R$。由 $<b, a> \in R$,$<a, x> \in R$ 及 R 的传递性得 $<b, x> \in R$,从而 $x \in [b]_R$,故 $[a]_R \subseteq [b]_R$。

又若 $x \in [b]_R$,根据等价类的定义有 $<b, x> \in R$。由 $<a, b> \in R$,$<b, x> \in R$ 及 R 的传递性得 $<a, x> \in R$,从而 $x \in [a]_R$,故 $[b]_R \subseteq [a]_R$,所以 $[a]_R = [b]_R$。

然后证 $[a]_R = [b]_R \Rightarrow <a, b> \in R$

首先,因为 R 是自反的,故 $<a, a> \in R$,从而 $a \in [a]_R$,则 $[a]_R$ 非空。任取 $x \in [a]_R$,则 $<a, x> \in R$。由于 $[a]_R = [b]_R$,故有 $x \in [b]_R$,则有 $<b, x> \in R$,由于 R 对称,故 $<x, b> \in R$。由 $<a, x> \in R$,$<x, b> \in R$ 及 R 的传递性便知 $<a, b> \in R$。

(2)用反证法。如其不然,设 $x \in [a]_R \cap [b]_R$,则 $x \in [a]_R$ 且 $x \in [b]_R$,则 $<a, x> \in R$ 且 $<b, x> \in R$,由于 R 对称,故 $<x, b> \in R$。由 $<a, x> \in R$,$<x, b> \in R$ 及 R 的传递性便知 $<a, b> \in R$,由(1)得 $[a]_R = [b]_R$,这与前提矛盾,故 $[a]_R \cap [b]_R = \Phi$。

反过来,假设 $[a]_R = [b]_R$,因为 $[a]_R$ 非空,取 $a \in [a]_R$,亦有 $a \in [b]_R$,即 $a \in [a]_R \cap [b]_R$ 这与条件 $[a]_R \cap [b]_R = \Phi$ 矛盾,所以必有 $[a]_R \neq [b]_R$。

4.3.2 划分与商集

定义 4.3.3 设 A 是一个非空集合,称 $B = \{A_1, A_2, \cdots, A_m\}$ 是集合 A 的一个**划分**,如果它

满足以下条件：

（1）每个 $A_i(i=1,2,\cdots,m)$ 都是 A 的非空子集；

（2）$\bigcup\limits_{i=1}^{m} A_i = A$；

（3）对于不同的下标 i 和 j，$A_i \cap A_j = \Phi$。

注：如果 B 只满足（1）和（2），则称 B 为 A 的**覆盖**。

例 4.3.4 设 $A = \{1,2,3,4,5,6\}$，$B = \{\{1,4\},\{2,5\},\{3,6\}\}$，$C = \{\{1,2,3\},\{3,4,5\}$，$\{4,5,6\}\}$，$D = \{\{1,2\},\{3,4\},\{1,6\}\}$，则 B 是 A 的一个划分，C 是 A 的一个覆盖，而不是 A 的划分，D 既不是 A 的划分也不是 A 的覆盖。

如果 $B = \{A_1,A_2,\cdots,A_m\}$ 是集合 A 的一个划分，就称 $A_i(i=1,2,\cdots,m)$ 是划分的**块**。

定义 4.3.4 设 R 是非空集合 A 上的等价关系，则称集合

$$\{[a]_R \mid a \in A\}$$

为集合 A 关于等价关系 R 的**商集**，记为 A/R。

A/R 与 A 的划分有什么联系呢？下面的定理回答了这个问题。

定理 4.3.2 设 R 是非空集合 A 上的等价关系，则

$$A/R = \{[a]_R \mid a \in A\}$$

是 A 的一个划分。

证 （1）对于任意的 $a \in A$，按等价类的定义，$[a]_R$ 非空且 $[a]_R$ 是 A 的子集。这符合划分的第一个条件。

（2）设 $S = \bigcup\limits_{a \in A}[a]_R$，对任意 $x \in S$，存在 $a \in A$，使 $x \in [a]_R$，而 $[a]_R$ 是 A 的子集，故 $x \in A$。因此 $S \subseteq A$。

另一方面，对任意 $x \in A$，由于 R 是自反的，故 $<x,x> \in R$，从而 $x \in [x]_R$，而 $[x]_R \subseteq S$，故 $x \in S$，所以 $A \subseteq S$，所以 $S = A$。这符合划分的第二个条件。

（3）对任意 $a,b \in A$，若 $[a]_R \neq [b]_R$，由定理 4.3.2 可知，$[a]_R \cap [b]_R = \Phi$，这符合划分的第三个条件。综上所述，$A/R = \{[a]_R \mid a \in A\}$ 是 A 的一个划分。

对于前面的例 4.3.1 和例 4.3.2，可分别求得

$$A/R = \{\{a,b,c\}, \{d\}\}$$
$$I/R = \{[0]_R, [1]_R, [2]_R\}$$
$$= \{\{\cdots,-6,-3,0,3,6,\cdots\}, \{\cdots,-5,-2,1,4,7,\cdots\}, \{\cdots,$$
$$-4,-1,2,5,8,\cdots\}\}$$

上面已经看到，给定非空集合 A 和 A 上的一个等价关系 R，就可以求出相应的等价类，从而求出 A 关于 R 的商集 A/R。而这也就是 A 的一个划分，等价类就是这个划分的块。反过来，如果给定 A 的一个划分 $B = \{A_1,A_2,\cdots,A_m\}$，是否能找到一个由 B 所唯一确定的 A 上的等价关系呢？回答是肯定的。方法就是，把所求的等价关系 R 看成是在各个块 A_i 上的全域关系的并，即

$$R = \bigcup\limits_{i=1}^{m}(A_i \times A_i)$$

在例 4.3.4 中的划分 B 所对应的等价关系

$R = (\{1,4\} \times \{1,4\}) \cup (\{2,5\} \times \{2,5\}) \cup (\{3,6\} \times \{3,6\})$

$= \{<1,1>, <1,4>, <4,1>, <4,4>, <2,2>, <2,5>, <5,2>, <5,5>, <3,3>,$

<3,6>，<6,3>，<6,6>}
容易验证 R 是等价关系。

4.3.3　偏序关系与哈斯图

定义 4.3.5　集合 A 上的关系 R，如果它是自反的、反对称的和传递的，就称它为**偏序关系**，常用"$\leq$"来记偏序关系，且称 $<A,\leq>$ 为**偏序集**。

例 4.3.5　设 $A=\{1,2,3,6\}$，A 上的关系 $\leq$ 是整除关系，即

$\leq=\{<1,1>，<1,2>，<1,3>，<1,6>，<2,2>，<2,6>，<3,3>，<3,6>，<6,6>\}$

则可以看出关系 $\leq$ 具有自反性、反对称性和传递性，故是偏序关系。

例 4.3.6　设集合 $S=\{a,b\}$，P 是 S 的幂集，即 $P=\{\varPhi,\{a\},\{b\},\{a,b\}\}$，$P$ 上的关系是集合的包含于，即 $\subseteq$，则

$\subseteq=\{<\varPhi,\varPhi>，<\varPhi,\{a\}>，<\varPhi,\{b\}>，<\varPhi,\{a,b\}>，<\{a\},\{a\}>，<\{a\},\{a,b\}>，$
$\quad<\{b\},\{b\}>，<\{b\},\{a,b\}>，<\{a,b\},\{a,b\}>\}$

则 $\subseteq$ 具有自反性、反对称性和传递性，故是偏序关系。

今后，约定用符号 $\leq$ 表示偏序关系。即不管是"小于或等于"，还是"包含于"，或者"整除"，只要它是自反的、反对称的和传递的关系，一律用 $\leq$ 表示。

为更好地研究偏序集内部的层次结构，特引入元素间两个重要概念："**可比**"及"**盖住**"关系。

定义 4.3.6　设 $<A,\leq>$ 为偏序集。对于 A 中的两个不同的元素 a 和 b，如有 $a\leq b$ 或 $b\leq a$，则称元素 a 与 b 是**可比**的，否则称它们是**不可比**；又若 $a\leq b$ 且 A 中不存在不同于 a 和 b 的元素 c，使 $a\leq c$ 且 $c\leq b$，则称 b **盖住** a，并称 a 和 b 的关系为关于 $\leq$ 的**盖住关系**。

对于例 4.3.5 中的偏序关系 $\leq$，关于 $\leq$ 的盖住关系为 $\{<1,2>，<1,3>，<2,6>，<3,6>\}$。

为了表示偏序集元素间的层次关系，引入偏序集的**哈斯图**。它是按照下面的方法画出来的：

（1）用小圆圈表示偏序集的元素；

（2）规定元素间连线的方向是自下而上的；

（3）如果对于偏序集中任意两个不同元素 a 和 b，如果 b 盖住 a，则元素 b 应画在元素 a 之上（不一定正上方）且在 a 与 b 之间画一连线。所需画的线的条数应等于相应的盖住关系的序偶个数。

按照这种方法，分别画出例 4.3.5 和例 4.3.6 的哈斯图如图 4.3.1 和图 4.3.2。

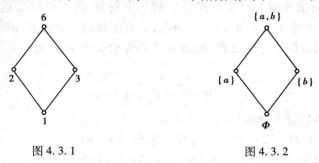

图 4.3.1　　　　　　　　　　图 4.3.2

哈斯图实际上是省略的偏序关系的关系图：

(1)省去了代表自反性的每个元素上的自环弧线；

(2)省去了图中连线的方向即箭头，连线不应画成水平的，原箭头所指元素在上方；

(3)省去了具有传递性质的连线，只画元素间具有盖住关系的连线。

例 4.3.5 的关系图就是例 4.1.2 的关系图(图 4.1.3)，按此步骤省略后即得其哈斯图，见图 4.3.1。

在哈斯图中常把元素间自下而上的相互连接的一条或多条连线所形成的路径称为元素间的一条**链**。其反对称性由自下而上的方向表现出来。若元素 a 到 b 间有一条链，则 $a \leq b$，即 a 与 b 是**可比的**，且 a "小" b "大"；反之若 a 到 b 间没有这样一条链，则称 a 与 b 是**不可比的**。显然两元素间有盖住关系，则这两元素一定是可比的；反之不成立。

定义 4.3.7 设 $<A, \leq>$ 是偏序集，如果

$$\forall x \forall y (x \in A \wedge y \in A \rightarrow (x \leq y \vee y \leq x))$$

则称 $<A, \leq>$ 为**全序集**，这时的偏序关系，也称为**全序关系**。

例如，实数集或它的任一个非空子集上，在普通意义下的" $\leq$ "(小于等于)关系是全序关系。由 2 的所有非负整数次幂构成的集合上的"整除"关系是全序关系。

容易知道全序集的全体元素都在一条链上。另外全序集的任何两个不同元素 a 和 b 都可以分得出"孰小孰大"或"谁在下方谁在上方"，亦即可排序。然而，除全序集之外的偏序集，如例 4.3.5 和例 4.3.6(见其哈斯图，即图 4.3.1 和图 4.3.2)，则只是部分元素可以排序，"偏序"因而得名。例如，例 4.3.5 中的元素 2 和 3、例 4.3.6 中的元素 $\{a\}$ 和 $\{b\}$ 都是分不出大小的，即它们之间是不可比的。

下面研究偏序集中的一些特殊元素。

定义 4.3.8 设 $<A, \leq>$ 是一个偏序集，$B \subseteq A$

(1)如果 $a \in B$，并且 $\forall x (x \in B \wedge x \neq a \rightarrow \neg (a \leq x))$，则称 a 为 B 的一个极大元；

(2)如果 $a \in B$，并且 $\forall x (x \in B \wedge x \neq a \rightarrow \neg (x \leq a))$，则称 a 为 B 的一个极小元；

(3)如果 $a \in B$，并且 $\forall x (x \in B \rightarrow x \leq a)$，则称 a 为 B 的最大元；

(4)如果 $a \in B$，并且 $\forall x (x \in B \rightarrow a \leq x)$，则称 a 为 B 的最小元；

(5)如果 $a \in A$，并且 $\forall x (x \in B \rightarrow x \leq a)$，则称 a 为 B 的一个上界元素；

(6)如果 $a \in A$，并且 $\forall x (x \in B \rightarrow a \leq x)$，则称 a 为 B 的一个下界元素；

(7) B 的上界集合中的最小元，称为 B 的上确界；

(8) B 的下界集合中的最大元，称为 B 的下确界。

对于这个定义，作如下解释：

(1) B 的极大元、极小元、最大元、最小元，在 B 中必须是 B 的元素，而对 B 的上界、下界、上确界、下确界而言，此话不真，即它们可以是 B 的元素，也可以不是；

(2) B 中极大(小)元只强调"在 B 中没有比它高(低)的元素存在"，隐含着 B 中可能有些元素与它不可比；

(3) B 的最大(小)元必须与 B 的每个元素都是可比的；

(4) B 若有最大元(最小元，上确界，下确界)，则必是唯一的。

例 4.3.7 设 $A = \{a, b, c, d, e, f, g, h, i, j, k\}$，偏序集 $<A, \leq>$ 的哈斯图见图 4.3.3，取 A 的 3 个子集 $B_1 = \{a, b, c, d, e, f, g\}$，$B_2 = \{a, c, d, f, g, h\}$，$B_3 = \{f, g, h, i\}$，把 3 个子集的各种

特殊元素列表如下：

表 4.3.1

子集	极大元	极小元	最大元	最小元	上界	下界	上确界	下确界
B_1	f,g	a,b,e	无	无	$\{h,i,j,k\}$	Φ	无	无
B_2	h	a	h	a	$\{h,j,k\}$	$\{a\}$	h	a
B_3	h,i	f,g	无	无	$\{k\}$	$\{a\}$	k	a

在这个例子中，子集 B_1 有极大元和极小元，但没有最大元和最小元；有上界而无下界；没有上确界和下确界。子集 B_2 的唯一的最大（小）元，同时也就是唯一的极大（小）元和唯一的上（下）确界。子集 B_3 的唯一的上（下）界不在 B_3 内部，因而唯一的上（下）确界也不在 B_3 内。

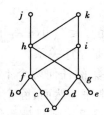

图 4.3.3

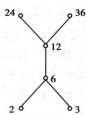

图 4.3.4

例 4.3.8 设 $A = \{2,3,6,12,24,36\}$，偏序集 $<A, \leqslant>$ 的哈斯图见图 4.3.4，取 A 的 3 个子集 $B_1 = \{2,3,6\}$，$B_2 = \{12,24,36\}$，$B_3 = \{6,12\}$，把 3 个子集的各种特殊元素列表如下：

表 4.3.2

子集	极大元	极小元	最大元	最小元	上界	下界	上确界	下确界
B_1	6	2,3	6	无	$\{6,12,24,36\}$	Φ	6	无
B_2	24,36	12	无	12	Φ	$\{2,3,6,12\}$	无	12
B_3	12	6	12	6	$\{12,24,36\}$	$\{2,3,6\}$	12	6

在这个例子中，子集 B_1 没有最小元、下界和下确界；子集 B_2 没有最大元、上界和上确界；子集 B_3 恰含两个元素，其中一个属于"大"类，另一个属于"小"类。

定义 4.3.9 设 $<A, \leqslant>$ 是偏序集，$\leqslant$ 是 A 上的偏序关系。若 A 的任意非空子集都有最小元，就称 A 为良序集，关系 $\leqslant$ 为**良序关系**。

例 4.3.9 设 $\mathbf{N}$ 是自然数集，$\leqslant$ 是普通的小于等于关系，则 $<\mathbf{N}, \leqslant>$ 是良序集，因 $\mathbf{N}$ 的任一子集有最小元。

但实数集与普通的小于等于关系并不构成良序集，因为实数集本身就没有最小元。

关于全序集和良序集有如下定理。

定理 4.3.3 如果一个偏序集是良序集，则它必是全序集。

证 设偏序集 $<A, \leqslant>$ 是良序集，那么，它的任一子集都有最小元。因而，由 A 的任意两个不同元素 x 和 y 组成的子集 $\{x,y\}$ 也应当有最小元。如果 x 是 $\{x,y\}$ 的最小元，则 $x \leqslant y$；如

果 y 是 $\{x,y\}$ 的最小元,则 $y \leqslant x$。因而 $<A,\leqslant>$ 是全序集。

定理 4.3.4　由有限集构成的全序集必是良序集。

证　设 A 是有限集,且偏序集 $<A,\leqslant>$ 是全序集。设 $|A|=n$, $A=\{x_1,x_2,\cdots,x_n\}$。以下用归纳法证明。

$n=1$ 时,A 的非空子集就是 A 本身,且只含 1 个元素,这个元素就是 A 的最小元。

假设当 $n=k$ 时命题成立。则当 $n=k+1$ 时,设 $<A,\leqslant>$ 是全序集,令 $B=\{x_1,x_2,\cdots,x_k\}$,则 $<B,\leqslant>$ 也是全序集,由归纳假设,B 的任一非空子集必有最小元。

现对 $A=\{x_1,x_2,\cdots,x_k,x_{k+1}\}$,取它的任一非空子集 C。分三种情形:

①$C \subseteq B$。由归纳假设,C 有最小元;

②$C=\{x_{k+1}\}$。x_{k+1} 就是 C 的最小元;

③$C=D \cup \{x_{k+1}\}$,其中 D 是 B 的非空子集。由归纳假设,D 有最小元,设为 x_j。对于 x_j 和 x_{k+1},它们必定有关系。若 $x_j \leqslant x_{k+1}$,则 x_j 是 C 的最小元;若 $x_{k+1} \leqslant x_j$,则 x_{k+1} 是 C 的最小元。

这样,无论哪一种情形,C 都有最小元。归纳法完成。所以由有限集构成的全序集必是良序集。

*4.4　有关关系的算法

4.4.1　关系基本运算的算法

本算法使用有限集合上或集合到集合之间的关系矩阵作为基本工具;以矩阵运算作为手段;把二元关系的运算的基本性质展示给读者,以便抓住要点,巩固所学知识。在编制程序实现算法的过程中,将矩阵与向量的一些基本操作独立出来作为子程序(过程),供后面的算法使用;同时也让读者体会一下结构化程序设计的优越性。

一、算法实现的主要功能

根据所考查运算的基本性质的需要,输入一个或多个集合及其上的关系。本算法可以求出已知关系的有限次方幂、逆关系、两已知关系的合成;验证已知的 3 个关系满足合成的结合律及两个已知关系合成后的逆关系的有关性质;验证 3 个关系作为集合求其交与并后,再进行合成所满足的部分性质。

二、算法体现的主要知识点和基本性质

(1)关系的矩阵表示法;

(2)集合 A 上的关系 R 的 n 次幂的定义:
$$R^0=I_A, \text{ 即恒等关系},$$
$$R^n=R^{n-1} \circ R(n \geqslant 1);$$

(3)逆关系的定义,其矩阵表示为原关系矩阵的转置矩阵;

(4)关系 R 与 R_1 的合成,记作 $R_1 \circ R$,合成后的关系矩阵为:$M \cdot M_1$(M,M_1 分别为关系 R,R_1 的矩阵表示);

(5)关系合成满足结合律:$(R \circ R_1) \circ R_2 = R \circ (R_1 \circ R_2)$;

（6）关系合成的逆满足：$(R_1 \circ R)^{-1} = R^{-1} \circ R_1^{-1}$

（7）关系的交、并与合成满足的性质，如：$R \circ (R_1 \cup R_2) = (R \circ R_1) \cup (R \circ R_2)$ 等。

三、实现算法的基本流程

1. 程序的基本结构

本程序处理关系运算，所以取名为 GXYS，除主程序外，它还包括了 5 个子程序（过程）。主程序采用了简单的菜单方式，供使用者根据自己的需要进行选择，在一次选择后，还可继续选择直至选择退出。

对 5 个子程序分析如下：

（1）SRJH 子程序——输入集合元素，以集合形式显示在屏幕上。输入参数为集合元素的个数（基数）na；输出参数为表示集合的一维数组 aa。

（2）SRJZ 子程序——输入关系的序偶中前域和后域元素的序号，以形成关系矩阵。输入参数 nr, nc 分别表示前域及后域集合的基数；输出参数为表示关系矩阵的二维数组 rr。

（3）SCGX 子程序——输出关系的矩阵表示和相应的集合表示。输入参数 nr, nc 分别表示前域及后域集合的基数；aa, bb 分别为表示它们的一维数组；rr 为表示关系矩阵的二维数组；本子程序无输出参数，仅输出屏幕显示内容。

（4）BMATMALT 子程序——将两个表示关系的矩阵作布尔乘法。输入参数 a_1, b_1 为表示两个已知关系矩阵的二维数组，n_1, m_1 为 a_1 的行数、列数，k_1 为 b_1 的列数（按矩阵乘法规则，b_1 的行数为 m_1）输出参数 $c_1 = a_1 \cdot b_1$ 为表示乘积矩阵的二维数组。

（5）BMATJB 子程序——求作为集合的两个关系的交集与并集。输入参数 a_1, b_1 为表示两个已知关系矩阵的二维数组，n_1, m_1 为 a_1, b_1 的行数与列数（注：求交、并集的两个关系其前域集合与后域集合应分别相同）输出参数 ji, bi，为表示这两个已知关系的交集、并集的二维数组。

2. 主程序使用的数组及主要变量

一维数组 a, b, c 表示程序中需要的有限整数集合（由于是教学程序，限制元素个数均在 20 个以内）。

二维数组 r, r_1, r_2 表示程序所需的关系矩阵。其他二维数组 r_0, r_3, r_4, r_5 在程序中为工作数组，分别表示关系的方幂、逆、合成、交、并及运算过程中所形成的矩阵。

整型变量 n, m, mc 分别表示集合 A, B, C 的基数；m_1 为求关系的方幂的次数；l 为使用者选择程序功能的序号；其他整型变量为工作变量。

逻辑变量 p 专为选择退出程序时所用。

3. 主程序的基本流程

①列出程序可以实现的 5 种功能，使用者可选择相应的序号 l 的值；

②使用开关语句分别实现这 5 种功能。根据 $l = 0, 1, 2, 3, 4, 5$ 的取值，分别进行第③④⑤⑥⑦⑧步；

③使用者欲退出运行中的程序，转向⑨；

④调用子程序 SRJH 及 SRJZ，根据使用者输入的 m_1 的值求关系 R 的 m_1 次方幂（其中二维数组 R_3 用来装 R 的从 1 到 m_1 的逐次方幂），调用 SCGX，输出 R，转向①；

⑤求关系的逆时，使用者应选择 l_1 的值，$l_1 = 1$ 表示 R 为 A 上的关系；$l_1 = 2$ 表示 R 为集合

A 到集合 B 上的关系,再调用 SRJH 分别输入一个或两个集合。调用 SRJZ,求出 R 的转置矩阵,调用 SCGX,输出 R,转向①;

⑥求关系 R,R_1 的合成时,使用者应选择 l_1 的值:$l_1 = 1$ 表示 3 个关系均为 A 上的关系;$l_1 = 2$ 表示 R 为 A 上的关系,R_1 为 A 到 B 上的关系;$l_1 = 3$ 表示 R 为 A 到 B 上的关系,R_1 为 B 到 C 上的关系,再调用 SRJH 分别输入一个,二个或三个集合。二次调用 SRJZ 输入 R,R_1,再调用 BMATMALT 求出合成后的关系 R_3,调用 SCGX,输出 R_3,转向①;

⑦验证 A 上关系 R,R_1,R_2 对合成运算满足结合律时。三次调用 SRJZ 输入 R,R_1,R_2,二次调用 BMATMALT 求得 $R_3 = (R \circ R_1) \circ R_2$;再二次调用 BMATMALT 求得 $R_4 = R \circ (R_1 \circ R_2)$;考查 $R_3 = R_4$ 是否成立,若成立验证完毕,若不成立说明程序运行有误,请中断检查;紧接着程序借用 R 和 R_1,验证 R 与 R_1 合成的逆等于 R_1 的逆与 R 的逆的合成。

调用 BMATMALT 求得 $R_0 = R \circ R_1$,再将 R_0 转置求得 $R_3 = R_0^{-1} = (R \circ R_1)^{-1}$;分别用 R_1,R 的转置求得 $R_2 = R_1^{-1}$,$R_0 = R^{-1}$,再调用 BMATMALT,求得 $R_4 = R_1^{-1} \circ R^{-1}$,考查 $R_3 = R_4$ 是否成立,若成立,验证完毕,若不成立,则说明程序运行有误,请中断检查,转向①;

⑧验证 A 上关系 R、R_1、R_2 的交集与并集,进行合成运算所满足的一些性质。三次调用 SRJZ 输入 R,R_1,R_2,调用 BMATJB 求得 $R_4 = R_1 \cup R_2$,再调用 BMATMALT 求得 $R_0 = R \circ R_4 = R \circ (R_1 \cup R_2)$,显示 R_0 的矩阵形式;二次调用 BMATMALT,$R_0 = R \circ R_1$,$R_5 = R \circ R_2$,再调用 BMATJB,求得 $R_5 = (R \circ R_1) \cup (R \circ R_2)$,显示 R_5 的矩阵形式,若这两个矩阵形式完全一样,则等式 $R \circ (R_1 \cup R_2) = (R \circ R_1) \cup (R \circ R_2)$ 验证完毕,否则程序运行有误,请中断检查。

因等式 $(R_1 \cup R_2) \circ R = (R_1 \circ R) \cup (R_2 \circ R)$ 的验证与上面类似,故略。

再验证 $R \circ (R_1 \cap R_2)$ 包含于 $(R \circ R_1) \cap (R \circ R_2)$:本步骤第一次调用 BMATJB 时,可同时求得 $R_3 = R_1 \cap R_2$,再调用 BMATMALT,求得 $R_0 = R \circ (R_1 \cap R_2)$,输出 R_0 的矩阵形式;二次调用 BMATMALT 分别求出 $R \circ R_1$,$R \circ R_2$,再调用 BMATJB 求得 $R_5 = (R \circ R_1) \cap (R \circ R_2)$,输出 R_5 的矩阵形式。比较 R_0 与 R_5 的矩阵形式后,发现凡在 R_0 中元素为 1 的位置上 R_5 的元素也为 1,即 R_0 包含于 R_5 之中,验证完毕,若不是此种情况,则程序运行有误,请中断检查,转向①;

⑨本次程序运行结束,退出。

4.4.2　判定关系的特殊性质及特殊关系的算法和程序

借用 4.4.1 中的子程序,本算法以关系矩阵及矩阵运算作为工具和手段,将关系的 5 种特殊性质的特征及判定展现给读者,并借此判定关系是否为特殊关系(等价、相容、偏序等)。从而巩固所学知识,为进一步地学习、应用奠定基础。算法的内容主要有以下几个方面:

(1)对集合 a 上的关系 R,判定其是否具有自反、反自反、对称、反对称及传递等性质中的一种或多种。

(2)判定 R 是否为等价关系,若是,还将求出各等价类及其包含的元素;还将给出相应的等价关系所确定的商集 A/R 的集合表示。

(3)判定 R 是否为相容关系、拟序关系、偏序关系或全序关系。

(4)求出关于 R 的自反闭包关系、对称闭包关系及传递闭包关系。

(5)验证或考察具有 5 种特殊性质的多个关系经集合运算后保持这些性质的情况。

一、算法体现的主要知识点和运算性质

(1)基数为 n 的集合 A 上的关系满足五条特殊性质的定义及其对应的关系矩阵 R 的特

征:R 的对角线上的元素全为 1,则 R 为自反关系;R 的对角线元素全为 0 为反自反关系;R 为对称阵,为对称关系;R 中若有 i,j,$R(i,j)=1$,且 $R(j,i)=0(i\neq j;i,j=1,\cdots,n)$,则为反对称关系;$R$ 中若 $R(i,j)=1$ 且 $R(j,k)=1$,此时必有 $R(i,k)=1(i\neq j;i,j,k=1,\cdots,n)$,则 R 为传递关系。

（2）有关等价、关系等价类、商集、相容关系、拟序关系、偏序关系及全序关系的定义和判定。如 R 同时为自反、对称、传递,则 R 为等价关系;R 同时为自反、反对称、传递,则 R 为偏序关系等。

（3）闭包运算的概念,三种闭包关系(自反、对称、传递)的构造方法。如 R 与恒等关系的并构成自反闭包;R 与 R^{-1} 的并构成对称闭包;R 的 1 到 n 次方幂的并,构成传递闭包等。

（4）满足某种特殊性质的多个关系的交、并、对称差、逆及合成后的关系,哪些可以保留这种特殊性质,哪些不行。如 R、R_1 为自反关系,则它们的交、并、逆及合成亦为自反关系,而其对称差则不是。

二、实现算法的基本流程

1. 程序的结构

该程序是由一个主程序和 5 个子程序(过程)构成。其中有 4 个程序已在 4.4.1 中建立,这里只需调用。它们是:SRJZ(输入);SCGX(以矩阵和集合形式输出关系);BMATMALT(布尔矩阵的乘法);BMATJB(求布尔矩阵的交与并)。本程序的核心算法体现在第五个算法之中:TSXZPD,它的功能就是对已知关系是否具有自反、反自反、对称、反对称或传递性质进行判定。

2. 主程序中所用的数组及主要变量

一维数组 a,用来装基数为 n 的有限整数集合的元素;d 用于当关系 R 为等价关系时,统计每一等价类的元素个数。

二维数组 r 为关系的矩阵表示;r_0 表示等价类的元素组成的矩阵,$r_0(i,j)$ 表示第 i 个等价类的第 j 个元素;r_1,r_2,r_3 为工作数组,它们分别表示关系 R 的各类闭包关系或它们的交、并、合成或逆等。

整型变量 n 为集合 A 的基数;kd 为等价关系 R 的等价类的个数;其他整型变量为工作变量。

逻辑变量 p 为工作变量;$p_1 \sim p_5$ 分别表示关系 R 是否具有 5 种特殊性质中的一种或多种。

3. 主程序的基本流程

①输入集合 A 的元素个数及元素,再调用 SRJZ 输入关系 R;

②调用 TSXZPD,以确定关系 R 是否具有 5 种特殊性质中的一种或多种;

③如果 p_1,p_3,p_5 同时为真,表明关系 R 为等价关系。在此种情况下,要统计等价类的个数(kd),每一个等价类有多少元素($d(i),i=1,\cdots,kd$)分别是哪些元素($r_0(i,j),i=1,\cdots,kd$;$j=1,\cdots,d(i)$);求出商集 A/R,以集合形式输出;

④如 p_1,p_3 为真,p_5 为假,则 R 为非等价的相容关系;p_2,p_5 为真,则 R 为拟序关系;如 p_1,p_4,p_5 同时为真,则 R 为偏序关系,若此时又有 R 矩阵中所有元素均为 1,则 R 又为全序关系;

⑤根据 R 所具有的特殊性质,分别构造 R 的自反闭包关系、对称闭包关系和传递闭包关系。三次调用 SCGX,分别输出它们的矩阵和集合表示;

⑥验证 5 种特殊关系经集合运算后是否保持性质的情况。通过调用 SRJZ 输入多个具有某种特殊性质的关系(如 R,R_1 均为自反关系等),调用 BMATJB、BMATMALT,分别求得它们的交、并与合成关系,再构造它们的对称差、逆关系。通过考查相应的矩阵形式或调用 TSXZPD 来验证或判定经运算后它们是否保持性质。其结论可概括如下:

自反关系的交、并、逆及合成亦为自反关系;

反自反关系的交、并、逆及对称差亦为反自反关系;

对称关系的交、并、逆及对称差亦为对称关系;

反对称关系的交、逆及对称差亦为反对称关系;

传递关系的交与逆亦为传递关系。

⑦程序运行结束。

三、子程序 *TSXZPD* 的基本流程

子程序中集合 A 的基数用变量 na 表示;A 上的关系用二维数组 rr 表示;逻辑变量 $T_1 \sim T_5$ 分别表示 rr 是否具有自反性、反自反性、对称性、反对称性及传递性,子程序的输入参数为 na,rr;输出参数为 $T_1 \sim T_5$。

①首先给 $T_1 \sim T_1$ 均赋值为真;$i:=1$。

②若 $rr(i,i)=0$,则 T_1 为假;若 $rr(i,i)=1$,则 t_2 为假;$j:=1$。

③若 $rr(i,j) \neq rr(j,i)$,则 T_3 为假;若 $rr(i,j)=1$ 转④,否则转⑥。

④若 $j \neq i$,同时 $rr(j,i)=1$,则 T_4 为假;$k:=1$。

⑤ $rr(j,k)=1$,同时 $rr(i,k)=0$,则 T_5 为假;若 $k<na$,则 $k:=k+1$,转⑤,否则转⑥。

⑥若 $j<na$,则 $j:=j+1$,转③,否则转⑦。

⑦ $i<na$,则 $i:=i+1$,转②,否则转⑧。

⑧子程序结束,将 $t_1 \sim t_5$ 的最终值返回调用程序。

习题 4

4.1　对下列集合 A 和 B,给出 A 到 B 的关系 R,构造 R 的关系矩阵。

$(1)A=\{1,2,3,4,5\}$,$B=\{1,2,3\}$,$R=\{<a,b> \mid a=b^2\}$;

$(2)A=P(\{0,1\})$,$B=P(\{0,1,2\})-P(\{0\})$,$R=\{<x,y> \mid x-y=\varPhi\}$。

4.2　构造集合 $A=\{1,2,3,4,5,6\}$ 上的下列关系 R 的关系图,指出定义域和值域。

$(1)R=\{<i,j> \mid i=j\}$;　　　　　　$(2)R=\{<i,j> \mid i$ 整除 $j\}$;

$(3)R=\{<i,j> \mid (i-j)$ 可被 3 整除 $\}$;　　$(4)R=\{<i,j> \mid i>j\}$;

$(5)R=\{<i,j> \mid (i-j)^2 \in A\}$;　　　　$(6)R=\{<i,j> \mid i+j \leq 5\}$。

4.3　设 I 是由全体整数构成的集合,R_1 和 R_2 都是 $I \times I$ 上的二元关系。

(1)对任意 $<a,b>$,$<c,d> \in I \times I$,序偶 $<<a,b>,<c,d>>$ 属于 R_1,当且仅当 $a-c=b-d$,那么 R_1 的几何解释是什么?

(2)设则 R_2,$R_1 \cup R_2$,$R_1 \cap R_2$,R_1-R_2 和 $R_1 \oplus R_2$ 的几何解释是什么?

$$R_2=\left\{ <<a,b>,<c,d>> \mid \sqrt{(a-c)^2+(b-d)^2}=\sqrt{200} \right\}$$

4.4　设集合 $A = \{1,2,3,4,5,6\}$ 上的两个二元关系分别为，$R_1 = \{ <1,2>$，$<2,4>$，$<3,3> \}$，$R_2 = \{ <1,5>$，$<2,6>$，$<4,4> \}$。试求出 $R_1 \cup R_2$，$R_1 \cap R_2$，$R_1 - R_2$ 和 $R_1 \oplus R_2$，并确定这些关系的定义域和值域。

4.5　分析集合 $A = \{1,2,3\}$ 上的下述 5 个关系，判断这 5 个关系各有哪些性质。

$$R = \{ <1,1>，<1,2>，<1,3>，<3,3> \}$$
$$S = \{ <1,1>，<1,2>，<2,1>，<2,2>，<3,3> \}$$
$$T = \{ <1,1>，<1,2>，<2,2>，<2,3> \}$$
$$\Phi = 空关系$$
$$A \times A = 全域关系$$

4.6　设集合 $A = \{1,2,3\}$ 上的 8 种关系由图 4.1 所示的 8 个关系图表示。试写出所对应的序偶集合表示以及关系矩阵，并说明它们具备什么性质。

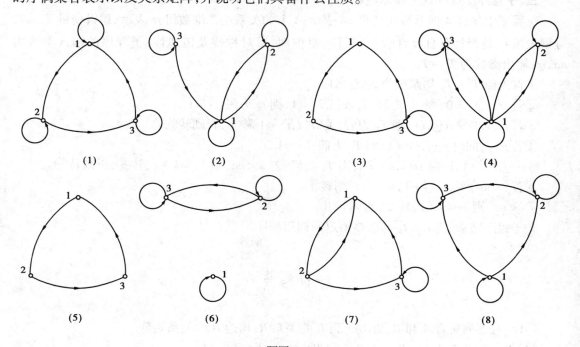

题图 4.6

4.7　举出集合 $A = \{1,2,3\}$ 上关系 R 的例子，分别有下述性质，并写出相应的关系矩阵：

(1)是对称的，是反对称的；

(2)不是对称的，不是反对称的；

(3)是自反的，不是对称的，是传递的；

(4)是自反的，是对称的，不是传递的；

(5)不是自反的，不是反自反的，不是对称的，不是反对称的，不是传递的。

4.8　设集合 A 上的关系 R 和 S 都是自反的、对称的和传递的。

(1)证明 $R \cap S$ 也是自反的、对称的和传递的；

(2)举出例子说明 $R \cup S$ 不一定是自反的、对称的和传递的。

4.9　设 A 为 n 个元素的集合。问：

(1)A 上有多少个二元关系？

(2)A 上有多少个自反的二元关系？

(3)A 上有多少个对称的二元关系？

(4)A 上有多少个既是自反的又是对称的二元关系？

4.10 试问下述关系 R 有哪些性质？

(1)整数集上，iRj 当且仅当 $|i-j| \leqslant 10$。

(2)整数集上，iRj 当且仅当 $i \cdot j \geqslant 8$。

(3)实数集上，xRy 当且仅当 $x \leqslant y$。

(4)实数集上，xRy 当且仅当 $x \leqslant |y|$。

4.11 试问复数集 C 上的下述关系有什么性质？

(1)$(a+bi)R(c+di)$ 当且仅当 $a=c$。

(2)$(a+bi)R(c+di)$ 当且仅当 $ad=bc$。

(3)$(a+bi)R(c+di)$ 当且仅当 $ac>0$。

(4)$(a+bi)R(c+di)$ 当且仅当 $(a-c)^2 + (b-d)^2 \leqslant 1$。

4.12 设有集合 $A = \{0,1,2,3\}$ 上的两个关系

$$R_1 = \{ <i,j> \mid (j=i+1) \vee (j=i/2)\}, R_2 = \{ <i,j> \mid i=j+2\}$$

(1)以序偶集合的方式写出 R_1 和 R_2，并求出 $R_1 \circ R_2, R_2 \circ R_1, R_1 \circ R_2 \circ R_1, R_1^3$；

(2)写出 R_1 和 R_2 的关系矩阵，并求出 $R_1 \circ R_2, R_2 \circ R_1, R_1 \circ R_2 \circ R_1, R_1^3$ 的关系矩阵。

4.13 设集合 $A = \{1,2,3,4,5,6,7\}$，关系 R 见图 4.2。试求使 $R^m = I_A$ 的最小的正整数 m。

题图 4.13

4.14 设 R_1, R_2, R_3 都是集合 A 上的关系。证明：如 $R_1 \subseteq R_2$，则

(1)$R_1 \circ R_3 \subseteq R_2 \circ R_3$；　　　　(2)$R_3 \circ R_1 \subseteq R_3 \circ R_2$；　　　　(3)$R_1^{-1} \subseteq R_2^{-1}$。

4.15 证明：如关系 R 是对称的，则 R^k（k 是正整数）是对称的。

4.16 已知整数集 I 上的关系 $R = \{ <i,j> \mid j-i=1\}$，求 $r(R), t(R)$。

4.17 设 R 是 $A = \{1,2,3,4\}$ 上的关系，其关系矩阵为

$$M_R = \begin{bmatrix} 1 & 0 & 1 & 0 \\ 0 & 0 & 1 & 0 \\ 1 & 0 & 1 & 0 \\ 1 & 0 & 1 & 0 \end{bmatrix}$$

试求 $r(R), s(R)$ 和 $t(R)$ 的关系矩阵。

4.18 设 R 和 S 都是集合 A 上的二元关系。R 是等价关系，$S = \{ <a,c> \mid \exists b(b \in A \wedge <a,b> \in R \wedge <b,c> \in R)\}$。证明 S 是等价关系。

4.19 设 I^+ 是由全体正整数构成的集合，在 $I^+ \times I^+$ 上定义二元关系 R 为：

对任意 $<a,b>$，$<c,d> \in I^+ \times I^+$，$<<a,b>,<c,d>> \in R$，当且仅当 $ad = bc$。证明 R 是等价关系，并找出含有元素 $<1,1>$ 的等价类。

4.20 设 C^* 是由实数部分非零的全体复数组成的集合。C^* 上的关系 R 定义为：$(a+bi)R(c+di)$ 当且仅当 $ac>0$。证明是 R 等价关系，并给出关系 R 的等价类的几何说明。

4.21 请看下面的证明：设 R 是 A 上的对称的和传递的关系，因为 R 是对称的，如果 $<x,y> \in R$，则有 $<y,x> \in R$；又因为 R 是传递的，由 $<x,y> \in R$ 且 $<y,x> \in R$，得 $<x,x> \in R$。所以 R 是自反的，因此 R 是 A 上的等价关系。试指出这个证明的错误。

4.22 设 R 和 S 都是集合 A 上的等价关系。证明：$R \circ S$ 是 A 上的等价关系，当且仅当 $R \circ S = S \circ R$。

4.23 设 A 是一个非空集合，$\{A_1, A_2, \cdots, A_m\}$ 是集合 A 的一种划分。又设 B 是 A 的非空子集，且 $A_i \cap B \neq \Phi (i=1,2,\cdots,m)$。试证明：$\{A_1 \cap B, A_2 \cap B, \cdots, A_m \cap B\}$ 是 $A \cap B$ 的一种划分。

4.24 设 R 和 S 都是集合 A 上的等价关系，试确定下列各式，哪些一定是 A 上的等价关系？对于那些并非一定是等价关系的，要举出反例。

(1) $(A \times A) - R$；　　　　　　(2) $S - R$；
(3) $R \cup S$；　　　　　　　　　(4) $R \cap S$；
(5) R^2；　　　　　　　　　　　(6) R^{-1}。

4.25 画出下列集合上整除关系的哈斯图。

(1) $\{1,2,3,4,5,6,7,8\}$；　　(2) $\{1,2,3,5,6,10,15,30\}$；　　(3) $\{1,2,4,8,16,32\}$。

4.26 给出集合 $A = \{1,2,3,4\}$ 上的 4 个偏序关系图：

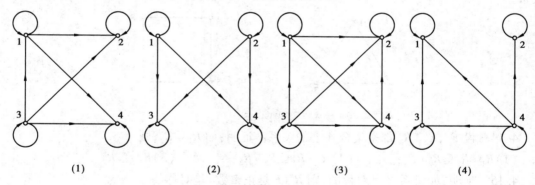

(1)　　　　　　(2)　　　　　　(3)　　　　　　(4)

题图 4.26

试画它们的哈斯图。

4.27 设集合 $X = \{x_1, x_2, x_3, x_4, x_5\}$，偏序集 $<X, \leqslant>$ 的哈斯图如图 4.4 所示：试求出以下各个子集的极大元、极小元、最大元、最小元、上界、下界、上确界、下确界：

(1) $\{x_1, x_2, x_3\}$；

(2) $\{x_2, x_3, x_4\}$；

(3) $\{x_3, x_4, x_5\}$。

4.28 构造下述集合的例子。

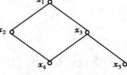

题图 4.27

（1）非空偏序集,它不是全序集,某些子集没有最大元;

（2）非空偏序集的一个子集,它有最大下界但没有最小元;

（3）非空偏序集的一个子集,它有上界但没有最小上界;

（4）非空偏序集的一个真子集,其中任两个元素都是可比的,但此子集如果再扩充一个元素,则这个条件不成立;

（5）非空偏序集的一个真子集,其中任两个不同元素都是不可比的,但此子集如果再扩充一个元素,则这个条件不成立。

第5章
函　数

5.1　函数的概念与运算

5.1.1　函数的定义与性质

传统观念中的函数是一种规则,通过这个规则可以由若干自变量的值得到一个因变量的值。

本章介绍的是一种意义更加广泛的函数概念,它建立在关系理论的基础之上。数学理论中的一元函数在这里将被视为一种特殊的二元关系。本章讨论的函数是建立在任意集合上的函数,这些集合远不止于通常讨论的数的集合。

定义 5.1.1　(1)设 A 和 B 是任意两个集合,f 是从 A 到 B 的一个二元关系,如果对每一个 $x \in A$,都有唯一的 $y \in B$,使 $<x,y> \in f$,则称关系 f 为 A 到 B 的一个**函数**,记为 $f:A \rightarrow B$。

(2)设关系 $f \subseteq A \times B$ 是 A 到 B 的函数,则称关系 f 的前域 A 为函数 f 的**定义域**,记为 D_f,称关系 f 的后域 B 为函数的**陪域**,而将关系 f 的值域称为函数 f 的**值域**,记为 R_f。一般用 x,y 分别表示函数的自变元和函数值,并记 $y = f(x)$。

(3)函数又称为**映射**,B 中元素 y 称为 A 中元素 x 在映射下的**像**,而 x 称为像 y 在 f 下的**原像**,R_f 又称为 A 在 f 下的**映像集**。

由定义可知,函数是加有限制条件的关系。一个关系 $R \subseteq A \times B$ 要成为 A 到 B 的一个函数,必须且只需同时具备整体性和唯一性:

(1)对每一个 $x \in A$,必须出现在 R 的一个序偶之中;

(2)对每一个 $x \in A$,只能出现在 R 的一个序偶之中。

这时,应该有 $D_f = A$,且 $R_f \subseteq B$。函数的这种唯一性又称为函数的单值性。

从映射的角度来看,在映射 f 下 A 中每个元素都必须是原像,而 B 中的元素却不一定都是像。一个原像有唯一的像,不同的原像允许有共同的像;一个像可以有不同的原像,不同的像不允许有共同的原像。

由定义可以得出一个判断关系能否构成函数的方法。即若 A 是有限集时,关系 $R \subseteq A \times B$

是函数,当且仅当 $D_R = A$ 且 $|R| = |A|$。

例 5.1.1 (1) $A = \{3,6,t,王二\}$, $B = \{2,5,s,8\}$, $f = \{<3,2>,<6,s>,<t,5>,<王二,s>\}$,由 $D_f = A$, $R_f \subseteq B$ 且 $|f| = |A|$,知 f 是函数。

(2) $f: A_1 \times A_2 \times \cdots \times A_n \rightarrow A_i (1 \leq i \leq n)$, $f(<a_1,a_2,\cdots,a_n>) = a_i$, $a_i \in A_i$, $1 \leq i \leq n$。由函数定义知 f 是一个函数,并称 f 是从 $A_1 \times A_2 \times \cdots \times A_n$ 到 A_i 上的投影。

(3) $f = \{<x_1,x_2> \mid x_1,x_2 \in N \wedge x_1 + x_2 < 10\}$,则 f 是一个关系但不是函数,因为 $D_f \neq N$,每个 x_1 的像点 x_2 不止一个。

例 5.1.2 设 $A = \{1,2,3,4,5,6\}$, A 上的关系 $G = \{<x,y> \mid x+3 \leq y\}$ 就不是从 A 到 A 的函数。因为 $<1,4> \in G$, $<1,5> \in G$, $<1,6> \in G$ 破坏了函数定义中的唯一性,并且,当 $x = 4,5,6$ 时,不存在使得 $<x,y> \in G$ 的元素 $y \in A$。

定义 5.1.2 设有函数 $f: A \rightarrow B$ 和函数 $g: C \rightarrow D$, f 和 g 相等,当且仅当 $A = C$ 且 $B = D$。并对任意 $x \in A$ 有 $f(x) = g(x)$。

例 5.1.3 运算也是函数。

以集合运算 $\cap$ 为例,令 $f = \cap$,则 $f: P(U) \times P(U) \rightarrow P(U)$ ($P(U)$ 是全集 U 的幂集)。可以把 $A \cap B = C$ 写成 $C = \cap(A,B)$ 或 $C = f(A,B)$,这就是二元函数。同样,集合的并、差、对称差运算也都是从笛卡尔积 $P(U) \times P(U)$ 到 $P(U)$ 的二元函数,而补运算则是从 $P(U)$ 到 $P(U)$ 的一元函数。

当然,逻辑运算"$\wedge$","$\vee$"和"$\neg$"都可以看成函数。甚至字符串的联结、计算机本身都可以看成函数(计算机:$\{输入\} \rightarrow \{输出\}$)。在实际生活中,在科学技术的各个领域,函数都无处不在。

例 5.1.4 判断下面函数对是否相等。

(1) 实数集上的两个函数, $f(x) = \dfrac{x^2 - 1}{x + 1}$ 与 $g(x) = x - 1$;

(2) $f(x) = \mathrm{res}_2(x)$(用 2 除所得余数)与 $g(x) = \dfrac{1 + (-1)^{x-1}}{2}$, $x \in Z^+$。

解 (1) 因为 $D_f = \{x \mid x \in \mathbf{R} \wedge x \neq -1\} \neq D_g = \mathbf{R}$,所以 $f(x) \neq g(x)$。

(2) 因为 $D_f = D_g = \mathbf{Z}^+$, $R_f = R_g = \{0,1\}$,又对任意 $x \in \mathbf{Z}^+$ 都有 $f(x) = g(x)$,所以这两个函数相等。

A 和 B 是两个有限集合,记 $|A| = m$, $|B| = n$, A 到 B 的一个关系是 $A \times B$ 的一个子集,因为 $|A \times B| = m \cdot n$,所以 A 到 B 的关系总共有 $2^{m \cdot n}$ 个。下面讨论在这些关系中有多少可以构成函数。

定义 5.1.3 设 A,B 为集合,所有 A 到 B 的函数构成一个函数集合,记为 B^A,读作"B 上 A",即

$$B^A = \{f \mid f: A \rightarrow B\}$$

例 5.1.5 设 $A = \{a,b,c\}$, $B = \{0,1\}$,求 B^A。

解 $B^A = \{f_0,f_1,\cdots,f_7\}$,其中

$$f_0 = \{<a,0>,<b,0>,<c,0>\}, f_1 = \{<a,0>,<b,0>,<c,1>\}$$
$$f_2 = \{<a,0>,<b,1>,<c,0>\}, f_3 = \{<a,0>,<b,1>,<c,1>\}$$
$$f_4 = \{<a,1>,<b,0>,<c,0>\}, f_5 = \{<a,1>,<b,0>,<c,1>\}$$

$$f_6 = \{<a,1>,<b,1>,<c,0>\}, f_7 = \{<a,1>,<b,1>,<c,1>\}$$

可以看出，$|A| = 3, |B| = 2,$ 且 $|B^A| = 2^3 = 8$。一般情况下，由排列组合知识不难证明下面定理。

定理 5.1.1 设 B^A 是 A 到 $B(A,B$ 是有限集）的函数集合，则 $|B^A| = |B|^{|A|}$。

定义 5.1.4 （1）设函数 $f:A \to B, A_1 \subseteq A,$ 称 $f(A_1) = \{f(x) \mid x \in A_1\}$ 为 A_1 在 f 下的像。特别地，当 $A_1 = A$ 时，称 $f(A)$ 为函数的像。

（2）设函数 $f:A \to B, B_1 \subseteq B,$ 称 $f^{-1}(B_1) = \{x \mid x \in A \wedge f(x) \in B_1\}$ 为 B_1 在 f 下的完全原像。

注：（1）元素 x 的像 $f(x)$ 与子集 A_1 的像 $f(A_1)$ 是两个不同的概念。如 $f(x) \in B,$ 而 $f(A_1) \subseteq B$。

（2）一般来说，$f^{-1}(B_1) \subseteq A, A_1 \subseteq f^{-1}(f(A_1))$。

例 5.1.6 （1）$f:\mathbf{R}^+ \to \mathbf{R}, f(x) = \ln x (\mathbf{R}^+$ 为正实数集），$A_1 = \{1/e,1,e\},$ 于是 $f(A_1) = \{-1,0,1\} \subseteq \mathbf{R}, 1 \in \mathbf{R}^+, f(1) = 0 \in \mathbf{R}, \{1\} \subseteq \mathbf{R}^+, f(\{1\}) = \{0\} \subseteq \mathbf{R}, f^{-1}(\mathbf{R}^+) = \{x \mid x > 1\} \subseteq \mathbf{R}^+,$ 且 $f(\mathbf{R}^+) = \mathbf{R}$ 是函数的像。

（2）$f:\mathbf{R} \to \mathbf{R}^*(\mathbf{R}^* = \mathbf{R}^+ \cup \{0\}), f(x) = x^2, A_1 = \{2\},$ 于是 $f(A_1) = \{4\}, f^{-1}(\{4\}) = \{-2,2\},$ 所以 $A_1 \subseteq f^{-1}(f(A_1))$

下面讨论函数的性质。

定义 5.1.5 设函数 $f:A \to B$。

（1）如果对于任意的 $x_1, x_2 \in A,$ 当 $x_1 \neq x_2$ 时，都有 $f(x_1) \neq f(x_2),$ 则称 f 是单射的。

（2）如果 $R_f = B,$ 即对任意的 $y \in B,$ 至少存在一 $x \in A,$ 使得 $f(x) = y,$ 则称 f 是满射的。

（3）如果 f 既是单射的又是满射的，则称 f 是双射（或一一对应）的。

例 5.1.7 对于下面各小题给定的 $A,B,f,$ 判断关系 $f \subseteq A \times B$ 是否构成函数。对其中是函数的 $f,$ 说明其是否为单射、满射或双射。

（1）$A = \{1,2,3,4\}, B = \{a,b,c,d\}, f = \{<1,b>,<3,a>,<2,d>,<4,d>\}$；

（2）A,B 同（1），$f = \{<1,c>,<2,a>,<3,d>,<4,b>,<2,c>\}$；

（3）A,B 同（1），；$f = \{<4,d>,<3,a>,<1,d>\}$；

（4）$A = B = \mathbf{R}, f(x) = ax^2 + bx + c(a \neq 0)$；

（5）$A = \mathbf{Z}^+, B = \mathbf{R}, f(x) = \log_2 x$；

（6）$A = \mathbf{Z}^+, B = \mathbf{N}, f(x) = $ 大于等于 $\log_2 x$ 的最小整数；

（7）$A = B = \mathbf{R}, f(x) = x^3 - 1$；

（8）$A = B = \mathbf{R} \times \mathbf{R}, f(<x,y>) = <x+y, x-y>$。

解 （1）能构成函数，因为 $D_f = A$ 且 $|f| = |A| = 4$。又因为在 f 中有 $<2,d>, <4,d>,$ 所以 f 不是单射，B 中元素 c 不出现在 f 的序偶中，所以不是满射。

（2）因为有 $<2,a>, <2,c> \in f$（或因 $|f| \neq |A|$），所以 f 不是函数。

（3）因为 $D_f \neq A,$ 所以 f 不是函数。

（4）由多项式理论知 $f(x)$ 是函数。$f(x)$ 的图像是一抛物线，因为存在对称轴，所以必有 $x_1, x_2 \in \mathbf{R}$ 且 $x_1 \neq x_2,$ 但有 $f(x_1) = f(x_2),$ 所以 f 不是单射；设 $(x_0, f(x_0))$ 为抛物线顶点，则 $f(x_0)$ 必为最小（或最大）值，$B = \mathbf{R}$ 没有被填满，所以 f 不是满射。

（5）由对数理论知 $f(x)$ 是函数。因为对任意 $x_1,x_2\in Z^+$，当 $x_1\neq x_2$ 时，有 $\log_2 x_1\neq\log_2 x_2$ 所以 f 是单射；但因 $D_f=\mathbf{Z}^+$，$f(x)$ 不能填满实数集 $\mathbf{R}$，所以 f 不是满射。

（6）因为对任意 $x\in\mathbf{Z}^+$，大于等于 $\log_2 x$ 的最小整数存在于 $\mathbf{N}$ 之中且唯一，所以 f 构成函数。因为 $f(3)=f(4)=2$，所以 f 不是单射；因为对任意 $n\in\mathbf{N}$，存在 $2^n\in\mathbf{Z}^+$，使得 $n=\log_2 2^n$，所以 f 是满射。

（7）f 构成函数，理由同（4）。因为对任意 $x_1,x_2\in R$ 当 $x_1\neq x_2$，有 $x_1^3\neq x_2^3$，即 $f(x_1)\neq f(x_2)$，所以 f 是单射；因为对任意 $y\in R$，存在 $x=\sqrt[3]{1+y}\in R$，使得 $f(x)=y$，所以 f 是满射。因为 f 是单射且满射，所以 f 是双射。

（8）因为对任意 $<x,y>\in\mathbf{R}\times\mathbf{R}$，$<x+y,x-y>\in\mathbf{R}\times\mathbf{R}$ 存在且唯一，所以 f 是函数。因为对任意 $<x_1,y_1>,<x_2,y_2>\in\mathbf{R}\times\mathbf{R}$，假设 $<x_1,y_1>\neq<x_2,y_2>$ 则必有 $<x_1+y_1,x_1-y_1>\neq<x_2+y_2,x_2-y_2>$。事实上若有 $<x_1+y_1,x_1-y_1>=<x_2+y_2,x_2-y_2>$，必同时有 $x_1+y_1=x_2+y_2$ 和 $x_1-y_1=x_2-y_2$，于是推出 $x_1=x_2$ 和 $y_1=y_2$，即 $<x_1,y_1>=<x_2,y_2>$，这与假设矛盾，所以 f 是单射；因为对任意 $<u,v>\in\mathbf{R}\times\mathbf{R}$，存在 $<\frac{u+v}{2},\frac{u-v}{2}>\in\mathbf{R}\times\mathbf{R}$，使得

$$f\left(<\frac{u+v}{2},\frac{u-v}{2}>\right)=<u,v>$$，所以 f 是满射；因此 f 是双射。

例 5.1.8 对于给定集合 A 和 B，构造 A 到 B 的双射函数。

（1）$A=[0,1]$，$B=\left[\frac{1}{4},\frac{1}{2}\right]$，$A,B$ 是实数区间。（2）$A=P(\{a,b,c\})$，$B=\{0,1\}^{\{a,b,c\}}$。

解 （1）令 $f:[0,1]\to\left[\frac{1}{4},\frac{1}{2}\right]$，$f(x)=-\frac{x}{4}+\frac{1}{2}$ 即可。

（2）$f:A\to B$，$f=\{<\Phi,f_0>,<\{c\},f_1>,<\{b\},f_2>,<\{b,c\},f_3>,<\{a\},f_4>,<\{a,c\},f_5>,<\{a,b\},f_6>,<\{a,b,c\},f_7>\}$

其中 $f_0=\{<a,0>,<b,0>,<c,0>\}$，$f_1=\{<a,0>,<b,0>,<c,1>\}$
$f_2=\{<a,0>,<b,1>,<c,0>\}$，$f_3=\{<a,0>,<b,1>,<c,1>\}$
$f_4=\{<a,1>,<b,0>,<c,0>\}$，$f_5=\{<a,1>,<b,0>,<c,1>\}$
$f_6=\{<a,1>,<b,1>,<c,0>\}$，$f_7=\{<a,1>,<b,1>,<c,1>\}$

下面讨论一些常用的函数。

定义 5.1.6 （1）设函数 $f:A\to B$，若对于所有的 $x\in A$，存在常量 $c\in B$，使得 $f(x)=c$，则称 f 为常值函数。

（2）设函数 $f:A\to A$，对所有 $x\in A$ 若有 $f(x)=x$，则称 f 为恒等函数。

常值函数和恒等函数，在函数理论中已为读者所熟知，只不过这里的应用范围更加广泛。A 上的恒等关系 I_A 就是 A 上的恒等函数。恒等函数显然是双射函数。

定义 5.1.7 设 $<A,\leq_A>$ 和 $<B,\leq_B>$ 是全序集，函数 $f:A\to B$。对任意的 $x_1,x_2\in A$，记 $f(x_1)=y_1$，$f(x_2)=y_2$，下面的 $i,j=1,2$。

（1）当 $x_i\leq_A x_j$ 时，若有 $y_i\leq_B y_j$，则称 f 为单调递增函数。

（2）当 $x_i\leq_A x_j$ 时，若有 $y_j\leq_B y_i$，则称 f 为单调递减函数。

（3）当 $x_i\leq_A x_j$ 且 $x_i\neq x_j$ 时，若有 $y_i\leq_B y_j$ 且 $y_i\neq y_j$，则称 f 为严格单调递增函数。

（4）当 $x_i\leq_A x_j$ 且 $x_i\neq x_j$ 时，若有 $y_j\leq_B y_i$ 且 $y_i\neq y_j$，则称 f 为严格单调递减函数。

由于实数集 R 上的小于等于关系是全序关系,对于任意 R 上的函数,自变量之间和函数值之间都是可比的,因而可以建立单调函数的概念,事实上这类概念是定义 5.1.7 的具体应用。

定义 5.1.8 设 R 是 A 上的等价关系,令 $g:A \rightarrow A/R$,对 $\forall x \in A$,令 $g(x) = [x]_R$,则称 g 是从 A 到 A/R 的自然映射。

本定义以等价关系为基础建立起集合中元素与等价类(以该元素为代表元素)的一种十分自然的函数关系。不同的等价关系将确定不同的自然映射。一般来说自然映射是满射的。当且仅当等价关系是恒等关系 I_A 时,自然映射 g 才是双射的。

5.1.2 逆函数和合成函数

对任何一个关系 $R \subseteq A \times B$ 可以求出它的逆关系 $R^{-1} \subseteq B \times A$。函数是一个关系,是否也可以对它求逆而得到逆函数呢? 答案是不一定。为此引入下面定义。

定义 5.1.9 设关系 f 是从 A 到 B 的一个函数,如果 f 的逆关系 f^{-1} 也是一个函数(从 B 到 A),则称这个函数为函数 f 的逆函数(又称为反函数),记为 $f^{-1}:B \rightarrow A$。

例 5.1.9 设 $A = \{a,b,c\}$,$B = \{0,1,2\}$,$C = \{0,2\}$,判断下面两个函数是否存在逆函数。

$$f_1(a) = 0, f_1(b) = 2, f_1(c) = 1; f_2(a) = 0, f_2(b) = 2, f_2(c) = 2$$

解 $f_1:A \rightarrow B$ 和 $f_2:A \rightarrow C$ 分别是从 A 到 B 和从 A 到 C 的关系:

$$f_1 = \{<a,0>, <b,2>, <c,1>\}, f_2 = \{<a,0>, <b,2>, <c,2>\}$$

它们的逆关系分别是:

$$f_1^{-1} = \{<0,a>, <2,b>, <1,c>\}, f_2^{-1} = \{<0,a>, <2,b>, <2,c>\}$$

易知 f_1^{-1} 是从 B 到 A 的函数,而 f_2^{-1} 不是从 C 到 A 的函数。因此 f_1 存在逆函数,而 f_2 不存在逆函数。

定理 5.1.2 设函数 $f:A \rightarrow B$ 是双射的,则

(1)f^{-1} 是函数,并且是从 B 到 A 的双射函数;

(2)$(f^{-1})^{-1} = f$。

证 (1)因为 f 是函数,所以 f^{-1} 是关系。对任意的 $y \in B$,因为 f 是满射,所以存在 $x \in A$,使得 $f(x) = y$,即有 $<y,x> \in f^{-1}$。下面证明这里的 x 是唯一的。假设另有一 $x' \in A$,使得 $<y,x'> \in f^{-1}$,则必有 $<x',y> \in f$,即 $f(x') = y$,这与 f 是单射矛盾,所以 x 是唯一的。由 x 的唯一性知 f^{-1} 是函数。

设对任意 $y_1, y_2 \in B$ 且 $y_1 \neq y_2$,假设 $f^{-1}(y_1) = f^{-1}(y_2) = x \in A$,则有 $f(x) = y_1$ 且 $f(x) = y_2$,这与 f 是函数矛盾,所以必有 $f^{-1}(y_1) \neq f^{-1}(y_2)$,即 f^{-1} 是单射的;因为 $R_{f^{-1}} = A$,所以 f^{-1} 是满射的,f^{-1} 既是单射又是满射,所以 f^{-1} 是双射的。

(2)对任意的 $<x,y>$,因为 $<x,y> \in (f^{-1})^{-1} \Leftrightarrow <y,x> \in f^{-1} \Leftrightarrow <x,y> \in f$,所以 $(f^{-1})^{-1} = f$。

定义 5.1.10 设 $f:A \rightarrow B$ 和 $g:B \rightarrow C$ 都是函数,则合成关系

$$g \circ f = \{<x,z> | x \in A \land z \in C \land \exists y(y \in B \land <x,y> \in f \land <y,z> \in g)\}$$

称为 f 与 g 的合成(复合)函数,记为 $g \circ f:A \rightarrow C$。

注释 1:定义中合成关系的表示法与第 4 章 4.2 中的表示法不同。按照定义 4.2.2,此处的 $g \circ f$ 应该写成 $f \circ g$。为了与高等数学中的复合函数的表示法相吻合,我们选择了本定义中

的表示法。按照此处的表示法,因为 f 和 g 都是函数,所以任取 $<a,b>\in f$,可以写成 $f(a)=b$,同理, $<b,c>\in g$ 可以写成 $g(b)=c$,从而 $<a,c>\in g\circ f$ 可以写成 $g(f(a))=c$。这就表明函数 $f:A\rightarrow B$ 与函数 $g:B\rightarrow C$ 可以合成,它们的合成函数 $g\circ f:A\rightarrow C$ 就是它们的复合函数 $g(f(x))=z$,其中 $x\in A,z\in C$。

注释 2:此处定义的合成函数有时称为左合成函数,用类似方法可定义右合成函数。

例 5.1.10　(1)设 $A=\{a,b,c\}$,$B=\{1,2\}$,$C=\{u,v\}$,

$$f:A\rightarrow B,f(a)=1,f(b)=1,f(c)=2;g:B\rightarrow C,g(1)=u,g(2)=u,$$

则　$g\circ f=\{<a,u>,<b,u>,<c,u>\}$ 是从 A 到 C 的一个函数。

(2) $f:I\rightarrow N_m$,$N_m=\{0,1,\cdots,m-1\}$,$f(i)=i(\bmod\ m)$。对 $n\geq 1$

$$f^2(i)=f\circ f(i)=f(f(i))=f(i)(\bmod\ m)=(i(\bmod\ m))(\bmod\ m)=i(\bmod\ m)=f(i)$$

同理有　$f^3=f^2\circ f=f\circ f=f,\cdots,f^n=f$。这种 $f^n=f$ 的函数称为等幂函数。

在定义 5.1.10 中函数 f 的陪域与函数 g 的定义域相同,但这并不是两个函数能否进行合成运算的必要条件。事实上可以根据下面注释判断两个函数能否进行合成运算。

注释 3:设 $f:A\rightarrow B'$,$g:B\rightarrow C$ 是两个函数($R_f\subseteq B'$,$D_g=B$),

(1)若 $R_f\cap D_g=\Phi$,则 f 与 g 不能合成,即 $g\circ f$ 不存在;

(2)若 $R_f\cap D_g\neq\Phi$,则 f 与 g 可以合成,记合成函数 $g\circ f:A'\rightarrow C$。若 $R_f\subseteq D_g$,则 $A'=A$;否则 $A'\subseteq A$ 且 $A'=\{x\mid f(x)\in D_g\}$,即是说,这时得到的合成函数的定义域可能缩小了。

例 5.1.11　(1)在例 5.1.10(1)中,合成函数 $f\circ g$ 不存在,因为 $R_g\subseteq C$,$D_f=A$ 且 $C\cap A=\Phi$。

(2)设 $f:\mathbf{R}^+\rightarrow\mathbf{R}$,$f(x)=\ln x$,$g:\mathbf{R}\rightarrow\mathbf{R}$,$g(x)=1+x$。于是 $D_f=\mathbf{R}^+$,$R_f=R_g=D_g=\mathbf{R}$。因为 $R_f\cap D_g\neq\Phi$ 且 $R_g\cap D_f\neq\Phi$,所以合成函数 $g\circ f:\mathbf{R}^+\rightarrow\mathbf{R}$ 和合成函数 $f\circ g:\mathbf{R}\rightarrow\mathbf{R}$ 均存在且 $g\circ f(x)=1+\ln x$,$f\circ g(x)=\ln(1+x)$。对合成函数来说,因为 $R_f=D_g$,所以 $D_{g\circ f}=D_f=\mathbf{R}^+$,对于合成函数来说,则有 $D_{f\circ g}\subseteq D_g=\mathbf{R}$,事实上 $D_{f\circ g}=(-1,+\infty)$。

注释 4:(1)与关系合成一样,函数的合成不满足交换律。例 5.1.11 说明了这一点。

(2)与关系合成一样,函数的合成满足结合律。即若有函数 $f:D\rightarrow C$,$g:D\rightarrow D$,$h:A\rightarrow B$,则 $(f\circ g)\circ h$ 和 $f\circ(g\circ h)$ 都是 A 到 C 的函数,且有 $(f\circ g)\circ h=f\circ(g\circ h)$。

定理 5.1.3　设 $f:A\rightarrow B$,$g:B\rightarrow C$ 是两个函数,

(1)若 f 和 g 都是满射函数,则 $g\circ f$ 也是满射函数;

(2)若 f 和 g 都是单射函数,则 $g\circ f$ 也是单射函数;

(3)若 f 和 g 都是双射函数,则 $g\circ f$ 也是双射函数。

证　(1)只需证明对任意的 $c\in C$,有 $a\in A$,使 $<a,c>\in g\circ f$。因为 $g:B\rightarrow C$ 是满射函数,因而对任一 $c\in C$,有 $b\in B$,使 $<b,c>\in g$。又因为 $f:A\rightarrow B$ 也是满射函数,则对上面的 b,有 $a\in A$,使得 $<a,b>\in f$,于是按合成函数定义,有 $<a,c>\in g\circ f$。因此(1)得到了证明。

(2)只需证明对于任意的 $a_1,a_2\in A$,如果 $a_1\neq a_2$,必然有 $g\circ f(a_1)\neq g\circ f(a_2)$。因为 $f:A\rightarrow B$ 是单射函数,所以对于任意 $a_1,a_2\in A$,若 $a_1\neq a_2$,则 $b_1=f(a_1)\neq f(a_2)=b_2$。又因为 $g:B\rightarrow C$ 也是单射函数,对 b_1,b_2 有 $g(b_1)\neq g(b_2)$,亦即 $g\circ f(a_1)=g(f(a_1))\neq g(f(a_2))=g\circ f(a_2)$。

(3)这是(1)和(2)的必然结果。

定理 5.1.4　设 $f:A\rightarrow B$,$g:B\rightarrow C$,$g\circ f:A\rightarrow C$,那么有

(1)若函数 $g \circ f$ 是满射的,则函数 g 必是满射的;

(2)若函数 $g \circ f$ 是单射的,则函数 f 必是单射的;

(3)若函数 $g \circ f$ 是双射的,则函数 g 必是满射的,且 f 必是单射的。

证 (1)因为 $g \circ f$ 是满射的,所以对任意 $c \in C$,必存在 $a \in A$,使得 $g(f(a)) = c$,即对任意 $c \in C$ 存在 $b \in B$,使得 $b = f(a)$ 且 $g(b) = c$,于是 $R_g = C$,说明 g 是满射的。

(2)因为 $g \circ f$ 是单射的,因此对任意 $a_1, a_2 \in A$,当 $a_1 \neq a_2$ 时,有 $g(f(a_1)) \neq g(f(a_2))$。假设 f 不是单射的,不妨就设 $f(a_1) = f(a_2) = b \in B$,于是对同一自变元 b,函数 g 有两个不同的值,这与 g 是函数矛盾。所以必有 $f(a_1) \neq f(a_2)$,即 f 是单射的。

(3)这是(1)和(2)的必然结果。

恒等函数在函数的求逆和合成中有着重要的作用。

定理 5.1.5 对任何函数 $f: A \to B$,都有

$$f = f \circ I_A = I_B \circ f$$

证 显然 $f \circ I_A$ 和 $I_B \circ f$ 都是从 A 到 B 的函数,任取 $x \in A$,有 $f(x) \in B$,由恒等函数的定义有

$$I_A(x) = x, \quad I_B(f(x)) = f(x)$$

于是有 $\quad (f \circ I_A)(x) = f(I_A(x)) = f(x), \quad (I_B \circ f)(x) = I_B(f(x)) = f(x)$

再由函数相等的定义 5.1.2,知 $f = f \circ I_A = I_B \circ f$。

推论 在定理 5.1.5 中,当 $A = B$ 时,则有:$f = f \circ I_A = I_A \circ f$。

定理 5.1.6 如果函数 $f: A \to B$ 是双射的,则

$$f^{-1} \circ f = I_A, \quad f \circ f^{-1} = I_B$$

证 因为 f 是双射的,所以 f^{-1} 存在且也是双射的。任取 $x \in A$,记 $y = f(x) \in B$,则有 $f^{-1}(y) = x$,

于是 $\quad f^{-1} \circ f(x) = f^{-1}(f(x)) = f^{-1}(y) = x = I_A(x)$

因此 $f^{-1} \circ f = I_A$。同理可证 $f \circ f^{-1} = I_B$。

定理说明 f 和 f^{-1} 合成后总可以得到恒等函数,但由于合成次序不同,恒等函数的定义域也不同。

定理 5.1.7 (1)已知函数 $f: A \to B$ 和 $g: B \to A$。于是 $g = f^{-1}$ 的充分必要条件是

$$g \circ f = I_A, \quad f \circ g = I_B$$

(2)已知 $f: A \to B$ 和 $g: B \to C$ 都是双射函数。则有

$$(g \circ f)^{-1} = f^{-1} \circ g^{-1}$$

证 (1)先证必要性。如果 $g = f^{-1}$,说明 g 是 f 的逆函数,由定理 5.1.6 知 $g \circ f = I_A, f \circ g = I_B$。

再证充分性。由 $g \circ f = I_A$ 且 I_A 是单射的,再由定理 5.1.4(2)知 f 是单射的;由 $f \circ g = I_B$ 且 I_B 是满射的,再由定理 5.1.4(1)知 f 是满射的。因此 f 是双射的,因而逆函数 $f^{-1}: B \to A$ 存在。因为

$$f^{-1} \circ (f \circ g) = (f^{-1} \circ f) \circ g = I_A \circ g = g$$

$$f^{-1} \circ (f \circ g) = f^{-1} \circ I_B = f^{-1}$$

所以,$g = f^{-1}$。

(2)对任意的 $<z, x>$(其中 $z \in C, x \in A$),有

$$<z, x> \in (g \circ f)^{-1} \Leftrightarrow <x, z> \in g \circ f \Leftrightarrow \exists y(y \in B \wedge <x, y> \in f \wedge <y, z> \in g)$$

$$\Leftrightarrow \exists y(y \in B \wedge <y, x> \in f^{-1} \wedge <z, y> \in g^{-1})$$

$$\Leftrightarrow \exists y(y \in B \land <z,y> \in g^{-1} \land <y,x> \in f^{-1})$$
$$\Leftrightarrow <z,x> \in f^{-1} \circ g^{-1}$$

所以,$(g \circ f)^{-1} = f^{-1} \circ g^{-1}$。

5.2 特征函数与模糊子集

5.2.1 特征函数

在 3.2.2 中我们了解了集合成员表的概念,并用它来证明集合相等。集合成员表的建立利用了这样的原理:对于全集 U 中的任一元素 x 和给定的集合 A,或者 $x \in A$,或者 $x \notin A$,两者居其一,且仅居其一。实际上,这里体现了集合相对于全集的函数特征。于是引入下面定义。

定义 5.2.1 下面的函数 $f_A : U \to \{0,1\}$ 称为集合 A 的特征函数,其中任取 $x \in U$,有

$$f_A(x) = \begin{cases} 1 & \text{当 } x \in A \\ 0 & \text{当 } x \notin A \end{cases}$$

例 5.2.1 设全集 $U = \{a,b,c,0,1,2\}$,$A = \{a,c,2\}$,则有特征函数 $f_A : U \to \{0,1\}$,见表 5.2.1。

表 5.2.1

x	a	b	c	0	1	2
$f_A(x)$	1	0	1	0	0	1

任一集合与特征函数一一对应。特殊集合及集合间的基本关系可由特征函数表示。

定理 5.2.1 对于全集 U 及其上的两个集合 A,B,有下列等价式成立,其中 $\forall x \in U$。

(1) $f_A(x) = 0 \Leftrightarrow A = \Phi$; (2) $f_A(x) = 1 \Leftrightarrow A = U$;

(3) $f_A(x) \leqslant f_B(x) \Leftrightarrow A \subseteq B$; (4) $f_A(x) = f_B(x) \Leftrightarrow A = B$。

证 只证(3)和(4)。

$$f_A(x) \leqslant f_B(x) \Leftrightarrow f_A(x) = 0 \lor (f_A(x) = 1 \land f_B(x) = 1)$$
$$\Leftrightarrow x \notin A \lor (x \in A \land x \in B) \Leftrightarrow x \notin A \lor x \in B$$
$$\Leftrightarrow \neg(x \in A) \lor x \in B \Leftrightarrow x \in A \to x \in B$$
$$\Leftrightarrow A \subseteq B$$
$$f_A(x) = f_B(x) \Leftrightarrow f_A(x) \leqslant f_B(x) \land f_B(x) \leqslant f_A(x)$$
$$\Leftrightarrow A \subseteq B \land B \subseteq A$$
$$\Leftrightarrow A = B$$

集合运算的特征函数可以用集合特征函数的运算来表示。

定理 5.2.2 对于全集 U 及其上的两个集合 A,B,有下列等式成立,其中 $\forall x \in U$。

(1) $f_{\sim A}(x) = 1 - f_A(x)$; (2) $f_{A \cap B}(x) = f_A(x) \cdot f_B(x)$;

(3) $f_{A \cup B}(x) = f_A(x) + f_B(x) - f_{A \cap B}(x)$; (4) $f_{A-B}(x) = f_A(x) - f_{A \cap B}(x)$。

证 (1) 当 $f_A(x) = 0$,必有 $f_{\sim A}(x) = 1$,所以 $f_{\sim A}(x) = 1 - f_A(x)$;当 $f_A(x) = 1$,必有 $f_{\sim A}(x) =$

0，所以 $f_{\sim A}(x) = 1 - f_A(x)$。综上所述，原等式成立。

（2）当 $x \in A \cap B$ 时，有 $x \in A$ 且 $x \in B$，由特征函数定义有

$$f_{A \cap B}(x) = 1 \Rightarrow f_A(x) = 1 \wedge f_B(x) = 1，于是 f_{A \cap B}(x) = f_A(x) \cdot f_B(x) = 1$$

当 $x \notin A \cap B$ 时，有 $x \notin A$ 或 $x \notin B$，由特征函数定义有

$$f_{A \cap B}(x) = 0 \Rightarrow f_A(x) = 0 \vee f_B(x) = 0，于是 f_{A \cap B}(x) = f_A(x) \cdot f_B(x) = 0$$

综上所述，原等式成立。

其余证明从略。

例 5.2.2 用集合特征函数证明下面等式。

（1）$A \cup (A \cap B) = A$；（2）$(A - B) \cap (A \cap B) = \Phi$

证 （1）由于 $A \cap A = A$（等幂律），我们有 $f_{A \cap A}(x) = f_A(x)$，即 $f_A(x) \cdot f_A(x) = f_A(x)$，从而

$$\begin{aligned}
f_{A \cap (A \cup B)}(x) &= f_A(x) \cdot f_{A \cup B}(x) \\
&= f_A(x) \cdot [f_A(x) + f_B(x) - f_A(x) \cdot f_B(x)] \\
&= f_A(x) \cdot f_A(x) + f_A(x) \cdot f_B(x) - f_A(x) \cdot f_A(x) \cdot f_B(x) \\
&= f_A(x) + f_A(x) \cdot f_B(x) - f_A(x) \cdot f_B(x) \\
&= f_A(x)
\end{aligned}$$

（2）$\begin{aligned}[t]
f_{(A-B) \cap (A \cap B)}(x) &= f_{A-B}(x) \cdot f_{A \cap B}(x) \\
&= (f_A(x) - f_A(x) \cdot f_B(x)) \cdot f_A(x) \cdot f_B(x) \\
&= f_A(x) \cdot f_A(x) \cdot f_B(x) - f_A(x) \cdot f_A(x) \cdot f_B(x) \cdot f_B(x) \\
&= f_A(x) \cdot f_B(x) - f_A(x) \cdot f_B(x) = 0 = f_\Phi(x)
\end{aligned}$

5.2.2　模糊子集

如果 A 是具有某种性质的元素所组成的集合。全集中的任一元素是否具有这种性质，只有两种选择：有，则该元素在 A 中；不然就没有，则该元素不在 A 中。这就是特征函数对事物的描述方法。但在现实世界中，有些事物是否具有某种性质，并不是简单地用"有"或"没有"可以概括的。比如说"年老"这个概念，假定大于等于 60 岁的人算年老，那么 59.9 岁的人就不算年老吗？这样的例子还不少。它反映了在是与否之间存在"程度"或"渐变"的现象。

将特征函数的取值范围推广，可导出模糊子集的概念，它是模糊数学的基本概念之一。

定义 5.2.2 若 $U = \{x_1, x_2, \cdots, x_n\}$，则集合

$$A^* = \{ < x_1, a_1 >, < x_2, a_2 >, \cdots, < x_n, a_n > \}$$

称为全集 U 的一个**模糊子集**，其中 $a_i \in [0,1]$（实数区间）$i = 1, 2, \cdots, n$。

当我们讨论某种性质时，考察全集中每一个元素具有这种性质的程度，就得到隶属函数。

定义 5.2.3 对于全集 $U = \{x_1, x_2, \cdots, x_n\}$，$A^*$ 是 U 的模糊子集，对任意元素 $x \in U$，都有一隶属度 $f_{A^*}(x) = a (a \in [0,1])$ 与之对应，称 $f_{A^*}(x) A^*$ 的**隶属函数**。

如果隶属函数的取值仅为 0 或 1，隶属函数就成了特征函数，相应的模糊子集 A^* 就是一般集合 A。假如 $f_{A^*}(x_1) = 0.9，f_{A^*}(x_2) = 0.02$，表示 x_1 和 x_2 属于 A^* 的程度分别是 90% 和 2%。即表示 x_1 属于 A^* 的程度远比 x_2 属于 A^* 的程度高。

显然模糊子集的实质是由其隶属函数 $f_{A^*}(x)$ 来体现的。

例 5.2.3 设 $U = \{1, 2, \cdots, 6\}$，A^* 是 U 的一个模糊子集，其隶属函数如表 5.2.2 所示。

表 5.2.2

x	1	2	3	4	5	6
$f_{A*}(x)$	0	0.2	0.8	1	0.7	0.4

则　　　$A^* = \{ <1,0>, <2,0.2>, <3,0.8>, <4,1>, <5,0.7>, <6,0.4> \}$。

例 5.2.4　取 $U = [0,100]$(年龄区间),则"年轻"和"年老"这两个模糊概念可分别通过下面两个隶属函数来描述。

$$f_{Y*}(x) = \begin{cases} 1 & \text{当 } 0 \leqslant x \leqslant 25 \\ [1 + ((x-25)/5)^2]^{-1} & \text{当 } 25 \leqslant x \leqslant 100 \end{cases}$$

$$f_{E*}(x) = \begin{cases} 0 & \text{当 } 0 \leqslant x \leqslant 50 \\ [1 + ((x-50)/5)^{-2}]^{-1} & \text{当 } 50 \leqslant x \leqslant 100 \end{cases}$$

对任一 $x \in U$,通过这两个函数可以求出其"年轻"或"年老"的程度。例如 $f_{Y*}(20) = 1$；$f_{E*}(90) = 0.98$,它们分别表示"20 岁的小伙子是不折不扣的年轻",而"90 岁的年老程度则已达 98% 了。"因此,"年轻"和"年老"这两个模糊子集可分别写为

$$Y^* = \{ <x, f_{Y*}(x)> | x \in U \}$$

和　　　$$E^* = \{ <x, f_{E*}(x)> | x \in U \}$$

模糊子集还可以用其他方式来表示。比如例 5.3.3 中的那个模糊子集也可以写为

$$A^* = 0/1 + 0.2/2 + 0.8/3 + 1/4 + 0.7/5 + 0.4/6$$

不过,这里的 a_i/k 绝非表示除法,它仅表示 $k(\in U)$ 隶属 A 的程度是 $a(\in [0,1])$ 其中的"+"也没有"加"的意味,而仅仅是组成一个整体的各部分之间的一种分隔符。

*5.3　自然数与集合的基数

5.3.1　自然数与数学归纳原理

自然数是人们熟知的基础概念。为深刻理解和广泛应用自然数理论,这里介绍用集合的概念定义的自然数。首先给出后继集合的定义。

定义 5.3.1　对于集合 A,称 $A \cup \{A\}$ 为 A 的**后继集合**,记为 A^+,即 $A^+ = A \cup \{A\}$。

后继集合的显著特征是:$A \in A^+$ 且 $A \subseteq A^+$。

下面用后继集合及归纳的方法定义自然数。

定义 5.3.2　自然数集 **N** 归纳定义如下:

(1) $\varphi \in \mathbf{N}$；

(2) 若 $n \in \mathbf{N}$,则 $n^+ \in \mathbf{N}$；

(3) 若 $S \subseteq \mathbf{N}$,且 S 满足(1)(2),则 $S = \mathbf{N}$。

定义中的(1)(2)分别称为归纳的基础和归纳的实施,而(3)称为自然数集的极小性。根据这种定义,自然数集 $\mathbf{N} = \{0,1,2,3,\cdots\}$。就应该表示为

$$\mathbf{N} = \{\varphi, \{\varphi\}, \{\varphi, \{\varphi\}\}, \{\varphi, \{\varphi\}, \{\varphi, \{\varphi\}\}\}, \cdots\}$$

从中可以得出每一个自然数的集合表示。

$0 = \varphi, 1 = 0^+ = \{\varphi\}, 2 = 1^+ = \{1, \{1\}\} = \{\varphi, \{\varphi\}\}, \cdots, 50 = 49^+ = \{49, \{49\}\} \cdots$

在这个定义的基础上,有自然数理论的 Peano 公理。

公理 5.3.1　设 **N** 是自然数集合,有

(1) $0 \in \mathbf{N}$,这里 $0 = \varphi$;

(2) $n \in N$,则 $n^+ \in \mathbf{N}$,这里 $n^+ = n \cup \{n\}$;

(3) 不存在任何 $n \in \mathbf{N}$,使得 $n^+ = 0$;

(4) 如果 $n^+ = m^+$,则 $n = m$;

(5) 如果 $S \subseteq \mathbf{N}$ 具有性质:① $0 \in S$;② 如果 $n \in S$,则 $n^+ \in S$,于是有 $S = \mathbf{N}$。

公理中的(1)(2)(5)是由定义 5.2.2 直接得到的。其中的(2)表明每一个自然数都有后继;公理中的(3)表明,除了 0 不能成为后继外,任一自然数都是另一自然数的后继;公理中的(4)表明自然数的后继是唯一的。

我们熟知的归纳法,是从事物的特殊性质推出事物的一般规律的一种推理方法。用数理逻辑的观点,即是由个别或特定的真命题出发,推出有一般或普遍意义的真命题。若这些命题中含有自然数,就称这样的归纳法为数学归纳法,在归纳过程中,自然数 n 作为归纳变元。

由自然数的 Peano 公理可以等价地得到数学归纳原理。

定理 5.3.1　设 $P(n)$ 是谓词,$n \in \mathbf{N}$(该谓词自然数变元具有某种性质),若能证明

(1) $P(0)$ 为真;

(2) 如果对任取的 $n \in \mathbf{N}$,当 $P(n)$ 为真时,有 $P(n+1)$ 为真,则对所有的 $n \in \mathbf{N}$,$P(n)$ 皆为真。

证　定义 $S = \{m \mid m \in N \wedge P(m)\}$。由条件(1)的 $P(0)$ 为真,且 $0 \in \mathbf{N}$,知 $0 \in S$。由条件(2)的 $P(n)$ 为真,知 $n \in S$,再由 $P(n+1)$ 为真,推出 $n+1 \in S$。由 Peano 公理的(5),如 $S \subseteq \mathbf{N}$,并有 $0 \in S, n \in S \Rightarrow n+1 \in S$,则 $S = \mathbf{N}$。这表明 S 中的 m 可为一切自然数 n,即对一切 n 皆有 $P(n)$ 为真。

Peano 公理在集合论中又是一个可证的定理。它不仅可以由自然数的集合定义证得,也可以由数学归纳原理证得。限于篇幅,这里就不介绍了。

数学归纳原理作为一种推理方法,它有 3 种表现形式,可用谓词逻辑中的符号表示如下:

(1) 简单归纳法:$P(0) \wedge \forall n(P(n) \rightarrow P(n+1)) \Rightarrow \forall n P(n)$;

(2) 强归纳法:$\forall n \forall k((k < n \rightarrow P(k)) \rightarrow P(n))$ 为真;

(3) 参变归纳法:$\forall m \forall n(P(m,0) \wedge P(m,n) \rightarrow P(m,n+1))$ 为真。

下面不加证明而列出自然数的三歧性定理,它是有关自然数的理论中的基础定理。

定理 5.3.2(三歧性定理)　对任何自然数 m, n,下面 3 个式子

$$m \in n, \quad m = n, \quad n \in m$$

中必有一个成立,并且只有一个成立。

本定理实际上给自然数之间确定了一个大小次序,即 $m < n$ 当且仅当 $m \in n$。于是形成了自然数的序列,在这个序列中,较小的自然数总是放在较大的自然数的前面。

5.3.2　集合的等势、可数集与不可数集

定义 5.3.3　设 A, B 是集合,如果存在双射函数 $f: A \rightarrow B$,则称 A 和 B 是等势的,记

为 $A \sim B$。

例 5.3.1 证明(1)实数区间 $(0,1) \sim$ 实数集 R;

(2)实数区间 $[0,1] \sim (0,1)$。

证 (1)定义函数 $f : \tan\left(\dfrac{2x-1}{2}\right)\pi \to \mathbf{R}$。显然 f 是双射的,所以 $(0,1) \sim \mathbf{R}$。

(2)构造函数 $f : [0,1] \to (0,1)$,

$$f(x) = \begin{cases} \dfrac{1}{4} & \text{当 } x = 0; \\ \dfrac{1}{2} & \text{当 } x = 1; \\ \dfrac{1}{2^{n+2}} & \text{当 } x = \dfrac{1}{2^n}, n = 1,2,\cdots; \\ x & x \text{ 为其他} \end{cases}$$

则不难看出 $f(x)$ 是从 $[0,1]$ 到 $(0,1)$ 的双射函数,所以 $[0,1] \sim (0,1)$。

定理 5.3.3 集合族 $S = \{A,B,C\cdots\}$ 上的等势关系是等价关系。

证 对任一集合 $A \in S$,存在恒等函数 $I_A : A \to A$,因为 I_A 是双射函数,所以 $A \sim A$。这说明等势关系 $\sim$ 是自反的。对任意 $A,B \in S$,如果 $A \sim B$,则由定义必存在双射函数 $f : A \to B$。于是必存在双射的逆函数 $f^{-1} : B \to A$,由定义 $B \sim A$,这说明等势关系是对称的。如果对集合 $A,B,C \in S$,有 $A \sim B,B \sim C$,则必存在两个双射函数 $f : A \to B$ 和 $g : B \to C$,于是有 $g \circ f : A \to C$ 也是双射的,所以 $A \sim C$。这说明等势关系是传递的。综上所述,等势关系是等价的。

显然集合族中存在集合间不等势的事实。我们不加证明,以定理形式列出下面重要结论。

定理 5.3.4 (1)自然数集 $\mathbf{N}$ 与实数集 $\mathbf{R}$ 不等势。

(2)对任意集合 A,A 与它的幂集 $P(A)$ 不等势。

下面用等势关系来定义人们熟知、常用的有限(有穷)集和无限(无穷)集的概念。

定义 5.3.4 一个集合是有限集,当且仅当它与某个自然数等势。如果一个集合不是有限的,则称它是无限集。

定理 5.3.5 不存在与自己的真子集等势的自然数。

这个定理告诉我们,对任一确定的自然数,如果将它看成是集合时,它本身就是一个有限集,在它与它的真子集之间不可能存在双射函数。对一般的集合,有以下几个推论。

推论 1 任何有限集都不与自己的任一真子集等势。

推论 2 与自己的真子集等势的集合一定是无限集。

推论 3 任何有限集与唯一的自然数等势。

由推论 3,可以如下定义有限集的基数。

定义 5.3.5 设集合 A 是有限集,把与 A 等势的唯一的自然数 n 称为 A 的基数,记为

$$|A| = n \text{ 或 } \operatorname{card} A = n$$

用集合的等势,可以给出可数集的定义。

定义 5.3.6 (1)设 A 是无限集,如果存在双射函数 $f : \mathbf{N} \to A$,即 $A \sim \mathbf{N}$,则称 A 是一个可数无限集。若无限集 A 不是可数无限集,则称它为不可数无限集。

(2)有限集和可数无限集统称为可数集。不可数无限集简称为不可数集。

注:(1)因为 **N ~ N**,所以自然数集是可数无限集。

(2)任一可数集都可以用列举法来表示。如 $A = \{a_1, a_2, \cdots, a_n\}$ 为有限集,$B = \{a_1, a_2, \cdots a_n \cdots\}$ 为可数无限集。

为了判定集合 A 是否为可数集,需要找出从 **N** 到 A 的双射函数,有时这不是一件容易的事。在介绍了下面定义和定理后,可以把找双射函数的工作简化为找满射函数。

定义 5.3.7 称满射函数 $f:\mathbf{N}\to A$ 为集合 A 的一个枚举。

定理 5.3.6 一个集合 A 是可数的,当且仅当存在 A 的一个枚举。

证 先证必要性。若 A 是有限集,则存在双射 $f:\mathbf{N}\to A$,定义 $g:\mathbf{N}\to A$,使 $g(x) = f(x)$,当 $0 \leqslant x \leqslant n-1$;$g(x) = f(n-1)$,当 $x \geqslant n$,显然 g 是 A 的一个枚举。若 A 是可数无限集,则存在双射 $f:\mathbf{N}\to A$,由于 f 是满射的,所以是 A 上的一个枚举。

再证充分性。若 A 是有限集,由定义 5.3.6(2),它已是可数的。若 A 是无限的且存在的这个枚举 $f:\mathbf{N}\to A$ 是双射的,则由定义 5.3.6(1),它已是可数的。若 A 是无限的且存在的这个枚举 $f:\mathbf{N}\to A$ 不是双射的,则可由 f 构造一个满射 $g:\mathbf{N}\to A$,则 g 是 A 的一个枚举。事实上可按以下算法构造 g:

①$g(0)\leftarrow f(0)$,$i = 1$,$j = 1$

②若 $f(i) \in \{g(0), \cdots, g(j-1)\}$,则 $i\leftarrow i+1$,转②;否则 $g(j)\leftarrow f(i)$,$j\leftarrow j+1$,$i\leftarrow i+1$ 转②。

因为 f 非单射,所以 $f(i)$ 中有重复元素,但由该算法 $g(j)$ 无重复元素且遍历 A 中所有元素,即 g 是双射。

下面 3 个定理给出了可数集的运算性质。

定理 5.3.7 可数个可数集的并集是可数的。

证 设 $A_0, A_1, \cdots A_n, \cdots$ 是可数个可数集,它们的并集 $A = \bigcup_{i \in \mathbf{N}} A_i$。用列举法表示如下:

$A_0 = \{A_{00}, A_{01}, A_{02}, \cdots\}$,$A_1 = \{A_{10}, A_{11}, A_{12}, \cdots\}$,$A_2 = \{A_{10}, A_{21}, A_{22}, \cdots\}$,$A_3 = \{A_{30}, A_{31}, A_{32}, \cdots\} \cdots$

$A = \{A_{00}, A_{01}, A_{10}, A_{20}, A_{11}, A_{02}, A_{03}, A_{12}, A_{21}, A_{30}, \cdots\}$

为观察出 A 的元素的排列规律,将它们依次分组。第 1 组:A_{00},第 2 组:A_{01}, A_{10},第 3 组:A_{20}, A_{11}, A_{02},第 4 组:$A_{03}, A_{12}, A_{21}, A_{30}, \cdots$。现在构造 A 的一个枚举 $f:\mathbf{N}\to A$,任取 $A_{ij} \in A$,它应该属于第 $m = i+j$ 组,有 $k \in \mathbf{N}$,使得 $A_{ij} = f(k)$,其中(记 $m' = (m(m+1))/2$)

$$k = \begin{cases} m' + i & \text{当 } m \text{ 为奇数} \\ m' + j & \text{当 } m \text{ 为偶数} \end{cases}$$

显然是 A 的一个枚举,于是 A 是可数的。

限于篇幅,不再证明下面两个定理。

定理 5.3.8 若 A, B 是可数集,则 $A \times B$ 是可数集。

定理 5.3.9 若 A 是有限集,B 是可数集,则 B^A 是可数集。

5.3.3 集合的基数

在定义 5.3.5 中,用集合的等势定义了有限集的基数,下面给出基数的一般定义。

定义 5.3.8 等势关系" ~ "是某集合族 S 上的等价关系,由" ~ "产生的等价类称为基数类。集合 A 所属的等价类 $[A]_{\sim}$,称为 A 的基数或集合 A 的势,记为 $|A|$ 或 card A。

注:(1)记自然数集合 **N** 的基数为 card **N**,读作阿列夫零。

(2)对任意集合 A 和 B,$|A| = |B|$,当且仅当 $A \sim B$。

(3)由定理 5.3.4(1),知实数集与 **N** 不等势。称实数集上的闭区间$[0,1]$为连续统,将它的势记为 C。由例 5.3.1 不难知道实数集合 $R \sim [0,1]$,于是 R 的基数亦为 C。

从定义看出,基数实质上是集合,是所有互相等势的集合所组成的集合。对有限集 A,我们将它的基数理解为一个确定的自然数 n(也是一个有限集),那是因为 $A \sim n$;对无限集 B,如果它是可数的,那么它的基数就是自然数集 **N** 的基数,那是因为 $B \sim$ **N**。如果一个不可数集能与连续统或实数集等势,那么它的基数也就是连续统的势。

有限集的基数是可以比较大小的,那是因为自然数可以比较大小。由下面的定义,可以建立起无限集基数间的大小关系。

定义 5.3.9 如果从集合 A 到集合 B 存在单射函数 $f:A \rightarrow B$,则称 A 的基数不大于 B 的基数,记作 $|A| \leqslant |B|$;又若从 A 到 B 仅存在单射函数,不存在双射函数,则称 A 的基数小于 B 的基数,记作 $|A| < |B|$。

类似自然数的运算,也可以定义基数的如下几种运算。

定义 5.3.10 (1)若对集合 A,B,有 $A \cap B \neq \varphi$,可令 $C = \{ <x,1> \mid x \in A \}$,$D = \{ <y,2> \mid y \in B \}$,于是 A,B 的基数之和可记为 $|A| + |B|$,定义如下

$$|A| + |B| = \begin{cases} |A \cup B| & \text{当 } A \cap B = \varphi \\ |C \cup D| & \text{当 } A \cap B \neq \varphi \end{cases}$$

(2)对个集合 $A_1,A_2,\cdots,A_n$ 的基数之积记为 $|A_1| \cdot |A_2| \cdot \cdots \cdot |A_n|$,定义

$$|A_1| \cdot |A_2| \cdot \cdots \cdot |A_n| = |A_1 \times A_2 \times \cdots \times A_n|$$

对可数个无限集 $A_m,A_n,A_p,\cdots$ 的基数之积记为 $|A_m| \cdot |A_n| \cdot |A_p| \cdots$,定义

$$|A_m| \cdot |A_n| \cdot |A_p| \cdots = |A_m \times A_n \times A_p \times \cdots|$$

(3)任意集合 A 和 B,它们的基数之幂是指以 $|A|$ 为底,$|B|$ 为指数的幂,记为 $|A|^{|B|}$,定义

$$|A|^{|B|} = |A^B|$$

类似自然数的三歧性定理,有下面定理成立。

定理 5.3.10 设 A,B 是任意集合,下面 3 个式子

$$|A| \leqslant |B|, \quad |B| \leqslant |A|, \quad |A| = |B|$$

有一个且只有一个成立。

定理 5.3.11 设 A,B 是任意集合,若 $|A| \leqslant |B|$ 且 $|B| \leqslant |A|$,则 $|A| = |B|$。

判定两个集合 A,B 的基数相等,需找到它们之间的一个双射函数,由定理 5.3.11,只需找到从 A 到 B,以及从 B 到 A 的两个单射函数即可。

我们以定理的形式列出几个关于集合基数的性质。

定理 5.3.12 设 A 为任一集合,则 $|A| < |P(A)|$。

定理 5.3.4(2)指出 A 与它的幂集不等势,本定理说明存在从 A 到 $P(A)$ 的非双射的单射。特别地,当 $A =$ **N** 时,有 $|$**N**$| < |P($**N**$)|$。

定理 5.3.13 设 A 为任一有限集,则有 $|A| < |$**N**$| < C$,其中 C 为连续统的势。

定理 5.3.14 (1)任一无限集均包含一个可数无限集。

(2)可数无限集是最小的无限集。

*5.4 判定映射及其类型与求特征函数的算法

借用 4.4.1 中的子程序,本算法以关系矩阵为工具,在分析这个矩阵的特点后,判定输入的有限整数集合上的关系是否为映射,单射,满射或双射;并对给出的子集求特征函数及模糊子集。

一、算法实现的主要功能及体现的主要知识点

(1)对输入的集合 A 到集合 B 上的关系 R,判定 R 是否为映射(函数),如是进一步判定其是否为单射,满射或双射。这里体现的主要知识点是:R 的前域(定义域)A 上每个元素都有且仅有后域(值域)B 中的一个确定的元素与之对应,则 R 为映射;若映射 R 对于 A 的不同元素,在 B 中的对应元素也不同,则 R 为单射;若映射 R 对于 B 中的元素都有 A 中元素与之对应,则 R 为满射;若映射 R 既为单射又为满射,则 R 为双射。

(2)检查反(逆)函数存在的条件,若存在,输出其形式。这个条件为:只有当映射 R 为双射,才存在反函数;此时 R 的逆关系 R 为反函数。

(3)判定两个映射 R,R_1 的合成是否为映射,如 R,R_1 为同一类型的映射时,它们的合成是否还属这种类型。有关映射的知识告诉我们,上述结论是肯定的。

(4)对输入的集合 A 中的任意一个子集 A_1,求出 A 到集合 $\{0,1\}$ 的关于 A_1 的特征函数。其方法是:任取 A 中的一元素 A,若 $A \in A_1$,则在该点的特征函数值为 1;否则为 0。

(5)对已知子集 A_1,输入 A 关于 A_1 的隶属函数,可以由程序得出其模糊子集的表达形式。这里主要是运用隶属函数和模糊子集的定义,加深对它们的初步认识。

二、实现算法的基本流程

1. 程序的结构

程序是由一个主程序和 5 个子程序(过程)构成。5 个中有 4 个已在 4.4.1 中建立,这里只需调用。它们是:SRJH(输入集合);SRJZ(输入关系);SCGX(以矩阵和集合形式输出关系);BMATMAL(布尔矩阵的乘法)。本程序的核心算法体现在第五个子程序之中:HSLXPD,它的功能就是对已知关系是否为映射,如是又为何种类型的映射进行判定,在三中将做详细介绍。

2. 程序中所用的数组及主要变量

一维数组 a,b,c 分别用来装基数为 n,m 和 mc 的 3 个有限整数集合的元素;在求特征函数和模糊子集时,B 为 A 的一个子集,c 用来装 A 关于子集的特征函数值;d 用来装 A 关于子集的隶属函数值(即隶属度,d 为实型数组)。

二维数组 r,r_1 为集合 A 到 B 上的两个关系的矩阵表示;r_2 为工作数组,在程序运行过程中,它可用来表示逆关系,合成关系等的矩阵表示。

整型变量 n,m 分别表示集合 A,B 的基数;l 为使用者选择的序号值;其余为工作变量。

逻辑变量 p 用于是否退出程序运行的选择;p_1,p_2,p_3 分别用来表示关系 R 是否为映射、单射或满射;p_4,p_5,p_6 分别用来表示关系 R_1 是否为映射,单射或满射。

3. 主程序的基本流程

①为使用者提供序号为 $0 \sim 4$ 的 5 种选择,选 $l=0$ 为退出程序。

②若 $l=1$,再根据使用者回答的 $l_1=1$ 或 2,决定输入一个或两个集合,输入集合时调用 SRJH;调用 SRJZ 输入关系 R,再调用 HSLXPD,根据返回的逻辑变量 p_1,p_2,p_3 的值确定 R 是否为映射,如是,再判定其是单射、满射还是双射。求出 R 的逆关系 $R_2=R^{-1}$;若 p_2,p_3 皆为真,则 R 为双射,此时再使用 R_2 为参数调用 HSLXPD,验证 R_2 是否为双射,若本次返回的 p_2,p_3 亦皆为真,则验证成功,否则程序运行有误,请中断检查。

③若 $l=2$,再根据使用者回答的 $l_1=1,2$ 或 3,决定输入一个,二个或三个集合(调用 SRJH),再调用 SRJZ 输入关系 R,R_1。两次调用 HSLXPD,以分别确定 R,R_1 是否为映射,单射、满射或双射。调用 BMATMALT,求出合成关系 $R_2=R_1\circ R$,并调用 SCGX 输出之。又调用 HSLXPD,当 R,R_1 属同一类型时,考查 R_2 是否亦为此类型,若是则验证成功,否则程序运行有误,请中断检查,转向①。

④若 $l=3$,调用 SRJH,输入集合 A 及其子集 B。考查 A 中的每一个元素,若其属于 B,则特征函数的值令为 1,否则令为 0;以表格形式输出 A 的所有元素及其对应的特征函数值,转向①。

⑤若 $l=4$,调用 SRJH,输入集合 A 及其子集 B;再输入 A 中元素隶属于 B 的隶属度 $d(i)$ $(0\leq d(i)\leq 1;i=1,\cdots,n)$,组成隶属函数,再根据这个隶属函数,输出集合 A 关于子集 B 的模糊子集,转向①。

三、子程序 *HSLXPD* 的基本流程

子程序中集合 A 和集合 B 的基数分别用整型变量 na,nb 表示,关系用 ff 表示,逻辑变量 t_1,t_2,t_3 分别表示 ff 是否为映射,单射或满射,其中 na,nb,ff 为输入参数;输出参数为 t_1,t_2,t_3。

①$t_1:=$ true;$i:=0$;

②若 $i<na$,同时 t_1 为真,转向③;否则转向④;

③$i:=i+1$;将矩阵 ff 的第 i 行的元素累加到 k 中;若 $k=0$,则说明集合 A 中第 i 个元素无集合 B 中的元素与之对应;否则又若 $k>1$,则说明集合 A 中第 i 个元素无集合 B 中的多个元素与之对应,在这两种情况下,均做 $t_1:=$ false,转向②;

④$t_2:=$ false;$t_3:=$ false;

⑤当 t_1 为真转⑥;否则转⑧;

⑥$t_2:=$ true;$t_3:=$ true;

⑦j 从 1 取到 nb,考查矩阵 ff 的第 j 列的元素值之和(装在 k 中),若 $k=0$,则说明集合 B 中的第 j 个元素无集合 A 中的元素与之对应,$t_3:=$ false;若 $k>1$,则说明集合 B 中的第 j 个元素有集合 A 中的多个元素与之对应,$t_2:=$ false;

⑧子程序结束,将逻辑变量 t_1,t_2,t_3 的最终值返回调用程序。

习题 5

5.1　下面关系中哪个能构成函数? 若能,求出其定义域和值域。

$(1)\{<n_1,n_2>|n_1,n_2\in\mathbf{N},n_1+n_2>6\}$

$(2)\{<n_1,n_2>|n_1\in\mathbf{N},n_2$ 是 n_1 的不同的正因子的个数$\}$

$(3)\{<n_1,n_2>|n_1\in\mathbf{R},n_2\in\mathbf{R},(n_1=n_2^2)\}$

(4)$\{<n_1,n_2>|n_1\in\mathbf{N},n_2$是小于$n_1$的素数的个数$\}$

5.2 下面的集合能否定义一个函数？若能，求其定义域和值域。

(1)$\{<A,<1,2>>,<B,<2,3>>,<C,<3,2>>,<d,<3,4>>\}$

(2)$\{<A,<1,2>>,<B,<3,3>>,<C,<2,3>>,<d,<1,2>>\}$

(3)$\{<A,<3,4>>,<B,<3,4>>,<C,<3,4>>,<d,<3,4>>\}$

(4)$\{<A,<2,3>>,<B,<3,2>>,<C,<3,4>>,<d,<3,4>>\}$

5.3 判断下列函数哪个是单射、满射和双射的？

(1)$f:\mathbf{N}\rightarrow\mathbf{N},f(n)=n+1$；

(2)$f:\mathbf{N}\rightarrow\mathbf{N},f(n)=n2+1$；

(3)$f:\mathbf{N}\rightarrow\{0,1\}$，

$$f(n)=\begin{cases}0 & 当n为偶数\\1 & 当n为奇数\end{cases};$$

(4)$f:\mathbf{N}-\{0\}\rightarrow\mathbf{R},f(n)=\lg n$。

5.4 设$f:\mathbf{R}\rightarrow\mathbf{R},f(x)=x^2-1,g:\mathbf{R}\rightarrow\mathbf{R},g(x)=2x-1$

(1)求$f\circ g$和$g\circ f$；

(2)上述函数是单射，满射还是双射函数？

5.5 对下面各小题，分别构造一个从集合A到集合B的双射函数。

(1)$A=(0,1),B=(0,2)$；　　　　　(2)$A=Z,B=N$；

(3)$A=\mathbf{Z}\times\mathbf{Z},B=\mathbf{N}$；　　　(4)$A=\mathbf{R},B=(0,\infty)$；

(5)$A=(-1,1),B=\mathbf{R}$；　　　(6)$A=[0,1],B=[1/4,1/2]$。

5.6 设函数$f:A\rightarrow B,g:B\rightarrow C,h:C\rightarrow D$如下定义：

(其中$A=\{A,B,C\},B=\{1,2,3\},C=\{x,y,z,w\},D=\{4,5,6\}$)

$$f(A)=2,f(B)=1,f(C)=2$$
$$g(1)=y,g(2)=x,g(3)=w$$
$$h(x)=4,h(y)=6,h(z)=4,h(w)=5$$

(1)这些函数哪个是单射、满射和双射的？　　(2)求$h\circ g\circ f$。

5.7 设$f,g,h\in\mathbf{N}^{\mathbf{N}}$，且有

$$f(n)=n+1,g(n)=2n,h(n)=n(\bmod)2$$

求$f\circ f,g\circ f,f\circ g,h\circ g,g\circ h,h\circ g\circ f$。

5.8 令$A=\{a,b,c,d\},f:A\rightarrow A$，

$$f(a)=b,f(b)=d,f(c)=a,f(d)=c$$

求$f^2,f^3,f^{-1};f\circ f^{-1}$；您能否构造一个异于$I_A$的函数$f$，使$f^2=I_A$？

5.9 设$A=\{a,b,c\}$，R为A上的等价关系，且

$$R=\{<a,b>,<b,a>\}\cup I_A$$

求自然映射$g:A\rightarrow A/R$。

5.10 设$f:\mathbf{R}\times\mathbf{R}\rightarrow\mathbf{R}\times\mathbf{R},f(<x,y>)=<\dfrac{x+y}{2},\dfrac{x-y}{2}>$，证明$f$是双射的。

5.11 试用特征函数证明：

(1)$A\cap(B\cup C)=(A\cap B)\cup(A\cap C)$

（2）$\sim(A\cup B) = \sim A\cap \sim B$

5.12　取 $U = \{1,2,3,\cdots,24\}$ 为一天的时间界限,试建立白天和黑夜的模糊子集。

*5.13　证明下列集合是可数无限集。

（1）$S_1 = \{k\,|\,k = 3n - 2$ 且 $n\in \mathbf{N}\}$;

（2）$S_2 = \{k\,|\,k = n^2$ 且 $n\in \mathbf{N}\}$ 。

*5.14　证明所有正有理数集合是可数无限集。

*5.15　证明可数集的每一无限子集是可数的。

*5.16　证明若 A 是无限集,则是 $P(A)$ 不可数的。

*5.17　找出 3 个不同的 $\mathbf{N}$ 的真子集,使得它们都与 $\mathbf{N}$ 等势。

*5.18　若 $A_1 \sim A_2$ 和 $B_1 \sim B_2$,且 $A_1\cap B_1 = A_2\cap B_2 = \varphi$,证明:$A_1\cup B_1 \sim A_2\cup B_2$。

第6章
图 论

6.1 图的基本概念

6.1.1 图的定义及类型

一、图的定义

定义 6.1.1 称二元组 $<V(G),E(G)>$ 为图 G,即 $G=<V(G),E(G)>$,其中

(1) $V(G)$ 是一个非空集合 $V(G)=\{v_1,v_2,\cdots,v_n\}$,它的元素 $v_i(i=1,2,\cdots,n)$ 称为图 G 的结(顶)点,$V(G)$ 称为图 G 的结(顶)点集,简记为 V。

(2) $E(G)$ 是 V 中结点的有(无)序偶组成的集合,它的元素 $e_i(i=1,2,\cdots,m)$ 称为图 G 的边。当边是无序偶时,可用 (v_i,v_j) 表示,称为无向边;当边是有序偶时可用 $<v_i,v_j>$ 表示,称为有向边,$E(G)$ 称为图 G 的边集,简记为 E。

于是,图 G 可简记为: $G=<V,E>$。

在用图表示事物之间的特定关系时,要注意该图的结点对与次序是否有关。

例 6.1.1 有 4 个程序: P_1,P_2,P_3,P_4。它们之间的调用关系为: P_1 能调用 P_2,P_2 能调用 P_3 和 P_4。试用图 G 表示之。

解 设图 $G=<V,E>$,则有

$$V=\{P_1,P_2,P_3,P_4\},\ E=\{<P_1,P_2>,\ <P_2,P_3>,\ <P_2,P_4>\}。$$

由于调用关系与次序有关,所以结点对为有序结点对,如 $<P_1,P_2>$ 在 E 中而 $<P_2,P_1>$ 不在 E 中。

例 6.1.2 有 v_1,v_2,v_3 和 v_4 4 个城市。其中,v_1 与 v_2、v_1 与 v_4、v_3 与 v_4 各有长途电话联系,试用图表示。

解 设图 $G=<V,E>$,其中

$$V=\{v_1,v_2,v_3,v_4\};E=\{(v_1,v_2),(v_1,v_4),(v_3,v_4)\}$$

由于长途电话联系与次序无关,所以用无序偶表示,如 (v_1,v_2) 和 (v_2,v_1) 为同一无序偶。

图 $G=<V,E>$ 常用平面图形表示,其步骤如下:

（1）用平面上的点表示图 G 的结点。

（2）用两点间的连线表示图 G 的边，这两个点称为该边的端点。无向边用不带箭头的线连接；有向边用带箭头的线连接，两个端点分别称为始（起）点和终点。

例 6.1.1 中的图 G，可用带箭头的边画出其图形，如图 6.1.1 所示，例 6.1.2 中的图 G，可用不带箭头的边画出其图形，如图 6.1.2 所示。

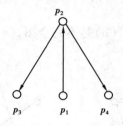

图 6.1.1   图 6.1.2

由于表示图 G 的结点和表示图 G 的边的连线都是任意的，所以，同一个图 G 的图形表示不是唯一的，而且，它们的形状也可以有很大的差别，不过一般只取其中一个来表示图 G。

定义 6.1.2 邻接结点、关联、孤立点、邻接边、孤立边、自环分别定义为：若结点 v_i 和 v_j 为边 e 的端点，则称结点 v_i、v_j 是**邻接结点**；并称 e 和 v_i、e 和 v_j 是**关联**的；若结点 v_i 没有边与它关联，则称此结点 v_i 为**孤立点**；若图 G 的两条边 e_1 与 e_2 关联于同一结点 v，则称边 e_1 与边 e_2 是**邻接边**。若 e 不与其他任何边相邻接，则称 e 为**孤立边**；若 e 关联于同一结点 v，即 e 的两个端点合二为一，则称 e 为自回路，或称为**自环**。

二、图 G 的分类

1. 按图 G 的结点个数和边数分类

定义 6.1.3 设图 $G = <V,E>$。若 G 中有 n 个结点和 m 条边，则记 G 为 (n,m) 图；

（1）若 G 中有 n 个结点而无边，则称 $(n,0)$ 图为**零图**；

（2）若 G 中只有一个结点而无边，则称 $(1,0)$ 图为**平凡图**；

（3）因为有 n 个结点，图 G 又称为 n **阶图**。

2. 按图 G 的结点对 v_i,v_j 有序或无序分类

定义 6.1.4 设图 $G = <V,E>$，

（1）若 G 中每一条边都是有向边，则称 G 为**有向图**；

（2）若 G 中每一条边都是无向边，则称 G 为**无向图**；

（3）若 G 中有些边是有向边，有些边是无向边，则称 G 为**混合图**。

3. 按图 G 中同一对结点的边数分类，

定义 6.1.5 设图 $G = <V,E>$，

（1）若 G 中同一对结点间有两条或两条以上的边（有向图的边，要求其方向相同）称为**平行边**（或称**多重边**）。含有平行边的图，称为**多重图**。

（2）不含平行边和自环的图称为**简单图**。

如图 6.1.1 是简单有向图；图 6.1.2 是简单无向图。

4. 图 G 的结点集 V 中，按任意两个结点间是否都有边连接分类

定义 6.1.6 设 n 阶图 $G = <V,E>$ 是简单无向图，n 阶图 $D = <V,E>$ 是简单有向图，

（1）若 G 中任意两个结点间都有边连接，则称 G 为**完全图**，记作 K_n；否则，称 G 为不完全图。

（2）若 G 是不完全图，通过增加一些边可使它成为完全图，则称由 G 的结点和增加的边构成的图为不完全图 G 的**补图**，记作 $\overline{G}$。

（3）若 D 中的任意两个结点，都有方向相反的两条有向边连接，则称 D 为 n **阶有向完全图**。

例 6.1.3 如图 6.1.3 所示。（a）是完全图 K_5，（b）是不完全图，（c）是（b）的补图，显然，（b）也是（c）的补图。一般称 G 与 $\overline{G}$ 互为补图。

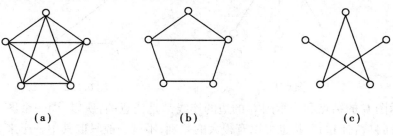

（a）　　　　　　　　（b）　　　　　　　　（c）

图 6.1.3

6.1.2 图的运算和结点的度数

一、图的运算

1. 图的交、并、差及环和运算

定义 6.1.7 设 $G_1 = <V_1, E_1>$ 和 $G_2 = <V_2, E_2>$ 为两个图。对于图 $G_3 = <V_3, E_3>$：

（1）若 $V_3 = V_1 \cap V_2$，$E_3 = E_1 \cap E_2$，则称 G_3 是图 G_1 和 G_2 的**交**，记作 $G_3 = G_1 \cap G_2$；

（2）若 $V_3 = V_1 \cup V_2$，$E_3 = E_1 \cup E_3$，则称 G_3 是图 G_1 和 G_2 的**并**，记作 $G_3 = G_1 \cup G_2$；

（3）若 $E_3 = E_1 - E_2$，$V_3 = (V_1 - V_2) \cup \{E_3$ 中所有边关联的结点$\}$，则称 G_3 是 G_2 相对于 G_1 的**差**，记作 $G_3 = G_1 - G_2$；

（4）若 $G_3 = (G_1 \cup G_2) - (G_1 \cap G_2)$，则称 G_3 是 G_1 和 G_2 的**环和**，记作 $G_3 = G_1 \oplus G_2$。

由于图 G 是相关集合的偶对，所以对图进行交、并、差及环和运算是可能的。

例 6.1.4 图 6.1.4 所示，给出了图的交、并、差及环和的图例。

2. 图的增添、求补、删除运算

图的**增添运算**，就是在原图的某些结点之间增加新的边。它相当于结点相同的图的并集。

图的**求补运算**，就是求已知不完全图 G 的补图 $\overline{G}$。

删除运算，就是去掉 G 的某些边或结点，并规定：若删除一边时，则与该边相关联的结点仍然保留；若删除一结点，则与该结点关联的边要一起删去。

二、结点的度数

定义 6.1.8 设 v 是图 $G = <V, E>$ 中任一结点，

（1）若图 G 为无向图，则与 v 关联的边的数目称为结点 v 的**度数**，记作 $\deg(v)$，简记为 $d(v)$；

（2）若图 G 为有向图，把由 v 引出的边数记作 $d^+(v)$，称为结点 v 的**出度**；把引向结点 v 的

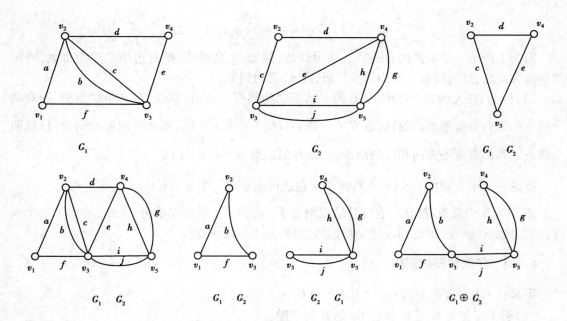

图 6.1.4

边数记作 $d^-(v)$，称为结点 v 的**入度**，则结点 v 的度数 $d(v) = d^+(v) + d^-(v)$；

（3）v 的每条自环使结点 v 的度数增加 2，对于有向图，自环使结点 v 的出、入度数各增加 1。

此外，我们记 $\Delta(G) = \max\{d(v) \mid v \in V\}$，$\delta(G) = \min\{d(v) \mid v \in V\}$，分别称为图 $G = <V, E>$ 的最大度和最小度。

例 6.1.5 设图 $G = <V, E>$，由图 6.1.5 所示，试求各结点的度数。

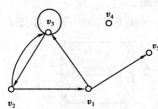

图 6.1.5

解 $d(v_1) = 3, d^+(v_1) = 2, d^-(v_1) = 1$；$d(v_2) = 3, d^+(v_2) = 2, d^-(v_1) = 1$；$d(v_3) = 5, d^+(v_3) = 2, d^-(v_3) = 3$；$d(v_4) = 0$；$d(v_5) = 1, d^+(v_5) = 0, d^-(v_5) = 1$。

关于图的边数和结点的度数之间的关系，有如下定理：

定理 6.1.1（握手定理） 设图 $G = <V, E>$ 为任意 (n, m) 图。

（1）G 的 n 个结点的度数总和等于边数的二倍，即

$$\sum_{i=1}^{n} d(v_i) = 2m$$

（2）G 中度数为奇数的结点的个数为偶数；

（3）若 G 为无向完全图，则 $m = \dfrac{n(n-1)}{2}$；若 G 为有向完全图，则 $m = n(n-1)$。

证 （1）因为一条边与两个结点关联，且每有一条边就使结点总度数增加 2，故结点的度数总和等于边数的二倍。

（2）设度数为偶数的结点有 n_1 个，记作 $v_i(i = 1, 2, \cdots, n_1)$；度数为奇数的结点有 n_2 个，记作 $v_j^*(j = 1, 2, \cdots, n_2)$。由于 G 是任意图，所以据（1）可得

$$\sum_{i=1}^{n} d(v_i) = \sum_{i=1}^{n_1} d(v_i) + \sum_{j=1}^{n_2} d(v_j^*) = 2m$$

因为上面第一个等式的右边第一项为偶数;假如 n_2 是奇数,则右边第二项为奇数,两项之和将为奇数,这与度数之和为偶数矛盾,故 n_2 必为偶数。

(3)因为,在无向完全图中,任意两个结点之间都有一条边,所以,在 n 个结点中,任取两个结点的组合数就是边的数目,故 G 的边数 $m = C_n^2 = \frac{1}{2} n(n-1)$;而在有向完全图中,任意两个结点之间都有两条方向相反的两条边,故 G 的边数 $m = n(n-1)$。

推论 对于有向图 $D = (n, m)$,握手定理还可表示为:$\sum_{i=1}^{n} d^+(v_i) = \sum_{i=1}^{n} d^-(v_i)$

证 对 D 中每条有向边,它给某结点增加了一个出度,同时又给另一结点增加了一个入度,所以从总体来说,出度和入度是均衡的,即有上述等式成立。

6.1.3 子图和图的同构

定义 6.1.9 设两个图 $G = <V, E>$ 和 $G_1 = <V_1, E_1>$

(1)若 $V_1 \subseteq V$ 且 $E_1 \subseteq E$,则称 G_1 是 G 的**子图**;

(2)若 V_1 是 V 的子图,有 $V_1 \subset V$ 或 $E_1 \subset E$,则称 G_1 是 G 的**真子图**;

(3)若 $V_1 = V, E_1 \subseteq E$,则称 G_1 是 G 的**生成子图**;

(4)若 V_1 是 V 的非空子集,并且,对任意 $v_1, v_2 \in V_1$,若有 $(v_1, v_2) \in E$,必有 $(v_1, v_2) \in E_1$,则称 G_1 是由 V_1 导出的**点导出子图**。

(5)若 E_1 是 E 的非空子集,V_1 由 E_1 中所有边的端点组成,则称 G_1 是由 E_1 导出的**边导出子图**。

例 6.1.6 图 G 如图 6.1.6 所示,试指出图(a)的子图、真子图、生成子图和导出子图。

    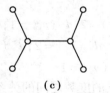

（a） （b） （c） （d）

图 6.1.6

解 由上图可知:

(a)的子图有(a)、(b)、(c)和(d);(a)的真子图有(b)、(c)和(d);

(a)的生成子图为(a)、(c);图(d)是图(a)中 4 个角点组成的点集 V_1 导出的点导出子图;图(b)是图(a)外框中左、下、右 3 条边组成的边集 E_1 导出的边导出子图。

定义 6.1.10 设图 $G = <V, E>$ 和 $G_1 = <V_1, E_1>$。

(1)若存在从 V 到 V_1 的双射函数 f,使任意 $a, b \in V$,$<a, b> \in E$(或 $(a, b) \in E$),当且仅当 $<f(a), f(b)> \in E_1$(或 $(f(a), f(b)) \in E_1$);

(2)对多重图 G 和 G_1,边 $<a, b>((a, b))$ 与边 $<f(a), f(b)>((f(a), f(b)))$ 有相同的重数;

则称图 G 和图 G_1 是**同构的**,记作 $G \cong G_1$。

此定义说明:如果两个图各结点之间存在一一对应关系,并且这种对应关系保持了结点与边的关联关系(在有向图中还保持边的方向)和边的重数,则这两个图是同构的。两个同构的图中,除结点和边的名称及分别表示的实际意义不同外,实际上代表着同一类结构的图。

例6.1.7 图6.1.7所示图 G 和图 G_1 是同构的。因为可作映射:
$f(1) = 1', f(2) = 2', \cdots, f(10) = 10'$ 为双射。

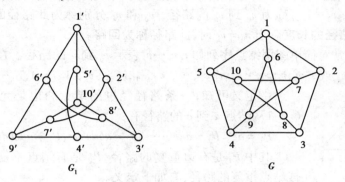

图6.1.7

并且在此映射下,G 中的边 $(1,2), (2,3), \cdots, (7,10)$ 分别对应于 G_1 中的边 $(1',2')$, $(2',3'), \cdots, (7',10')$。

由上可推知两图同构的必要条件是:

(1)结点数相等;

(2)边数相等;

(3)度数相同的结点数相同。

但它们不是充分条件,即当两个图同时满足此3个条件时,它们也不一定同构。

例6.1.8 讨论图6.1.8所示的两个图 G_1 和 G_2 是否同构。

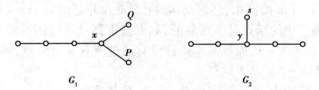

图6.1.8

解 虽然 G_1 和 G_2 两个图满足以上三个条件,但不同构,在图 G_1 中的结点 x 应与 G_2 中的结点 y 对应,因为图中只有它们的次数都是3;但 x 与两个度数为1的结点 P、Q 邻接,而 y 仅与一个度数为1的结点 s 邻接,即它们不保持关联关系,所以它们不同构。

6.2 路径及图的连通性

6.2.1 路径与回路

从图 G 的某结点出发,沿着一些边连续"移动"而到达另一指定结点,对有向图来说这种

"移动"是沿有向边的方向进行的;对无向图来说,这种"移动"是可以沿每条边双向进行的,即此时将无向边看成是具有两个方向的有向边。这样依次由点和边组成的序列,就形成了路径的概念。

定义 6.2.1 给定图 $G = <V,E>$,$v_i \in V(i=0,1,\cdots,k)$;$e_i \in E(i=1,\cdots,k)$,其中 e_i 是关联于结点 v_{i-1},v_i 的边(若 G 是有向图时,要求 v_{i-1} 是 e_i 的始点,v_i 是 e_i 的终点),则点与边的交替序列 $\Gamma = v_0 e_1 v_1 e_2 v_2 \cdots e_k v_k$ 称为 v_0 到 v_k 的**路径**,v_0 和 v_k 分别称为此路径的**始点**和**终点**。Γ 中边的数目称为**路径的长度**。当 $v_0 = v_k$ 时,此路径称为**回路**。

为了方便,通常对简单图用结点序列如 $v_0 v_1 \cdots v_k$ 表示 v_0 到 v_k 的路径。在有向图中亦可用边序列(如 $e_1 e_2 \cdots e_k$ 或 $<v_0,v_1>$,$<v_1,v_2>$,$\cdots$,$<v_{k-1},v_k>(v_i \in V,i=0,1,\cdots,k)$)来表示。

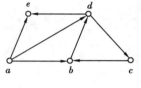

图 6.2.1

由定义可知,一条路径经过的结点和边是允许重复的。如图 6.2.1 从结点 a 到 e 的路径有:

$$P_1 = ae,\ P_2 = ade,\ \cdots\quad P_i = abdcbde,P_k = adcbde,\ \cdots$$

其中 P_i 是有边重复的路径,P_k 是有结点重复的路径。没有边或结点重复的路径,有如下定义。

定义 6.2.2 边不重复但结点可重复的路径称为**简单路径**;结点不重复的路径称为**基本路径**。没有重复边的回路称为**简单回路**,没有重复结点的回路称为**基本回路**。

在基本路径中,结点不重复,边当然不会重复,即基本路径一定是简单路径。这种路径是各种路径中最有意义的,一般情况下我们寻求的都是基本路径。利用路径的概念,我们可以把一些不容易用数学式子描述和解决的问题,用图的方法来描述和解决。

基本路径是不含回路的,含有回路的路径肯定不是基本路径,对任一路径,如果删去其中的回路就可得到一条基本路径。同理,在一回路中,删去内部所包含的回路,也可得到一条基本回路。

定理 6.2.1 在一个 n 阶图中,任何基本路径的长度小于或等于 $n-1$。

证 因为基本路径中的结点是不重复的,如果基本路径通过图的所有 n 个结点,这是最长的基本路径,其长度为 $n-1$,如果基本路径没有通过所有 n 个结点,其长度小于 $n-1$。因此不可能有长度大于 $n-1$ 的基本路径。

推论 在一个 n 阶图中,任何基本回路的长度不大于 n。

定义 6.2.3 在有向图中,如果存在从结点 u 到结点 v 的路径,则称结点 u **可达** v;在无向图中,如果存在结点 u 和结点 v 之间的路径,则称结点 u 和结点 v 是**连通的**。

结点之间的可达性和连通性,只表明结点之间存在路径,既不考虑有多少条路径,也未考虑路径的长度。但结点之间的可达性和连通性与基本路径却有着密切的关系。

定理 6.2.2 在有向图中,如果从结点 u 可达 v,则一定存在一条从 u 到 v 的基本路径。

证 因为 u 可到达 v,故从 u 到 v,至少存在一条路径,现选取一条最短路径(即长度最小的路径),下面证明它就是基本路径。设这条路径用结点序列表示如下:

$$u = u_1,u_2,u_3,\cdots,u_i,u_{i+1},\cdots,u_j,u_{j+1},\cdots,u_{k-1},u_k = v$$

用反证法,假设这条路径不是基本路径,则必有结点重复出现,不妨设 $u_i = u_j(1 \leq i < j \leq k-1)$,把 u_i 到 u_j 之间的结点序列删除,路径为:

$$u = u_1,u_2,u_3,\cdots,u_i,u_{j+1},\cdots,u_{k-1},u_k = v$$

仍然是从 u 到 v 的路径,但它比原先路径更短,与假设原先路径是最短路径矛盾,因此原先选择的一条最短路径不会有重复的结点,它是一条基本路径。

推论　在无向图中,如果结点 u 和结点 v 是连通的,则一定存在 u,v 之间的一条基本路径。

定义 6.2.4　从结点 u 到 $v(u,v$ 之间$)$最短路径的长度,称为 u 到$(u,v$ 之间$)v$ 的**距离**。记作 $d(u,v)$。如果从 u 到 $v(u,v$ 之间$)$不存在任何一条路径,则称 u 不可到达 $v(u$ 与 v 不连通$)$,并称 u 到 $v(u,v$ 之间$)$的距离为无限大。

例如有向图 6.2.1 中,a 可到达任一结点,而任一结点都不可到达 a;反过来任一结点可到达 e,而 e 不可到达任一结点。$d(a,b) = d(a,d) = d(a,e) = 1,d(a,c) = 2,d(e,a) = \infty$。

定义 6.2.5　$P:v_1 v_2 \cdots v_p$ 是有向图 D 中的一条基本路径,如果没有 P 之外的结点指向 v_1 的边,且也没有 v_p 指向 P 之外的结点的边,则称 P 为图 D 中的一条**极大路径**;若此路径 P 是无向图 G 中的一条基本路径,v_1 和 v_p 均不与 P 之外的结点相邻接,则称 P 为图 G 中的一条**极大路径**。

例如图 6.2.1 中 $P:adcb$ 就是图中一条极大路径。用极大路径的方法可以解决图论中的许多问题。

6.2.2　图的连通类型

一、无向图的连通性与割集

定义 6.2.6　若无向图 G 的任意两个结点 u 和 v 都是连通的(规定任何结点到自身总是连通的)。则称无向图 G 是**连通图**,否则称无向图 G 是**非连通图**或**分离图**。

定理 6.2.3　无向图中结点之间的连通关系是结点集上的等价关系。

证　(1)由于规定任何结点到自身总是连通的,所以结点之间的连通关系具有自反性。

(2)由定义知,无向图中结点之间的连通显然是相互的,故结点间的连通关系具有对称性。

(3)若结点 u 与 v 是连通的,v 与 w 是连通的,则 u 到 v 存在一条路径,v 到 w 存在一条路径,从而 u 经 v 到 w 存在一条路径,因此结点之间的连通关系具有传递性。

由(1)、(2)和(3)知结点之间的连通关系是等价关系。

对应于结点集上的等价关系就有相应的等价类,而等价类组成的集合(商集)形成了对结点集的一个划分;每个划分块中的结点都彼此连通;不同划分块中的两个结点都不连通。

定义 6.2.7　无向图 G 的每个划分块称为 G 的一个**连通分支**(或称**连通分图**)。用 $p(G)$ 表示连通分支的个数。

注:$p(G) = 1$ 时,G 是连通图;$p(G) \geq 2$ 时,G 是不连通图。例如图 6.2.2(1),有 $p(G) = 1$,故它是连通图;而(3)的 $p(G) = 2$,所以它是不连通图。

对于连通图,常常由于删除了图中的一些结点或边,而影响了图的连通性。如图 6.2.2 中,在图(1)中删除结点 v_1,则图(1)变成图(2);在图(1)中删除边 e_1,e_2,则图(1)变为图(3)。

定义 6.2.8　设无向图 $G = <V,E>$ 是连通图,若有结点集 $V' \subset V$,在图 G 中删除了 V' 中所有结点后,所得的子图是不连通的或是平凡图;而删除了 V' 中的任何真子集中的结点后,所得的子图仍是连通的,则称 V' 是 G 的**点割集**。若点割集中只有一个结点,则称该点为**割点**。

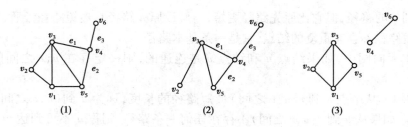

图 6.2.2

如图 6.2.2(1)图中,设 $V_1 = \{ v_3, v_5 \}$, $V_2 = \{v_4\}$,则 V_1, V_2 均是点割集,结点 v_4 是割点。

定义 6.2.9 设无向图 $G = \langle V, E \rangle$ 是连通图,若有边集 $E' \subset E$,在图 G 中删除了 E' 中所有边后,所得的子图是不连通的,而删除了 E' 中的任何真子集中的边之后,所得的子图仍是连通的,则称 V' 是 G 的**边割集**。若边割集中只有一条边,则称该边为**割边**(或**桥**)。

如图 6.2.2(1)图中,设 $E_1 = \{ e_1, e_2 \}$,$E_2 = \{e_3\}$,则 E_1,E_2 均是边割集,边 e_3 是桥。

二、有向图的连通性

定义 6.2.10 在有向图中,如果改变某些边的方向,能从结点 u 到达 v(或从 v 到达 u),则称结点 u 与 v 是**连接的**,并称结点 u 与 v 之间存在一条半路径。

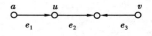

图 6.2.3

在图 6.2.3 中,不存在 u 到 v(或 v 到 u)的路径,但 u 与 v 之间存在一条半路径,

因为如果改变边 e_3 的方向,则 u 可达 v。

定义 6.2.11 在有向图 $G = \langle V, E \rangle$ 中,对任意两个结点 $v_1, v_j \in V$

(1)如果 v_i 与 v_j 互相可达,则称 G 为**强连通图**。

(2)如果 v_i 可达 v_j,或 v_j 可达 v_i,两者只要居其一,则称 G 为**单向连通图**。

(3)如果 v_i 与 v_j 是连接的,或若将 G 中所有边去掉方向后,变成的无向图是连通的,则称 G 为**弱连通图**。

(4)不满足以上条件的图称为**不连通图**。

在图 6.2.4 中(a)是强连通图,(b)是单向连通图,(c)是弱连通图,(d)则是不连通图。

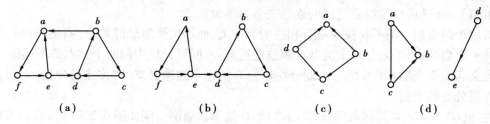

图 6.2.4

连通图的类型是根据连通性的强弱划分的,强连通图的连通性最强,显然强连通必然也是单向连通,单向连通必然也是弱连通,但其逆不成立。

判别一个有向图是哪一类连通图,如果采用检查任意两点间路径的方法,当结点数 n 较大时,是很烦琐的,下面介绍一个有效的判别定理,先给出一个定义。

定义 6.2.12 在有向图 G 中,

(1)通过所有结点的回路,称为 G 的**完备回路**;

（2）通过所有结点的路径,称为 G 的**完备路径**;

（3）通过所有结点的半路径,称为 G 的**完备半路径**。

定理 6.2.4　一个 n 阶有向图 G 是强连通的,当且仅当它有一条完备回路。

证　先证充分性。设 G 有一条完备回路:

$$C = v_1v_2\cdots v_iv_{i+1}\cdots v_jv_{j+1}\cdots v_tv_1 \quad （t \geqslant n）$$

对 G 的任意两个结点 v_i、v_j,必然在回路 C 上,则 $v_i,v_{i+1},\cdots,v_j$ 是从 v_i 到 v_j 的一条路径,即 v_i 可到达 v_j。而 $v_j,v_{j+1},\cdots,v_t,v_1,v_2,\cdots,v_i$ 则是 v_j 到 v_i 的一条路径,故 v_j 亦可到达 v_i。因 v_i、v_j 是 G 的任意两个结点,即 G 的任意两点都可互相到达,所以 G 是强连通的。

再证必要性。设 G 是强连通的,把 G 的全部结点列出如下:

$$v_1,v_2,\cdots,v_{n-1},v_n$$

则必然存在 v_1 到 v_2 的路径 P_1,v_2 到 v_3 的路径 P_2,$\cdots$,v_{n-1} 到 v_n 的路径 P_{n-1},及 v_n 到 v_1 的路径 P_n。把这些路径按次序排列如下:

$$P_1,P_2,\cdots,P_{n-1},P_n$$

显然这组成了一条从 v_1 到 v_n 又回到 v_1 并且通过 G 的所有结点的完备回路。

推论 1　一个有向图 G 是单向连通的,当且仅当它有一条完备路径。

推论 2　一个有向图 G 是弱连通的,当且仅当它有一条完备半路径。

例 6.2.1　图 6.2.4 中,(a)存在一条完备回路:$afedbcdba$ 所以(a)是强连通图。(b)存在一条完备路径:$afedbc$ 所以(b)是单向连通图。同理可判定(c)是弱连通图。

定义 6.2.13　在有向图 G 中,最大的强连通子图 G' 称为 G 的强连通分图。

所谓最大的强连通子图 G',是指 G' 是强连通的子图,且 G 不再有包含 G' 的强连通子图。

如图 6.2.5 的图 G,其子图 $G_1 = <\{v_1,v_2,v_3\}$, $\{e_1,e_2,e_3\}>$,$G_2 = <\{v_4,v_5\}$,$\{e_5,e_6\}>$,$G_3 = <\{v_6\}$, $\phi>$ 都是强分图:

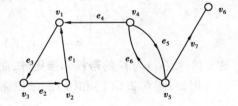

图 6.2.5

强分图常用其结点集合表示,如上面 3 个强分图分别表示为 $\{v_1,v_2,v_3\}$,$\{v_4,v_5\}$,$\{v_6\}$。

如果以两个结点是否处在同一个强分图中作为这两个结点的一种关系,可称为**双向可达关系**,那么这是一个等价关系。因为结点自身必然在同一个强分图中,因此关系是自反的,显然也是对称的。如果 v_i 与 v_j 在同一个强分图中,v_j 与 v_k 在同一个强分图中,则 v_i 与 v_k 也必在同一个强分图中,因为 v_i,v_j,v_k 都是相互双向可达的,所以具有传递性。因此一个强分图的点集就是一个等价类,全体强分图点集,即全体等价类的集合形成了有向图 G 结点集合的一个划分,由划分的性质,立刻得出如下定理。

定理 6.2.5　有向图 G 的每一个结点必在一个且仅在一个强分图中。

推论　有向图的各强分图彼此是不相交的。

6.2.3　带权图与最短路径问题

用图论的方法研究实际问题,除了将实际问题转化为无向图或有向图之外,有时还将图的每条边(或部分结点)附加上一实数来表示距离、费用、时间等,这个图就成了带权图。

定义 6.2.14　设图 $G = <V,E>$,对于 G 中的任意一条边 $(v_i,v_j) \in E$(或 $<v_i,v_j> \in E$),

都存在实数 w_{ij} 与之对应,称 w_{ij} 为边 (v_i,v_j)(或 $<v_i,v_j>$)的**权**,记为 $w(v_i,v_j)$,G 连同边上的权称为**边带权图**,简称**带权图**,有时记作 $G=<V,E,W>$,其中 W 是边集 E 到实数集的函数。

例如,图 6.2.6(1)为无向带权图,(2)为有向带权图。

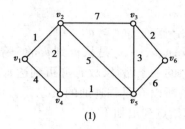 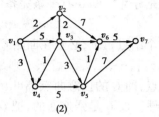

(1)　　　　　　　　　　　　(2)

图 6.2.6

边带权图中路径的长度和两结点间的距离的概念发生了变化,现定义如下:

定义 6.2.15　在简单图 $G=<V,E,W>$ 中,$u,v\in V$,u 到 v 的基本路径(或称一条路径)P 上所有边所带权的和,称为**路径 P 的长度**,记为 $w(P)$。从 u 到 v 的所有基本路径中,$w(P)$ 最小的一条路径称为**最短路径**,最短路径的长度称为 u 到 v 的**距离**,记为 $d(u,v)$。即

$$d(u,v)=\begin{cases}0 & \text{若 } u=v \\ \min\{w(P)\,|\,P \text{ 为 } u \text{ 到 } v \text{ 之间的基本路径}\} & u \text{ 与 } v \text{ 连通} \\ \infty & \text{若 } u \text{ 与 } v \text{ 不连通}\end{cases}$$

为便于计算最短路径,将带权图用带权的邻接矩阵表示。

定义 6.2.16　$G=<V,E,W>$ 为 n 阶带权图,$V=\{v_1,v_2,\cdots,v_n\}$,$A_w(G)=(a_{ij})_{n\times n}$ 中,令

$$a_{ij}=\begin{cases}w_{ij} & (v_i,v_j)\in E(\text{或 } <v_i,v_j>\in E) \\ 0 & v_i=v_j \\ \infty & (v_i,v_j)\notin E(\text{或 } <v_v,v_j>\notin E) \text{ 且 } v_i\neq v_j\end{cases}$$

称矩阵 $A_w(G)$ 为 G 的**带权邻接矩阵**,简记为 A_w。

例如,图 6.2.6(1)和(2)的带权邻接矩阵分别为:

$$A_w(G)=\begin{pmatrix}0 & 1 & \infty & 4 & \infty & \infty \\ 1 & 0 & 7 & 2 & 5 & \infty \\ \infty & 7 & 0 & \infty & 3 & 2 \\ 4 & 2 & \infty & 0 & 1 & \infty \\ \infty & 5 & 3 & 1 & 0 & 6 \\ \infty & \infty & 2 & \infty & 6 & 0\end{pmatrix},\quad A_w(D)=\begin{pmatrix}0 & 2 & 5 & 3 & \infty & \infty & \infty \\ \infty & 0 & 2 & \infty & \infty & 7 & \infty \\ \infty & \infty & 0 & 1 & 3 & 5 & \infty \\ \infty & \infty & \infty & 0 & 5 & \infty & \infty \\ \infty & \infty & \infty & \infty & 0 & 1 & \infty \\ \infty & \infty & \infty & \infty & \infty & 0 & 5 \\ \infty & \infty & \infty & \infty & \infty & \infty & 0\end{pmatrix}$$

从带权连通图 $G=<V,E,W>$ 中,求最短路径较好的算法是戴杰斯特拉(E. W. Dijkstra)在 1959 年提出的,它可以求出结点 v 到其他各点的最短路径和距离,无论有向带权图或是无向带权图(要求边权非负)都可以用此算法。戴杰斯特拉算法是基于这样一个基本思想:

如果 $v_1v_2\cdots v_{n-1}v_n$ 是从 v_1 到 v_n 的最优路径,则 $v_1v_2\cdots v_{n-1}$ 也必然是从 v_1 到 v_{n-1} 的最优路径。这就是**最优化原理**。

设图 $G=<V,E,W>$ 中,$V=\{v_1,v_2,\cdots,v_n\}$,权 $w_{ij}>0$,找 v_1 到其余各点的最短路径,假定 $S\subseteq V$ 是 V 的非空子集,令 $T=V-S$,构造一个结点子集 S,使得从 v_1 到 S 中任何结点的最短路

径上的结点都在 S 中。在 T 中选取一个结点 v。使 v 是从 v_1 到 T 中所有结点的距离最小的一个结点，将 v 添加到 S 中，得到的结点子集仍称为 S。重复上述过程，在 T 中选取一个结点 v，…经过有限步，S 逐步扩大，直到 $S = V$ 为止。

$v_1 \in S$，今设 v 是 T 中的一个结点，从 v_1 到 v 但不包含 T 中的其他任何结点的最短路径，记为 $L(v)$。显然，$L(v)$ 不一定是从 v_1 到 v 的最短路径（即距离），因为从 v_1 到 v 可以有包含 T 中的另外结点的最短路径，例如图 6.2.6(1) 中 $S = \{v_1, v_2\}$，$T = \{v_3, v_4, v_5, v_6\}$，$L(v_5) = 6$，即路径 $v_1 v_2 v_5$ 的长度，但从 v_1 到 v_5 的最短路径是 $v_1 v_2 v_4 v_5$，即 v_1 到 v_5 的距离为 4。对于任意的 $v \in T$，有下面的重要结论：

定理 6.2.6 $v_1 \in S$，$L(v') = \min\{L(v) \mid v \in T\}$，则 $L(v')$ 为 v_1 到 v' 的距离。

证 假设从 v_1 到 v' 存在一条路径 p，它的长度小于 $L(v')$，则路径 p 必经过 $T - \{v'\}$ 的其他结点。沿着从 v_1 到 v' 的路径行走，首先遇到 $T - \{v'\}$ 中的结点 v''，即从 v_1 到 v'' 的路径上不包含 T 其他结点，而 $v'' \in T$，由此得出 $L(v'') < L(v') = \min\{L(v) \mid v(T\}$，与题设矛盾，证毕。

求从 v_1 到其余各结点的最短路径的 **戴杰斯特拉算法**：

(1) $S = \{v_1\}$，$L(v_1): = 0$，$T = V - S$，对 $\forall v \in T$，有 $L(v) = w(v_1, v)$，$i: = 1$；

(2) 若 $T = \phi$，停止，否则转 (3)；

(3) $L(v) = \min\{L(v), L(v_i) + w(v_i, v)\}$，$v_i \in S$，$\forall v \in T$；

(4) 存在 v_{i+1}，使得 $L(v_{i+1}) = \min\{L(v) \mid v \in T\}$；

(5) $S: = S \cup \{v_{i+1}\}$，$T = T - \{v_{i+1}\}$，$i: = i + 1$ 转 (2)。

例 6.2.2 对于图 6.2.6(1) 的带权图，计算从 v_1 到其他各结点的最短路径及其距离。

解 (1) $S = \{v_1\}$，$T = V - S$，于是 $\forall v \in T$，有 $L(v_2): = 1$，$L(v_3) = \infty$，$L(v_4): = 4$，$L(v_5) = \infty$，$L(v_6) = (\infty$，$L(v_2) = \min\{L(v_2), L(v_3), L(v_4), L(v_5), L(v_6)\} = 1$，即 $d(v_1, v_2) = 1$，最短路径为 v_1, v_2。

(2) $S = \{v_1, v_2\}$，$T = \{v_3, v_4, v_5, v_6\}$，$L(v_6) = \infty$，
$L(v_3) = \min\{L(v_3), L(v_2) + w(v_2, v_3)\} = 8$，$L(v_4) = \min\{L(v_4), L(v_2) + w(v_2, v_4)\} = 3$，
$L(v_5) = \min\{L(v_5), L(v_2) + w(v_2, v_5)\} = 6$，$L(v_4) = \min\{L(v_3), L(v_4), L(v_5), L(v_6)\} = 3$，
即 $d(v_1, v_4) = 3$，最短路径为 v_1, v_2, v_4。

(3) $S = \{v_1, v_2, v_4\}$，$T = \{v_3, v_5, v_6\}$，$L(v_3) = 8$，$L(v_5) = \min\{L(v_5), L(v_4) + w(v_4, v_5)\} = 4$，$L(v_6) = \infty$，$L(v_5) = \min\{L(v_3), L(v_5), L(v_6)\} = 4$，
即 $d(v_1, v_5) = 4$，最短路径为 v_1, v_2, v_4, v_5。

(4) $S = \{v_1, v_2, v_4, v_5\}$，$T = \{v_3, v_6\}$，$L(v_3) = \min\{L(v_3), L(v_5) + w(v_5, v_3)\} = 7$，
$L(v_6) = \min\{L(v_6), L(v_5) + w(v_5, v_6)\} = 10$
$L(v_3) = \min\{L(v_3), L(v_6)\} = 7$，即 $d(v_1, v_3) = 7$，最短路径为 v_1, v_2, v_4, v_5, v_3。

(5) $S = \{v_1, v_2, v_4, v_5, v_3\}$，$T = \{v_6\}$，$L(v_6) = \min\{L(v_6), L(v_3) + w(v_3, v_6)\} = 9$
$L(v_6) = \min\{L(v_6)\} = 9$，即 $d(v_1, v_6) = 9$，最短路径为 $v_1, v_2, v_4, v_5, v_3, v_6$。

上述计算过程只要借助于带权的邻接矩阵，用表 6.2.1 容易实现，表中的第一行元素即为该图的带权邻接矩阵中 v_1 所对应的行，每行元素即为向量 $\boldsymbol{L} = (L(v_1), L(v_2), L(v_3), L(v_4), L(v_5), L(v_6))$，每一步反映了向量 $\boldsymbol{L}$ 的变化。表中带 $*$ 的数字即为 $L(v_{i+1})$，它是最终确定的 v_1 到 v_{i+1} 的距离，v_{i+1} 加入集合 S 后的各步骤中，所在列不再写出此距离。对于有向图用同样的方法可以计算。

表 6.2.1

步 骤	v_1	v_2	v_3	v_4	v_5	v_6	最短路径	距 离
第1步		1^*	∞	4	∞	∞	v_1, v_2	1
2			8	3^*	6	∞	v_1, v_2, v_4	3
3			8		4^*	∞	v_1, v_2, v_4, v_5	4
4			7^*			10	v_1, v_2, v_4, v_5, v_3	7
5						9	$v_1, v_2, v_4, v_5, v_3, v_6$	9

6.3 图的矩阵表示

采用矩阵表示图,不仅简单方便,便于理解等优点,同时还可把对图的讨论和计算转化为矩阵运算的问题,从而适合于计算机计算和处理,所以矩阵表示法是分析研究图的有力工具。图的矩阵表示形式很多,本节着重讨论常用的关联矩阵、邻接矩阵、可达矩阵、回路矩阵和路径矩阵。

6.3.1 关联矩阵与邻接矩阵

定义 6.3.1 设图 G 是有 n 个顶点、m 条边、不含自环的图,$n \times m$ 阶矩阵 $M(G) = (m_{ij})$:

$$m_{ij} = \begin{cases} 1 & v_i \text{ 关联 } e_j \\ 0 & v_i \text{ 不关联 } e_j \end{cases}$$

称 $M(G)$ 为 G 的关联矩阵,其中 $v_i \in V (i = 1, \cdots, n)$; $e_j \in E (j = 1, \cdots, m)$。

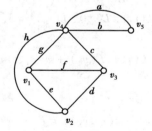

例 6.3.1 求图 6.3.1 的关联矩阵

解 关联矩阵为

$$M(G) = \begin{array}{c} v_1 \\ v_2 \\ v_3 \\ v_4 \\ v_5 \end{array} \begin{bmatrix} a & b & c & d & e & f & g & h \\ 0 & 0 & 0 & 0 & 1 & 1 & 1 & 0 \\ 0 & 0 & 0 & 1 & 1 & 0 & 0 & 1 \\ 0 & 0 & 1 & 1 & 0 & 1 & 0 & 0 \\ 1 & 1 & 1 & 0 & 0 & 0 & 1 & 1 \\ 1 & 1 & 0 & 0 & 0 & 0 & 0 & 0 \end{bmatrix}$$

图 6.3.1 关联矩阵及回路矩阵例图

从关联矩阵中可以看出图 G 的一些性质:

(1) G 中每一边关联两个顶点,所以 $M(G)$ 中每一列中只有两个 1。

(2) 每一行中 1 的个数对应顶点的度数。

(3) 一行中全为 0 的顶点,对应于孤立点。

(4) 多重边对应的列相同。

(5) 图 G 不连通,它有 k 个分支($p(G) = k, k \geq 2$),当且仅当 G 的关联矩阵 $M(G)$ 通过行、列互换后可以变为一个具有 k 个块的分块矩阵:

$$M(G) = \begin{pmatrix} M(G_1) & & & \\ & M(G_2) & & \\ & & \ddots & \\ & & & M(G_k) \end{pmatrix}$$

（6）同一图当顶点或边的排序不同时，其对应的 $M(G)$ 仅有行序、列序的差别。

定义 6.3.2 对于 n 个顶点的连通图 G 来说，从关联矩阵 $M(G)$ 中删去任意一行后所得的矩阵，称为图 G 的**基本关联矩阵 M_f**，删去的行所对应的顶点称为参考点。

例如，设连通图如图 6.3.2 所示，如果以 v_4 为参考点，则基本关联矩阵为

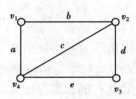

图 6.3.2　基本关联矩阵的例图

$$M_f = \begin{array}{c} v_1 \\ v_2 \\ v_3 \end{array} \begin{bmatrix} 1 & 1 & 0 & 0 & 0 \\ 0 & 1 & 1 & 1 & 0 \\ 0 & 0 & 0 & 1 & 1 \end{bmatrix}$$

定义 6.3.3 设图 G 是有 n 个顶点，无多重边的图。设 $n \times n$ 阶矩阵 $A(G) = (a_{ij})$

$$a_{ij} = \begin{cases} 1 & v_i \text{ 邻接 } v_j \\ 0 & v_i \text{ 不邻接 } v_j \end{cases}$$

称 $A(G)$ 为 G 的**邻接矩阵**，其中 $v_i, v_j \in V(i, j = 1, \cdots, n)$，显然 $A(G)$ 是对称矩阵。

例如图 6.3.3 的邻接矩阵为

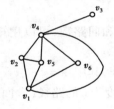

$$A(G) = \begin{pmatrix} 0 & 1 & 0 & 1 & 1 & 1 \\ 1 & 0 & 0 & 1 & 1 & 0 \\ 0 & 0 & 0 & 1 & 0 & 0 \\ 1 & 1 & 1 & 0 & 1 & 1 \\ 1 & 1 & 0 & 1 & 0 & 0 \\ 1 & 0 & 0 & 1 & 0 & 0 \end{pmatrix}$$

图 6.3.3　邻接矩阵的例图

从邻接矩阵可以看出图 G 的一些性质：

（1）对角线全为 0，当且仅当图 G 没有自环。

（2）在没有自环的图中，$d(v_i)$ 等于对应行或列中 1 的个数。

（3）交换行和对应的列也就是改变对应顶点次序。两个图的邻接矩阵必须使行和对应列的次序相同。如果交换行，那么必须同时交换对应的列。

（4）图 G 不连通，它有 k 个分支（$p(G) = k, k \geq 2$），当且仅当 G 的邻接矩阵 $A(G)$ 通过行、列互换后可以变为一个具有 k 个块的分块矩阵：

$$A(G) = \begin{pmatrix} A(G_1) & & & \\ & A(G_2) & & \\ & & \ddots & \\ & & & A(G_k) \end{pmatrix}$$

（5）一个元素为 0 或 1 的 n 阶对称矩阵，必可作为确定了结点序号的图 G 的邻接矩阵。

此外，还可以由邻接矩阵的运算来观察图的性质。先讨论长度等于 2 的路径（包括回路）

的数目。设图 G 的邻接矩阵为 $A(G) = A(a_{ij})$。每一条从结点 v_i 到结点 v_j 长度等于 2 的路径，必对应一结点 $v_k(1 \leqslant k \leqslant n)$，既邻接于 v_i 又邻接于 v_j，于是形成路径 $v_iv_kv_j$，显然有 $a_{ik} \neq 0$，且 $a_{kj} \neq 0$，即 $a_{ik} \cdot a_{kj} \neq 0$。若 G 中不存在路径 $v_iv_kv_j$（对 $\forall v_k \in V$），必有 $a_{ik} = 0$，或者 $a_{kj} = 0$，即 $a_{ik} \cdot a_{kj} = 0$。于是在 G 中，从结点 v_i 到结点 v_j，长度等于 2 的路径的总数为：

$$a_{i1} \cdot a_{1j} + a_{i2} \cdot a_{2j} + \cdots + a_{in} \cdot a_{nj} = \sum_{k=1}^{n} a_{ik} \cdot a_{kj}$$

由矩阵的乘法规则知，上面等式右边正好是矩阵 $A \cdot A = A^2$ 中的第 i 行第 j 列元素，记为 $a_{ij}^{(2)}(i \neq j)$，它便是从结点 v_i 到结点 v_j 的长度等于 2 的路径的数目；$i = j$ 时则 $a_{ii}^{(2)}$ 表示从结点 v_i 到结点 v_i 的长度等于 2 的回路的数目，它也等于 A 中第 i 行中 1 的个数，即结点 v_i 的度数。A^2 中所有元素的和为长度等于 2 的路径的总数（含回路），其中对角线元素的和为回路的总数。

例 6.3.2　对于图 6.3.4 有向图 D，有

$$A(D) = \begin{pmatrix} 0 & 1 & 0 & 1 \\ 1 & 0 & 1 & 0 \\ 1 & 1 & 0 & 0 \\ 0 & 0 & 1 & 0 \end{pmatrix}, A^2 = A(D) \cdot A(D) = \begin{pmatrix} 1 & 0 & 2 & 0 \\ 1 & 2 & 0 & 1 \\ 1 & 1 & 1 & 1 \\ 1 & 1 & 0 & 0 \end{pmatrix}$$

A^2 全体元素之和等于 13，其中对角线元素之和等于 4，于是 D 中长度等于 2 的路径总数为 13（含回路），其中有 4 条回路（不同起点的回路算不同的回路）。$a_{32}^{(2)} = 1$ 说明 v_3 到 v_2 长度为 2 的路径有 1 条；$a_{22}^{(2)} = 2$ 说明 v_2 到 v_2 长度为 2 的回路有 2 条。

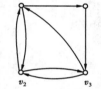

图 6.3.4

在一般情况下，图 G 中长度为 $r(r \geqslant 2)$ 的路径数和回路数，可以用矩阵 $(A(G))^r$（简记为 A^r，且记 $A^r = (a_{ij}^{(r)})$）中的元素来表示。

定理 6.3.1　设 $A(G)$ 是 $G = <V, E>$ 的邻接矩阵，其中 $V = \{v_1, v_2, \cdots, v_n\}$，则 $(A(G))^r$ 中的第 i 行第 j 列元素 $a_{ij}^{(r)}$，等于 G 中连接 v_i 与 v_j 且长度为 r 的路径（含回路，此时 $i = j$）数目。

证　由

$$A^r = A^{r-1} \cdot A, \text{知} \quad a_{ij}^{(r)} = \sum_{k=1}^{n} a_{ik}^{(r-1)} \cdot a_{kj}$$

又由前面论述知，当 $r = 2$ 时 $a_{ij}^{(2)}$ 为结点 v_i 到结点 v_j，长度等于 2 的路径的数目，由归纳法可知 $a_{ij}^{(r)}$ 就是从结点 v_i 到结点 v_j 的，长度等于 r 的路径的数目，$a_{ii}^{(r)}$ 表示从结点 v_i 到自身的长度等于 r 的回路的数目。另外，$(A(G))^r$ 中所有元素的和为长度等于 r 的路径的总数（含回路），其中对角线元素的和为长度等于 r 的回路的总数。

推论　设 A 是 $G = <V, E>$ 的邻接矩阵，其中 $V = \{v_1, v_2, \cdots, v_n\}$，记
$$B_r(b_{ij}^{(r)}) = B_r(G) = A + A^2 + \cdots + A^r (r \geqslant 1) \qquad (*)$$

则 B_r 中的元素 $b_{ij}^{(r)}$ 就是从结点 v_i 到结点 v_j 的所有长度小于等于 r 的路径的数目，$b_{ii}^{(r)}$ 表示从结点 v_i 到自身的所有长度小于等于 r 的回路的数目。

6.3.2　可达矩阵、回路矩阵与路径矩阵

在某些实际问题中，并不关心从结点 v_i 到结点 v_j 各种长度的路径的数目，而只需知道结

点 v_i 到结点 v_j 是否连通(无向图);v_i 是否可达 v_j(有向图)。由此引入可达矩阵的概念。

定义 6.3.4 设简单图 $G = <V,E>$ 中,$V = \{v_1,v_2,\cdots,v_n\}$,$n \times n$ 矩阵 $P(G) = P(p_{ij})$,其中

$$p_{ij} = \begin{cases} 1 & \text{若 } v_i \text{ 与 } v_j \text{ 之间至少存在一条路径(或称 } v_i \text{ 可达 } v_j) \\ 0 & \qquad\qquad\qquad\qquad \text{否则} \end{cases}$$

称矩阵 $P(G)$ 为图 G 的**可达矩阵**。

注:G 可为有向图也可为无向图,当 G 为无向图时,$p_{ij} = 1$ 表示 v_i 与 v_j 连通(即 v_i 与 v_j 双向可达)。此处 0,1 表示逻辑真值的假,真。$P(G)$ 的元素全为 1,则 G 是强连通图,或连通图(无向图时)。

定义 6.3.5 以逻辑真值为元素的矩阵称为**布尔矩阵**。布尔矩阵相加,其布尔和矩阵的元素为相加两矩阵相应元素的析取(逻辑加 $\vee$);布尔矩阵相乘的法则是在一般矩阵相乘法则中将乘法变为合取运算(逻辑乘 $\wedge$),加法变为析取运算(逻辑加),即得**布尔乘积**矩阵。

图 G 的可达矩阵是布尔矩阵。还可将 n 阶图 G 的邻接矩阵 A 当成布尔矩阵,用布尔矩阵的乘法得到它的幂:$A^2,\cdots,A^{n-1}$,分别用布尔矩阵,$A^{(1)},A^{(2)},\cdots,A^{(n-1)}$ 表示。

为获取图 G 的可达矩阵,特引入下面定理。

定理 6.3.2 设 A 是 $G = <V,E>$ 的邻接矩阵,其中 $V = \{v_1,v_2,\cdots,v_n\}$,$b_{ij}^{(r)}$ 是 $B_r = A + A^2 + \cdots + A^r$ 中的元素,取 $r = n-1$ 时,若 $b_{ij}^{(n-1)} \neq 0$,则 v_i 与 $v_j(v_i \neq v_j)$ 是连通(可达)的;若 $b_{ij}^{(n-1)} = 0$,则 v_i 与 $v_j(v_i \neq v_j)$ 是不连通(不可达)的。

由定理 6.2.1 可知,若 v_i 与 $v_j(v_i \neq v_j)$ 之间至少存在一条路径,则一定有长度小于等于 $n-1$ 的基本路径,定理 6.3.2 的结论显然成立。

获取图 G 的可达矩阵 $P(G)$ 的方法一:在上面定理 6.3.1 推论的(*)式的基础上,令 $r = n-1$ 得到 B_{n-1},将其中的非 0 元素转换为 1,又由于规定结点到自身是连通的(或可达的),则再将矩阵对角线元素置为 1,即可得到可达矩阵 $P(G)$。

因为由矩阵 B_{n-1} 得出可达矩阵 P 的计算量太大,为此最好使用下面的方法二。

获取图 G 的可达矩阵 $P(G)$ 的方法二:用邻接矩阵 A 及其幂的布尔形式 $A^{(1)},A^{(2)},\cdots,A^{(n-1)}$ 有

$$P(G) = A^{(1)} \vee A^{(2)} \vee \cdots \vee A^{(n-1)}$$

例 6.3.3 求图 6.3.4 中图的可达矩阵。

解 图的邻接矩阵:$A = A^{(1)}$ 即 $A = \begin{pmatrix} 0 & 1 & 0 & 1 \\ 1 & 0 & 1 & 0 \\ 1 & 1 & 0 & 0 \\ 0 & 0 & 1 & 0 \end{pmatrix}$,故 $A^{(2)} = A^{(1)} \wedge A^{(1)} = \begin{pmatrix} 1 & 1 & 0 & 1 \\ 1 & 0 & 1 & 0 \\ 1 & 1 & 0 & 0 \\ 0 & 0 & 1 & 0 \end{pmatrix} \wedge$

$\begin{pmatrix} 0 & 1 & 0 & 1 \\ 1 & 0 & 1 & 0 \\ 1 & 1 & 0 & 0 \\ 0 & 0 & 1 & 0 \end{pmatrix} = \begin{pmatrix} 1 & 0 & 1 & 0 \\ 1 & 1 & 0 & 1 \\ 1 & 1 & 1 & 1 \\ 1 & 1 & 0 & 0 \end{pmatrix}$,$A^{(3)} = A^{(2)} \wedge A^{(1)} = \begin{pmatrix} 1 & 1 & 0 & 1 \\ 1 & 1 & 1 & 1 \\ 1 & 1 & 1 & 1 \\ 1 & 1 & 1 & 1 \end{pmatrix}$,于是所求可达矩阵:$P(G) = $

$A^{(1)} \vee A^{(2)} \vee A^{(3)} = \begin{pmatrix} 1 & 1 & 1 & 1 \\ 1 & 1 & 1 & 1 \\ 1 & 1 & 1 & 1 \\ 1 & 1 & 1 & 1 \end{pmatrix}$

可达矩阵的元素全为 1,说明该图为强连通图。

定义 6.3.6　设图 G 有 n 个顶点,m 条边,g 条不同回路。设 $g \times m$ 阶矩阵 $C = (c_{ij})$,也记为 $C(G)$,其中

$$c_{ij} = \begin{cases} 1 & \text{如果第 } i \text{ 条回路含有第 } j \text{ 条边} \\ 0 & \text{如果第 } i \text{ 条回路不含第 } j \text{ 条边} \end{cases}$$

称 $C(G)$ 为 G 的回路矩阵,其中($i = 1, \cdots, g; j = 1, \cdots, m$)。

例如图 6.3.1 的回路矩阵为

$$C(G) = \begin{bmatrix} 1 & 1 & 0 & 0 & 0 & 0 & 0 & 0 \\ 0 & 0 & 1 & 0 & 0 & 1 & 1 & 0 \\ 0 & 0 & 0 & 1 & 1 & 1 & 0 & 0 \\ 0 & 0 & 0 & 0 & 1 & 0 & 1 & 1 \\ 0 & 0 & 1 & 1 & 1 & 0 & 1 & 0 \\ 0 & 0 & 1 & 1 & 0 & 0 & 0 & 1 \\ 0 & 0 & 1 & 0 & 1 & 1 & 0 & 0 \\ 0 & 0 & 1 & 0 & 1 & 0 & 1 & 1 \end{bmatrix}$$

从回路矩阵可以看出图 G 的一些性质:

(1)环对应的行只有一个 1;

(2)每一行中 1 的个数就是对应回路的边数;

(3)如果列全为 0,则该列对应的边不在回路上;

(4)如果 G 有两个分支 G_1 和 G_2,且 G_1 的顶点和边均排在 G_2 之前,则

$$C(G) = \begin{bmatrix} C(G_1) & 0 \\ 0 & C(G_2) \end{bmatrix}$$

(5)同一个图当回路或边的编序不同时,其对应的 $C(G)$ 仅有行序、列序的差别。

定义 6.3.7　路径矩阵是对图中一对特定点而言的,它的行数对应点和点之间的路径序号,它的列数对应边的序号,如点 x, y 之间的路径矩阵表示为:$R(x, y) = (r_{ij})$

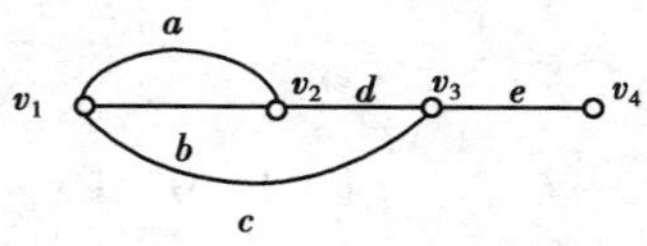

图 6.3.5

$$r_{ij} = \begin{cases} 1 & \text{边 } j \text{ 在路径 } i \text{ 中} \\ 0 & \text{边 } j \text{ 不在路径 } i \text{ 中} \end{cases}$$

其中,$i = 1, \cdots, k; j = 1, \cdots, m$,$k$ 为 x, y 之间的路径的总条数。

以图 6.3.5 中的图 G 为例,在点 v_1 和 v_2 之间有 3 条不同的路径,即 a, b 和 (c, d),这样,$R(1, 2)$ 是 3×5 阶矩阵,其中 5 是图 G 的边数。

$$R(1, 2) = \begin{bmatrix} 1 & 0 & 0 & 0 & 0 \\ 0 & 1 & 0 & 0 & 0 \\ 0 & 0 & 1 & 1 & 0 \end{bmatrix}$$

路径矩阵 $R(x, y)$ 具有以下特点:

(1)都是 0 的一列对应一条不在点 x 和 y 之间的任何路径中的边。

(2)都是 1 的一列对应一条在点 x 和 y 之间的所有路径中的边。

(3)没有一行都是 0 的。

(4)在 $R(x, y)$ 中任何两行的环和对应着一个回路或者边不相交回路的并集。

6.4　欧拉图与哈密尔顿图

6.4.1　欧拉图

18 世纪,在哥尼斯堡城的普雷格尔河上,建有七座桥,这七座桥把河的两岸和河中的两个小岛连接起来,如图 6.4.1(a)所示。当时人们提出一个问题:是否存在一条闭合路径,能够从某一点出发,通过每座桥一次且仅一次,最后回到原地。

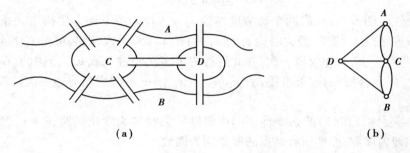

图 6.4.1

1736 年,欧拉(L. Euler)发表了图论的第一篇论文:"哥尼斯堡七桥问题",确定了这个问题是没有解的,即无法实现从某一点出发,经过每座桥一次且仅一次,而能够回到原地。为了证明这个结论,欧拉用 4 个结点表示陆地(河岸及两个小岛),用两点之间的连线表示连接两地的桥,于是得到一个表示七桥问题的无向图如图 6.4.1(b)所示,七桥问题就成为这样一个图论问题:从任一结点出发,经过每条边一次且仅一次,最后回到原点。欧拉指出要实现上述要求,只有图的每个结点都与偶数条边关联才有可能。上面的图不具备这个条件,因而是不能实现的。

定义 6.4.1　设图 $G = \langle V, E \rangle$ 是一无向连通图。

(1)经过 G 中每条边一次且仅一次的路径称为**欧拉路径**。

(2)若存在经过 G 中每一条边一次且仅一次的回路,则称该回路为**欧拉回路**,简记为 E 回路。

(3)若图 G 具有欧拉回路,则称 G 为**欧拉图**,简记为 E 图。

欧拉路径和欧拉回路问题,早在我国称为一笔画问题——即可以一笔画出的图形。如图 6.4.2 中,(a)是一笔画出的欧拉路径,(b)是一笔画出的欧拉回路,(c)和(d)均不可能一笔画出。

定理 6.4.1　(1)无向连通图 G 具有一条非回路的欧拉路径,当且仅当它有两个奇数度结点;(2)无向连通图 G 具有一条欧拉回路(即 G 为 E 图),当且仅当它所有结点的度数均为偶数。

证　(1)先证必要性。设 G 有 m 条边,且具有欧拉路径,即有点边序列 $v_0 e_1 v_1 e_2 v_2 \cdots e_i v_i v_{i+1} \cdots e_m v_m$,其中,结点可能重复出现,但边不重复。由连通性 G 中每一个点都至少关联一条边,所以该路径经过所有图 G 的结点,对任意一个不是端点的结点 v_i,在欧拉路径中每当 v_i

出现一次,必关联两条边,故 v_i 虽可重复出现,但 $d(v_i)$ 必是偶数。对于端点,因为该路径非回路,所以 v_0 与 v_m 不同,则 $d(v_0)$,$d(v_m)$ 均为奇数,即 G 中有且仅有两个奇数度结点,即使这两结点有自环,但由于自环给结点增加 2 度,不影响结点的奇偶性,故结论仍成立。

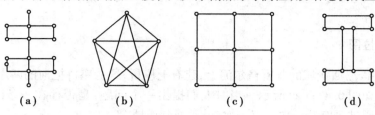

图 6.4.2

再证充分性。图 G 连通,有两个奇数度结点 v_0,v_m,我们按下述方法构造一条路径:从其中的一个奇数度结点 v_0 出发,经关联边 e_1 到 v_1,因 $d(v_1)$ 为偶数,则必可由 v_1 再经关联边 e_2 到达 v_2,如此进行下去,每边仅取一次,在此过程中可多次经过 v_0 或 v_m。但由于 G 是连通的,故最终必在 v_m 停下,得到的这条路径 $L:v_0e_1v_1e_2\cdots v_ie_{i+1}\cdots e_mv_m$ 包含所有边一次且仅一次,所以它是欧拉路径。

(2)先证必要性。在(1)的必要性证明中将欧拉路径换为欧拉回路,$v_0 = v_m$,它的度数是两个奇数之和即为偶数,亦即所有结点的度数均为偶数。

再证充分性。在(1)的充分性证明中,v_0 是任一结点,得到了路径 L,因为 v_0 的度数是偶数,所以路径必回到 $v_0(v_m = v_0)$ 形成一回路 L_1,若 L_1 通过了 G 的所有边,则 L_1 就是欧拉回路;若 L_1 未包含所有边,则在 G 中去掉 L_1 后得到子图 G',G' 中每个结点度数应为偶数,又因为原来的图是连通的,故 L_1 与 G' 至少有一个结点 v_i 重合,在 G' 中由 v_i 出发重复以上方法得到回路 L_2。当 L_1 与 L_2 组合在一起,如果恰是 G,则它就是 G 的欧拉回路,否则再重复之,可得到回路 L_3,以此类推,直到得到一条经过图 G 中所有边的欧拉回路。

例 6.4.1 如图 6.4.3 所示,判断其中各图形中是否存在欧拉路径或欧拉回路。

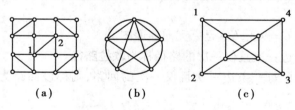

图 6.4.3

解 图(a)中除结点 1 和 2 的度数为奇数外,其余结点的度数均为偶数,所以存在欧拉路径。

图(b)中也有两个结点的度数为奇数,其余结点的度数均为偶数,所以也存在欧拉路径。

图(c)中结点 1,2,3,4 的度数为奇数,超过两个结点,因此,不存在欧拉路径,也不存在欧拉回路。

图 6.4.2(b)中所有结点的度数均为偶数,所以存在欧拉回路。

关于有向图有:

定义 6.4.2 设图 $G = <V,E>$ 是一个有向连通图。

(1)若存在沿着边的方向通过图中所有边一次且仅一次的路径,则称其为**单向欧拉路径**。

(2)若存在沿着边的方向通过图中所有边一次且仅一次的回路,则称其为**单向欧拉回路**。

定理 6.4.2 设图 $G = <V, E>$ 是一个有向连通图。

(1)G 有一条单向欧拉回路,当且仅当 G 中每个结点的入度等于出度。

(2)G 有一条单向欧拉路径,当且仅当 G 中除两个结点外,每个结点的入度等于出度,而这两个结点中,一个入度比出度大 1,另一个的入度比出度小 1。

本定理可看成定理 6.4.1 的推广。

中国邮路问题是与欧拉图和最短路径有关的应用问题。即

一个邮递员从邮局出发,到所管辖的街道投递邮件,最后返回邮局,若必须走遍所辖各街道中每一条最少一次,则怎样选择投递路线,使所走的路径最短? 用图论的语言来描述,即:

在一个带权有向图 G 中,能否找到一条回路 C,它包含 G 的每条边最少一次且 C 的长度最短?

我国数学家管梅谷教授,于 1962 年写出论文解决了这一问题,被国际数学界称为中国邮路问题。它的解题思路,大体包括三方面:

(1)若 G 是欧拉图,则 C 是一条欧拉回路且有唯一的最小长度。

(2)若 G 具有欧拉路径,设 v_i 和 v_j 是两个度数为奇数的结点,且邮局位于结点 v_i,则邮递员走遍所有的街道一次到达结点 v_j;从 v_j 返回 v_i,可选择其间的一条最短路径,这样,最短邮路问题转化为求从 v_i 到 v_j 的欧拉路径和从 v_j 到 v_i 的最短路径问题。

(3)若 G 中度数为奇数的结点个数多于 2,则回路中必须增加更多的重复边,这时怎样使重复边的总长度最小? 下述定理,给出了一个判断条件:

定理 6.4.3 设 C 是包含图 G 的所有边的回路,则 C 具有最小长度的充分必要条件是:

(1)每条边最多重复一次;

(2)在 G 的每个回路上,所有重复边的长度之和,不超过该回路长度的一半。

(证明略)

例 6.4.2 在图 6.4.4 所示的街道图中,求邮递员最优投递路线。

解 第一步:确定可行方案

即把奇度数点配对,且在每对奇度数点间取一条长度最短的路径,把这条路径上所有的边作重复边加到原图中去,使所得新图无奇度数点,成为欧拉图,得可行方案。

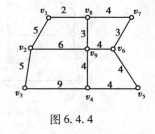

图 6.4.4

如果把图 6.4.4 中的奇度数点 v_2 和 v_4、v_6 和 v_8 配对,得连接 v_2 和 v_4 的最短路径为 $((v_2, v_3), (v_3, v_4))$;连接 v_6 和 v_8 的最短路径为 $((v_6, v_7), (v_7, v_8))$。

把这两条最短路径作为重复边加到原图 6.4.4 中去,如图 6.4.5 所示,它是一个可行方案。

第二步:确定最优方案

即把所得可行方案进行调整,使其符合定理 6.4.3 中的充分必要条件。调整办法为:

(1)每条边最多重复一次。在图 6.4.5 中,每条边确实是最多重复一次。一般地,如果在可行方案中,结点 v_i 和 v_j 间有两条或两条以上的重复边,须从中去掉偶数条边,使每条边最多有一次重复,且使重复边的总权最小。

(2)在可行方案的图中,若某条回路中重复边长之和超过该回路长度的一半,则需进行调

整。如在回路$((v_2,v_3),(v_3,v_4),(v_4,v_9),(v_9,v_2))$中,其长度为24,重复边长度为14,超过回路长度的一半,所以应调整。

今把重复边(v_2,v_3)和(v_3,v_4)调整为(v_2,v_9)和(v_9,v_4),使重复边长为10,不超过回路长度24的一半了,如图6.4.6所示。

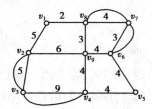

图6.4.5

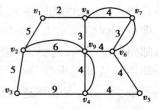

图6.4.6

但是,在回路$((v_1,v_2),(v_2,v_9),(v_9,v_6),(v_6,v_7),(v_7,v_8),(v_8,v_1))$中,其长度为24,而重复边长度为13,也超过回路长度的一半,所以又需调整。

今把(v_2,v_9)调为(v_2,v_1),把(v_7,v_8)调为(v_6,v_9),把(v_6,v_7)调为(v_1,v_8),可以看出,在回路$((v_1,v_2),(v_2,v_9),(v_9,v_6),(v_6,v_7),(v_7,v_8),(v_8,v_1))$中,重复边长度为11,已经小于24的一半,如图6.4.7所示。

再逐一考察各回路,也均满足条件(2)。

因此,图6.4.7中的任一条欧拉回路,都是邮递员的最优投递路线,它是原图的最优方案。

中国邮路问题的解法,用图论的语言可描述为:在一个有奇点的图中,要求增加一些重复边,使所得新图不含奇度数点,并且,重复边的总权最小。

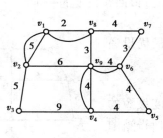

图6.4.7

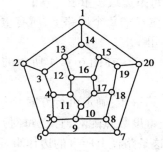

图6.4.8

6.4.2 哈密尔顿图

哈密尔顿图起源于一种游戏,1895年英国数学家哈密尔顿(Hamilton)提出了一种名叫环游世界的游戏,即在地球上给定20个城市$a,b,\cdots,s,t$,能否从一个城市出发经过每个城市一次且仅一次,最后回到原出发地。

当时哈密尔顿用一个正十二面体的20个顶点代表20个城市,这个正十二面体同构于一个平面图,如图6.4.8所示。要求从一个顶点出发,沿着十二面体的棱经过每个顶点一次且仅一次,最后回到原点。这个游戏曾经风靡一时,它有若干个解。即

1,2,3,4,5,6,7,8,9,10,11,12,13,14,15,16,17,18,19,20,1

定义6.4.3 设$G=<V,E>$是一个无向图

（1）若 G 中存在一条通过所有结点一次且仅一次的路径，则称该路径为**哈密尔顿路径**。

（2）若 G 中存在一条通过所有结点一次且仅一次的回路，则称该回路为**哈密尔顿回路**，记为 H 回路。

（3）具有哈密尔顿回路的图 G 称为**哈密尔顿图**，记为 H 图。

下面定理是判别**哈密尔顿图的必要条件**。

定理 6.4.4　若无向图 $G = <V, E>$ 是哈密尔顿图，则对于 V 中任取的一个非空子集 S，均有
$$p(G-S) \leqslant |S|$$
成立，其中，$p(G-S)$ 是 $G-S$ 中连通分支的个数。

证　设 C 是 G 的一条哈密尔顿回路。

（1）若 S 的结点在 C 上彼此相邻，则删除 S 中的结点及关联的边后，$C-S$ 仍是连通的，但已非回路，故 $p(C-S) = 1 \leqslant |S|$。

（2）设 S 中在 C 上存在 $r(2 \leqslant r \leqslant |S|)$ 个互不相邻的结点，则 $p(C-S) \leqslant r \leqslant |S|$。

（3）一般情况下，S 中的结点在 G 上既有相邻的，也有不相邻的，因此，总有 $p(G-S) \leqslant |S|$。同时 $C-S$ 是 $G-S$ 的一个生成子图。故有 $p(G-S) \leqslant p(C-S) \leqslant |S|$。

不满足定理 6.4.4 中的不等式的图 G，一定不是哈密尔顿图；满足这个不等式的图 G，也可能不是哈密尔顿图。可见该不等式是必要条件，所以用于判别非哈密尔顿图更适宜。

例 6.4.3　给定无向图 G，如图 6.4.9 所示。

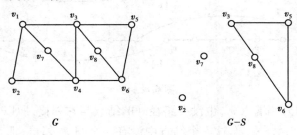

图 6.4.9

若取 $S = \{v_1, v_4\}$，则 $|S| = 2$，而 $G-S$ 中有 v_2、v_7 和回路 $((v_3, v_5)$、(v_5, v_6)、(v_6, v_8)、$(v_8, v_3))$ 3 个连通分支图。即 $p(G-S) = 3$，所以 $p(G-S) \leqslant |S|$ 不成立，故 G 图不是哈密尔顿图。

例 6.4.4　著名的彼得森（Petersen）图，如图 6.4.10 所示。由于 $|G| = 10$，当在图中删去任一结点或两个结点时，它仍是一个连通图。删去 3 个结点，最多得到有两个连通分支的子图。删去 4 个结点，最多得到有 3 个连通分支的子图。删去 5 个或 5 个以上的结点，剩下的子图的结点都不大于 5，所以，不能有 5 个以上的连通分支图。

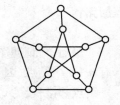

图 6.4.10

因此，该图满足不等式 $p(G-S) \leqslant |S|$。但是，可以证明它不是哈密尔顿图。

下面定理给出了判别一个无向图具有**哈密尔顿路径**和**哈密尔顿回路的充分条件**。

定理 6.4.5　设 G 是具有 n 个结点的简单无向图。

（1）若 G 中每一对结点次数之和大于等于 $n-1$，则在 G 中存在一条哈密尔顿路径。

（2）若 G 中每一对结点度数之和大于等于 n，则在 G 中存在一条哈密尔顿回路。

证　（1）先用反证法证明 G 是连通图。假设 G 不是连通的，则至少有两个连通分支。不

妨设 G 由两个连通分支组成,且其中一个的结点数为 n_1,另一个的结点数为 n_2,则应有

$$n_1 + n_2 = n$$

设 u,v 分别为两个分支中度数为最大的结点,则有 $d(u) \leqslant n_1 - 1$,$d(v) \leqslant n_2 - 1$。于是

$$d(u) + d(v) \leqslant (n_1 - 1) + (n_2 - 1) = n - 2 < n - 1$$

与题设矛盾。因此,图 G 是连通的。

其次,证明连通图 G 中有一条哈密尔顿路径。在图 G 中任找一条极大路径 L。即路径的两个端点不与路径外的结点邻接,其上有 p 个结点,且 $p < n$(若 $p = n$,L 已是一条哈密尔顿路径),可写成形式:

$$L : v_1 v_2 \cdots v_i \cdots v_p$$

下面,先证明存在一条回路,它包含结点 $v_1, v_2, \cdots, v_i, \cdots, v_p$。由于对 L 的端点 v_1,没有此路径外的结点与它邻接,故与它邻接的结点必在 L 上。设 L 上有 $k(k \geqslant 1)$ 个结点与 v_1 邻接,且依次记为 $v_{11}, v_{12}, \cdots, v_{1k}$,则 v_1 的度数为 k,即 $d(v_1) = k$。

同时,把与结点 $v_{11}, v_{12}, \cdots, v_{1k}$ 在左边邻接的结点相应记为 $v'_{11}, v'_{12}, \cdots, v'_{1k}$,也有 k 个,如图 6.4.11(a) 所示。

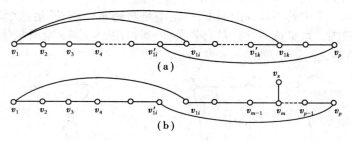

图 6.4.11

同样,对路径 L 的另一端点 v_p,也没有路径外的结点与它邻接,所以与 v_p 邻接的结点也都在路径 L 上。如果 $v'_{11}, v'_{12}, \cdots, v'_{1k}$ 这 k 个结点中没有一个与 v_p 邻接,那么与 v_p 邻接的结点最多有 $p - 1 - k$ 个(因 L 上共有 p 个结点)。于是,有 $d(v_p) \leqslant p - 1 - k$ 这样,得

$$d(v_1) + d(v_p) \leqslant p - 1 < n - 1$$

与题设矛盾。要保证 $d(v_1) + d(v_p) \geqslant n - 1$,结点 v_p 至少要与 $v'_{11}, v'_{12}, \cdots, v'_{1k}$ 中一个结点邻接。不妨设与其中的结点 v'_{1i} 邻接,如图 6.4.11(a) 所示。于是,得到了一条含有 p 个结点的基本回路:

$$C : v_1 v_2 \cdots v'_{1i} v_p v_{p-1} \cdots v_{1i} v_1$$

最后,再证明图 G 中有一条通过 n 个结点各一次且仅一次的路径。在上述回路 C 之外,尚有 $n - p$ 个结点,因为图 G 是连通的,所以在这 $n - p$ 个结点中,至少有一个结点 v_x 与回路上的某一结点邻接,设为 v_m,如图 6.4.11(b) 所示,于是,可得一条以 v_x 和 v_{m-1} 为端点的一条路径为

$$L_1 : v_x, v_m, \cdots, v_{p-1}, v_p, v'_{1i}, \cdots, v_1, v_{1i}, \cdots, v_{m-1}$$

不妨假定 v_x 和 v_{m-1} 不与 L_1 之外的结点邻接,即 L_1 仍为极大路径,而 L_1 上的结点数,比 L 的结点数增加 1(否则可以从 v_x 或 v_{m-1} 向外延伸,而得到更多结点的极大路径)。对这条路径重复上述过程,又至少使其扩展一个结点。如此重复下去,直到图 G 的全部 n 个结点都处在这条路径上,就得到了一条通过所有结点一次且仅一次的哈密尔顿路径。

(2)因为 G 中每一对结点度数之和大于等于结点数 n,显然 G 中每一对结点度数之和大于等于 $n - 1$。于是,根据本定理中的(1)可知,图 G 中有一条哈密尔顿路径,设为 $v_1 v_2 \cdots v_n$。

如果 v_1 与 v_n 邻接,则这条路径就是一条哈密尔顿回路,命题得证。

如果 v_1 与 v_n 不邻接,令与 v_1 邻接的结点有 v_{11} 与 $v_{12}, \cdots, v_{1k}$ 个结点,根据本定理(1)中的分析,与这 k 个结点左边邻接的结点中,至少有一个与 v_n 邻接,取此结点为 v'_{1i},如图 6.4.12 所示。

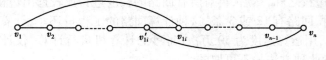

图 6.4.12

于是,回路

$$v_1, v_2, \cdots, v'_{1i}, v_n, v_{n-1}, \cdots, v_{1i}, v_1$$

是一条哈密尔顿回路,命题得证。

这一命题表明,满足给定条件的图 G 中,一定具有哈密尔顿路径或哈密尔顿回路,但是,不满足给定条件的图 G,也可能有哈密尔顿路径或哈密尔顿回路。

例 6.4.5 如图 6.4.13 所示,任意两个结点次数之和均为 4,小于结点数 6,显然,不满足定理中给定条件。但是,它是哈密尔顿图。

我们看到,对于判别哈密尔顿图的定理,有的是必要条件,有的是充分条件,至今,还没有一个简明的充分必要条件的定理,这使得判别哈密尔顿图比判别欧拉图困难得多。它是图论中急待解决的一个重要课题。

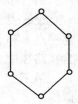

图 6.4.13

关于有向图 G 中的哈密尔顿图的判别,有下述定理:

定理 6.4.6 设图 $G = <V, E>$ 是一个简单有向图。若去掉边的方向后得到无向完全图,则在这个有向图中存在一条哈密尔顿路径。

证 分以下几个方面考虑:

(1)在图 G 中,先找一条有向基本路径 S。设 S 上有 p 个结点,写成 $v_1 \to v_2 \to \cdots \to v_p$。

若 $p = n$,即 G 中 n 个结点都在 S 之中,则此 S 为一条哈密尔顿路径。

(2)若 $p < n$,可采用扩展法把 S 延伸。

设不在 S 上的结点为 v_x,由 G 可构成无向完全图,所以,必存在 $<v_1, v_x>$ 与 $<v_x, v_1>$ 中之一有向边。若存在 $<v_x, v_1>$,则可把 S 的起点延伸至 v_x,从而得哈密尔顿路径,写成

$$v_x \to v_1 \to v_2 \to \cdots \to v_p$$

若是 $<v_1, v_x>$ 存在,可考虑 v_x 与 v_2 的关系:

若 $<v_x, v_2>$ 存在,由于 $<v_1, v_x>$ 存在,则把 v_x 插入 v_1 与 v_2 中间,得哈密尔顿路径,写成

$$v_1 \to v_x \to v_2 \to \cdots \to v_p$$

当 $<v_2, v_x>$ 存在时,再考虑 v_x 和 v_3 的关系。以此类推。

当 $v_1, v_2, \cdots, v_p$ 任意两个结点间均不能插入 v_x 时,由于 G 是无向完全图,必有边为 $<v_p, v_x>$,即可把 v_p 延伸至 v_x。

总之,用上述扩展法,可把路径 S 外的任一结点 v_x 插入,使路径 S 的结点增为 $p+1$ 个。

用此法,可把 S 外的所有 G 的结点一个一个插入,使 G 的 n 个结点都在路径上。这条基本路径就是该有向图的哈密尔顿路径。

巡回售货员问题是与哈密尔顿回路密切相关的应用问题:巡回售货员要到所辖全部销售点去,应沿怎样的路线才使所走的路径最短?

若以结点表示各销售点,以结点间的边表示两销售点间的路径,边上的权表示两点之间距离,则巡回销售员最短路径就成为:在一个完全带权无向图 G 中,寻求一条其上所有边的权

和为最小的哈密尔顿回路的问题。

一个有 n 个结点的完全无向图, 共有 $\frac{1}{2}(n-1)!$ 条哈密尔顿回路, 每一条回路要作 n 次加法运算求出回路边权之和, 然后, 再对所有回路的长度进行比较选出边权最小者。

当 $n=5$ 或 4 时, 回路有 12 或 3 条, 这种计算回路的工程量还小, 计算方法尚可取。当结点数较多, 如 $n=21$, 用运算速度为 50 万次/每秒的计算机进行计算, 仅计算所有回路的条数就需几百万年, 显然此种方法是不可取的。

至今, 巡回销售员问题还没有一种有效算法, 有待后来者研究解决。

实际上采用最邻近算法可得出巡回销售员问题的近似解, 然后, 再加以调整得到最小回路的距离, 即最小哈密尔顿回路的距离。

最邻近算法包括三步:

第一步　选任意点作为始点, 找出一个与始点最近的点, 形成一条边的初始路径;

第二步　按下法逐点扩充初始路径;

设 x 表示最新加到这条路径上的点, 从不在路径上的所有点中选一个与 x 最邻近的点 y, 连接点 x 和 y 成一条边, 并把此条边加到这条路径中。重复这一作法, 直到 G 中所有结点包含在路径中。

第三步　把初始和最后加入点之间的边放入, 就得出一个回路, 即巡回销售员问题的近似解。

例 6.4.6　对图 6.4.14(1)所示的图, 若从点开始, 根据最邻近算法构成一个哈密尔顿回路, 其过程如图 6.4.14(2)到图 6.4.14(5)所示, 再连接得到的回路总距离是 44, 此为近似解。经调整得图 6.4.14(6), 它是最小哈密尔顿回路, 总距离是 42, 即本题的准确解。

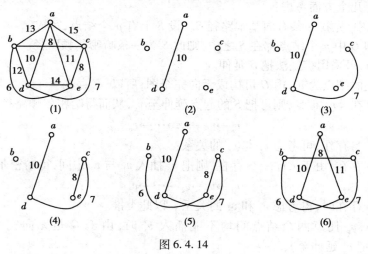

图 6.4.14

*6.5　图论基础理论中的算法

6.5.1　关于图的连通性、路径、回路及欧拉图的算法

本算法集中体现了图论的基本概念及主要运算法则。通过编制程序和实现算法, 可以加

深和巩固图论的基础知识,并为图论的实际应用奠定重要的基础。

一、算法实现的主要功能

不管是有向图还是无向图,一旦给出了邻接矩阵,它便被唯一地确定了。我们要做的事,就是通过邻接矩阵把图中的一些主要特性找出来。

(1)若为无向图则要判断其是否连通。若为连通,还要判断图中是否存在欧拉路径或为欧拉图(如是,则找出其中的一条)。

(2)若为有向图,除要判断其是否连通外,还要判断若是否为弱连通、单向连通、强连通。判断图中是否存在单向的欧拉路径(回路)。确定长度小于或等于 r 的路径(回路)的条数有多少。

二、算法体现的主要知识点

在本算法中,应掌握有向或无向图的邻接矩阵的特点;度数或出、入度的概念及计算方法;应清楚存在欧拉(EULER)路径(或回路)的充分必要条件;应了解如何由邻接矩阵的乘法来计算长度为 r 或 $\leq r(r=1,\cdots,n$,其中 n 为顶点个数)的路径(回路)的数量。特别是要掌握由邻接矩阵派生出来的布尔矩阵及由此计算可达矩阵的华沙尔(WARSHALL)算法,了解它们在判断无向图连通性及有向图的各类连通性(弱连通、单向连通、强连通)中的作用。在计算路径(回路)时,掌握矩阵乘法的运算法则及程序实现,理解如何调用矩阵乘法的子程序。

三、实现算法的基本流程

本算法的结构按功能分成四大块:无向图处理方式、有向图处理方式、矩阵乘法的子程序及实现华沙尔算法的子程序。在第一、二大块中,要处理的内容主要有:是否连通(有向图还要判定连通类型);是否存在欧拉路径(回路);求长度 $\leq r(r\leq n)$ 的路径(回路)的数量。

1. 程序中使用的数组和变量

二维数组 l 表示图的邻接矩阵,$l(i,j)$ 的值表示连接第 i 点到第 j 点的边的条数,l 具有对称性。

二维数组 ll 在求图中长度 $\leq r$ 的路径(回路)的数量时使用,用它表示邻接矩阵的逐次方幂。当 $ll=l^r$ 时,$ll(i,j)$ 的值表示图中从第 i 点到第 j 点,长度为 r 的路径的条数($i=j$ 时为回路)。

二维数组 lb 的作用与 ll 类似。用它表示邻接矩阵从1次开始的逐次方幂之和,即当 $ll=l$ 时的 $lb=l+l^2+\cdots+l^r$,$lb(i,j)$ 表示从第 i 点到第 j 点长度 $\leq r$ 的路径的条数($i=j$ 时为回路)。

一维数组 lt,用于无向图欧拉路径(回路)中的点的序号值。$lt(i)$ 表示此条路径(回路)中第 i 个点的序号,当路径中第一个点与最后一个点序号相同时,此路径为回路。

一维数组 d 与 d_1 表示图中点的度数。无向图仅用 d 表示各点度数;有向图中 d,d_1 分别表示出度和入度。$d(i)$ 表示第 i 个点的度数(或出度),$d_1(i)$ 表示第 i 个点的入度。

符号常量 n 表示图的顶点数(阶数);nn 表示相应阶数的完全图的边数。

变量 m 表示该图实有边数。在处理无向图时,l_1,l_2 分别用于记录第一个和第二个度数为奇数的点的序号;n_1,n_2 分别为奇度数点和偶度数点的个数的计数器。nh,nt 分别为图中回路和路径的条数的计数器。

2. 程序的主要流程

对上述数组和变量作恰当的说明后,进入下面流程:

①程序使用者回答:处理图是有向的转⑤;是无向的转②。

②输入邻接矩阵上半三角的元素(列数大于或等于行数),形成对称的邻接矩阵(l数组),并统计该图的实际边数及各顶点的度数,构造一个l的工作数组ll(上半三角元素与l同,下半三角元素均为0)。

③调用华沙尔算法的子程序,根据返回的逻辑值p_1为真为假判断该图是否连通,是则转④,否则程序终止。

④用n_1,n_2分别统计图中奇度数和偶度数点的个数,用l_1,l_2分别表示第一个和第二个奇度数点的序号。当$n_1 = 2$时表明该图存在欧拉路径;当$n_2 = n$时表明该图存在欧拉回路(即为欧拉图),在寻找一条欧拉回路时,用令$l_1 = l_2 = 1$表示该回路从序号为1的顶点为始点(也即终点),从l_1点出发找出一条欧拉路径或欧拉回路(是路径时以l_2为终点),程序终止。

⑤输入该有向图的邻接矩阵(数组l),统计各顶点的出、入度。先用ll来表示该图忽略方向后所得无向图的邻接矩阵。使用ll调用华沙尔算法的子程序,以考查该有向图的连通性,若返回的逻辑值p_1为假则为不连通,转⑧;若p_1为真则至少为弱连通。

⑥再用l调用华沙尔算法的子程序,以进一步考查连通性的类型,若返回的逻辑值p_2为假则仅为弱连通,转⑧;若p_2为真则至少为单向连通。若此时返回的逻辑值p_1为真则为强连通,否则仅为单向连通。

⑦用变量n_1统计图中出度与入度不相等的顶点的个数,用l_1,l_2分别记录第一个和第二个这样的顶点的序号。如果$n_1 = 0$则该有向图存在单向的欧拉回路(此时图中所有的顶点的出度与入度均相等)。如果$n_1 = 2$且顶点l_1的入度比l_1的出度大1,同时顶点l_2的出度比l_2的入度大1,或者是反过来,即将l_1与l_2的位置对调后成立,则该有向图存在单向的欧拉路径;否则不存在单向的欧拉路径。

⑧用l,ll,lb反复调用矩阵乘法子程序,逐次形成邻接矩阵(l)的各次方幂(装入ll)及这些方幂的和矩阵(装入lb)以求得图中长度$\leq r(r \leq n)$的路径(回路)的条数,程序终止。

注:在调用矩阵乘法子程序的时候,请注意ll的变化:当调用前$ll = l^{k-1}$,则调用返回后$ll = l^k (k = 2, \cdots, n)$。

四、关于华沙尔算法的子程序

1. 关于形参数组及主要变量

形参n为图的顶点个数(图的阶数);形参a为二维数组用来传递图的邻接矩阵;逻辑形参$t1$,$t2$起开关变量的作用。除形参外还使用了二维整型数组b(元素值为0或1)用来以整型数形式输出可达矩阵(元素中0表假,1表真);用逻辑型二维数组p作为该算法从图的布尔矩阵生成图的可达矩阵的计算过程中的工作数组。

2. 子程序的主要流程

①从数组a(邻接矩阵)得到相应的数组p(布尔矩阵),其中若$a(i,j) = 0$,对应的$p(i,j) =$ false(假);若$a(i,j) \neq 0$,对应的$p(i,j) =$ true(真)。

②根据华沙尔算法,逐次演变数组p中元素的值,到处理完后,数组p已变成图的可达矩阵。

③判断连通性或连通类型。若存在某i,j使得$p(i,j)$为假,表明:若为无向图或为忽略了方向的有向图,则该图不连通;若$p(i,j)$的元素均为真,表明:若为无向图则连通;若为忽略了方向的有向图则该图至少弱连通。在至少为弱连通的基础上,处理有向图时,存在某i,j使得$p(i,j)$为假时,同时又有$p(j,i)$为假,则该图为非单向连通;只有当所有使得$p(i,j)$为假的i,j

却使得相应的 $p(j,i)$ 为真时,该图为单向连通;当且仅当 $p(i,j)$ 的元素全为真时,该图为强连通。

④由数组 p 得到数组 b,输出该图可达矩阵的整型数形式。

6.5.2 求最短路径的戴杰斯特拉($DIJKSTRA$)算法及程序

一、算法实现的主要功能

本算法是针对无向带权图 $G = <V,E>$ 从一给定点 v_0 求到各顶点的最短路径的一种有效、实用的算法。所谓带权图是指图中每一条边(v_i,v_j)都存在实数 W_{ij} 与之对应(称为边的权,不妨设 $W_{ij} > 0$);若 v_0 到 v_i 有若干条路径,每一条路径对应于一个权和(路径中各边之和),所谓最短路径就是指其中权和为最小的那一条路径。本算法的主要功能就是从 v_0 出发,找出所有 $v_i(i = 1, \cdots, n; n$ 为图中顶点个数)(假如 v_0 到 v_i 有路径存在)的最短路径;并输出这些路径的权和。

二、算法的主要理论依据

本算法的主要理论依据是最优化原理:如果 $v_1, v_2, \cdots, v_{n-1}, v_n$ 是从 v_1 到 v_n 的最优路径,则 $v_1, v_2, \cdots, v_{n-1}$ 也必然是从 v_1 到 v_{n-1} 的最优路径。

下面简述应用此原理的戴杰斯特拉算法。设 $l1$ 是已求出最短路径的点的集合;$l2$ 是还未求出最短路径的点的集合,$R(v)$ 是从 v_0 到 v 的权和(在形成到 v 的最短路径的过程中,由于路径不同,$R(v)$ 可能会不止一个,当形成后,$R(v)$ 是其中最小的);主要步骤为:

(1)$l1 = \{v_0\}, R(v_0) = 0; l2 = V - \{v_0\}, R(v) = -1; i: = 0;$

(2)若 $l2 =$ 空集,则停止,否则转(3);

(3)$R(v) = \min\{R(v), D(v_j, v) + R(v_j)\}, v_j \in l1, v \in l2;$

(4)存在 $v_k \in l2$,使 $R(v_k) = \min\{R(v)\}, v \in l2;$

(5)$v_{i+1}: = v_k, l1: = l1 \cup \{v_{i+1}\}, l2: = l2 - \{v_{i+1}\}, i: = i + 1,$转(2)。

三、实现算法的主要流程

为将上述算法的基本思路付诸实施,需要将上述步骤细化,为编制程序作好准备。

1. 程序使用的数组及主要变量

二维数组 d 表示图中 n 阶带权(正实数)矩阵(n 为顶点总数)。$d(i,j)$ 的值表示边(v_i,v_j)的权,$d(i,j) = 0$ 表示 v_i, v_j 间无边相连。

二维数组 lx 表示从给定点到各顶点的最短路径。$lx(i,j)$ 的值为从给定点到 Vi 的最短路径中第 j 个点的序号。

一维数组 $l1, l2$ 分别表示已求出及未求出最短路径的点的集合。$l1(i)$ 的值为第 i 个进入点集 $l1$ 的点的序号;$l2(i)$ 的值为第 i 个剩下的还未求出最短路径的点的序号;当某点进入点集 $l1$ 后,除要在点集 $l2$ 中删除该点外,还应将其后的点的序号依次向前挪动一位。

一维数组 $l3$ 表示最短路径中所含顶点的个数。$l3(i)$ 的值为从给定点到 v_i 的最短路径中点的个数。

一维数组 lr 记录了最短路径中,当前点的前一个点(此时到这个点的最短路径已找出)的序号;使用该数组的目的是为了运用最优化原理。

一维数组 r 表示从给定点到各顶点的最短距离(最短路径中各边的权和)。$r(i)$ 的值为从给定点到 v_i 的最短距离。

变量 n 表示图中顶点的个数。变量 l 为已求出最短路径的点的个数的计数器。当前点经筛选后,将确定的某一个点加入当前构造的最短路径之中,此时用变量 lk 来记录这个点的序号。将第 l 个点并入点集 $l1$ 后,用变量 ll 记录它在点集 V 中的序号。变量 k 记录本次被选中加入最短路径的点在 $l2$ 中的序号。

2. 程序的基本流程

对上述数组和变量进行恰当的说明后,进入下面流程:

①对数组 $l2$、$l3$ 及 r 作初始化;输入数组 d 的元素的值(带权矩阵);

②输入给定起始点的序号值,装入 $l1(1)$ 作为点集 $l1$ 的第一个点,同时也完成了到自身的最短路径,$l:=1,k:=l1(1)$;

③若 $l=n$,转⑧,否则将 V 中第 l 个点(记作 v_l)从 $l2$ 中删除,并将 $l2$ 中此点以后的点依次向前移一个位置($n-l$ 为 $l2$ 中所剩点的个数);

④对点集 $l2$ 中与 Vl 有边相连的那些点求权和,若这些点已有权和,则从中选择较小的权和;

⑤设在④中选到的那个权和所对应的点在 $l2$ 中的序号为 i 则 $k:=i$,该点在点集 V 中的序号设为 j 则 $lk:=j$;

⑥找出 lk 的前站点 $lr(lk)$(即点 v_l 的序号)后,将到该点的最短路径中的全部点都加入 lk 的最短路径中(注:体现最优化原理),并将 lk 作为这条路径的终点;

⑦如图中所剩的点与起始点均无路径,则转⑧,否则 $l:=l+1,l1(l):=lk$,转③;

⑧输出从起始点到各顶点的权和,输出每一条最短路径(以点的序号的序列出现)。

习题 6

6.1　证明在任何有向完全图中,所有结点入度的平方和等于所有结点的出度平方之和。

6.2　下列整数序列中,哪些是图的度数序列,若是,则画出一个相应的无向图。

(1)$\{3,2,1,3,3\}$;(2)$\{3,2,3,3\}$;(3)$\{2,3,5,1,4\}$;(4)$\{1,3,4,3,6\}$

题图 6.3

6.3　写出题图 6.3 相对于完全图的补图。

6.4　一个图如果同构于它的补图,则该图称为自补图。

(1)试给出一个 5 个结点的自补图。

(2)是否有 3 个结点或 6 个结点的自补图。

(3)一个图是自补图,其对应的完全图的边数必为偶数。

6.5　画出具有 5 个结点的所有非同构的无向简单图。

6.6　设 G 是具有 4 个结点的完全图

(1)画出非同构的所有生成子图。

(2)问 G 有多少个子图,它们中任意两个都不同构?

6.7　一邮递员的投递区,如题图 6.7 所示,每边所注的数字为街道的长度,该邮递员自点 a 出发送信时,应采取怎样的回路?

6.8　求证:有 n 个结点的连通图 G 中

(1)至少有 $n-1$ 条边。

（2）若边数大于 $n-1$，则至少有一回路。

（3）若有 $n-1$ 条边，则至少有一结点度数为奇数。

6.9 求出题图6.9中有向图的邻接矩阵 A，找出从 v_4 到 v_4 长度为2和4的回路，用计算 A^2，A^3 和 A^4 来验证此结论。

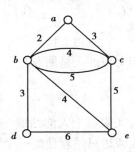
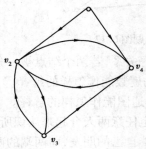

题图6.7　　　　　　　　　　　　　题图6.9

6.10 给定有向图如题图6.10所示，指出哪些是强连通？哪些是单向连通？哪些是弱连通？

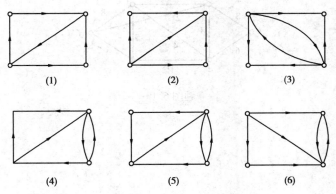

(1)　　　　　　　　(2)　　　　　　　　(3)

(4)　　　　　　　　(5)　　　　　　　　(6)

题图6.10

6.11 对于邻接矩阵 A 的简单有向图 G，它的距离矩阵定义如下：

$d_{ij} = \infty$，如果 $d<v_i, v_j> = \infty$；$d_{ii} = 0$，对所有的 $i = 1,2,\cdots,n$；$d_{ij} = k$，这里 k 是使 $a_{ij}^{(k)} \neq 0$ 的最小正整数。确定由图3所示的有向图的距离矩阵，并指出 $d_{ij} = 1$ 是什么意义？

6.12 在题图6.12中给出了一个有向图，试求该图的邻接矩阵，并求出可达性矩阵和距离矩阵。

6.13 构造一个欧拉图，其结点数 n 和边数 m 满足下述条件：

（1）n,m 的奇偶性一样。

（2）n,m 的奇偶性相反。

如果不可能，说明原因。

6.14 判断题图6.14的图形能否一笔画。

6.15 （1）画一个有一条欧拉回路和一条汉密尔顿回路的图。

（2）画一个有一条欧拉回路，但没有汉密尔顿的回路的图。

（3）画一个没有一条欧拉回路，但有一条汉密尔顿回路的图。

6.16 设 G 是一个具有 n 个结点的简单无向图，$n \geq 3$，设 G 的结点表示 n 个人，G 的边表

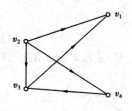

题图 6.12

题图 6.14

示它们间的友好关系,若两个结点被一条边连接,当且仅当对应的人是朋友。

（1）结点的度数能作怎样的解释。

（2）G 是连通图能作怎样的解释。

6.17　假定任意两人合起来认识所留下的 $n-2$ 个人,证明每个人能站成一排,使得中间每个人两旁站着自己的朋友,而两端的两个人,他们每个人旁边只站着他的一个朋友。

6.18　无向图 $G(n,m)$,证明:如果 $m \geqslant n$,则图必包含一条回路。

6.19　列表求出题图 6.19 中从结点 a 到其余结点的最短路径。

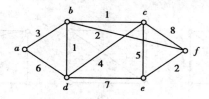

题图 6.19

第 **7** 章
特殊图

7.1 树的概念及性质

7.1.1 无向树的定义及性质

树也是一种特殊图。

树是后继课程如数据结构等课程的必要基础,同时在许多实际工作领域,特别是在计算机科学中有着广泛的应用。因此,树是图论中最重要的概念之一。

定义 7.1.1 连通而无回路的无向图称为**无向树**,简称为**树**。记作 T。其中度数为 1 的结点称为树的**叶子**;度数大于 1 的结点称为树的**分枝点**,边称为**树枝**。只有一个结点的树称为**平凡树**,即平凡图(点的度数为 0,无树枝)。如果一个无向图的每个连通分支都是树,则称它为一个**森林**。

例 7.1.1 如图 7.1.1 所示,判断其中各图是否为树。

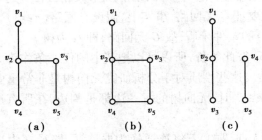

图 7.1.1

解 (a)连通且不含回路,是树。(b)连通但含有回路,不是树。(c)不连通,不是树。

定理 7.1.1 设 $G=(n,m)$ 无向图是树,当且仅当下列条件之一成立:

(1) G 无回路且 $m=n-1$。

(2) G 连通且 $m=n-1$。

(3) 任意两个结点之间存在且仅存在一条基本路径($n \geqslant 2$)。

147

（4）无回路,若任意两结点之间添上一条边,得到一条且仅一条基本回路($n \geq 2$)。

（5）连通,但删去任一条边后,图将不连通($n \geq 2$)。

证 将树的定义设为（0）：G 连通且无回路。我们采用（0）$\Rightarrow$（1）$\Rightarrow$（2）$\Rightarrow$（3）$\Rightarrow$（4）$\Rightarrow$（5）$\Rightarrow$（0）的环形证明法易知,证明完成后这 6 个命题彼此都是等价的了。

（0）$\Rightarrow$（1）：G 无回路,只需证 $m = n - 1$。对结点数用归纳法证明。当 $n = 2$ 时,由于连通两点间必有一边,因为无回路,图中不能再有边,所以 $m = 1$,公式成立。设当 $n = k$ 时,公式成立,即 $m = k - 1$。令 $n = k + 1$,即在原图中增加一个点,设为 v,由连通性,v 必与原图某点 v_1 邻接,假如还与另一点 v_2 邻接,则由于原图连通,v_1 与 v_2 之间必有一路径,于是 v 到 v_1,v_1 到 v_2,v_2 到 v 形成回路,这与树无回路矛盾,所以 v 与 v_1 且仅与 v_1 邻接,即增加一点后仅增加了一边,公式仍成立,故 $m = n - 1$ 成立。

（1）$\Rightarrow$（2）：已知 $m = n - 1$,用反证法证明 G 连通。为简化,假定 G 有 2 个连通分支：$G_1 = (n_1, m_1)$,$G_2 = (n_2, m_2)$,$n = n_1 + n_2$,$m = m_1 + m_2$。因为无回路所以 G_1 与 G_2 均为树,由（0）$\Rightarrow$（1）的结论知 $m_1 = n_1 - 1$,$m_2 = n_2 - 1$,于是有 $m = m_1 + m_2 = n_1 - 1 + n_2 - 1 = n - 2$,这与 $m = n - 1$ 矛盾,故 G 有 1 个连通分支,即 G 连通。

（2）$\Rightarrow$（3）：由 G 连通,知 G 中任两点 v_1,v_p 间至少有一路径 P,若此路径中有一结点 w 重复出现,则路径中必有包含 w 的回路,删去该回路中不在 P 中的点,可使路径 P 成为一基本路径。若 v_1,v_p 间另有一基本路径,则必产生回路 C,在包含 C 的路径中有 $v_1, v_2, \cdots, v_p, \cdots, v_{p+k}$ ($k \geq 0$) 共 $p + k$ 个点,其边数 $m_1 \geq p + k$,剩下的 $n - p - k$ 个点,由于连通性,与它们关联的边数 $m_2 \geq n - p - k$（除了 $n - p - k$ 个点之间至少有 $n - p - k - 1$ 条边外,至少还有 1 边与上述路径相连）,这样 $m = m_1 + m_2 \geq n$,这与 $m = n - 1$ 矛盾,故任意两结点间有且仅有一基本路径。

（3）$\Rightarrow$（4）：假如有回路,因为 $n \geq 2$,对回路中不同的两个点间至少有两条基本路径,这与（3）的条件矛盾,所以无回路。由（3）的条件任两点 u,v 间原有唯一的基本路径,故 u,v 间添的边所得回路是基本回路且也是唯一的。

（4）$\Rightarrow$（5）：由（4）的条件,任两点间添一边得唯一的一条基本回路,去掉所添边,这两点间必有一路径,所以 G 是连通的。删去任一边 (u, v) 后,若所剩图仍连通则 u,v 之间还有一路径,再还原所删边,将形成回路,这与 G 无回路矛盾,故删去任一边后,图不连通了。

（5）$\Rightarrow$（0）：G 连通。要证 G 无回路,事实上,假设有回路($n \geq 2$),则在此回路上任删一边后所剩图仍连通,这与（5）的条件矛盾,故 G 无回路,即 G 为树。

注：（1）由于（0）到（5）彼此等价,所以可以把其中的任一条作为无向树的定义,而将其余的作为无向树的基本性质。这些性质对于分析研究无向树是非常重要的。

（2）性质（5）说明当 $n \geq 2$ 时,无向树的每一边都是割边,在所有连通图中,树的连通程度最薄弱。

（3）这些性质是针对无向树的,若将连通换为弱连通,路径换为半路径,回路换为端点重合的半路径,则这些性质也是适合于有向树的。

定理 7.1.2 任一棵非平凡树 $T = <V, E>$ 中,至少有两片叶子。

证 设 $|V| = n$,$|E| = m$。由 T 是连通的可知 T 中无度数为零的结点,设 T 中有 k 个结点的度数为 1（即 k 片叶）,其他结点的度数均大于等于 2,则由握手定理知：$2m = \sum_{i=1}^{n} d(v_i) \geq k + 2(n - k) = 2n - k$,即 $2m \geq 2n - k$,由于 $m = n - 1$,于是 $2(n-1) \geq 2n - k$,由此可得 $k \geq$

2。即 T 中至少有两片叶子。

7.1.2　生成树与最小生成树

定义 7.1.2　若无向图 G 的生成子图 T 是一棵树,则称 T 为图 G 的**生成树**。

由定义可知,一个连通无向图可以有不止一棵生成树。如图 7.1.2 中(b),(c),(d),(e)等都是图(a)的生成树。

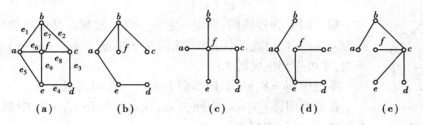

图 7.1.2

凡在图 G 中而不在生成树 T 中的边,称为对应于树 T 的**弦**,所有弦的集合称为**树 T 的补**。例如对于图 7.1.2(c)所示的生成树来说,e_3,e_6,e_7,e_8,e_9,是它的树枝,e_1,e_2,e_4,e_5 是它的弦,树 T 的补是 $\{e_1,e_2,e_4,e_5\}$。

定理 7.1.3　一个连通图至少有一棵生成树。

证　如果连通图 G 无回路,则 G 本身就是一棵生成树。如果 G 有回路,去掉回路的任一条边得到生成子图 G_1,显然 G_1 仍然是连通的,如果 G_1 不含回路,则 G_1 就是 G 的生成树,否则又可去掉回路的任一条边得到另一个生成子图,只要生成子图还有回路,就去掉回路的一条边,由于图的有限性,最后一定得到不含回路的生成子图 T,由于每次去掉回路的一条边,并不破坏图的连通性,所以 T 是 G 的生成树。

定理的证明也为我们提供了一种构造生成树的方法,即每次去掉回路的任一条边,直到不再含有回路为止,这种方法称为破圈法。图 7.1.3(1)—(3)为构造步骤。

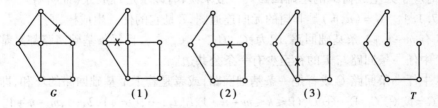

图 7.1.3

与破圈法相对应,还可采取一种称为避圈法的方法构造生成树:在 G 中任找一条边 e_1,然后找一条不与 e_1 形成回路的边 e_2,再加一条不与边集合 $\{e_1,e_2\}$ 形成回路的边,如此继续下去,使新加的边都不与前面的边集合形成回路,直到过程不能进行下去或 G 的边没有了为止,则这样形成的边集 $\{e_1,e_2,\cdots,e_m\}$ 所导出的子图就是图 G 的一棵生成树。图 7.1.4(1)—(3)为构造步骤。

上述两种方法有一共同之处,就是每进行一步都要判定构造的图是否含有回路,所以这两种算法的计算量主要在回路的判定上。

例 7.1.2　无向连通图 $G = <V,E>$ 如图 7.1.5 所示,求 G 的生成树 T。

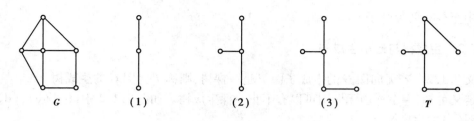

图 7.1.4

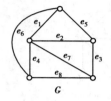

图 7.1.5

解 因 G 为连通图,所以一定有一棵生成树。又由边和结点数的关系为 $m = n - 1$,因此,利用破圈法需从图中删去 $m - (n-1) = m - n + 1$ 条边,才可得到生成树 T。

本题中,$m = 8, n = 5$,即需删去 $8 - 5 + 1 = 4$ 条边:

在基本回路 $e_1 e_2 e_5 e_1$ 中删去 e_5;在基本回路 $e_2 e_3 e_7 e_2$ 中删去 e_3;在基本回路 $e_7 e_8 e_4 e_7$ 中删去 e_7;

在基本回路 $e_1 e_4 e_6 e_1$ 中删去 e_6,最后得生成树 T。图 7.1.6(1)—(4) 为构造步骤。

(1)　　　　(2)　　　　(3)　　　　(4)　　　　T

图 7.1.6

由于在基本回路中删去的边可以不同,于是可得到图 G 的不同的生成树,所以一个图 G 的生成树 T 不是唯一的。

研究回路和边割集是图论的重要课题,而它们与生成树都有紧密的联系。在上例得到的生成树 T 的基础上,依次还原所删去的边(这些边就是 T 所对应的弦),由树的性质(4),我们将依次得到一个个这样的回路:仅含一条弦其余边都是树枝(这种回路是唯一的),称这种回路为图 G 对应于某生成树 T 的**基础回路**。一般来说,有以下定理成立(证明略)。

定理 7.1.4 $G = (n, m)$ 是非树的无向连通图,T 是它的任一生成树,则

(1) G 有 $m - n + 1$ 条基础回路,记为:$C_1, C_2, \cdots, C_{m-n+1}$,且每条基础回路都是基本回路。

(2) G 中任一条回路与 T 的补至少有一条公共边。

(3) G 中任一条回路 C 或者是一条基础回路,或者是若干个基础回路的环和,即有
$$C = C_{i_1} \oplus C_{i_2} \oplus \cdots \oplus C_{i_k} (2 \le k \le m - n + 1; i_1, i_2, \cdots, i_k \in \{1, 2, \cdots, m - n + 1\})$$

例 7.1.3 对例 7.1.2 中,图 G 和所得生成树 T,求出全部基础回路,并取一条回路,将其表示为某些基础回路的环和。

解 在图 7.1.5 中,对求得的生成树 T 来说有 4 条弦:e_5, e_3, e_7, e_6,它们分别对应 4 条基础回路:$C_1 = \{e_5, e_1, e_2\}$,$C_2 = \{e_3, e_2, e_4, e_8\}$,$C_3 = \{e_7, e_4, e_8\}$,$C_4 = \{e_6, e_1, e_4\}$;在 G 中取一回路:$C = \{e_1, e_5, e_3, e_8, e_4\} = C_1 \oplus C_2$,再取一回路 $C' = \{e_1, e_5, e_3, e_7\} = C_1 \oplus C_2 \oplus C_3$。

类似地可定义对应于某生成树 T 的**基础边割集**:仅含一条树枝其余边都是弦的边割集(这种边割集是唯一的),且有以下定理成立(证明略)。

定理 7.1.5 $G = (n, m) (n \ge 2)$ 是非树的无向连通图,T 是它的任一生成树,则

(1) G 有 $n - 1$ 条**基础边割集**,记为:$S_1, S_2, \cdots, S_{n-1}$;

（2）G 中任一边割集与 T 本身至少有一条公共边。

（3）G 中任一边割集 S 或者是一**基础边割集**；或者是若干个**基础边割集**的环和，即有

$$S = S_{i_1} \oplus S_{i_2} \oplus \cdots \oplus S_{i_k} \; (2 \leqslant k \leqslant n-1, n \geqslant 3; i_1, i_2, \cdots, i_k \in \{1,2,\cdots, n-1\})$$

显然，当 e 是图 G 的割边时，G 的任何生成树必包含边 e。

作为避圈法的一种具体应用，下面介绍**深度优先搜索法**（Depth First Search），简记为 DFS。此法是按次序访问图中的所有结点，并辅以标号的方法，便于用计算机实现。算法步骤如下：

（1）任取结点 $v \in V$，标号 $t(v)=1$，令 $k=m=1,S=\{v\}$。

（2）若 $k=0$ 则标号结束，停止；否则转（3）。

（3）令 $v \in V$，使 $t(v)=\max\{t(u)\mid u \in S\}$。若 v 关联的所有边的端点均已标号，则 $S:=S-\{v\}$，$k:=k-1$，转（2）；否则转（4）。

（4）任取一边 (v,u)，若此边尚未标记，且 u 也未标号。现标号 u 为 $t(u)=m+1$，并标记边 (v,u) 为 m。令 $S:=S\cup\{u\}$，$m:=m+1$，$k:=k+1$，转（3）。

标号 m 的边所导出的子图即为生成树，称为**深度优先搜索生成树**。

例 7.1.4　用 DFS 法求连通图（图 7.1.7（1））的一棵深度优先搜索树。t 为结点的标号，m 为边的标号，已标号的边导出的子图为所求的一棵生成树，如图 7.1.7（2）所示。

下面讨论带权图的生成树。

定义 7.1.3　设 G 是一个边带正权数的边权无向图，则称 G 的生成树 T 为**带权生成树**，并以树枝所带权之和为**生成树 T 的权**。记作 $W(T)$。

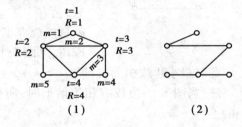

图 7.1.7

图 7.1.8(a) 为边权无向图，(b)，(c) 表示它的两棵带权生成树，其中 $W(T_1)=92$，$W(T_2)=82$。可见，生成树不同，其权也不一样，其中一定存在权最大的生成树和权最小的生成树，它们是所有带权生成树中具有重要意义的生成树，下面着重讨论它们的求法，为此先给出定义如下。

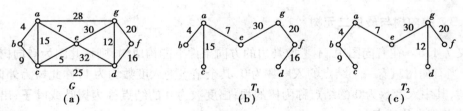

图 7.1.8

定义 7.1.4　在带权图 G 的所有生成树中，树权最小的生成树称为图 G 的**最小生成树**。树权最大的生成树称为图 G 的**最大生成树**。

理论上讲，可以采用穷举法求一个带权图的最小（大）生成树，即把图的所有生成树都求出来，然后从中选取权最小（大）的，即是最小（大）生成树。实际上，当图的结点较多时，这种方法是行不通的。根据凯莱定理（证明从略），一个 n 阶完全图生成树的数目是 n^{n-2} 个，即便 $n=30$，30^{28} 也是一个 40 位的数，它是一个天文数字。因此寻求简便而有效的算法，就是一项

非常有意义的工作。下面介绍求最小生成树的**克鲁斯卡尔(Kruskal)算法**,算法步骤如下:

(1)将带权连通图 $G=(n,m)$ 的各条边,按权从小到大依次排列: $e_1,e_2,\cdots,e_m$,令边集 $T=\{e_1,e_2\}$, $i:=2,k:=2$;

(2) $i=n-1$ 否? 是,则结束;否,则 $k:=k+1$ 转(3);

(3) $T\cup e_k$ 有无回路,有,则放弃 $e_k,k:=k+1$ 转(3);无,则 $T:=T\cup e_k,i:=i+1$ 转(2)。

可以证明算法结束后,边集 T 的端点集合必为 G 的点集,且 $|T|=n-1,T$ 中无回路,即 T 必为生成树,其权的最小性从算法过程容易看出。

例 7.1.5 用 Kruskal 算法求图 7.1.8(a)的最小生成树。

解 将图 $G=(n,m)(n=7,m=12)$ 的边按权值从小到大排列如下: $(a,b),(c,e),(a,e),(b,c),(d,g),(a,c),(d,f),(f,g),(c,d),(a,g),(e,g),(d,e)$,或直接用权表示:4,5,7,9,12,15,16,20,25,28,30,32,按上述算法依次进入边集 T 的边,按其权值写为:4,5,7,12,16,25,在执行过程中权值为9,15,20的边,若将其加入则要形成回路故放弃,当加入了权值为25的边以后,已有 $|T|=i=n-1=7-1=6$,于是权值为28,30,32的边就自然放弃了。算法结束后,边集 T 里的边就构成了所求最小生成树,见图7.1.9。

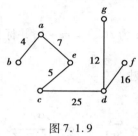

图 7.1.9

此时最小生成树的权 $W(T)=4+5+7+12+16+25=69$ 。

注:当图 G 的边权有相等情形时,所得最小生成树不是唯一的,但它们的权 $W(T)$ 是唯一的。

最小生成树的计算,在很多工程或技术领域中得到应用。例如要在若干城市之间架设通信线路、输电线路,铺设公路、铁路或各种管道,要求总的路线长度最短或材料最省、成本最低等,这类问题归纳起来都是求最小生成树的问题。

然而,如果图的边权代表的是利润或效益,就会成为求最大生成树的问题。从上面的算法可以看出,只要边权的选择改为从大到小,求最小生成树的算法,就可以用来求最大生成树了。

7.1.3 有向树与最优二元树

定义 7.1.5 在有向图中,不考虑其边的方向条件下能构成树,则称此图为**有向树**。

(1)当有向树只有一个结点的入度数为0,其余结点的入度数均为1,称此树为**外向树**,也称为**根树**,其中入度数为0的结点称为树的**根**;出度数为0的结点称为**树叶**或**叶子**;出度数不为0的结点称为**分枝点**。

(2)当有向树只有一个结点的出度数为0,其余结点的出度数均为1,称此树为**内向树**,其中出度数为0的结点称为树的根;入度数为0的结点称为树叶。

例 7.1.6 判断如图 7.1.10 所示各图是否为树。是外向树还是内向树?

解 (1)外向树。 v_1 是根, v_4 、 v_5 、 v_6 、 v_8 和 v_9 是叶, v_2 、 v_3 和 v_7 是分枝点。

(2)内向树。 v_1 是根, v_5 、 v_6 、 v_8 、 v_9 、 v_{11} 和 v_{12} 是叶, v_4 、 v_2 、 v_3 、 v_7 和 v_{10} 是分枝点。

(3)存在回路,不是树。

外向树与内向树的概念和性质类似。下面讨论根树(外向树)或简称树。

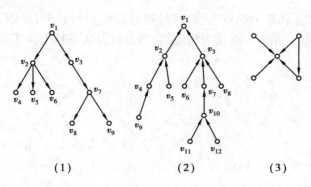

（1）　　　　　　　　（2）　　　　　　　（3）

图 7.1.10

定义 7.1.6　从树的根 v_0 到结点 v_i 的基本路径的长度,称为结点 v_i 的**级**。其中 v_0 的级是 0;树的最大级数称为**树的高度**。

根树的画法:树根 v_0 画在最上层,树叶画在最下层,同级的结点画在同一层次上,边(即树枝)的方向都是从上朝下,并约定可略去箭头。

定义 7.1.7　如果根树的每个结点都按次序编号,则称其为**有序树**。

根树的结点次序编号法:首先,从上到下分级编号,即由 0 级到 1 级,再到 2 级,……;其次,同一级上的结点,由左到右,依次编号。

关于根树,有如下常用术语:由结点 v_i 经过一条边向下可以到达的结点,称为 v_i 的**儿子**,v_i 是他们的**父亲**;由结点 v_i 出发,向下能到达的所有结点,称为 v_i 的**后代**,v_i 是他们的**祖先**;有同一父结点的儿子结点,互称为**兄弟**。

例 7.1.7　用根树表示算术表达式 $(a + bc) - e \div d(ab - t)$。

解　如图 7.1.11 所示。

很多实际问题,均可用有向树来表示,使层次分明,一目了然。

在计算机科学中,树结构是数据结构的一种重要类型。其中二元树的应用更为广泛。

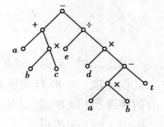

图 7.1.11

定义 7.1.8　设根树 T 中,有 n 个结点。

(1)若所有结点中的最大出度数为 k,即 $d^+(v_i) \leqslant k (i = 1, 2, \cdots, n)$,则称 T 为 k **元树**。

(2)若结点(除叶子外)的出度数均为 k,则称 T 为 k 元完全树(或完全 k 元树)。

(3)若 k 元树所有的叶子级数相同,则称 T 为 k 元正则树。

(4)若 $k = 2$,则(1)—(3)提到的树分别称为二元树、完全二元树和二元正则树。

定理 7.1.6　在完全 k 元树 $T = (n, m)$ 中,设它的叶子数为 t,分枝点数为 i,则
$$(k - 1)i = t - 1。$$

证　在完全 k 元树中,每个分枝点引出 k 条边,即 $m = ki$,但完全 k 元树又为 (n, m) 图,于是有 $n = i + t$ 且 $m = n - 1$,所以 $ki = (i + t) - 1$ 即 $(k - 1)i = t - 1$。

例 7.1.8　如图 7.1.12 所示,各为哪种类型的根树。

解　(a)是三元树,(b)是完全二元树,(c)是完全二元正则树,(d)是三元完全树。

在 k 元树中,以二元树最为简单,也最容易用计算机进行处理,所以,二元树是研究和分析多元树的基础。一棵 k 元树可以化为相应的二元树,方法是从上到下,从左到右进行转化,其步骤如下:

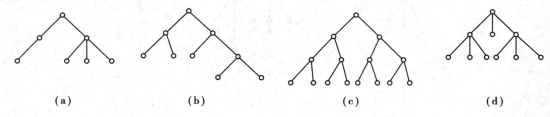

图 7.1.12

(1)对每一结点只保留它的最左面的分枝画在它下面,其余分枝都去掉。

(2)对同一级上的结点,用从左到右的有向边连接起来。

(3)对任一结点,按下法选定它的左儿子和右儿子,即该结点下面的结点为它的左儿子,该结点右面的结点为它的右儿子。

(4)将结点的左儿子画在结点的左下方,右儿子画在结点的右下方。

依上述各点,可将 k 元树画成二元树。

例 7.1.9 把一棵 3 元树 T 画成相应的二元树 T_1,如图 7.1.13 所示。

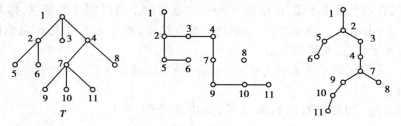

图 7.1.13

在以二元树(又称二叉树)作数据结构时,常需要遍历整个树,即对树的每个结点都访问一次且仅一次。一般有前序遍历、中序遍历和后序遍历等 3 种遍历方法。

前序遍历(DLR 遍历)法:

即(1)先访问树根;

(2)在根的左子树上进行前序遍历;

(3)在根的右子树上进行前序遍历。

例 7.1.10 图 7.1.14 中二元树 T 表示的算术表达式为: $((a+b\times c)\times d-e)\div(f+g)+(h-i)\times j$,其中,分枝点表示运算符号,树叶表示字符。试用前序遍历树 T,写出该算术表达式的符号序列。

解 用 DLR 遍历树 T,得到符号序列为:

$$+\div-\times+a\times bcde+fgx-hij$$

其中,每个算符对它后面紧邻的两个字符进行运算,如 $\times$ 对 b、c 进行运算。

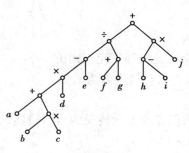

图 7.1.14

此种表达方式称为前置符表示法,也称为波兰表示法。用此法,计算机可以方便地对表达式求值。

中序遍历(LDR 遍历)法:

即(1)在根的左子树上进行中序遍历;

(2)访问树根;

(3)在根的右子树上进行中序遍历。

如例 7.1.9 中问题,用 LDR 遍历树,得到符号序列为:

$$a + b \times c \times d - e \div f + g + h - i \times j$$

在这种算式中,必须使用括号,才能明确表达式中的运算次序。

后序遍历(LRD 遍历)法:

即(1)在根的左子树上进行后序遍历;

(2)在根的右子树上进行后序遍历;

(3)访问树根。

如例 7.1.9 中问题用 LRD 遍历树,得到符号序列为

$$abc \times + d \times e - fg + \div hi - j \times +$$

其中,每个算符对前面紧邻的两个字符进行运算,如 $\times$ 对 b, c 进行运算。

此算术表达式称为后置表示法,也称为逆波兰表示法。

定义 7.1.9　设一棵二元树 T 有 t 片树叶

(1)若各树叶分别带权为 $\omega_1, \omega_2, \cdots, \omega_t$,且 $\omega_1 \leqslant \omega_2 \leqslant \cdots \leqslant \omega_t$,则此二元树为**带权二元树**。

(2)若在带权二元树 T 中,带权为 ω_i 的树叶 v_i 的路径长度为 $L(v_i)$,则称 $W(T) = \sum_{i=1}^{t} \omega_i L(v_i)$ 为**二元树 T 的权**。

(3)所有带权为 $\omega_1, \omega_2, \cdots, \omega_t$ 的二元树中,$W(T)$ 最小的那棵树称为**最优二元树**。

例 7.1.11　如图 7.1.15 所示二元树 T_1, T_2 和 T_3 的树叶都有相同的权,问哪棵树为最优二元树?

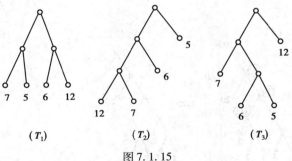

图 7.1.15

解　因为 $W(T_1) = 7 \times 2 + 5 \times 2 + 6 \times 2 + 12 \times 2 = 60$;$W(T_2) = 12 \times 3 + 7 \times 3 + 6 \times 2 + 5 \times 1 = 74$

$W(T_3) = 7 \times 2 + 6 \times 3 + 5 \times 3 + 12 \times 1 = 59$,相对来说 $W(T_3)$ 最小,但还不能说 T_3 为最优二元树。若用后面的算法来构造,我们将知道 T_3 确为最优二元树。

1952 年,哈夫曼(D. A. Huffman)给出了构造最优二元树的哈夫曼算法,包括以下 3 点:

（1）权最小的两片树叶是兄弟，去掉这两片树叶，以它们的父亲作树叶，使它带的权是它的两个儿子带权之和；于是，得到$(t-1)$片树叶。

（2）重复（1），最后得到树根。

（3）从树叶到树根的构造过程中得到的树，就是所求的最优二元树。

哈夫曼算法，依下面两个定理作为理论基础（证明略）。

定理7.1.7 设T是树叶带权为$\omega_1 \leqslant \omega_2 \leqslant \cdots \leqslant \omega_t$的最优二元树，则带权最小的两片树叶是兄弟，且其路径长度最大，即它们的级数为树高。

定理7.1.8 设T是一棵带权$\omega_1 \leqslant \omega_2 \leqslant \cdots \leqslant \omega_t$的最优二元树，去掉带权$\omega_1, \omega_2$的两片树叶，使它们的父亲为带权$\omega_1 + \omega_2$的树叶，得到一棵新的带权二元树$T'$，则$T'$也是最优二元树。

例7.1.12 试构造一棵带权为$1, 3, 3, 3, 5, 5, 20$和60的最优二元树。

解 图7.1.16中，（1）—（7）表示了最优二元树的构造过程。（8）是所求的最优二元树。关于最优二元树T的权的计算有两种方法：一是用定义719（2）来计算：

$W(T) = 5 \times (1 + 3 + 3 + 3) + 4 \times (5 + 5) + 2 \times 20 + 1 \times 60 = 50 + 40 + 40 + 60 = 190$；另一种是在构造过程中将父结点（分支点）的权求和即得：$W(T) = 4 + 6 + 9 + 11 + 20 + 40 + 100 = 190$，可见两种方法的结果相等。

注：一般来说按此法构造的最优二元树不是唯一的，但它们的权$W(T)$是相等的。

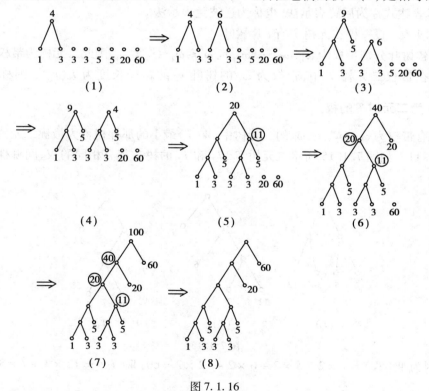

图7.1.16

下面介绍最优二元树在前缀码设计中的应用。首先给出以下定义。

定义7.1.10 长度为n的二进制数的序列中的前$k(1 \leqslant k < n)$个数字组成的序列称为此序列的**前缀**。有限个二进制数的序列组成的集合称为**码**，码中每个元素（二进制数的序列）称

为一个**码字**。在一个码中,任一码字都不是其他码字的前缀,称该码为**二元前缀码**(简称**前缀码**)。

在一个码的设计中,有等长码字和不等长码字两种方法,事实证明不等长码字的方法可以缩短传输的码长,从而提高传输效率,所以在计算机及通信中,通常采用不等长码字法。但是使用这种方法不小心,容易在码中出现前缀现象,即所设计的码不是前缀码,则在译码时可能出现二义性。

例如 a,b,c,d,e 分别用 0 和 1 序列表示,对应关系如下:

	a	b	c	d	e
	00	110	010	10	01

集合 $\{00,110,010,10,01\}$ 就是码。如果接收端收到的信息串是 010010,这时分辨不清发来的是 ead 还是 cc,这是因为 e 对应的序列是 c 对应的序列的前缀。为了避免这种情况的出现,不妨将 c 对应的序列改为 111,这样才能确定发送来的信息是 ead。码:$\{00,110,111,10,01\}$ 就成了前缀码。事实上,前缀码可以保证在译码时不会出现二义性,这由以下定理可以说明之。

定理 7.1.9　一棵二元树可确定一个前缀码;反之,一个前缀码,存在一棵二元树与之对应。

证　给定二元树的每个分支点与它的左右两个孩子所关联的边分别标记为 0 和 1,从根到叶子的路径上边的标号组成的序列标记在叶子上,并用方框标出,如图 7.1.17(1)所示。叶子上序列组成的集合就是前缀码。若不然,一个序列是另一序列的前缀的话,那么该序列对应的叶子,必位于根到另一序列对应叶子的这条路径之中,这与叶子的定义矛盾。

反之,以前缀码的最长序列的长度 h 为高度,画一棵二元完全正则树。从每个分支点发出的左右两条边,分别标记为 0 和 1。找到与码字对应的结点(可以标出相应码字,如图 7.1.17(2)所示),再将这些结点以下所有的结点及其关联的边删去,便得一棵二元树,它的树叶所对应的序列组成该前缀码。

例如图 7.1.17(3)给出由前缀码 $\{000,001,010,011,1\}$ 对应的一棵二元树。

又如对于图 7.1.17(1)中的前缀码来说,若接收到的信息串序列为 000011001,那么可以从图 7.1.17(1)的二元树根出发,依序列的次序,当遇到 0 时,就沿着标记为 0 的边走,当遇到 1 时就沿着标记为 1 的边走,一直走到叶子,这样前缀码的一个码字就被找到。然后再回到根,用同样的方法接着找下一个码字。这样的过程保证使信息串序列总可以分割成前缀码中的码字,且无二义性。对应图 7.1.17(1)所示前缀码(它的码字从左到右分别代表字母 a,e,d,b,c),信息串序列 000011001 可以得到对应的英文字母 $aabe$。

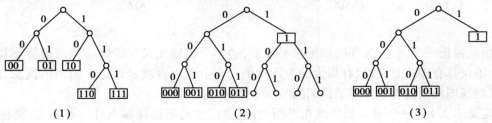

(1)　　　　　　　　　(2)　　　　　　　　　(3)

图 7.1.17

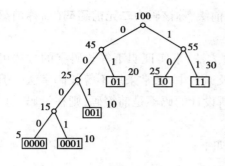

图 7.1.18

例 7.1.13 已知字母 A,B,C,D,E,F 出现的频率分别是 30% , 25% , 20% , 10% , 10% , 5% , 试用 Huffman 算法设计最优前缀码。

解 第一步,求权为 30,25,20,10,10,5 的最优二元树 T,见图 7.1.18。

第二步,求出对应 T 的前缀码:{01,10,11,001,0000,0001}。

第三步,按较小频率对应位数较长的码元素的原则,确定一个字母与码元素的对应关系:01 表示 A,10 表示 B,11 表示 C,001 表示 D,0000 表示 E,0001 表示 F。

传输 1 000 个这样的字母需要的二进制位数为

$$1\ 000 \times [2 \times (30 + 25 + 20) + 3 \times 10 + 4 \times (10 + 5)]/100 = 2\ 400$$

7.2 平面图

7.2.1 平面图的概念、基本性质及判别

在平面上画图时,往往会出现一些交叉,称为交叉边。在实际工作中,避免交叉边是很有意义的。例如在制作印刷电路板或交通道路的设计中,都要考虑避免交叉。有些图形表面上看边有交叉,但经过改画以后可以做到边不交叉,如图 7.2.1(a) 的 G,表示 4 座城市 A_1,A_2,A_3,A_4 及连接它们之间的道路,这时边 e_5 与边 e_6 出现交叉,如果将图改画成图 7.2.1(b) 的 G',则可避免边的交叉。但是有些图无论怎样改画,边的交叉都无法避免,例如 7.2.2(a) 的 G,A_1,A_2,A_3 表示 3 栋宿舍,B_1,B_2,B_3 分别表示抽水站、煤气站及锅炉房,边则表示铺设的水、煤气和暖气管道,理论和实践都证明,这个图无论怎样改画,至少有一条边与其他边交叉,如图 7.2.2(b) 的 G'。

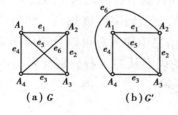

(a) G (b) G'

图 7.2.1

(a) G (b) G'

图 7.2.2

由此提出一个问题:怎样的图画在平面上,边不会出现交叉。研究这类图的特征及判别方法,不仅具有理论意义,也有很大的应用价值。本节的内容就是讨论平面图的概念、性质、判别、对偶图及图的着色。本节提到的图均为无向图。

定义 7.2.1 一个图 G 如果画在平面上,能使任意两条边除端点外均不相交,则称 G 为**平面图**,否则称为**非平面图**。

注:这里定义的平面图及非平面图在有些资料上称为**可平面图**及**非可平面图**。

定义7.2.2 每个平面图 G 的边都会将平面分成若干连通区域,每一个连通区域称为 G 的一个平面,其中恰有一个面是无限的,称这个面为**无限面**,常记为 R_0;其余的面是连通的有界区域,称为**内部面**;围成一个面 R 的回路中的边数,称为该**面的度数**,又称**次数**,记为 $\deg(R)$。

例7.2.1 (1)如图7.2.1的 G 是平面图;图7.2.2的 G 是非平面图。

(2)例如图7.2.3(1)中,共有3个面,其中 R_0 是无限面,它的边界为 $abdegfeda$,$\deg(R_0)=8$,其中包含计算 (d,e) 边两次。R_1 和 R_2 为内部面。R_1 的边界为 $dacabd$,$\deg(R_1)=5$。R_2 的边界为 $efge$,$\deg(R_2)=3$。图7.2.3(2)中有3个连通分支,无限面 R_0 的边界有3条回路 $abca$,$defged$ 和 $hijkh$ 组成,所以 $\deg(R_0)=3+5+4=12$。

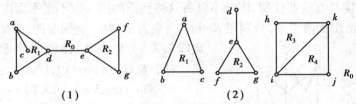

图7.2.3

定理7.2.1 一个平面图的所有面的次数之和等于边数的两倍。

证 平面图的任何一条边,如果它在两个面的边界中各出现一次,则在计算 G 的各面次数之和时,这条边被计算两次;如果只在一个面的边界中出现,在计算该面次数时,也被计算了两次。

连通平面图的一个重要性质就是它的结点数 n、边数 m 和面数 r(包括无限面)之间存在一个简单的关系,即下面定理所给出的公式(欧拉公式)。

定理7.2.2 (**欧拉公式**) 对于有 r 个面(包括无限面)的连通平面图 $G=(n,m)$,有 $n-m+r=2$。

证 对面数使用归纳法。

如果 $r=1$(仅一个无限面),则图不含回路,图又是连通的,故必然是一棵树,根据树的性质,有 $m=n-1$,因而欧拉公式成立。

假设 $r>1$,对于小于 r 的值,欧拉公式成立。设边 (v_i,v_j) 是 G 中一条回路上的边,它是两个面边界上的公共边,这两个面记为 S 和 T,删去边 (v_i,v_j),得到新的平面图 G',其中 S 和 T 连成一个新的面,而 G 中所有其他面保持不变,所以,如果 n',m' 和 r' 是 G' 的顶点数、边数和面数,则 $n=n'$,$m'=m-1$,$r'=r-1$。因此

$$n-m+r=n'-(m'+1)+r'+1=n'-m'+r'=2$$

即欧拉公式成立。

推论1 设简单连通平面图 $G=(n,m)$,若 $n\geq3$,则

$$m\leq 3n-6$$

证 因 G 是简单平面图,故每个面的边数至少是3,设有 r 个面,则各面的度数和为

$$\sum_{i=1}^{r}\deg(R_i)=2m\geq 3r$$

由欧拉公式得 $r = 2 + m - n$，代入上面不等式即得

$$m \leqslant 3n - 6$$

推论 2　如果简单连通平面图的每个面由 4 条或更多的边围成，则

$$m \leqslant 2n - 4$$

证　类似推论 1 的证明，可以得到不等式

$$\sum_{i=1}^{r} \deg(R_i) = 2m \geqslant 4r, \quad \text{即 } r \leqslant \frac{1}{2}m$$

代入欧拉公式整理后即得

$$m \leqslant 2n - 4$$

　　欧拉公式及其推论所给出的公式，描述了平面图 G 的性质，是为平面图的必要条件，即 G 是平面图则 G 一定具有这些性质，因此不具备这些性质的图一定不是平面图。

　　图 7.2.4 所给出的两个图，分别用 K_5 和 $K_{3,3}$ 来表示，对于这两个图，有如下定理。

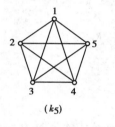 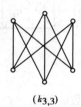

(k_5)　　　　$(k_{3,3})$

图 7.2.4

定理 7.2.3　K_5 和 $K_{3,3}$ 都是非平面图。

证　对于 K_5，$n = 5$，$m = 10$，代入推论 1 的不等式，得

$$3n - 6 = 3 \times 5 - 6 < 10 = m$$

说明不满足条件，所以 K_5 是非平面图。

　　对于 $K_{3,3}$ 图，它是简单连通平面图，且每个面均由 4 条边围成，代入 $n = 6$，$m = 9$，得

$$2n - 4 = 2 \times 6 - 4 = 8 < 9 = m$$

说明不满足推论 2 的不等式，所以 $K_{3,3}$ 是非平面图。

　　以后称 K_5 和 $K_{3,3}$ 为**基本非平面图**。

　　欧拉公式及其推论，给出了平面图的必要条件而不是充分条件，因此满足这些条件的图不一定是平面图，例如图 $K_{3,3}$ 满足推论 1，但它不是平面图。

　　以下介绍图为平面图的充分必要条件。在引出定理之前，先介绍图的二次结点内同构的概念。

　　一个图 G，如果在它的边上加入一个结点，使一条边分成两条边，称为对图 G 插入二次结点，如图 7.2.5(a)所示。若在图中去掉与两条边关联的结点（称此结点为二次结点）使两条边化成一条边，称为对图 G 删除二次结点，如图 7.2.5(b)所示。显然，对一个图插入或删除二次结点，都不会影响图的平面性。

　　定义 7.2.3　图 G 和 G' 称为是**二次结点内同构**的，如果它们原来是同构的，或者通过反复插入或删除二次结点后而成为同构的。

　　定理 7.2.4　（**库拉托夫斯基定理**）一个图是平面图，当且仅当它不包含有与 K_5 或 $K_{3,3}$ 二次结点内同构的子图。（证明略）

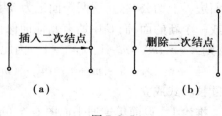

插入二次结点　　删除二次结点

(a)　　　　　　(b)

图 7.2.5

　　例 7.2.2　判别图 7.2.6 中 a，b 和 c 各图是否为平面图。

　　解　图 a 是平面图，因为它不含有与 K_5 或 $K_{3,3}$ 在二次结点内同构的子图，改画为图 a′ 更明显。图 b 是非平面图，因为去掉其中的二次结点后，得到的子图 b′ 正是 K_5 图。图 c 是非平

面图,因为它含有子图 c',而 c' 与图 $K_{3,3}$ 同构,请读者试把 c' 改画为 $K_{3,3}$。见图 7.2.7 的图 $(a'),(b'),(c')$。

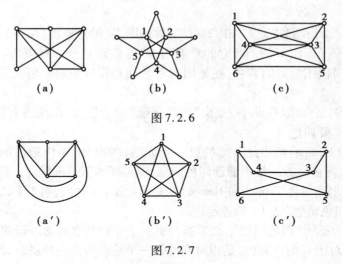

图 7.2.6

图 7.2.7

7.2.2 对偶图与图的着色

图论中与平面图关系密切的应用问题,就是图的着色问题。平面图有 3 类元素:点、边、面,着色的原则是:对同类元素着色时,相邻的元素着不同的颜色。所以着色问题分点着色、边着色和面着色 3 种情况。如对地图着色就是面着色,常见问题是最少需用多少种颜色等。

平面图具有对偶性,通过对偶性可把面着色问题转化为点着色问题,因此对地图着色可通过对其对偶图的点着色来解决,这样处理起来更加方便。为此,先研究对偶图的概念和性质。

定义 7.2.4 设平面图 $G = <V,E>$ 有 r 个面,则满足下列条件的图 $G' = <V',E'>$ 称为 G 的对偶图:

(1) 在 G 的任一面 R_i 内,有一个且仅有一个点 $v_i' \in V'$;

(2) 对 G 的任意两个面 R_i 和 R_j 的公共边 e_k,有一条且仅有一条边 $e_k' \in E'$,使 $e_k' = (v_i', v_j')$。且与边 e_k 交叉;

(3) 当且仅当 $e_k \in E$ 是一个面 R_i 内的悬边时,存在且仅存在一条边 $e_k' \in E'$ 和 e_k 交叉。

例 7.2.3 在图 7.2.8 中,给出了 G 的对偶图 G^*,且 G 和 G^* 互为对偶图。G 的边和结点分别用实线和"○"表示;G^* 的边和结点分别用虚线和"·"表示。

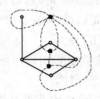

图 7.2.8

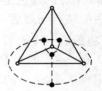

图 7.2.9

定义 7.2.5 如果图 G 与其对偶图 G^* 同构,则称 G 是**自对偶图**。

如图 7.2.9 所示,就是一个自对偶图。

根据上述概念,显然平面图的对偶图也是平面图,除此之外,其对偶图还有如下性质:

161

性质 1 任何平面图的对偶图必连通；

性质 2 连通平面图 G 与 G^* 的边数相同，且 G^* 的结点数等于 G 的面数，G^* 的面数等于 G 的结点数；

性质 3 当且仅当 G 是连通平面图时，G 的对偶图 G^* 的对偶图 $(G^*)^*$ 与 G 同构。

由此可知，一个平面图 G 的面与它的对偶图 G^* 的结点是一一对应的。因为地图是平面图，所以通过对其对偶图结点的着色，使地图的着色问题得以解决。解决这个问题的有关历史和结论如下：

1852 年，英国的格色里（Guthrie）提出"四色问题"的猜想，即在地图上对相邻的国家着以不同的颜色，最少需要四色。

1879 年，肯普（Kempe）给出此猜想的第一个证明；1890 年，希伍德（Hewood）发现这个证明有错误，并指出，肯普的方法虽不能证四色问题，但可证明五色问题。

1976 年，阿佩尔和黑肯（Appel 和 Haken）在高速电子计算机上用了 1 200 个机时，证明了"四色问题"，使"四色猜想"成为"四色定理"。

百多年以来，为证明"四色问题"，数学家们引入了一些基本概念并证明了一些定理。

定义 7.2.6 对图 G 的点着色，是指对它的每一个结点指定一种颜色，使没有任何两个相邻结点的颜色相同。满足上述要求的最少颜色数目称为 G 的**色数**，记作 $\chi(G)$。

定理 7.2.5 （1）若 G 是 n 阶零图，则 $\chi(G)=1$。

（2）若 G 是完全图 K_n，则 $\chi(G)=n$。

（3）若 G 至少有一条边（此边非自环），则 $\chi(G) \geqslant 2$。

（4）若 G 为一森林，且至少有一个连通分支为非平凡的树，则 $\chi(G)=2$。

（5）若 G 为一条基本回路，且回路长度为偶数，则 $\chi(G)=2$；若回路长度为奇数，则 $\chi(G)=3$。

证 （1）因 G 为 n 阶零图，即任何结点之间无边关联，根据定义可知，只要一种颜色着色即可，即 G 是 1 色的，$\chi(G)=1$。

（2）K_n 中所有结点都彼此相邻，因此，至少需要 n 种颜色给 n 个结点着色，故 $\chi(G)=n$。

（3）G 中至少有两个结点相邻，因此至少需要两种颜色着色，即 $\chi(G) \geqslant 2$。

（4）对森林中的每一棵树，选任一结点着第一种颜色，对已着色的结点所相邻的所有结点着第二种颜色，对已着第二种颜色的结点所相邻的未着色的一切结点都着第一种颜色。以此类推，反复进行到着完各结点的颜色为止。因此，G 是 2 色的，即 $\chi(G)=2$。

（5）G 是一条初级回路，如果回路长度是偶数，从任一结点开始沿着回路依次着两种不同的颜色，则相邻结点的颜色是不同的，即 $\chi(G)=2$。如果回路长度是奇数，若用同样的方法将使第一个着色的结点与最后一个着色的结点的为同一颜色，而这两个结点恰好相邻，所以不是两色的，若将最后一个要着色的结点着第三种颜色，所以 $\chi(G)=3$。

定理 7.2.6 一个图 G 是两色的，当且仅当 G 中没有奇数长度的初级回路。

证 依定理 7.2.5（5）的证明过程，必要性易证。下面证充分性。

因平凡图和零图的色数均为 1，因而它们均为两色的，所以设 G 为非平凡图和零图。又若 G 是非连通的，可讨论每个连通分支，所以又设 G 是连通图，因而可求 G 的一棵生成树 T，则 $\chi(T)=2$，先用两种颜色给 T 着色，然后将 T 的弦一条条加上去构成 G。由于 G 中无奇数长度的回路，因而每条弦的两端的颜色是不同的，所以 G 两色的。

定理 7.2.7 任意平面图 $G=(n,m)$ 最多是 5 色的（$\chi(G) \leqslant 5$）。

证　（用数学归纳法）

（1）当 $n \leq 5$ 时，显然 $\chi(G) \leq 5$。

（2）假设 $n = k$ 时命题成立，即 $\chi(G) \leq 5$，求证 $n = k+1$ 时，命题也成立。

据欧拉公式的推论可知，G 中至少有一个结点 v_0，它的度数 $d(v_0) \leq 5$，因为有 3 个以上结点的连通平面图，应满足 $m \leq 3n - 6$。如果 G 中每个结点的度数 $d(v_i) \geq 6$ 则有

$$2m = \sum_{i=1}^{n} d(v_i) \geqslant 6n$$

所以

$$m \geqslant 3n > 3n - 6$$

这与推论 1 相矛盾。

在 G 中去掉这样的结点 v_0 及和它关联的边，得到 G 的一个子图 G'，G' 是有 k 个结点的，据归纳假设它最多是 5 色的。

现在，把结点 v_0 及与它关联的边加上去，使 G' 恢复为 G，由于 v_0 的度数小于等于 5，所以有以下两种可能：

第一，$d(v_0) < 5$。即 v_0 最多与 4 个结点相邻接，这 4 个结点用 4 种不同颜色；v_0 可以用第五种颜色。即图 G 最多用 5 种颜色着色，命题得证。

第二，$d(v_0) = 5$。即 v_0 与 5 个结点邻接，若这 5 个结点用了少于 5 种颜色着色，命题也得证。

若 v_0 邻接的 5 个结点刚好用了 5 种颜色，如图 7.2.10 所示，v_0 怎样着色，才使命题得证？

在这个子图 G' 中，任选两个不相邻的结点，如 v_1 和 v_3，它们分别着红色和黄色。这样，有两种可能情况需考虑：

若把 v_1、v_3 以及与其相同颜色的结点，分别规划到两个连通分图 H_1 和 H_2，如图 7.2.11 所示。

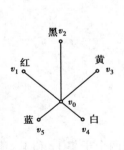

图 7.2.10

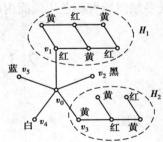

图 7.2.11

可以看出，在 H_1 中，把各结点的颜色红黄对换，显然，不会影响 G' 的正常着色。于是，把 v_1 换为黄色，v_0 着红色，图 G 最多着 5 色。命题得证。

若把 v_1 和 v_2 规划在同一个连通分图 H 中，如图 7.2.12 所示。

可知，v_1、v_3 和 v_0 必构成一条回路 C。这样，把结点 v_2 和 v_4 化到两个连通分图中，出现上面的情况。于是，把 v_2 换为白色，v_0 着上黑色，图 G 最多也是 5 种颜色，命题得证。

故由（1）和（2）定理成立。

定理 7.2.8　（四色定理）　每个平面图是四色的。

本定理证明,在计算机上用了 1 200 个机时。证明只是对正规地图进行,即假设地图上任何一个国家都不包围别的国家,且无三个国家相交于一点;证明用的是反证法,即证明不存在正规五色地图。至今还没有得到简单的数学方法证明四色定理。

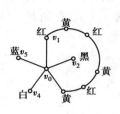

图 7.2.12

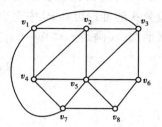

图 7.2.13

下面介绍对图着色的**韦尔奇·鲍威尔**(Welch Powell)**法**。算法步骤如下:

(1)将图 G 的结点按度数的递减次序进行排列(这种排列可能不唯一)。

(2)用第一种颜色对第一个结点着色,并且按排列次序对与前面着色点不邻接的每一点上着上同样的颜色。

(3)用第二种颜色对沿未着色的结点重复(2),用第三种颜色继续这种做法,直至所经结点全部着上色为止。

例 7.2.4 用韦尔奇·鲍威尔算法对图 7.2.13 着色。

解 (1)依递减次序排列各结点:$v_5,v_3,v_7,v_1,v_2,v_4,v_6,v_8$;

(2)对结点 v_5 着 1 色,并对不相邻结点 v_1 着 1 色;

(3)对结点 v_3 着和它不相邻结点 v_4,v_8 相同的 2 色;

(4)对结点 v_7 着和它不相邻结点 v_2,v_6 相同的 3 色;

因此 G 是 3 色的。因为 v_1,v_2,v_4 相互邻接,故必须用 3 种颜色,所以 $\chi(G)=3$。如图 7.2.13所示(各结点所着颜色用圆圈内的数字表示)。

7.3 二分图与匹配

7.3.1 二分图

定义 7.3.1 设无向图 $G=<V,E>$ 的结点集合 V 能分成两个子集 V_1 和 V_2,满足

$$V_1 \cap V_2 = \phi, V_1 \cup V_2 = V$$

且对任意一条边 $e=(v_i,v_j)$,均有 $v_i \in V_1$ 和 $v_j \in V_2$,则称 G 为**二分图**。并称 V_1 和 V_2 为 G 的互补结点子集。

图 7.3.1 是一个二分图,它的互补结点子集为 $V_1 = \{v_1,v_2,v_3,v_4\}$,$V_2 = \{v_5,v_6,v_7\}$。

从定义可以看出二分图的特点,即图的每一条边都跨接在两个互补结点子集上,而结点子集内部任意两个结点都不邻接。由定义亦可知,二分图可以是连通图,也可以不是连通图。

定义 7.3.2 如果二分图 G 的互补结点子集 V_1 中的每一结点,都与 V_2 中的所有结点邻接,则称 G 为**完全二分图**。

常用 $K_{m,n}$ 表示一个完全二分图,其中 m,n 分别表示 V_1 和 V_2 中的结点数,即 $|V_1| = m$, $|V_2| = n$。显然完全二分图 $K_{m,n}$ 有 $m \times n$ 条边。

图 7.3.2 中的(a)是完全二分图 $K_{3,4}$,而(b)则表示完全二分图 $K_{3,3}$。

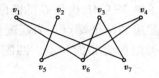

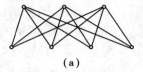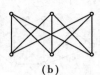

图 7.3.1   图 7.3.2

一个图如果具有上面形状,很容易判定它是一个二分图,有些图虽然不是上面的形状,但是经过改画后能成为上面的形状,仍可判定是二分图。

例如图 7.3.3 的(a)经改画后可成为(b),(c)经改画后可成为(d),因而可以判定(a)和(c)都是二分图,但(e)无论怎样改画,都不能成为上面二分图的标准形状,因而不是二分图。

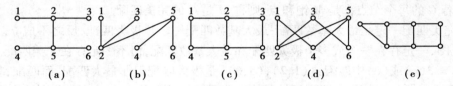

图 7.3.3

显然,根据定义或用直观的改画方法判定一个图是否为二分图是不方便的,因此有必要寻求一个行之有效的判别定理。

定理7.3.1　G 是二分图,当且仅当 G 中没有奇回路(说明:边数为奇数的回路称为奇回路,否则为偶回路;如果 G 无回路,相当于任一回路的度数为 $0,0$ 视为偶数)。

证　先证必要性。设 V_1 和 V_2 是二分图 G 的互补结点子集,并设 G 中有一回路 $C:v_0v_1 v_2\cdots v_mv_0$,且 $v_0 \in V_1$。因为 $(v_0,v_1) \in E$,且 G 是二分图,所以 $v_1 \in V_2$;同理,$v_2 \in V_1$,一般有 $v_{2i} \in V_1, v_{2i+1} \in V_2$($i$ 是非负整数);又因 $v_0 \in V_1$,所以 $v_m \in V_2$。因而,存在 i 使 $m = 2i+1$,即回路 C 是偶回路。

再证充分性。假定 G 是连通的(否则可以分别考虑它的每一个分支),任取一个结点 $v_1 \in V$,又令 V_1 由 v_1 和所有与 v_1 的距离为偶数的结点所组成,而 $V_2 = V - V_1$。如果有一条边 (v_i, v_j) 连接 V_1 的两个结点,那么从 v_1 到 v_i 的路径,边 (v_i,v_j) 和从 v_j 到 v_1 的路径,三者的并将组成一个奇回路,这与 G 中没有奇回路的条件相矛盾。因此,可知 G 的每一条边 (v_i,v_j) 必有 $v_i \in V_1, v_j \in V_2$,即 G 是二分图。

推论:任何一棵树都是二分图。

定理7.3.2　完全二分图 $K_{m,n}$ 是哈密尔顿图(H 图),当且仅当 $m = n$。

证　先证必要性。因为 $K_{m,n}$ 是 H 图,两个互补结点集 V_1,V_2 的结点在 H 回路(偶回路)中相间出现,所以 $m = n$。

再证充分性。若 $m = n$,从 V_1 或 V_2 的某结点出发,可得到这两个子集的结点相间的一条路径。因原图是完全二分图,则 V_1 中任一结点可邻接 V_2 中每一个结点,于是这条路径可经过此二分图的各结点最后返回原出发点,因此这条是 H 回路,即原二分图是 H 图。

7.3.2　匹配

定义7.3.3　在无向图 $G = <V,E>$ 中,对边集 E 的任一子集 $M \subseteq E$,如果 M 中任意两条

边都不相邻(即两条边无公共端点),则称 M 为图 G 的一个**匹配**。

例 7.3.1 图 7.3.4 中的下列边集都是该图的匹配:$M_1 = \{e\}$,$M_2 = \{e_1, e_5\}$,$M_3 = \{e_1, e_5, e_{10}\}$,$\cdots$,$M_k = \{e_4, e_6, e_8\}$。

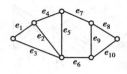

图 7.3.4

显然,图 G 的任一匹配 M 的任一子集 $M' \subseteq M$,仍是 G 的匹配。

G 中属于 M 的边称为匹配边,匹配边的两个端点互为匹配点,匹配边的所有结点称为关于 M 饱和点,否则称为非饱和点。匹配 M 的基数(即 M 中边的数目)记作 $|M|$。

定义 7.3.4 设 M 是 G 的一个匹配,它有以下几种类型:

(1)若将 G 中除 M 外的边增加到 M 中去后所得边集不再匹配了,则称 M 是 G 的**极大匹配**。

(2)若不存在另一匹配 M',满足 $|M'| > |M|$,则称 M 是 G 的**最大基数匹配**或简称**最大匹配**。

(3)若 G 的每个结点都是 M 饱和点,则称 M 是 G 的**完美匹配**。

注:完美匹配一定是最大基数匹配;最大基数匹配一定是极大匹配,反之不成立。任意一个非平凡图,一定存在一个或多个极大匹配和最大基数匹配,但不一定存在完美匹配。

图 7.3.3(c)或(d)中匹配:$\{(1,2),(5,6)\}$ 是极大匹配但非最大匹配,而匹配:$\{(1,4),(2,5),(3,6)\}$ 既是图的最大匹配又是图的完美匹配。图 7.3.5(a)和(b)分别给出了图的最大基数匹配和完美匹配(图中粗线表示匹配边)。由图可见,一个图 G 的极大匹配、最大基数匹配和完美匹配不是唯一的。图具有偶数个结点,则是存在完美匹配的必要条件。

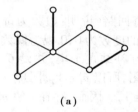 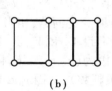

(a)　　　　　　　　　(b)

图 7.3.5

设 M 是图 G 的一个匹配,若 G 中存在一条基本路径 P,它是由属于 M 的匹配边和不属于 M 的非匹配边交替出现而组成的,则称 P 为**交替路**。若 P 的两个端点都是 M 的非饱和点,则称这条交替路为 M **可增广路**。

例如图 7.3.6(a)中图 G 的一个匹配 M 为(图中粗线所示)$M = \{(v_2, v_3), (v_5, v_6), (v_7, v_8)\}$ 则 $P_1 = v_1 v_2 v_3 v_5$ 是一条交替路,而 $P_2 = v_4 v_5 v_6 v_7 v_8 v_1$ 则是一条可增广路。

如用 $E(P)$ 表示路径 P 的边集,则 $E(P_2) = \{<v_4, v_5>, <v_5, v_6>, <v_6, v_7>, <v_7, v_8>, <v_8, v_1>\}$。

如果将可增广路 P_2 上的匹配边改为非匹配边,非匹配边改为匹配边,不在 P_2 上的匹配边保持不变,则匹配变为 M',如图 7.3.6(b)所示,可以看出 M' 的边数比 M 的边数增加 1,即

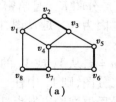 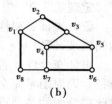

(a)　　　　　　(b)

图 7.3.6

$$|M'| = |M| + 1$$

上面由 M 变为 M' 的变换,实际是对 M 和 $E(P_2)$ 进行环和的结果,即

$$M' = M \oplus E(P_2)$$

定理 7.3.3　图 G 的匹配 M 是最大基数匹配,当且仅当 G 不含 M 可增广路。

证　如果 G 含有 M 可增广路 P,由前面的分析显然可构造一个新的匹配 $M' = M \oplus E(P)$,且 $|M'| > |M|$,因而 M 就不是最大基数匹配。

反之,如果 M 不是最大基数匹配,下面证明 G 必含有 M 可增广路。令 M' 是 G 的最大基数匹配,则 $|M'| > |M|$。设 $G' = <V, M \oplus M'>$,则 G' 是 G 的生成子图,G' 的边集是 M 和 M' 中不相同的边的并集,而且可以得到

(1) G' 的边集中含 M' 的边的数目比含 M 的边的数目多。

(2) G' 的任一结点最多关联 M' 的一条边或最多关联 M 的一条边。

由(2)可知 G' 的任一结点的度数或者是 0,或者是 1,或者是 2。因此 G' 的每个连通分支或者是由 M' 和 M 的边交替出现构成的回路,或者是由 M' 和 M 边交替出现构成的交替路。由于 G' 中 M' 的边多于 M 的边,因此必有一条交替路 P 始于 M' 的边且终止于 M' 的边,这条交替路的两个端点对 M' 是饱和点,对 M 则是非饱和点,因此 P 是 G 的一条 M 可增广路。

定理 7.3.3 的证明过程,为我们提供了一个找最大匹配的方法,这就是**匈牙利算法**,步骤如下:

(1) 对给定的二分图 $G = <V_1, V_2, E>$,任取初始匹配 M;

(2) V_1 饱和否? 是则结束;否则转(3);

(3) 找 $x_0 \in V_1$,为非饱和点,$X = \{x_0\}$,$Y = \phi$;

(4) $\Gamma(X) = Y$ 否? 是,则无法继续,中止;否,则转(5)($\Gamma(X)$ 表示与集合 X 相邻接的点的集合);

(5) 找一顶点 $y \in \Gamma(X) - Y$;

(6) y 已经饱和否? 是,则转(7);否,则转(8);

(7) $(y, z) \in M, X := X \cup \{z\}, Y := Y \cup \{y\}$,转(4);

(8) 存在一条从 x_0 到 y 的可增广的交替路径 $P, M := M \oplus E(P)$,转(2)。

例 7.3.2　求图 7.3.7(1)所示二分图的一个最大匹配,其中 $V_1 = \{v_1, v_2, v_3, v_4, v_5\}$

解　第一步,任给一初始匹配:

$$M = \{(v_1, v_6), (v_3, v_{10}), (v_5, v_8)\}$$

如图 7.3.7(2)所示,M 的边用粗线表示。

第二步,在 1 中找出未饱和点 v_2,从 v_2 出发经历下列过程:

$$X: \{v_2\} \rightarrow \{v_2, v_5\} \rightarrow \{v_2, v_5, v_3\},$$
$$Y: \phi \rightarrow \{v_8\} \rightarrow \{v_8, v_{10}\} \rightarrow \{v_8, v_{10}, v_7\}$$

发现 7 是非饱和点,且找到从 2 到 7 的可增广交替路径(图 7.3.7(2)中的箭头所示):

$$P = v_2 v_8 v_5 v_4 v_3 v_7$$

于是得到新的匹配 $M := M \oplus E(P)$,如图 7.3.7(3)所示。

第三步,又从非饱和点 v_4 出发,经历下列过程:

$$X: \{v_4\} \rightarrow \{v_4, v_2\} \rightarrow \{v_4, v_2, v_3\} \rightarrow \{v_4, v_2, v_3, v_5\},$$
$$Y: \phi \rightarrow \{v_8\} \rightarrow \{v_8, v_7\} \rightarrow \{v_8, v_7, v_{10}\} \rightarrow \{v_8, v_7, v_{10}, v_9\}$$

发现还有非饱和点 v_9,且找到 v_4 到 v_9 的一条可增广交替路径(图 7.3.7(3)中的箭头所示):

$$P = v_4 v_8 v_2 v_7 \ v_3 v_{10} v_5 v_9$$

于是得到新的匹配 $M:=M \oplus E(P)$，如图 7.3.7(4) 所示。

第四步，V_1 已全部饱和，工作结束，M 即为所求最大匹配。

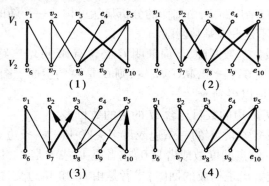

图 7.3.7

定义 7.3.5　设 V_1 和 V_2 是二分图 $G=<V,E>$ 的两个互补结点子集，如果存在匹配 M，使 V_1 的所有结点都是 M 饱和点，则称 M 为从 V_1 到 V_2 的**完全匹配**。

在例 7.3.2 中，因为 V_1 已饱和，故求得的匹配 M 亦为从 V_1 到 V_2 的完全匹配。

完全匹配必然也是最大基数匹配，当 $|V_2|=|V_1|$ 时，完全匹配就是完美匹配。但是，一个二分图不一定存在完全匹配，例如当 $|V_2|<|V_1|$ 时，如图 7.3.8(a) 所示，就不可能获得完全匹配，即使 $|V_2| \geqslant |V_1|$，也不一定存在完全匹配，如图 7.3.8(b) 所示，所以 $|V_2| \geqslant |V_1|$ 只是存在完全匹配的必要条件而非充分条件。

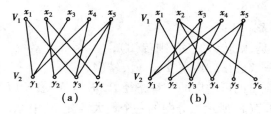

图 7.3.8

怎样判断一个二分图是否存在完全匹配呢？下面给出的 Hall 定理定量地解决了这个问题。

定理 7.3.4(Hall **定理**)　设 $G=<V,E>$ 是一个具有互补结点子集 V_1 和 V_2 的二分图，则 G 有从 V_1 到 V_2 完全匹配的充分必要的条件是：对任意 $A \subseteq V_1$，均有

$$|N(A)| \geqslant |A|$$

式中，$N(A) \subseteq V_2$ 为与 A 中结点邻接的结点集合。

证　先证必要性。如果存在从 V_1 到 V_2 的完全匹配 M，则 V_1 中每个结点都是 M 饱和点，因此 V_1 中任一子集 A 中的结点在 M 下和 $N(A)$ 中的结点配对，显然有 $|N(A)| \geqslant |A|$。

再证充分性。若对于任何 $A \in V_1$，恒有 $|N(A)| \geqslant |A|$，则可以按下列方法作出匹配 M，使得 V_1 关于 M 饱和。先作任意一初始匹配，若已使 V_1 饱和，则定理已证；如若不然，则 V_1 中至少有一点 v_0 非饱和，则从 v_0 出发，检查从 v_0 开始终点在 V_2 的交替路，可能有下列两种情况发生：

（1）没有任何一条交替路可以到达 V_2 的非饱和点。这时由于从 v_0 点开始的一切交替路终点还是在 V_1，故对于 V_1 的子集 A 有 $|N(A)| < |A|$。这与条件矛盾，所以这种情况是不可能的。

（2）存在一条从 v_0 点出发的交替路，终点为 V_2 的非饱和点，则这条路便是可增广路，因而可以改变一下匹配使 v_0 饱和。

重复以上过程，就可以找到匹配 M，使 V_1 全部饱和。充分性得证。

例 7.3.3　设有 4 个工人 x_1, x_2, x_3, x_4，现有 5 项工作 y_1, y_2, y_3, y_4, y_5 需要做。每个工人能做这 5 项工作中哪几项的情况如二分图 7.3.9 所示。问能否使每个人都安排一项能做的工作。

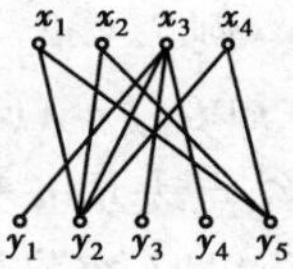

解　根据 Hall 定理，设 $A = \{x_1, x_2, x_4\}$，$N(A) = \{y_2, y_5\}$，$|N(A)| < |A|$，所以二分图 G 中没有完全匹配，故使工人 x_1, x_2, x_3, x_4 都分配到一项能做的工作是不可能的。

图 7.3.9

*7.4　连通度与网络流

7.4.1　连通度

在 6.2 中引入了图 G 的连通分支数 $p(G)$，并给出了点割集、割点、边割集及割边（桥）的定义，在此基础上，我们将在本节介绍图的连通程度概念，并给出图的连通度的定义。

定义 7.4.1　设 G 是一个无向连通图，记 $k(G) = \min \{|V'| \mid V'$ 是 G 的点割集$\}$，称 $k(G)$ 为 G 的**点连通度**（或**连通度**）。

连通度即是使图 G 成为不连通图需要删去的结点的最少数目。于是，一个不连通图的连通度为 0，存在割点的连通图其连通度为 1。完全图 K_n 中删除任何 $m(m < n-1)$ 个结点后仍是连通图，但是删除 $n-1$ 个结点后，产生一个平凡图，故 $k(G) = n - 1$。

定义 7.4.2　设 G 是一个无向连通图，记 $\lambda(G) = \min \{|E'| \mid E'$ 是 G 的边割集$\}$，称 $\lambda(G)$ 为 G 的**边连通度**。

易知，若 G 是一个非连通图或是一个平凡图，则边连通度 $\lambda(G) = 0$，若 G 有割边，则 $\lambda(G) = 1$。

点连通度和边连通度是从不同角度来表示图的连通程度。

定义 7.4.3　设图 G 的结点非空真子集为 $V_1 \subset V$，在 G 中的一个端点在 V_1 中，另一端点在 $\overline{V_1}$ 中的所有边组成的集合称为 G 的一个**断集**，记为 $E(V_1 \times \overline{V_1})$，简记为 $(V_1, \overline{V_1})$。

显然边割集是断集，反之则不一定。对于连通图 $G = \langle V, E \rangle$，删去一个边割集，将得到两个连通分支；而删去一个断集，则可能得到多于两个的连通分支。

例 7.4.1　图 7.4.1 中的 4 个连通图，它们都有 5 个结点。G_1 是一棵树，删去任何一条边将使图不连通，即每条边都是割边，易知 $k(G) = \lambda(G) = 1$；G_2 中删去任何一条边都不会使图不连通，但是删去结点 v 以后将使图不连通，易知 $k(G) = 1, \lambda(G) = 2$；G_3 中删去任一结点或任何一条边都不能使图成为不连通的，$k(G) = \lambda(G) = 3$；G_4 中必须删去 4 条边或删去 4 个点，才能使剩下的图不连通或成为一个平凡图，于是 $k(G) = \lambda(G) = 4$。可见 G_2 的连通性较

G_1 强；G_3 的连通性较 G_1，G_2 强；G_4 是完全图，它的连通性最强。

图 7.4.1

例 7.4.2 图 7.4.2 中的两个连通图 $G_1 = (n, m)$，$G_2 = (n, m)$ 都有 $n = 8$，$m = 16$。在 (a) 中，$k(G_1) = \lambda(G_1) = 4$；在 (b) 中，$k(G_2) = 1$，$\lambda(G_2) = 3$。图的连通度有它的实际应用。设 n 个结点表示 n 个站，用 m 条边连接起来，边表示铁路或者电话线。为了使 n 站连接得"最好"，即不容易被破坏，必须构造一个具有 n 个结点，m 条边的连通图，并使它具有最大的点连通度和边连通度。按图 7.4.2(a) 的连接法，如果有 3 个站或者 3 段铁路被破坏，余下的站或铁路仍能继续相互联系，也就是仍具有连通性。但按图 7.4.2(b) 的连接法，如果有 v 站被破坏，余下的站就不能保持连通。

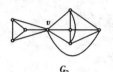

图 7.4.2

点连通度，边连通度与最小顶点数有如下联系。

定理 7.4.1 对任何无向图 G，有 $k(G) \leqslant \lambda(G) \leqslant \delta(G)$。

证 如果 G 是不连通的，则 $k(G) = \lambda(G) = 0$，故上式成立。

当 $G = K_n$，则 $k(G) = \lambda(G) = \delta(G) = n - 1$，上式也成立。下面证连通图 G 至少有 3 个结点的情况。

(1) 证 $\lambda(G) \leqslant \delta(G)$

由于每一个结点关联的所有边显然构成一个边割集，因此，$\lambda(G)$ 至多是 $\delta(G)$，即 $\lambda(G) \leqslant \delta(G)$。

(2) 证 $k(G) \leqslant \lambda(G)$

当在 G 中删去构成边割集的 $\lambda(G)$ 条边，将产生 G 的两个连通分支 G_1，G_2。显然这 $\lambda(G)$ 条边在 G_1 和 G_2 中的端点至多是 $2\lambda(G)$ 个，那么至多去掉 $\lambda(G)$ 个结点（分别是这 $\lambda(G)$ 条边的端点），同样会使 G 不连通，因此 G 的点连通度不超过 $\lambda(G)$，即 $k(G) \leqslant \lambda(G)$。

例 7.4.3 若 G 是有 n 个结点的简单图，且 $\delta(G) \geqslant n - 2$，则 $k(G) = \delta(G)$。

证 当 $\delta(G) = n - 1$ 时 $G = K_n$，所以 $k(G) = n - 1 = \delta(G)$。当 $\delta(G) = n - 2$ 时，若结点 v_1，v_2 不相邻，则对任意第 3 个结点 v_3，G 中有边 (v_1, v_3)，(v_2, v_3)。此时对任意 $n - 3$ 个结点构成的子集 V'，均有 $G - V'$ 连通。所以 $k(G) \geqslant n - 2 = \delta(G)$，再由定理 7.4.1，即得 $k(G) = \delta(G)$。

定义 7.4.4 若图 G 的 $k(G) \geqslant k$，称 G 是 **k-点连通的**。

例如图 7.4.1 中 G_3 的点连通度是 3，所以它是 3-点连通的，也是 2-点连通的和 1-点连通的，但不是 4-点连通的。非平凡连通图是 1-点连通的。

定义 7.4.5 若图 G 的 $\lambda(G) \geqslant k$，称 G 是 **k-边连通的**。

例如图 7.4.2(b) 中图的边连通度是 3，所以它是 3-边连通的，也是 2-边连通的和 1-边连通的；但不是 4-边连通的。

下面我们看 2-点连通图的特征。为此，先讨论一下割点。由定义 7.4.4 可知，有割点的连通图是 1-点连通的，但不是 2-点连通的，反之亦然。割点有如下几个等价条件：

定理 7.4.2 设 v 是连通图 G 的一个结点,下列论断是等价的:

(1) v 是 G 的一个割点。

(2) 对于结点 v,存在两个不同的结点 t 和 w,使结点 v 在每一条从 t 到 w 的路上。

(3) 存在 $V-\{v\}$ 的一个分成 T 和 W 的划分,使对任意两结点 $t \in T$ 和 $w \in W$,结点 v 在每一条从 t 到 w 的路上。

证 (1)⇒(3)。因为 v 是 G 的一个割点,$G-\{v\}$ 是不连通的,它至少有两个分支。设 T 是由其中一个分支的结点组成,W 由其余结点组成,$\{T,W\}$ 形成 $V-\{v\}$ 的一个划分。于是任意两结点 $t \in T$ 和 $w \in W$ 在 $G-\{v\}$ 的不同分支中。因此 G 中每一条从 t 到 w 的路中包含结点 v。

(3)⇒(2)。因为(2)是(3)的一个特殊情况,所以得证。

(2)⇒(1)。若 v 在每一条从 t 到 w 的路上,则在 $G-\{v\}$ 中不能有一条从 t 到 w 的路,因此 $G-\{v\}$ 是不连通的,即 v 是 G 的一个割点。

定义 7.4.6 有割点的非平凡连通图称为**可分图**。没有割点的非平凡连通图称为**不可分图**。

显然,结点数 $n \geqslant 3$ 的不可分图是 2-点连通图,又称双连通图,这种图的等价特征表现如下。

定理 7.4.3 设 G 是结点数 $n \geqslant 3$ 的连通图,下列论断是等价的:

(1) G 中没有割点。

(2) G 的任意两个结点在同一条回路上。

(3) G 的任意一个结点和任意一条边在同一条回路上。

(4) G 的任意两条边在同一条回路上。

(证明略)

在 G 的边集 E 上建立如下关系:对于 E 中任意两边 e_1 和 e_2,e_1 和 e_2 有关系,当且仅当 $e_1 = e_2$ 或者 e_1 和 e_2 在同一回路上。容易验证这个关系是一个等价关系。它把边划分为等价类 $E_1, E_2, \cdots, E_k$,使得两条不同的边在同一类中,当且仅当这两条边在同一回路上。由 E_i 导出的子图记为 $G_i, 1 \leqslant i \leqslant k$。每个子图 G_i 称为 G 的一个块。或称双连通分支。所以对于结点数 $n \geqslant 3$ 的块,它的任意两边在同一回路上,又由定理 7.4.3 可知,$n \geqslant 3$ 时,块等价于 2-点连通图,即等价于没有割点的连通图。而 $n = 2$ 时,一条边也就是一个块。图 7.4.3(a) 中边 e 是桥,点 t, v 都是割点,这个图共有 4 个块,如图 7.4.3(b) 所示。总之,图的一个块是一个最大不可分子图。

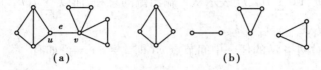

(a)   (b)

图 7.4.3

7.4.2 网络流及最大流最小割定理

一、单发点单收点有向网络

定义 7.4.7 设 $N = <V, E>$ 是一连通且无自环的有向图,如满足以下条件:

(1) 有且仅有一个结点 s(或记作 v_s),它的入度数为零。

（2）有且仅有一个结点 t（或记作 v_t），它的出度数为零。

（3）任一条边 $<v_i, v_j>$ 均有一非负数的权。

则 N 称为一网络。

常称入度数为零的结点 s 为网络 N 的源或发点，称出度数为零的结点 t 为网络 N 的汇或收点，而将边带的权称为该边的容量。边 $<v_i, v_j>$ 的容量，记作 $C(i,j)$，一般情况下 $C(i,j) \neq C(j,i)$

这里所定义的网络，是各种交通运输、信息传递系统的数学模型。边的容量在不同的问题上具有不同的物理意义，例如若 N 是一个交通运输网络，则 s 表示发送站，t 表示接收站，其余结点表示中间转运站，边的容量表示这条通路上能承担的最大运输量。

二、网上的流

定义 7.4.8 网络上的流是指从发点 s 发出的物质，这些物质通过网上的各条途径流入收点，把流过边 $<v_i, v_j>$ 的流量记作 $f(i,j)$，称为**边 $<v_I, v_j>$ 的流**。

显然，边 $<v_I, v_j>$ 上的流量不应超过边的容量，即

$$0 \leqslant f(i,j) \leqslant C(i,j) \tag{1}$$

例如网络是油路运输系统，边的容量表示这段管道允许流过的最大流量，而流则表示这段管道当前实际的流量。

定义 7.4.9 满足（1）式的网络称为**相容网络**。

如图 7.4.4 所示的网络 N，每条边上的第一个数表示该边的容量，第二个数表示当前流过该边的流量，即 $C(s,1) = 8, f(s,1) = 6, \cdots$。

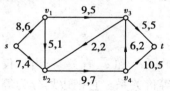

图 7.4.4

定义 7.4.10 网络 N 的某条边 $<v_i, v_j>$，若它的流量等于容量，即

$$f(i,j) = C(i,j)$$

则称该边为**饱和边**，否则称为**非饱和边**。

如图 7.4.4，边 $<v_3, t>$，$<v_3, v_2>$ 当前为饱和边，其余均为非饱和边。

定义 7.4.11 网络 N 的每一条边上流的集合称为**网上的流**，记作 F，即

$$F = \{f(i,j) \mid <v_i, v_j> \in E\}$$

例如图 7.4.4，网络上的流为

$$F = \{6, 4, 1, 5, 2, 7, 5, 2, 5\}$$

对于任意结点 v_i，以 $\sum\limits_{j=1}^{d_1} f(i,j)$ 表示从 v_i 输出流的总和，而以 $\sum\limits_{k=1}^{d_2} f(k,i)$ 表示输入 v_i 流的总和，其中 $d^+(v_i) = d_1$，$d^-(v_i) = d_2$。

定义 7.4.12 对网络 N 的任一中间节点 v_i（即 $v_i \neq s, v_i \neq t$）如有

$$\sum_{j=1}^{d_1} f(i,j) = \sum_{k=1}^{d_2} f(k,i) \tag{2}$$

则称网络 N 是**守恒的**。

守恒网络是一种无损耗网络，是实际运输网络的理想化，这时发点输出流的总和等于输入收点的总和，其值记作 $f(s,t)$，即

$$f(s, t) = \sum_{j=1}^{d_1} f(s,j) = \sum_{k=1}^{d_2} f(k,t)$$

这里的 d_1, d_2 分别表示 s 的出度和 t 的入度。

定义 7.4.13 若网络 N 满足(1)式和(2)式两个条件,则称 F 是网络 N 上的**可行流**,并称 $f(s,t)$ 为可行流 F 的值。

如图 7.4.4,此时网上的流就是可行流,它的值 $f(s,t)=10$。

显然,每一个网络至少有一个可行流,因为对任一条边 $<v_i,v_j> \in E$,如果令 $f(i,j)=0$,由此得的流必然满足式(1)和(2),因而是可行流。这样设置的可行流为**零流**。

研究网络流的任务,在于寻求它的最大流,即在满足式(1)和(2)的条件下,求 $f(s,t)$ 的最大值,因(1)式是个不等式,这个问题是一个典型的线性规划问题,用图论的方法来解决,更为简捷有效。

三、切割

定义 7.4.14 对网络 $N = <V,E>$,设 V_1 和 V_2 的两个不相交的非空子集,用 (V_1,V_2) 表示始于 V_1 中的结点终止于 V_2 中的边的集合,$f(V_1,V_2)$ 表示这些边上流的总和,即

$$(V_1,V_2) = \{ <v_i,v_j> \mid v_i \in V_1, v_j \in V_2 \}$$

$$f(V_1,V_2) = \sum_{<v_i,v_j> \in <V_1,V_2>} f(i,j)$$

如图 7.4.4 所示,设 $V_1 = \{v_1,v_2\}$,$V_2 = \{v_3,v_4\}$,则 $(V_1,V_2) = \{ <v_1,v_3> , <v_2,v_4> \}$,$f(V_1,V_2) = 5+7 = 12$。

定义 7.4.15 网络 $N = <V,E>$ 的一个分离发点 s 和收点 t 的**切割** K,是边的集合 $(V_1,\overline{V_1})$,这里 $V_1 \subset V$,$\overline{V_1} = V - V_1$,且 $s \in V_1, t \in \overline{V_1}$。

例 7.4.4 如图 7.4.4 的网络 N,

(1)若取 $V_1 = \{s_1,v_1,v_2\}$,则 $\overline{V_1} = \{v_3,v_4,t\}$,此时 $K_1 = (V_1,\overline{V_1}) = \{ <v_1,v_3> , <v_2,v_4> \}$ 是 N 的一个切割。

(2)若取 $V' = \{s,v_1\}$,则 $\overline{V'} = \{v_2,v_3,v_4,t\}$,此时 $K_2 = (V',\overline{V'}) = \{ <s,v_2> , <v_1,v_2> , <v_1,v_3> \}$ 也是 N 的一个切割。

因此,取不同的 V_1(必须 $s \in V_1, t \in V - V_1$)将得到不同的切割,但它们都是分离发点 s 和收点 t 的。

必须把这里讲的切割与前面讲的边割集区别开来,切割是针对流向而言,即切断了所有流向的流,但图不一定被分离成两个分支,而割集却是从分割图来定义的。

定义 7.4.16 切割 K 的容量,是它的各边容量之和,记作 $C(V_1,\overline{V_1})$ 或 $C(K)$,即

$$C(K) = \sum_{<v_i,v_j> \in (V_1,\overline{V_1})} C(i,j) \tag{3}$$

如例 7.4.4,因 $C(1,3)=9, C(2,4)=9, C(s,2)=7, C(1,2)=5$,则

$$C(K_1) = 9+9 = 18; C(K_2) = 7+5+9 = 21$$

定理 7.4.4 对网络 $N = <V,E>$ 的任一切割 $(V_1,\overline{V_1})$,恒有

$$f(s,t) = f(V_1,\overline{V_1}) - f(\overline{V_1},V_1)$$

$$= \sum_{\substack{i \in V_1 \\ j \in \overline{V_1}}} f(i,j) - \sum_{\substack{j \in \overline{V_1} \\ i \in V_1}} f(j,i) \tag{4}$$

证 根据流的条件,有

$$f(s,t) = \sum_v f(s,v) - \sum_v f(v,s)$$

173

其中，$\sum\limits_{v} f(s,v)$ 表示从发点流出的流之和，$\sum\limits_{v} f(v,s)$ 表示流入发点之流的和。

此外对任一结点 $u \in V_1 (u \neq s)$ 均有

$$\sum_{v} f(u,v) - \sum_{v} f(v,u) = 0$$

根据上面两个方程，对 V_1 中的所有结点(包括 s)的流求和，得到

$$f(s,t) = \sum_{u \in V_1} \left(\sum_{v} f(u,v) - \sum_{v} f(v,u) \right)$$

因为

$$\sum_{u \in V_1} \sum_{v} f(u,v) = \sum_{\substack{u \in V_1 \\ v \in V_1}} f(u,v) + \sum_{\substack{u \in V_1 \\ v \in \overline{V_1}}} f(u,v)$$

而

$$\sum_{u \in V_1} \sum_{v} f(v,u) = \sum_{\substack{u \in V_1 \\ v \in V_1}} f(v,u) + \sum_{\substack{u \in V_1 \\ v \in \overline{V_1}}} f(v,u)$$

显然有

$$\sum_{\substack{u \in V_1 \\ v \in V_1}} f(u,v) = \sum_{\substack{u \in V_1 \\ v \in V_1}} f(v,u)$$

故

$$f(s,t) = \sum_{\substack{u \in V_1 \\ v \in \overline{V_1}}} f(u,v) - \sum_{\substack{u \in V_1 \\ v \in \overline{V_1}}} f(v,u)$$

$$= f(V_1, \overline{V_1}) - f(\overline{V_1}, V_1)$$

这一定理告诉我们：从网络的发点到收点的流值，等于任意一个切割中流的净值，即从切割的 V_1 到 $\overline{V_1}$ 的流减去从 $\overline{V_1}$ 到 V_1 的流的总值。

推论 1 任一网络的流值均不可能超过它的任一切割的容量，即

$$f(s,t) \leqslant C(V_1, \overline{V_1}) \tag{5}$$

推论 2 网络的最大流小于等于最小切割的容量，即

$$\max(f(s,t)) \leqslant \min(C(K)) \tag{6}$$

四、最大流最小切割定理

式(6)给出了任意一个网络最大流的上界，即网络的流不可能超过最小切割的容量。1956 年福特(Ford)和富克逊(Fulkerson)提出网络的最大流恰好等于最小切割的容量，即把式(6)变为等式，称为**最大流最小切割定理**。

定义 7.4.17 网络 $N = <V,E>$ 的一条从发点 s 到收点 t 的路 Q 是 N 的一个不同结点序列 $Q = (v_0, v_1, \cdots, v_k)$，其中 $v_0 = s$，$v_k = t$，且 Q 的任意两个顺序结点 v_i 和 v_{i+1}，或者 $<v_i, v_{i+1}> \in E$，或者 $<v_{i+1}, v_i> \in E$。

如图 7.4.5 所示的网络，$Q_1 = (s, v_1, v_2, v_3, t)$ 是 N 的一条从 s 到 t 的路，$Q_2 = (s, v_2, v_1, v_3, t)$ 也是一条从 s 到 t 的路。

定义 7.4.18　在网络 $N = <V, E>$ 的一条路 $Q = (s, v_1, v_2, \cdots, t)$ 中,若 $<v_i, v_{i+1}> \in E$ 则称此边为路的**前向边**,若 $<v_{i+1}, v_i> \in E$,则称此为路的**反向边**。

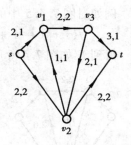

图 7.4.5

如图 7.4.5,在路 Q_1 中 $<s, v_1>$,$<v_3, t>$ 是路的前向边,$<v_2, v_1>$,$<v_3, v_2>$ 是路的反向边。在 Q_2 中,$<v_2, v_1>$ 却是路的前向边。由此可见,同一条边是前向边还是反向边,完全取决于该条路的走向。

定义 7.4.19　设 F 是网络 $N = <V, E>$ 上的流,$f(s, t)$ 为其流值,Q 是 N 的一条路,对路 Q 上的任一条边:

(1) 若 $<v_i, v_{i+1}>$ 是前向边且 $\Delta_i = C(v_i, v_{i+1}) - f(v_i, v_{i+1}) > 0$;

(2) 若 $<v_{i+1}, v_i>$ 是反向边且 $\Delta_i = f(v_{i+1}, v_i) > 0$。

则称 Q 为流的**可增广路**。否则称为流的**不可增广路**。

由此定义可知,若 Q 的所有前向边都不是饱和的,并且所有的反向边的流都不为零,则 Q 是一条可增广路。

例如图 7.4.5 所示的路 Q_1,前向边 $<s, v_1>$ 和 $<v_3, t>$ 都不饱和,反向边 $<v_2, v_1>$ 和 $<v_3, v_2>$ 的流都不为零,故 Q_1 是可增广路。对于 Q_2,因前向边有饱和边,因而不是可增广路。

如果 Q 是一条可增广路,我们定义流的增量 Δ_0 如下

$$\Delta_0 = \min \Delta_i > 0$$

对于 Q 上的任一边,如果它的 $\Delta_i = \Delta_0$,则称这条边为 Q 相对于流的**瓶颈边**。

例如图 7.4.5 中的可增广路 Q_1,对前向边 $<s, v_1>$ 有

$$\Delta_s = C(s, v_1) - f(s, v_1) = 2 - 1 = 1$$

对前向边 $<v_3, t>$ 有

$$\Delta_3 = C(v_3, t) - f(v_3, t) = 3 - 1 = 2$$

对于反向边 $<v_2, v_1>$ 和 $<v_3, v_2>$,都有

$$\Delta_1 = \Delta_2 = 1$$

故

$$\Delta_0 = \min\{1, 2, 1, 1\} = 1$$

此时,边 $<s, v_1>$,$<v_2, v_1>$ 和 $<v_3, v_2>$ 都是路 Q_1 关于流的瓶颈边。

设 F 是当前网 N 上的流,如果存在可增广路 Q,就可以构造一新的网上流 F',使其流值 $f'(s, t)$ 比原来的流值 $f(s, t)$ 增加一个增量 Δ_0,方法是对 Q 的每一条边按下述规则改变它的流量:

(1) 对前向边 $<v_i, v_{i+1}>$,则

$$f(v_i, v_{i+1}) \leftarrow f(v_i, v_{i+1}) + \Delta_0$$

(2) 对反向边 $<v_{i+1}, v_i>$,则

$$f(v_{i+1}, v_i) \leftarrow f(v_{i+1}, v_i) - \Delta_0$$

显然这种改变对每个中间结点,(1)式仍然满足,而流经每条边的流仍然满足式(2),所以仍是可行流,但其流值较前增加了一个增量。

例如对图 7.4.5 中的可增广路 Q_1，按上述法则改变各边的流，即

$$f(s,v_1) \leftarrow 1+1; \quad f(v_2,v_1) \leftarrow 1-1; \quad f(v_3,v_2) \leftarrow 1-1; \quad f(v_3,t) \leftarrow 1+1$$

得到 F' 如图 7.4.6 所示，此时 $f'(s,t)=4$，比原来的流值增加了 1。

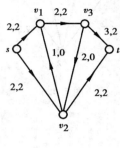

图 7.4.6

定理 7.4.5 若网上的流 F 不存在可增广路，则其流值 $f(s,t)$ 就是网的最大流。

证 首先对网 N 的各结点进行标记，设各结点开始时均未标记，则结点的标记过程按如下步骤进行：

（1）对发点 s 标记；

（2）对于边 $<t,v> \in E$，若 t 已标记而 v 未标记，并且有 $f(t,v) < C(t,v)$，则给 v 标记；

（3）对于边 $<t,v> \in E$，若 v 已标记而 t 未标记，并且有 $f(t,v) > 0$，则给 t 标记。

反复进行步骤（2）和（3），直到 N 的所有可能标记的结点都得到标记为止。可以看到，如果不存在可增广路，按照上述步骤，收点 T 将不会得到标记，由标记过程我们定义一个切割 $(V_1, \overline{V_1})$，即将所有已标记的结点划入子集 V_1，而将未标记的结点划入其补集 $\overline{V_1}$ 中，那么根据标记的规则可以得出：如果 $t \in V_1$，且 $v \in \overline{V_1}$，则 $f(t,v) = C(t,v)$；如果 $t \in \overline{V_1}$，且 $v \in V_1$，则 $f(t,v) = 0$。

于是由定理 7.4.4 即得

$$f(s,t) = \sum_{\substack{u \in V_1 \\ v \in \overline{V_1}}} f(u,v) - \sum_{\substack{u \in V_1 \\ v \in \overline{V_1}}} f(v,u) = \sum_{\substack{u \in V_1 \\ v \in \overline{V_1}}} C(u,v) = C(V, \overline{V_1})$$

由推论 2 可知此时的 $f(s,t)$ 一定是 N 上流的最大值。

通过对上面定理的证明，即可得出最大流最小切割定理如下：

定理 7.4.6 在一个给定的网络 N 中，流的最大值等于切割的最小容量，即

$$\max(f(s,t)) = \min(C(K)) \tag{7}$$

证 由定理 7.4.5 已知，当不存在可增广路，网上的流值即为最大流。而且，按标记过程定义的切割是容量最小的切割 $(V_1, \overline{V_1})$，否则如果还有容量更小的切割 $(V_1', \overline{V_1'})$，将得出 $f(s,t) > C(V_1', \overline{V_1'})$，与推论 1 矛盾，故

$$\max(f(s,t)) = \min(C(K))。$$

定理 7.4.5 的证明过程，提供了寻找网的最大流的方法，即从网的初始流 F_0 开始，找出一条可增广路 Q_0，然后使这条路上的流值增加 Δ_0，网上的流变为 F_1，从中又找出一条可增广路 Q_1，又使路上的流增加 Δ_0'，网上的流成为 F_2，如此继续下去，每找到一条增广路就可使网的流值得到一个增量。推论 1 给出了流值的上界，说明这种过程不会是无止境的，因此最终必然出现不再有任何可增广路，此时网上的流值 $f(s,t)$ 即是最大流。

怎样寻找一条可增广路，定理的证明也提供了一种方法即标记法。

五、标记法

这一算法分两个过程：一是标记过程；二是增广过程。前一过程通过对结点的标记寻找一条可增广路，后一过程则使沿可增广路的流增加。

在标记过程中,每一结点给予 3 个标号,第 1 个标号表示该点的先驱点;第 2 个标号为"$+$"或"$-$",表示先驱点与该点连接的边在可增广路中是前向边还是反向边;第 3 个标号表示这条边上能增加(或减少)的流值 Δ_i。

1. 标记过程 A

A_1(第一步):发点 s 标记为($s,+,\Delta(s)=\infty$)此时 s 称为已标记、未检查点,其余的点均称为未标记、未检查点。

A_2(第二步):任选一已标记未检查的结点 t,若结点 v 与 t 邻接且未标记,则当:

(1)若 $<t,v>\in E$ 且 $C(t,v)>f(t,v)$ 时,则将 v 标记为($t,+,\Delta(v)$),其中
$$\Delta(v)=\min\{\Delta(t),C(t,v)-f(t,v)\}$$
之后,称 v 已标记、未检查。

(2)若 $<v,t>\in E$ 且 $f(v,t)>0$,则将 v 标记为($t,-,\Delta(v)$),其中
$$\Delta(v)=\min\{\Delta(t),f(v,t)\}$$
之后,称 v 已标记、未检查。

(3)与结点 t 邻接的所有结点都标记完之后,将 t 的标记中的符号"$+$"或"$-$"加上小圆圈,表示 t 已标记且已检查。

A_3(第三步):重复步骤 A_2,直到收点 t 被标记,或者收点不可能获得标记为止,如果是前者,转向增广过程,如果是后者,算法结束,所得流即是最大流。

2. 增广过程

B_1(第一步):令 $z=t$

B_2(第二步):若 z 的标记为($q,+,\Delta(z)$),则
$$f(q,z)\leftarrow f(q,z)+\Delta(t)$$
若 z 的标记为($q,-,\Delta(t)$),则
$$f(z,q)\leftarrow f(z,q)-\Delta(t)$$

B_3(第三步):如果 $q=s$,则把全部标记去掉,转向标记过程 A,否则令 $z=q$,转到 B_2。

为了说明这一算法,特举例如下。

例 7.4.5　用标记法求图 7.4.7 所示网络的最大流(图中边上的权表示容量)。

解　F_0 可任意假定一初始流,但必须是可行流,即满足式(1)和式(2)。可从零流开始,即首先找一条可增广路并增加其流值。

A(标记过程):

发点 s 标记为($s,+,\infty$)。考察与 s 邻接的点 v_1 和 v_2(为了简单起见,以后用点的下标表示该点)。

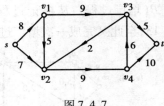

图 7.4.7

对点 1,因 $<s,1>\in E$,且 $C(s,1)>f(s,1)$,故
$$\Delta(1)=\min\{\Delta(s),C(s,1)-f(s,1)\}=8$$
于是点 1 标记为($s,+,8$)。

对点 2,用同样的方法得到标记为($s,+,7$)。

至此,与 s 邻接的结点都已标记,s 标记中的"$+$"写成"$\oplus$",表示 s 已标记、已检查,如图 7.4.8 所示。

重复步骤 A_2,选一已标记、未检查的点,例如选择点 1,与 1 邻接且未标记的点只有点 3,因 $<1,3>\in E$,且 $C(1,3)>f(1,3)$,故

$$\Delta(3) = \min\{\Delta(1), C(1,3) - f(1,3)\} = 8$$

于是，点 3 标记为 $(1, +, 8)$。

至此，点 1 已标记已检查，将它标记中的"$+$"圈上小圆圈，如图 7.4.9 所示。

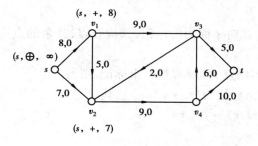 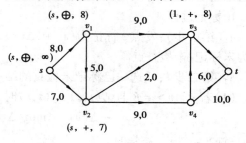

图 7.4.8　　　　　　　　　　　　　　图 7.4.9

重复步骤 A_2，选一已标记未检查的点，例如选择点 3，与它邻接且未标记的点有 4 和 t。

对于点 4，因 $<4,3> \in E$ 且 $f(4,3) = 0$，因此不能用点 3 去标记 4。

对于点 t，因 $<3,t> \in E>$ 且 $C(3,t) > f(3,t)$，故

$$\Delta(t) = \min\{\Delta(3), C(3,t) - f(3,t)\} = 5$$

于是 t 标记为 $(3, +, 5)$，如图 7.4.10 所示。由于 t 已被标记，转到增广过程 B。

B（增广过程）：

$$f(3,t) \leftarrow 0 + 5 = 5; f(1,3) \leftarrow 0 + 5 = 5; f(s,1) \leftarrow 0 + 5 = 5$$

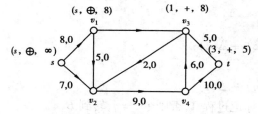 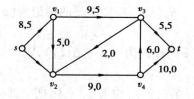

图 7.4.10　　　　　　　　　　　　　　图 7.4.11

至此完成一次增广过程，如图 7.4.11 所示。

其次，找一条可增广路并增加其流值。

A（标记过程）：对图 7.4.11 重新标记，得到图 7.4.12。

B（增广过程）：从标记过程得到一条可增广路 $s \rightarrow v_2 \rightarrow v_4 \rightarrow t$，增值 $\Delta_0 = 7$，于是得到图 7.4.13，至此又完成一次增广过程。

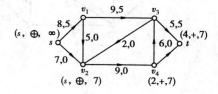 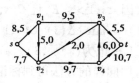

图 7.4.12　　　　　　　　　　　　　　图 7.4.13

第三，找一条可增广路并增加其流值。

对图 7.4.13 重新标记，得到图 7.4.14，从中找到一条增广路 $s \rightarrow v_1 \rightarrow v_2 \rightarrow v_4 \rightarrow t$，增值为 2，

于是得到图 7.4.15。

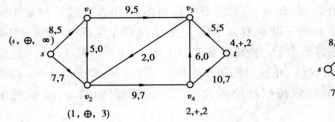

图 7.4.14   图 7.4.15

第四,对图 7.4.15 重新标记,得到图 7.4.16,可见 v_4 和 t 都不可能再获得标记,算法结束,网上最大流为 $\max f(s,t) = 14$。

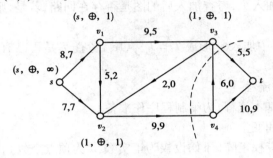

图 7.4.16

将获得标记的结点归入 V_1,不能标记的结点归入 $\overline{V_1}$,即 $V_1 = \{s, v_1, v_2, v_3\}$,$\overline{V_1} = \{v_4, t\}$,得到最小切割为

$$(V_1, \overline{V_1}) = \{ <v_2, v_4>, \ <v_3, t> \}$$

其容量为

$$C(V_1, \overline{V_1}) = 9 + 5 = 14$$

可见网的最大流等于最小切割的容量。

最后必须指出一点,在标记过程中,如果选取标记点的次序不同,可能会得出不同的可增广路,因而网上流的分配可能不一样,但最大流的值是相同的。

*7.5　求最小生成树和最优二元树的算法

7.5.1　构造最小生成树的克鲁斯卡尔(*KRUSKAL*)算法及程序

一、算法实现的主要功能

T 是无向带权图 G 的一棵生成树,T 的每个树枝所带权(唯一对应的实数)之和,定义为 T 的权,记为 $W(T)$。G 的所有生成树中带权最小的生成树,定义为 G 的最小生成树。

本算法实现的主要功能就是找出一棵上述定义的最小生成树。程序运行后,将给出组成该树的各边(用两个端点的序号表示)及对应的权;同时将给出该树的权值。

179

二、算法的理论依据

该算法的主要理论依据是存在性定理:设 e_1 为无向带权连通图 G 中非环且带权最小的边,则 G 中必存在一棵含 e_1 的最小生成树。设 G 有 n 个顶点,将上述最小生成树(含 $n-1$ 条边)中的边 e_1 的两个端点合而为一去掉该边后,原图 G 变为 G'(含 $n-1$ 个顶点)。由上述定理 G' 必存在含 e_2(除 e_1 以外是 G 中带权最小的边)的最小生成树 T'(含 $n-2$ 条边)$\cdots$,以此类推,我们自然想到构造最小生成树,应该按权从小到大的次序去选择组成最小生成树的各边。

克鲁斯卡尔算法正是遵循这种思路的一种算法:

(1)将 G 的各边按权从小到大的次序排成 $e_1,e_2,\cdots,e_m$,其中 m 为 G 的边的总数。

(2)取 n 个点的图。$T_0 = \{e_1, e_2\}$,取 $j:=0,i:=2$。

(3)$i:=i+1$,将 e_i 加入 T_j,考查加入后的图是否存在回路,若是,则放弃 e_i 转向(3),否则转向(4)。

(4)$j:=j+1$,在 T_{j-1} 中加入 e_i 形成 $T_j = T_{j-1} \cup e_i$,考查 T_j 是否已有 $n-1$ 条边,若是,则构造过程结束,否则转向(3)。

三、实现算法的基本流程

将上面算法细化为基本流程,为编制程序作准备。

1. 程序使用的数组和变量

二维数组 q 为 n 阶带权矩阵(不妨设权为正实数,n 为顶点个数),$q(i,j)$ 表示连接顶点 v_i 和 v_j 的边的权,如此二点无边相连,$q(i,j) = -1$。

一维数组 p,$p(k)$ 表示第 k 条边的权,其中序号 k 是按从上到下,从左到右扫描数组 q 而得到的。$q(i,j)(\ne -1)$ 所表示的边为第 k 边,则 k 与 i,j 满足下面公式:$k=(i-1)n+j$;反过来如知道 k 值,可求出第 k 边的两个端点所对应的序号 i 和 j,$i=[(k-1)/n]+1$,$j=k-(i-1)\cdot n$,其中 $[x]$ 表示不超过 x 的最大整数。$k \le m$,其中 m 为 n 阶完全图的边数。

二维数组 a 为该无向图的邻接矩阵,由数组 q 得出:当 $q(i,j) \ge 0$ 时,$a(i,j) = 1$;否则 $a(i,j) = 0$。

二维数组 t 为上述克鲁斯卡尔算法的图 t_j 序列($j=0,1,\cdots,n-3$)的邻接矩阵。

一维数组 x 为将边的序列 $p(k)$($k=1,2,\cdots,m_1$;其中 m_1 为该图实有的边数)按权从小到大的次序重新排序后,边的新旧序号的对应关系:如 $x(i)$ 的值表示排序后第 i 条边在 p 数组中原有的序号。

变量 wt 为最小生成树边的权的计数器,其最终值为该树的权。

2. 程序的基本流程

将数组及变量进行恰当的说明后,进入下面流程:

①输入 n 阶带阶矩阵 q 的元素,形成图的邻接矩阵 A;

②调用子程序 WSHALL(出自华沙尔算法,参看 6.5.1)考查该图是否连通,是则转③,否则停机,另作处理。

③由数组 q 生成数组 p,统计出边的总数 m_1,按权从小到大的次序对带权边集 p 排序,并用数组 x 记录前后序号的对应关系。依次打印排序后,边的权值及它们的顶点在图中的序号值。

④参照二中的克鲁斯卡尔算法,构成最小生成树,其中的关键技术是破圈法,程序是通过

调用子程序 CIRCUIT 来实现的(参看下面四)。注意当加入某一边,即令 $t(i,j)=1$ 后,若使新的图产生回路(逻辑变量 l 返回真)则需恢复加入此边前的图,即再令 $t(i,j)=0$;若新的图不产生回路(此时图的边的条数 $\leqslant n-1$,且 l 返回假)则最小生成树包含此边,其权值要累加到变量 wt 中去。

⑤输出最小生成树的各边(在原图中端点的序号值)及其对应的权值;输出该树的邻接矩阵。

四、关于子程序 CIRCUIT

考查图 T_j 是否存在回路的基本思路如下:在搜索从顶点 $v_i(i=1,\cdots,n)$ 出发的所有路径(端点首尾相接的边的序列)的过程中,如当前边的尾端点与此路径中前面的点相同时,则找到了一条回路,返回逻辑值真。如所有路径都无上述情况,则该图无回路,返回逻辑值假。其中的关键技术是在搜索所有路径的过程中,如何使这些路径既不重复考查也无一漏掉。为此要利用图 T_j 的布尔矩阵及各顶点的度数。

1. 子程序中使用的数组

子程序通过参数:n(图的顶点数)、二维数组 a(图的邻接矩阵)及逻辑变量 t 与调用程序相连接。

一维数组 dc(另有该数组的复制品:一维数组 d,在搜索路径过程中 d 的值要不断变化,而 dc 的值不变),$dc(i)$ 的值为第 i 点的度数。

二维逻辑数组 pp(另有该数组的复制品:二维数组 p,在搜索路径的过程中,p 的值要不断变化,而 pp 的值不变),$pp(i,j)$ 的值为真,为假,表示从点 v_i 到 v_j 的边是有,还是没有。数组 pp 实际上就是图的布尔矩阵。

一维数组 w,用来装当前考查的路径中各点的序号值,$w(i)$ 表示这条路径中第 i 个点的序号值。

变量 $i1$ 为记录当前路径中顶点个数的计数器,其最终值为考察完当前路径后,其顶点总个数。

变量 $k1$ 也为计数器。当路径中某边的尾端点,除此边外无其他边相连(此时它的度数已变为 0),路径必须退到有多分支的顶点处,即在路径中要逐个删去这个多分支点以后的点,用变量 $k1$ 来记录这些要删除的点的个数。

用变量 k 来记录点的序号。考查从点 v_k 出发的边,列入路径的边后的有关情况。

2. 子程序的基本流程

对数组和变量进行恰当的说明后,进入下面流程:

①由调用程序传入 n,数组 a,及逻辑变量 t 的值后,根据数组 a 来形成数组 pp 及 p,并统计各点的度数,即生成数组 dc 及 d 的各元素的值,$i:=1$。

②若 $i=n+1$,则 t 为假,返回调用程序;否则($i\leqslant n$)考查是否有 $d(i)=0$,是,则 $i:=i+1$,转②;不是,则 $i1:=1,w(i1):=i,k:=i,j:=1$,转③。

③若 $j=n+1$ 转⑥;否则($j\leqslant n$)考查点 v_k 到 v_j 是否有边($p(k,j)$ 是否为真),如无,则 $j:=j+1$ 转③,如有,则断掉从 v_j 到 v_k 的退路($p(j,k)$ 变为假),同时点 v_j 的度数减 $1:d(j):=d(j)-1$(避免搜索的路径重复),转④。

④考查点 v_j 是否与当前路径中的某一点重合,如是,则说明有回路存在,输出这条回路,令 t 为真返回调用程序;如不是,则当前路径的点的个数增加 $1:i1:=i1+1$,若 $i1=n+1$(此

时 t 为假),返回调用程序;若不是,则将点 v_i 加入当前路径:$w(i1):=j,k1:=0$,转⑤。

⑤考察当前点 $w(ii)$ 是否还有边相连,如还有(即 $d(w(ii)>0$,该点为多分支点)则 $k:=w(ii),i1:=i1-k1,j:=1$,转③;如没有($d(w(ii)=0$),则再考察是否有 $ii=1$,是则转⑥;否则删去相应的点与边:$m:=w(ii-1),d(m):=d(m)-1,p(m,w(ii))$ 变为假,$w(ii):=0,k1:=k1+1,ii:=ii-1$,转⑤。

⑥点 v_i 出发的所有路径已考查完毕,将数组 d 与 p 恢复原状,$i:=i+1$ 转②。

7.5.2 构造最优二元树的哈夫曼($HUFFMAN$)算法及程序

一、算法实现的主要功能

对二元树的权 $W(T)$ 如下定义:$W(T)=w_1\cdot l_1+w_2\cdot l_2+\cdots+wt\cdot l_t$,其中二元树 T 共有 t 片树叶,分别带权(实数)$w_1,w_2,\cdots,w_t$;l_i 是带权 w_i 的树叶所在的层数(根所在的层为第一层,树枝向下延伸,层数递增;在程序中层数的次序正好相反:最下面一层为第一层)。

本算法实现的主要功能是在所有的具有带权 $w_1,w_2,\cdots,w_t$ 的 t 片树叶的二元树中,求出使权 $W(T)$ 为最小的二元树即最优二元树:输出该二元树的权及该树从上到下的示意图。

二、算法的理论依据

该算法的理论依据主要是哈夫曼定理:T' 是具有权 $w_1+w_2,w_3,\cdots,w_t(w_1\leqslant w_2\leqslant\cdots\leqslant w_t)$ 的 $t-1$ 片树叶的最优二元树。在 T' 中,由带权 w_1+w_2 的树叶产生两个儿子(分别带权 w_1 和 w_2),得到一个二元树 T,则 T 是具有带权 $w_1,w_2,\cdots,w_t$ 的 t 片树叶的最优二元树。

由定理可直接导出构造最优二元树的哈夫曼算法:

对于按从小到大次序给出的 t 个实数:

(1)连接 w_1,w_2 为权的两片树叶,得一分支点,其权为 w_1+w_2;

(2)再在 $w_1+w_2,w_3,\cdots,w_t$ 中选出两个最小的权,连接其对应顶点(分支点或树叶)又得一带权的分支点;

(3)重复(2),直到形成 $t-1$ 个分支点,t 片树叶为止。

三、实现算法的基本流程

上面仅提供了算法的基本思路,为在计算机上实现该算法,必须将基本思路进一步转化为基本流程,为编制程序做充分准备。

1. 程序借用的数组和变量

一维数组 $w(i)(i=1,\cdots,t)$,用来装 t 个实数。按从小到大排序后,从最下面一层($l=1$,变量 l 表当前层)开始逐层使用它的元素来形成分支点和树叶,如:当 $l=1$ 即第 1 层时,先用 $w(1)$、$w(2)$ 形成两片树叶;如 $w(4)$ 小于 $w(1)+w(2)$ 则在本层用 $w(3)$,$w(4)$ 再形成二片树叶,$\cdots$;否则本层仅有二片树叶。本层所剩实数将与每对树叶所对应的两个实数之和(一个或多个)一起供第 2 层构造树叶时使用。使用前要根据这些实数的大小,对 w 数组的元素进行调整,以保持调整后的数组元素中 $w(1)$ 和 $w(2)$ 仍为最小,此时用过的实数在数组中的位置将被占据。

一维数组 $t1(l)$ 用来装第 l 层可用实数的个数,如 $t1(1)=t,\cdots,t1(l)=1$(l 的最终值为最高层层数,即根所在层的层数),其中 $l,t1(2),\cdots,t1(l-1)$ 的值在运行程序中确定。

二维数组 $d(i,j)(i=1,2,\cdots,l;j=1,2,\cdots,t1(l))$ 用来装逐层形成最优二元树的过程中,第 i 层第 j 个点(分支点或树叶)的权。

除以上 3 个主要数组外,还借用了二维数组 $b(i,j)$,用来表明第 i 层,第 j 个点到底是分支点还是树叶,以便打印该树的示意图。另外,用变量 wt 来装各分支点的权和,其最终值即为该树的权;变量 tt 的最终值为分支点总个数。变量 $k,k1,k2,r$ 为计数器或工作变量。

2. 构造最优二元树的基本流程

首先对数组和变量进行说明(本程序暂限制带权树叶的个数 $t \leqslant 20$),进入以下流程:

①输入 t 个实数到 w 数组,排序使得: $w(1) \leqslant w(2) \leqslant \cdots \leqslant w(t)$。对逻辑数组 b、变量 tt,l 及数组元素 $t1(1)$ 初始化: $tt := t-1, l := 1, t1(1) := t$。

②第 l 层可用的实数个数大于 1 则转向③,否则将仅剩的这个实数作为根的权,再检查分支点计数器是否为 $t-1$,若是则二元树构造正确,转向⑦,若不是则程序有错,停机检查。

③ $d(l,1) := w(1), d(l,2) := w(2), j := 2, r := w(1) + w(2), k2 := 0, k := 0$($k2$ 为本层使用过的实数个数的计数器, k 为 $l+1$ 层将要使用的实数个数的计数器)。

④ $k := k+1, w(k) := r, k2 := k2+2$。

⑤若本层已无实数或仅有一个实数可用,则将此实数转至 $l+1$ 层待用, $l := l+1$,转向②,否则转向⑥;

⑥此时,本层至少有两个实数可用,设前两个为 $w(i1), w(i2)$。若有 $w(i2) < r$,则 $j := j+1, d(l,j) := w(i1), j := j+1, d(l,j) := w(i2), r := w(i1) + w(i2)$,转向④,否则再考查是否 $w(i1) < r$,若是,则做 $k := k+1, w(k) := r$,若不是,则不做此二赋值,然后都要将所剩实数转至 $l+1$ 层待用, $l := l+1, t1(l) := k$,转向②;

⑦根据数组 $d(l,j)$ 的值,从上到下输出最优二元树各顶点的权,并输出该树的权值。根据数组 $b(l,j)$ 的逻辑值,输出最优二元树的示意图。

习题 7

7.1　证明:如 T 是一棵树,则 T 中最长路径的起点和终点的次数均为 1。

7.2　试用 Kruskal 算法求题图 7.2 的最小生成树。

7.3　在题图 7.3(1),(2)所示的连通图 G_1, G_2 中,各有多少棵非同构的生成树?

7.4　求出题图 7.4 对应的二元树。

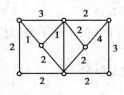

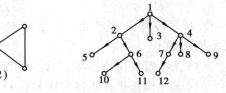

题图 7.2　　　　　　　　　　题图 7.3　　　　　　　　　　题图 7.4

7.5　给出下列表达式的有向树表示。

$$(P \lor (\neg P \land Q)) \land ((\neg P \lor Q) \land \neg R)$$

7.6　有一棵树,它的度数为 2 的结点有 2 个,度数为 3 的结点有 1 个,度数为 4 的结点有 3 个,那么这棵树中度数为 1 的结点有多少个?

7.7　已知算术表达式: $\{[(a+b)*c]*(d+e)\} - [f-(g*h)]$

（1）用一棵二元树表示上面算式；

（2）用前序遍历法表示上面算式；

（3）用后序遍历法表示上面算式。

题图 7.8

7.8 题图 7.8 的图是否是偶（二分）图，如果是，求出它的互补结点子集。

7.9 证明：一棵树只有一个完美匹配。

7.10 出席某次国际学术报告会的 6 个成员 a,b,c,d,e,f，他们的情况是：

（1）会讲汉语、法语和日语；（2）会讲德语、日语和俄语；（3）会讲英语和法语；（4）会讲汉语和西班牙语；（5）会讲英语和德语；（6）会讲俄语和西班牙语。

欲将此 6 人分为两个组，使得同一组中任何两个人不能互相交谈，而任两组可以相互交谈，画图表示应如何分组。

7.11 按下列给定的条件，试各构造一棵最优二元树，并计算树的权及对应的前缀码：

（1）给定树叶的权为 1,4,9,16,25,36,49,64,81 和 100。

（2）给定树叶的权为 1,1,2,3,3,4,5,5,7 和 8。

7.12 证明：若 G 是每一个面至少由 $k(k \geqslant 3)$ 条边围成的连通平面图，则 $m \leqslant \dfrac{k(n-2)}{k-2}$，这里 m,n 分别是图 G 的边数和结点数。

7.13 证明：小于 30 条边的平面简单图有一个结点度数小于等于 4。

7.14 证明彼得森（Peterser）图（题图 7.14）是非平面图。

7.15 证明：

（1）对于 K_5 的任意边 e，K_5-e 是平面图。

（2）对于 $K_{3,3}$ 的任意边 e，$K_{3,3}-e$ 是平面图。

7.16 求题图 7.16 的对偶图，并验证 $n^*=r,m^*=m,r^*=n$。

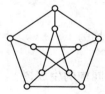

题图 7.14

（1）

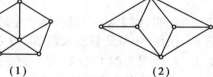

（2）

题图 7.16

7.17 设有张三、李四、王二、赵五 4 个人及小提琴、大提琴、钢琴和吉他 4 种乐器，已知 4 人的擅长如下：

（1）张三擅长拉小提琴、大提琴和吉他；（2）李四擅长拉小提琴和大提琴；

（3）王二擅长拉大提琴和钢琴；（4）赵五只会弹吉他。

今假设 4 人同台演出，每人奏一种乐器，问 4 人同时各演奏一种乐器的所有可能方案，试把此问题化为最大匹配问题。

*7.18 用标记法求题图 7.18 所示网络的最大流（图中的标号为容量及流量）。

*7.19 7 种设备要用 5 架飞机运往目的地，每种设备各有 4 台，这 5 架飞机的容量分别是 8,8,5,4,4 台，问能否有一种装载法，使同一种类型设备不会有两台在同一架飞机上。

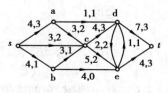

题图 7.18

第 **8** 章
代数系统

本章将用代数的方法来研究集合与在其上定义的若干个运算而组成的系统,称为代数系统或代数结构,又称为抽象代数。它在自然科学的许多领域中,特别是在计算机科学的一些研究领域,如数据结构、逻辑电路设计、编码理论中有着广泛的应用。

8.1 代数运算及代数系统

8.1.1 代数运算与代数系统

定义 8.1.1 设 S 为非空集合,n 是正整数,函数 $f: S^n \to S$ 称为集合 S 上的 n 元**代数运算**,简称 n 元运算。当 $n = 1$ 时,称 f 为一元运算,$n = 2$ 时,f 为二元运算。在本书中主要讨论一元和二元运算。

例 8.1.1 (1)求一个数 a 的倒数 $1/a$ 是非零实数集 $\mathbf{R} - \{0\}$ 上的一元运算。

(2)在幂集 $P(A)$ 上,若规定全集为 A,则求集合的补运算 ~ 是 $P(A)$ 上的一元运算;而 "$\cup$""$\cap$""$\oplus$" 都是 $P(A)$ 上的二元运算。

(3)自然数集 $\mathbf{N}$ 上的加法、乘法都是 $\mathbf{N}$ 上的二元运算,但减法和除法都不是,因为 $1 - 2$ 和 $1/2$ 都不是自然数;

(4)实数集 $\mathbf{R}$ 上的加法、减法和乘法是 $\mathbf{R}$ 上的二元运算,但除法不是,因为 0 不能作除数。

(5)非零实数集 $\mathbf{R} - \{0\}$ 上的乘法和除法都是 $\mathbf{R} - \{0\}$ 上的二元运算,而加法和减法却不是,因为两个实数相加或相减有可能为 0;

(6)n 阶实矩阵集合 $M_n(\mathbf{R})$ 上的矩阵加法和矩阵乘法都是 $M_n(\mathbf{R})$ 上的二元运算。

(7)设 $A = \{1, 2, 3, 4\}$,A 上的运算 $*$ 定义如下:

$$x * y = (xy)(\bmod 5)$$

运算表：

*	1	2	3	4
1	1	2	3	4
2	2	4	1	3
3	3	1	4	2
4	4	3	2	1

则 $*$ 为 A 上的二元运算，称为 A 上模 5 的乘法运算。

（8）设 $A = \{a, b, c, d\}$，A 上的运算 $*$ 定义如下：

*	a	b	c	d
a	d	a	b	c
b	a	c	b	d
c	a	b	d	c
d	a	b	c	d

则 $*$ 为 A 上的二元运算。

由定义知，验证一个运算是否为集合 S 上的二元运算，主要考虑两点：

（1）S 中任何两个元素都可以进行这种运算，且运算的**结果是唯一的**。

（2）S 中任何两个元素的运算结果都属于 S，即 S 对于该运算是**封闭**的。

定义 8.1.2　一个非空集合 S 连同若干个定义在该集合上的运算 $f_1, f_2, \cdots, f_n$ 所组成的系统，就称为一个**代数系统**，记为 $<S, f_1, f_2, \cdots, f_n>$。

例 8.1.2　（1）$<N, +, \times>$、$<R, +, -, \times>$ 都是代数系统。

（2）$<P(A), \cup, \cap, \sim>$ 是代数系统。

（3）$<M_n(\mathbf{R}), +, \times>$ 是代数系统。

在代数系统 S 中，存在着某些元素对该系统的运算起着重要的作用，例如 $<\mathbf{N}, \times>$ 中的自然数 1，任何一个自然数与它相乘其值不变；$<\mathbf{R}, \times>$ 中的实数 0 和 1，0 与任何一个实数相乘都得 0，任何一个实数与 1 相乘其值不变；又如 $<P(A), \cup, \cap, \sim>$ 中的空集 $\phi, \cdots$ 这类元素称为**代数常元**。有时为了强调这类元素的存在，将 $<\mathbf{N}, \times>$ 记为 $<\mathbf{N}, \times, 1>$，$<\mathbf{R}, \times>$ 记为 $<\mathbf{R}, \times, 0, 1>$，$<P(A), \cup, \cap, \sim>$ 记为 $<P(A), \cup, \cap, \sim, \phi>$。

定义 8.1.3　设 $V = <S, f_1, f_2, \cdots, f_n>$ 是代数系统，$A \subseteq S$，如果 A 对于 $f_1, f_2, \cdots, f_n$ 都是封闭的，且 A 和 S 含有相同的代数常元，则称 $<A, f_1, f_2, \cdots, f_n>$ 是 V 的**子代数系统**，简称**子代数**。

任一代数系统 $V = <S, f_1, f_2, \cdots, f_n>$ 的子代数一定存在，V 本身就是一个子代数（最大的子代数），V 中所有代数常元构成的集合对 V 中所有运算构成了 V 的最小的子代数，这两种子代数称为 V 的**平凡子代数**。若 A 是 S 的真子集，且 A 对于 V 中的所有运算都是封闭的，则称 $<A, f_1, f_2, \cdots, f_n>$ 为 V 的**真子代数**。

例 8.1.3　（1）$<\mathbf{Z}, \times>$ 是 $<\mathbf{R}, \times>$ 的真子代数，因为 $\mathbf{Z}$ 对于 $\mathbf{R}$ 上的乘法运算是封闭

的，**Z** 是 **R** 的真子集，且 **Z** 和 **R** 含有相同的代数常元 0 和 1；而 $< \{0,1\}, \times >$ 是 $< \mathbf{Z}, \times >$ 的平凡子代数，也是 $< \mathbf{R}, \times >$ 的平凡子代数。

（2）令 $n\mathbf{Z} = \{nz \mid z \in \mathbf{Z}\}$，$n$ 为自然数，则 $< n\mathbf{Z}, + >$ 是 $< \mathbf{Z}, + >$ 的真子代数，$< \{0\}, + >$ 是 $< \mathbf{Z}, + >$ 的平凡子代数。

8.1.2　代数运算的性质及特殊元素

定义 8.1.4　设 $*$ 是定义在集合 S 上的二元运算，如果对任意的 $x, y \in S$，都有 $x * y = y * x$，则称运算 $*$ 在 S 上是可交换的，或者说运算 $*$ 在 S 上满足交换律。

如果二元运算 $*$ 是由运算表定义的，则运算 $*$ 是可交换的，当且仅当运算表是对称的。如例 8.1.1(7) 中定义的运算 $*$ 是可交换的，而例 8.1.1(8) 中的运算 $*$ 是不可交换的。

定义 8.1.5　设 $*$ 是定义在集合 S 上的二元运算，如果对任意的 $x, y, z \in S$，都有 $(x * y) * z = x * (y * z)$，则称运算 $*$ 在 S 上是可结合的，或者说运算 $*$ 在 S 上满足结合律。

例 8.1.4　（1）实数集上的加法运算和乘法运算都是可交换的，且都是可结合的。

（2）幂集 $P(A)$ 上的运算 $\cup$、$\cap$ 都是可交换的，且都是可结合的。

（3）矩阵加法是可交换的，但矩阵乘法不是可交换的。两种运算都是可结合的。

（4）两个集合上的笛卡尔积运算不是可交换的，但是可结合的。

（5）在有理数集 **Q** 上定义运算 $*$ 如下（记 $x \times y$ 为 xy）：
$$x, y \in Q, \quad x * y = x + y - xy$$

因为　$x * y = x + y - xy = y + x - yx = y * x$，所以运算 $*$ 是可交换的。又因为对任意的 $x, y, z \in \mathbf{Q}$ 有

$(x * y) * z = ((x + y) - xy) * z = ((x + y) - xy) + z - ((x + y) - xy)z = x + y + z - xy - xz - yz + xyz$

$x * (y * z) = x * ((y + z) - yz) = x + ((y + z) - yz) - x((y + z) - yz) = x + y + z - xy - xz - yz + xyz$

于是　$(x * y) * z = x * (y * z)$，所以运算 $*$ 是可结合的。

例 8.1.5　（1）设 A 是一个非空集合，$*$ 是 A 上的二元运算，对任意的 $x, y \in A$，定义：$x * y = y$，容易证明运算 $*$ 在 A 上是可结合的。

（2）设 $A = \mathbf{R}$，定义 A 上的运算 $\triangle$ 如下：
$$a \triangle b = a + 2b \qquad a, b \in A$$
则 $\triangle$ 在 A 上不是可结合的。（读者自证）

定义 8.1.6　设 $*$ 和 $\triangle$ 是定义在集合 S 上的两个二元运算，如果对任意的 $x, y, z \in S$，都有 $x * (y \triangle z) = (x * y) \triangle (x * z)$，则称 $*$ 对 $\triangle$ 是**左可分配**的，或称 $*$ 对 $\triangle$ 满足左分配律；如果有 $(y \triangle z) * x = (y * x) \triangle (z * x)$，则称 $*$ 对 $\triangle$ 是**右可分配**的，或称 $*$ 对 $\triangle$ 满足右分配律。如果 $*$ 对 $\triangle$ 既是左可分配的又是右可分配的，则称 $*$ 对 $\triangle$ 是**可分配**的，或称运算 $*$ 对于 $\triangle$ 满足分配律。

例如：实数集上的乘法运算对于加法运算满足分配律，幂集 $P(A)$ 上的 $\cup$ 对于 $\cap$ 满足分配律，$\cap$ 对于 $\cup$ 也满足分配律。

例 8.1.6　设 $A = \{a, b\}$，在 A 上定义两个二元运算 $*$ 和 $\triangle$ 如下：

*	a	b
a	a	b
b	b	a

$\triangle$	a	b
a	a	a
b	a	b

则容易验证运算 $\triangle$ 对于运算 $*$ 是可分配的。但是运算 $*$ 对于运算 $\triangle$ 不是可分配的,因为

$$b * (a \triangle b) = b * a = b \neq a = b \triangle a = (b * a) \triangle (b * b)$$

定义 8.1.7 设 $*$ 和 $\triangle$ 是集合 S 上两个可交换的二元运算,如果对任意的 $x, y \in S$,都有 $x * (x \triangle y) = x$ 和 $x \triangle (x * y) = x$,则称运算 $*$ 和 $\triangle$ 满足**吸收律**。

例 8.1.7 (1)幂集 $P(A)$ 上的运算 $\cup$ 和 $\cap$ 满足吸收律。

(2)自然推理系统 P 上的析取运算 $\vee$ 和合取运算 $\wedge$ 满足吸收律。

(3)在 $\mathbf{N}$ 上定义两个二元运算 $*$ 和 $\triangle$ 如下:

$$x * y = \max(x, y), \quad x \triangle y = \min(x, y)$$

则运算 $*$ 和运算 $\triangle$ 满足吸收律,因为对任意 $a, b \in \mathbf{N}$(可设 $a < b$),有

$$a * (a \triangle b) = \max(a, \min(a, b)) = a$$
$$a \triangle (a * b) = \min(a, \max(a, b)) = a$$

(4)例 8.1.6 中的运算 $*$ 和运算 $\triangle$ 不满足吸收律,因为

$$b * (b \triangle b) = a \neq b, \qquad b \triangle (b * b) = a \neq b$$

定义 8.1.8 设 $*$ 是定义在集合 S 上的二元运算,如果存在 $a \in S$,有 $a * a = a$,则称 a 为**幂等元**;如果 S 中所有元素都是幂等元,即对任意的 $x \in S$ 都有 $x * x = x$,则称运算 $*$ 在 S 上满足**幂等律**。或者说运算 $*$ 在 S 上是等幂的。

例 8.1.8 (1)幂集 $P(A)$ 上的运算 $\cup$、$\cap$ 都满足幂等律。

(2)自然推理系统 P 上的析取运算 $\vee$ 和合取运算 $\wedge$ 都满足幂等律。

(3)$\mathbf{R}$ 上的加法和乘法运算都不满足幂等律,但 0 是加法运算的幂等元,0 和 1 是乘法运算的幂等元。

(4)例 8.1.7(3)中定义的运算 $*$ 和运算 $\triangle$ 都满足幂等律。

定义 8.1.9 设 $*$ 是定义在集合 S 上的二元运算,如果存在 e_l(或 e_r)$\in S$,使得对任何 $x \in S$,都有 $e_l * x = x$(或 $x * e_r = x$),则称 e_l(或 e_r)是 S 中关于运算 $*$ 的一个**左单位元**(或**右单位元**)。若 $e \in S$ 关于运算 $*$ 既是左单位元又是右单位元,则称 e 为 S 上关于运算 $*$ 的**单位元**,单位元又称为**幺元**。

例 8.1.9 (1)0 是自然数集 N 上关于加法的单位元,1 是关于乘法的单位元。单位矩阵是矩阵乘法的单位元。在幂集 $P(A)$ 上,空集 $\varnothing$ 是 $\cup$ 运算的单位元,而 A 是 $\cap$ 运算的单位元。

(2)例 8.1.1(8)中元素 d 是关于运算 $*$ 的左单位元,运算 $*$ 无右单位元。

(3)例 8.1.6 中元素 a 是关于运算 $*$ 的单位元(因为 a 既是左单位元又是右单位元);元素 b 是关于运算 $\triangle$ 的单位元。

定理 8.1.1 设 $*$ 是定义在集合 S 上的二元运算,e_l 和 e_r 分别为运算 $*$ 的左单位元和右单位元,则有 $e_l = e_r = e$,且 e 为 S 上关于运算 $*$ 的唯一的单位元。

证 因为 $e_l = e_l * e_r$(e_r 是右单位元),且 $e_l * e_r = e_r$(e_l 是左单位元),所以 $e_l = e_r$,把 $e_l = e_r$ 记作 e,则 e 是 S 中关于运算 $*$ 的单位元。设 S 中还有单位元 e',则由单位元的定义有 $e =$

$e * e' = e'$,所以 e 是 S 中关于运算 $*$ 的唯一的单位元。

定义 8.1.10　设 $*$ 是定义在集合 S 上的二元运算,若存在元素 θ_l(或 θ_r)$\in S$,使得对于任意的 $x \in S$,有 $\theta_l * x = \theta_l$(或 $x * \theta_r = \theta_r$),则称 θ_l(或 θ_r)是 S 上关于运算 $*$ 的**左零元**(或**右零元**)。若 $\theta \in S$ 关于运算 $*$ 既是左零元又是右零元,则称 θ 为 S 上关于运算 $*$ 的**零元**。

例 8.1.10　(1)0 是自然数集 **N** 上关于乘法运算的零元,加法没有零元。零矩阵是矩阵乘法的零元,而矩阵加法没有零元。幂集 $P(A)$ 上 $\cup$ 运算的零元是 A,$\cap$ 运算的零元是 ϕ。

(2)例 8.1.6 中运算 $\triangle$ 有零元 a,而运算 $*$ 无零元。

(3)设 $A = \{a, b, c\}$,在 A 上定义运算 $*$ 如下:

$*$	a	b	c
a	a	b	c
b	a	a	b
c	a	b	b

则 a 是 A 上关于运算 $*$ 的右零元,运算 $*$ 无左零元,所以也没有零元。

与定理 8.1.1 类似,可以证明下面定理:

定理 8.1.2　设 $*$ 是定义在集合 S 上的二元运算,θ_l 和 θ_r 分别为运算 $*$ 的左零元和右零元,则有 $\theta_l = \theta_r = \theta$,且 θ 为 S 上关于运算 $*$ 的唯一的零元。(证略)

定理 8.1.3　设 $*$ 是定义在集合 S 上的二元运算,e 和 θ 分别为 S 中关于运算 $*$ 的单位元和零元。如果 S 至少有两个元素,则 $e \neq \theta$。

证　假设 $e = \theta$,则对任意的 $x \in S$,有

$$x = x * e = x * \theta = \theta$$

与 S 中至少含有两个元素矛盾。

定义 8.1.11　设 $*$ 是定义在集合 S 上的二元运算,e 是运算 $*$ 的单位元,对于 $x \in S$,如果存在 $y_l \in S$(或 $y_r \in S$)使得 $y_l * x = e$(或 $x * y_r = e$)则称 y_l(或 y_r)是 x 的**左逆元**(或**右逆元**)。若 $y \in S$ 既是 x 的左逆元又是 x 的右逆元,则称 y 是 x 的**逆元**。如果 x 的逆元存在,则称 x 是可逆的。

显然,若 y 是 x 的逆元,则 x 也是 y 的逆元,简称为 x 与 y 互为逆元。元素 x 的逆元记为 x^{-1}。

例 8.1.11　(1)自然数集 **N** 上关于加法只有 0 有逆元,就是它自己。在整数集 **Z** 中,0 是关于加法的单位元,对于任何整数 x,它关于加法的逆元 x^{-1} 都存在,就是 x 的相反数 $-x$。

(2)$P(A)$ 上,空集 $\varnothing$ 是关于 $\cup$ 运算的单位元,因此只有 $\varnothing$ 对于 $\cup$ 运算有逆元,就是它自己;而 A 是关于 $\cap$ 运算的单位元,也只有 A 对于 $\cap$ 运算有逆元,也是它自己。

例 8.1.12　设 $A = \{a, b, c, d, e\}$,在 A 上定义运算 $*$ 如下:

*	a	b	c	d	e
a	a	b	c	d	e
b	b	d	a	c	d
c	c	a	b	a	b
d	d	a	c	d	c
e	e	d	a	c	e

a 为单位元，$a^{-1} = a$；b 有两个左逆元 c 和 d，一个右逆元 c，所以 c 为 b 的逆元；c 有两个左逆元 b 和 e，两个右逆元 b 和 d；d 有一个左逆元 c，一个右逆元 b；e 有一个右逆元 c，无左逆元。

由上例可得出一般结论：(1)一个元素存在 0 个、1 个或多个左(右)逆元；(2)一个元素的左、右逆元不一定会同时存在，若同时存在也不一定会相等。

定理 8.1.4 设 * 是定义在集合 S 上可结合的二元运算，e 为该运算的单位元，对于 $x \in S$ 如果存在左逆元 y_l 和右逆元 y_r，则有 $y_l = y_r = y$，且 y 是 x 的唯一的逆元。

证 由 $y_l * x = e$ 和 $x * y_r = e$ 有 $y_l = y_l * e = y_l * (x * y_r) = (y_l * x) * y_r = e * y_r = y_r$，令 $y_l = y_r = y$，则 $x^{-1} = y$。设 $y' \in S$ 也是 x 的逆元，因为 $y' = y' * e = y' * (x * y) = (y' * x) * y = e * y = y$

所以 y 是 x 的唯一的逆元。

定义 8.1.12 设 * 是定义在集合 S 上的二元运算，θ 为 S 上关于运算 * 的零元，如果对于任意的 $x, y, z \in S$，其中 $x \neq \theta$，

(1)若 $x * y = x * z$，就有 $y = z$，则称运算 * 满足左消去律。

(2)若 $y * x = z * x$，就有 $y = z$，则称运算 * 满足右消去律。

若运算 * 同时满足左、右消去律，则称运算 * 满足消去律。

例如整数集 **Z** 上的加法和乘法都满足消去律；但幂集 $P(A)$ 上的运算 $\cup$ 和 $\cap$ 一般不满足消去律，因为对任意的 $B, C, D \in P(A)$，由 $B \cup C = B \cup D$ 不一定能得到 $C = D$。

8.2　同态与同构

8.2.1　同态的概念及类型

定义 8.2.1 设 $V_1 = <A, *_1, \cdots, *_k>$ 和 $V_2 = <B, \triangle_1, \cdots, \triangle_k>$ 是两个代数系统，其中 $*_i$ 和 $\triangle_i$ 分别是 A 和 B 上的元数相同的代数运算 $(i = 1, \cdots, k)$，设 f 是从 A 到 B 的一个映射，如果对任意的 $a_1, a_2 \in A$，有

$$f(a_1 *_i a_2) = f(a_1) \triangle_i f(a_2) \quad (i = 1, \cdots, k) \quad (*)$$

则称 f 是 V_1 到 V_2 的一个**同态映射**，简称**同态**，也称 V_1 同态于 V_2，或简记为 $V_1 \backsim V_2$。定义中运算个数 k 常取 1 或 2。($*$)称为映射的**同态式**。为方便记忆可读为：运算的像等于像的

运算。

例 8.2.1　设 **Z** 为整数集，**Z** 上的" + "运算为普通加法；$B = \{1, -1\}$，B 上的" × "运算为普通乘法，证明下面两个映射是同态映射。$f_1 : \mathbf{Z} \to B$ 定义为：对任意 $a \in Z$，$f_1(a) = 1$；$f_2 : \mathbf{Z} \to B$ 定义为：

$$f_2(a) = \begin{cases} 1 & \text{当 } a \text{ 是偶数时} \\ -1 & \text{当 } a \text{ 是奇数时} \end{cases}$$

证　因为　$f_1(a+b) = 1 = 1 \times 1 = f_1(a) \times f_1(b)$，所以 f_1 是一个 $<\mathbf{Z}, +>$ 到 $<B, \times>$ 的同态映射。

当 a, b 同奇偶时，$a + b$ 为偶数，$f_2(a)$ 与 $f_2(b)$ 同号，有 $f_2(a+b) = 1 = f_2(a) \times f_2(b)$；当 a, b 不同奇偶时，$a + b$ 为奇数，而 $f_2(a)$ 与 $f_2(b)$ 异号，有 $f_2(a+b) = -1 = f_2(a) \times f_2(b)$，所以 f_2 也是一个 $<\mathbf{Z}, +>$ 到 $<B, \times>$ 的同态映射。

例 8.2.2　$<\mathbf{R}^+, \times>$ 和 $<\mathbf{R}, +>$ 为两个代数系统，其中 $\mathbf{R}^+$ 为正实数集。定义 f 为：$f(a) = \lg a$ 证明 f 是 $<\mathbf{R}^+, \times>$ 到 $<\mathbf{R}, +>$ 的同态映射。

证　对任意的 $a, b \in \mathbf{R}^+$，有

$$f(a \times b) = \lg(a \times b) = \lg a + \lg b = f(a) + f(b)$$

所以 f 是 $<\mathbf{R}^+, \times>$ 到 $<\mathbf{R}, +>$ 的同态映射。

例 8.2.3　代数系统 $<\mathbf{Z}, +>$ 和 $<Z_3, +_3>$，其中，$Z_3 = \{[0], [1], [2]\}$，" $+_3$ "是模 3 加法：

$$[x] +_3 [y] = [(x+y)(\bmod 3)]$$

设 $f : \mathbf{Z} \to Z_3$，对任意的 $a \in \mathbf{Z}$，有

$$f(a) = [a(\bmod 3)]$$

则 f 是从 $<\mathbf{Z}, +>$ 到 $<Z_3, +_3>$ 的同态映射。

证　对任意的 $a, b \in \mathbf{Z}$，记 $r_1 = a(\bmod 3)$，$r_2 = b(\bmod 3)$，有

$$f(a+b) = [(a+b)(\bmod 3)] = [r_1 + r_2] = [(r_1 + r_2)\bmod 3]$$
$$= [r_1] +_3 [r_2] = f(a) +_3 f(b)$$

所以 f 是 $<\mathbf{Z}, +>$ 到 $<Z_3, +_3>$ 的同态映射。

定义 8.2.2　设 f 是 $V_1 = <A, *>$ 到 $V_2 = <B, \triangle>$ 的同态，称 $<f(A), \triangle>$ 是 V_1 在 f 下的**同态像**，且 $f(A) \subseteq B$。其中 $f(A) = \{x \mid x = f(a), a \in A\}$

定义 8.2.3　设 f 是 $V_1 = <A, *>$ 到 $V_2 = <B, \triangle>$ 的同态，

(1)如果 f 是满射的，则称 f 为 V_1 到 V_2 的**满同态**；

(2)如果 f 是单射的，则称 f 是 V_1 到 V_2 的**单同态**；

(3)如果 f 是双射的，则称 f 是 V_1 到 V_2 的**同构**，记作 $V_1 \cong V_2$；

(4)当 $V_1 = V_2$ 时，则将 V_1 到自身的同态与同构称为 V_1 的**自同态**和**自同构**。

在例 8.2.1 中定义的 f_1 不是 $<A, +>$ 到 $<B, \times>$ 的满同态，因为 -1 不是某个元素的像。f_2 是一个 $<A, +>$ 到 $<B, \times>$ 的满同态，但不是单同态，因为所有偶数在 f_2 下的像都是 1。例 8.2.2 中定义的 f 是 $<\mathbf{R}^+, \times>$ 到 $<\mathbf{R}, +>$ 的单同态，因为当 $a \neq b$ 时，$\lg a \neq \lg b$；f 也是 $<\mathbf{R}^+, \times>$ 到 $<\mathbf{R}, +>$ 的满同态，因为对任意的 $y \in \mathbf{R}$，有 $x = 10^y \in \mathbf{R}^+$，使 $\lg x = y$，故 f 是同构。

例 8.2.4　设 $f : \mathbf{R} \to \mathbf{R}$ 定义为：$f(x) = e^x$，容易证明 f 是 $<\mathbf{R}, +>$ 到 $<\mathbf{R}, \times>$ 的一个单同

态映射。

例 8.2.5 设 $H = \{dn \mid d$ 是某个正整数$,n \in \mathbf{Z}\}$,定义 $f:\mathbf{Z} \to H$ 为:对任意 $n \in \mathbf{Z}, f(n) = dn$ 证明 f 是 $<\mathbf{Z},+>$ 到 $<H,+>$ 的一个同构映射。

证 因为对任意的 $a,b \in \mathbf{Z}$, $\quad f(a+b) = d(a+b) = da + db = f(a) + f(b)$

所以 f 是同态映射,又由 f 的定义知 f 是双射,因此 f 是 $<\mathbf{Z},+>$ 到 $<H,+>$ 的一个同构映射。

当 $d = 1$ 时,$H = \mathbf{Z}$,此时 f 是 $<\mathbf{Z},+>$ 上的自同构。

例 8.2.6 设 $A = \{1,2,3\}$ $B = \{a,b,c\}$,A 和 B 的运算定义如下:

*	1	2	3
1	3	3	3
2	3	3	3
3	3	3	3

△	a	b	c
a	c	c	c
b	c	c	c
c	c	c	c

定义 $f:A \to B$ 为:$f(1) = a, f(2) = b, f(3) = c$,则 f 是 $<A,*>$ 到 $<B,\triangle>$ 的一个同构映射。

证 对任意的 $x,y \in A$,有:$f(x*y) = f(3) = c = f(x) \triangle f(y)$,所以 f 是 $<A,*>$ 到 $<B,\triangle>$ 的一个同态映射,由 f 的定义知 f 是一个双射,所以 f 是 $<A,*>$ 到 $<B,\triangle>$ 的一个同构映射。

例 8.2.7 设 $A = \{1,2,3\}$,A 的运算 $*$ 的定义同例 8.2.6,定义 f 为:$f(1) = 2, f(2) = 1$,$f(3) = 3$,容易证明 f 是一个 $<A,*>$ 的自同构。

形式上不同的代数系统,如果它们是同构的,就可抽象地把它们看成是本质上相同的代数系统,所不同的只是所用的符号而已。容易看出,同构的逆仍是一个同构。

8.2.2 同态、同构的作用

定理 8.2.1 设 G 是代数系统的集合,则 G 中代数系统之间的同构关系是等价关系。

证 因为任何一个代数系统 $<A,*>$,可以通过恒等映射与其自身同构,即自反性成立;

设 f 是 $<A,*>$ 到 $<B,\triangle>$ 的一个同构映射,则 f^{-1} 是 $<B,\triangle>$ 到 $<A,*>$ 的一个同构映射,即对称性成立;

设 f 是 $<A,*>$ 到 $<B,\triangle>$ 的一个同构映射,g 是 $<B,\triangle>$ 到 $<C,\odot>$ 的一个同构映射,则 f 与 g 的复合映射 $g \circ f$ 就是 $<A,*>$ 到 $<C,\odot>$ 的一个同构映射,即传递性成立。因此代数系统之间的同构关系是 G 上的等价关系。

定理 8.2.2 设 $V_1 = <A,*,\triangle>$,$V_2 = <B,\bigcirc,\odot>$ 是具有两个二元运算的代数系统,f 是 V_1 到 V_2 的同态,则有

(1)如果 $*$(或 $\triangle$)是可交换的(可结合的或幂等的),则 $\bigcirc$(或 $\odot$)在 $f(A)$ 中也是可交换的(可结合的或幂等的);

(2)如果 $*$ 对 $\triangle$ 是可分配的,则 $\bigcirc$ 对 $\odot$ 在 $f(A)$ 中也是可分配的;

(3)如果 $*$ 和 $\triangle$ 是可吸收的,则 $\bigcirc$ 和 $\odot$ 在 $f(A)$ 中也是可吸收的;

(4)如果 e 和 θ 是 A 中关于 $*$ 运算的单位元和零元,则 $f(e)$ 和 $f(\theta)$ 分别是 $f(A)$ 中关于 $\bigcirc$

运算的单位元和零元;对于 $x \in A$,如果 x^{-1} 是 x 关于 $*$ 运算的逆元,则 $f(x^{-1})$ 是 $f(x)$ 关于 $\bigcirc$ 运算的逆元。

证　(1)设 $*$(或 $\triangle$)是可交换的,则对任意的 $x, y \in f(A)$,有

$$f(x) \bigcirc f(y) = f(x * y) = f(y * x) = f(y) \bigcirc f(x)$$

$$f(x) \odot f(y) = f(x \triangle y) = f(y \triangle x) = f(y) \odot f(x)$$

所以 $\bigcirc$(或 $\odot$)在 $f(A)$ 中也是可交换的。同理可证结合律和幂等律。

(2)设 $*$ 对 $\triangle$ 是可分配的,则对任意的 $x, y, z \in f(A)$,有

$$f(x) \bigcirc (f(y) \odot f(z)) = f(x) \bigcirc (f(y \triangle z)) = f(x * (y \triangle z))$$
$$= f((x * y) \triangle (x * z)) = f(x * y) \odot f(x * z)$$
$$= (f(x) \bigcirc f(y)) \odot (f(x) \bigcirc f(z))$$

所以 $\bigcirc$ 对 $\odot$ 在 $f(A)$ 中也是可分配的。

(3)设 $*$ 和 $\triangle$ 是可吸收的,则对任意的 $x, y \in f(A)$,有

$$f(x) \bigcirc (f(x) \odot f(y)) = f(x) \bigcirc f(x \triangle y) = f(x * (x \triangle y)) = f(x)$$

$$f(x) \odot (f(x) \bigcirc f(y)) = f(x) \odot f(x * y) = f(x \triangle (x * y)) = f(x)$$

所以 $\bigcirc$ 和 $\odot$ 在 $f(A)$ 中也是可吸收的。

(4)设 e 是 A 中关于 $*$ 运算的单位元,θ 是 A 中关于 $*$ 运算的零元,对任意的 $x \in A$,有

$$e * x = x * e = x \qquad\qquad \theta * x = x * \theta = \theta$$
$$f(x) = f(x * e) = f(e * x) = f(x) \bigcirc f(e) = f(e) \bigcirc f(x)$$
$$f(\theta) = f(x * \theta) = f(\theta * x) = f(x) \bigcirc f(\theta) = f(\theta) \bigcirc f(x)$$

所以 $f(e)$ 和 $f(\theta)$ 分别是 $f(A)$ 中关于 $\bigcirc$ 运算的单位元和零元;

对于 $x \in A$,如果 x^{-1} 是 x 的关于 $*$ 运算的逆元,则 $x * x^{-1} = x^{-1} * x = e$,因此

$$f(x) \bigcirc f(x^{-1}) = f(x * x^{-1}) = f(x^{-1} * x) = f(x^{-1}) \bigcirc f(x) = f(e)$$

所以 $f(x^{-1})$ 是 $f(x)$ 关于 $\bigcirc$ 运算的逆元。

注:(1)如果代数系统 $V_1 = <A, *, \triangle>$ 与 $V_2 = <B, \bigcirc, \odot>$ 同态,则 V_1 所具有的性质能单向地在 V_2 的一个子代数系统 $V_2' = <f(A), \bigcirc, \odot>$ 保持。这里 V_2' 是 V_1 在 f 下的同态像。

(2)如果为满同态,则 V_1 所具有的性质就能在 V_2 中保持。

(3)如果代数系统 $V_1 = <A, *, \triangle>$ 与 $V_2 = <B, \bigcirc, \odot>$ 同构,则由 V_1 所具有的性质,推出 V_2 具有相应的性质,反之亦然。

代数系统的同态与同构为人们认识事物提供了一种很好的方法和工具,由此人们可以由简单的事物去认识和研究复杂的事物,从已知的世界去观察和探索未知的世界。

8.3　同余关系与商代数

8.3.1　同余关系的概念及判定

定义 8.3.1　设 $<S, *>$ 是一个代数系统,R 是 S 上的一个等价关系,如果对任意的 a_1, $a_2, b_1, b_2 \in S$ 有

$$<a_1, a_2> \in R \wedge <b_1, b_2> \in R \Rightarrow <a_1 * b_1, a_2 * b_2> \in R$$

则称 R 为 S 上关于运算 $*$ 的**同余关系**。由这个同余关系将 S 划分成的等价类就称为**同余类**。

$*$ 为一元运算时,等价关系 R 为同余关系的定义为:若当 $<a_1,a_2> \in R$ 时,有 $< *a_1, *a_2 > \in R$。

例 8.3.1 设有代数系统 $<A, * >$,其中 $A = \{a,b,c,d\}$,A 上的运算 $*$ 如下表:

$*$	a	b	c	d
a	a	a	d	c
b	b	a	c	d
c	c	d	a	b
d	d	d	b	a

定义 A 上的关系 R 如下:

$R = \{ <a,a>, <a,b>, <b,a>, <b,b>, <c,c>, <c,d>, <d,c>, <d,d> \}$

则 R 是 A 上的同余关系,这个同余关系将 A 划分成同余类:$\{a,b\}$ 和 $\{c,d\}$。

例 8.3.2 设代数系统 $< \mathbf{Z}, * >$,其中 $\mathbf{Z}$ 为整数集,$*$ 是一元运算,定义为:对任意的 $i \in \mathbf{Z}$,

$$*(i) = i^2 (\bmod m)(m \in \mathbf{Z}^+)$$

$\mathbf{Z}$ 上的等价关系为 $R = \{ <i_1,i_2> | i_1(\bmod m) = i_2(\bmod m) \}$,试证对 $*$ 而言,R 是 Z 上的同余关系。

证 $*$ 是一元运算,只要能证明 $<i_1,i_2> \in R$ 时,有 $< *i_1, *i_2 > \in R$,则 R 是同余关系。

设 $i_1 = p_1 m + r_1$,$i_2 = p_2 m + r_2$,因为 $<i_1,i_2> \in R$,所以 $0 \le r_1 = r_2 < m$,又因为

$$*i_1 = i_1^2 (\bmod m) = (p_1 m + r_1)^2 (\bmod m) = r_1^2 (\bmod m)$$

$$*i_2 = i_2^2 (\bmod m) = (p_2 m + r_2)^2 (\bmod m) = r_2^2 (\bmod m) = r_1^2 (\bmod m)$$

所以 $*i_1 = *i_2$,因此 $< *i_1, *i_2 > \in R$,则 R 是同余关系。

注:对整数的 $(\bmod m)$ 运算,称为模 m 同余运算。此例的等价关系 R 称为模 m 同余(数)关系。此例说明这种同余数的关系对于模 m 同余运算来说,正好就是本节定义的同余关系。

定理 8.3.1 设 f 是由 $<A, * >$ 到 $<B, \cdot >$ 的一个同态映射,如果在 A 上定义二元关系 R 为:$<x,y> \in R$,当且仅当 $f(x) = f(y)$,那么 R 是 A 上的一个同余关系。

证 首先证明 R 是一个等价关系:

因为 $f(a) = f(a)$,即 $<a,a> \in R$,R 具有自反性;

若 $<a,b> \in R$,则 $f(a) = f(b)$ 即 $f(b) = f(a)$,所以 $<b,a> \in R$,R 具有对称性;

若 $<a,b> \in R$ 且 $<b,c> \in R$,则 $f(a) = f(b) = f(c)$,所以 $<a,c> \in R$,R 具有传递性。

其次证明 R 是同余关系:

若 $<a,b> \in R$,且 $<c,d> \in R$,则 $f(a) = f(b)$ 且 $f(c) = f(d)$,

于是 $f(a) \cdot f(c) = f(b) \cdot f(d)$

而由 f 是由 $<A, * >$ 到 $<B, \cdot >$ 的一个同态映射知:

$$f(a * c) = f(a) \cdot f(c), f(b * d) = f(b) \cdot f(d)$$

所以 $f(a * c) = f(b * d)$,故 $< a * c, b * d > \in R$,因此,R 是 A 上的一个同余关系。

注:此定理说明两个代数系统 $V_1 = <A, * >$ 和 $V_2 = <B, \cdot >$ 之间,如果存在一个同态映射,那么就一定存在 V_1 的载体 A 上的一个同余关系。

8.3.2　商代数与自然同态

定义 8.3.2　给定代数系统 $V = <S, * >$,其中 $*$ 是 S 上的二元运算,R 是 V 中的同余关系。构造一个新的代数系统 $W = <S/R, \cdot >$,其中

(1) $S/R = \{[x]_R | x \in S\}$;

(2) 对任意 $x, y \in S$, $[x]_R \cdot [y]_R = [x * y]_R$。

则称代数系统 W 是关于关系 R 的 V 的**商代数**,简称商代数,记作 $W = V/R$(对一元运算也可讨论商代数,当 $*$ 是一元运算时,$\cdot$ 也是一元运算,当任意 $x \in S$ 时,有 $\cdot [x]_R = [* x]_R$)。另外,V 若有代数常元,或称特异元 a(零元、单位元等),则 $[a]_R$ 也为 W 中相应的代数常元。

例 8.3.3　前面例 8.3.1 中由同余关系 R 产生的两个等价类是

$$[a]_R = [b]_R = \{a, b\}, \qquad [c]_R = [d]_R = \{c, d\}$$

则商集为 $A/R = \{[a]_R, [c]_R\}$。定义等价类的运算 $\cdot$ 为:$[a]_R \cdot [c]_R = [a * c]_R$,则由代数系统 $<A, * >$ 和同余关系 R 构成的代数系统 $<A/R, \cdot >$ 是商代数。

定义 8.3.3　设 R 是集合 A 上的等价关系,存在映射 $\varphi: A \to A/R$,对任意的 $x \in A$,都有 $\varphi(x) = [x]_R$,则称 φ 是从集合 A 到商集 A/R 的**正则映射**。

在例 8.3.3 中作映射 φ 为:$\varphi(a) = \varphi(b) = [a]_R$,$\varphi(c) = \varphi(d) = [c]_R$,于是 φ 为正则映射。

定理 8.3.2　设代数系统 $V = <A, * >$,其中 $*$ 是二元运算。设 R 是 V 中的同余关系,V 的商代数 $V/R = <A/R, \cdot >$,A 到 A/R 的正则映射 $\varphi: A \to A/R$ 为 $\varphi(x) = [x]_R$,则正则映射 φ 是从 A 到 A/R 的同态。并称此种同态为与 R 相关的自然同态,简称为**自然同态**。

证　对任意的 $x, y \in A$,有 $[x]_R \cdot [y]_R = [x * y]_R$,又由 φ 是正则映射,有

$$\varphi(x * y) = [x * y]_R = [x]_R \cdot [y]_R = \varphi(x) \cdot \varphi(y)$$

所以 φ 是一个同态映射。

例 8.3.4　设 $<\mathbf{Z}, + >$、$<Z_n, +_n >$,其中 $+_n$ 为模 n 的加法,$Z_n = \{[0], [1], [2], \cdots,$ $[n-1]\}$ 是 $\mathbf{Z}$ 关于模 n 的商集,则 $\varphi: \mathbf{Z} \to Z_n$　定义为:对任意的 $x \in \mathbf{Z}$,

$$\varphi(x) = [x] = [y] (y \equiv x(\bmod n), [y] \in Z_n)$$

是 $\mathbf{Z}$ 到 Z_n 的自然同态。

商代数和自然同态是研究代数系统之间同态的重要工具,下面定理说明了这一点。

定理 8.3.3　设代数系统 $U = <X, \circ >$ 和 $V = <Y, * >$,$\circ$ 和 $*$ 都是二元运算。如果 $f: X \to Y$ 是从 U 到 V 的满同态,且 E 是 U 中对应于 f 的同余关系,而 $g: X \to X/E$ 是从 U 到 $U/E = <X/E, \cdot >$ 的自然同态,则在商代数 U/E 和代数系统 V 之间存在同构映射 $h: X/E \to Y$。

证　定义映射 $h: X/E \to V$ 为:对任意的 $x \in X$,有 $h([x]_E) = f(x)$。由定理 8.3.1 知对任意 $x_1, x_2 \in X$,若有 $f(x_1) = f(x_2)$,则有 $x_1 E x_2$。另外,由正则映射的定义知,若有 $x_1 E x_2$,则有 $g(x_1) = g(x_2)$,从而有 $[x_1]_E = [x_2]_E$。因此映射 h 是单射的。因为 f 是满同态,于是对每一个 $f(x_1)$ 都有一个 $[x_1]_E$,使得 $h([x_1]_E) = f(x_1)$,即每一个 $h([x]_E)$ 都对应一个 $[x]_E$,故 h 是满射的,所以 h 是双射的。

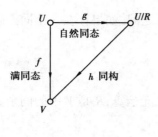

图 8.3.1

再证 h 是一个同态映射。对商代数中的运算,有

$$h\left(\left[x_1\right]_E \cdot \left[x_2\right]_E\right) = h\left(g\left(x_1\right) \cdot g\left(x_2\right)\right) = h\left(g\left(x_1 \circ x_2\right)\right)$$
$$= h\left(\left[x_1 \circ x_2\right]_E\right) = f\left(x_1 \circ x_2\right)$$
$$= f(x_1) * f(x_2) = h\left(\left[x_1\right]_E\right) * h\left(\left[x_2\right]_E\right)$$

所以 h 是从 U/E 到 V 的同态映射。综上所述 h 是从 U/E 到 V 的同构映射。

映射之间的关系可由图 8.3.1 表示。

8.4 群

8.4.1 半群、群的定义及基本性质

群是一种特殊的代数系统,它在形式语言、自动机等领域中有着广泛的应用。

一、半群与独异点

定义 8.4.1 设 $V = <S, *>$ 是代数系统, $*$ 是非空集合 S 上的二元运算,如果 $*$ 是可结合的,则称 V 为**半群**。

例 8.4.1 (1) $<\mathbf{Z}^+, +>$, $<\mathbf{N}, +>$, $<\mathbf{Z}, +>$, $<\mathbf{Q}, +>$, $<\mathbf{R}, +>$, $<\mathbf{R}, \times>$ 都是半群, $+$ 是普通加法, $\times$ 是普通乘法。

(2) $<M_n(\mathbf{R}), +>$ 和 $<M_n(\mathbf{R}), \cdot>$ 是半群,其中 $+$ 是矩阵加法, $\cdot$ 是矩阵乘法; $<P(A), \cup>$, $<P(A), \cap>$ 和 $<P(A), \oplus>$ 也是半群,其中 $\oplus$ 是集合的对称差(或称环和)运算。

(3) $<Z_n, +_n>$ 是半群,其中 $Z_n = \{[0], [1], [2], \cdots, [n-1]\}$, $+_n$ 是模 n 加法。

(4) 设 $A = \{a, b, c\}$,由集合 A 及其上按下表定义的二元运算 $*$ 组成的 $<A, *>$ 是一个半群。

$*$	a	b	c
a	a	b	c
b	a	b	c
c	a	b	c

解 从运算表的封闭性知 $<A, *>$ 是一个代数系统,且 a, b, c 都是左单位元,所以对任意的 $x, y, z \in A$,都有

$$x * (y * z) = x * z = z = y * z = (x * y) * z$$

因此, $<A, *>$ 是半群。

(5) $<\mathbf{Z}, ->$ $<\mathbf{Z}, \div>$ $<P(A), ->$ 都不是半群,因为整数的减法和乘法运算、集合的差运算都不满足结合律。

定义 8.4.2 设 $V = <S, *>$ 是半群,若 $e \in S$ 是关于 $*$ 运算的单位元,则称 V 是**含幺半群**,常称作**独异点**。

196

例 8.4.2　前例的 $<\mathbf{Z},+><\mathbf{Q},+><\mathbf{R},+><\mathbf{R},\times><P(A),\cup><P(A),$ $\cap><M_n(\mathbf{R}),+><M_n(\mathbf{R}),\cdot>$ 和 $<Z_n,+_n>$ 均是独异点,0 是 $<\mathbf{Z},+><\mathbf{Q},+><\mathbf{R},$ $+>$ 的单位元,1 是 $<\mathbf{R},\times>$ 的单位元,ϕ 是 $<P(A),\cup>$ 的单位元,A 是 $<P(A),\cap>$ 的单位元,零矩阵是 $<M_n(\mathbf{R}),+>$ 的单位元,单位矩阵是 $<M_n(\mathbf{R}),\cdot>$ 的单位元,$[0]$ 是 $<Z_n,$ $+_n>$ 的单位元。$<\mathbf{Z}^+,+>$ 不是独异点,因为它没有单位元。例 8.4.1(4) 中的 $<A,*>$ 也不是独异点,因为它也没有单位元。

定义 8.4.3　设 $<S,*>$ 是一个半群,如果 $B\subseteq S$ 且 $*$ 在 B 上是封闭的,那么 $<B,*>$ 也是一个半群,称 $<B,*>$ 为 $<S,*>$ 的**子半群**。如果 $<B,*>$ 是独异点 $<S,*>$ 的子半群,且 $<S,*>$ 的单位元 $e\in B$,则称 $<B,*>$ 是 $<S,*>$ 的**子独异点**。

设 $V=<S,*>$ 是独异点,e 是 V 的单位元,则 $<\{e\},*>$ 是 V 的一个子独异点,V 本身也是 V 的子独异点,$<\{e\},*>$ 和 V 称为 V 的**平凡子独异点**。

例 8.4.3　$<\mathbf{Z}^+,+>$ 是 $<\mathbf{Z},+>$ 的子半群,$<\mathbf{Z},+>$ 是 $<\mathbf{R},+>$ 的子独异点。$<\{0,1\},\times>$ 是 $<\mathbf{R},\times>$ 的子独异点。

例 8.4.4　设半群 $V_1=<S,\cdot>$,独异点 $V_2=<S,\cdot,e>$,其中 $\cdot$ 为矩阵乘法,e 为 2 阶单位矩阵,

$$S=\left\{\begin{pmatrix}a & 0\\ 0 & d\end{pmatrix}\Big| a,d\in R\right\},e=\begin{pmatrix}1 & 0\\ 0 & 1\end{pmatrix}$$

令

$$T=\left\{\begin{pmatrix}a & 0\\ 0 & 0\end{pmatrix}\Big| a\in R\right\}$$

则 $T\subseteq S$,且 T 对矩阵乘法 $\cdot$ 是封闭的,所以 $<T,\cdot>$ 是 $V_1=<S,\cdot>$ 的子半群。易见在 $<T,\cdot>$ 中存在着自己的单位元 $\begin{pmatrix}1 & 0\\ 0 & 0\end{pmatrix}$,所以 $<T,\cdot,\begin{pmatrix}1 & 0\\ 0 & 0\end{pmatrix}>$ 也构成一个独异点,但它不是 $V_2=<S,\cdot,e>$ 的子独异点,因为 V_2 中的单位元 $e=\begin{pmatrix}1 & 0\\ 0 & 1\end{pmatrix}\notin T$。

定理 8.4.1　设 $V=<S,*,e>$ 是独异点,则在 $*$ 的运算表中,任何两行或两列都是不相同的。

证　对于任意的 $a,b\in S$ 且 $a\neq b$,有

$$a*e=a\neq b=b*e\qquad(a \text{ 所在的行与 } b \text{ 所在的行不相同})$$
$$e*a=a\neq b=e*b\qquad(a \text{ 所在的列与 } b \text{ 所在的列不相同})$$

由 a,b 的任意性知,运算表中任何两行或两列都是不相同的。

半群(独异点)中的运算 $*$ 是可结合的,因此可以定义元素的幂。

定义 8.4.4　设有独异点 $<S,*,e>$,e 为单位元,对于任意的 $x\in S$,规定:

$$x^0=e,\quad x^{n+1}=x^n*x,\quad n\in\mathbf{Z}^+$$

由幂的定义不难证明 x 的幂遵从以下运算规则:对任意的 $m,n\in\mathbf{Z}^+$,有

$(1)\,x^m*x^n=x^{m+n}$;

$(2)\,(x^m)^n=x^{mn}$。

定理 8.4.2　设 $<S,*>$ 是一个半群,如果 S 是一个有限集,则必有 $a\in S$,使得 $a*a=a$。

证　因为 $<S,*>$ 是半群,S 又是有限的,所以对任意的 $b\in S$,必定存在 $j>i$,使得 $b^j=b^i$,

令 $p=j-i$，则 $b^j=b^p*b^i$，即 $b^i=b^p*b^i$，当 $q\geq i$ 时，也有 $b^q=b^p*b^q$，这是因为

$$b^q = b^{q-i}*b^i = b^{q-i}*b^j = b^{q-i}*b^p*b^i = b^p*b^{q-i}*b^i = b^p*b^q$$

又因为 $p\geq 1$，所以总可以找到 $k\geq 1$，使得 $kp\geq i$，对于 S 中的元素 b^{kp}，反复使用上面等式，就有

$$b^{kp} = b^p*b^{kp} = b^p*(b^p*b^{kp}) = b^{2p}*b^{kp} = \cdots = b^{kp}*b^{kp}$$

所以在 S 中存在元素 $a=b^{kp}$，使得 $a=a*a$。

作为代数系统，对半群与半群，独异点与独异点均可以讨论它们之间的同态映射。

例 8.4.5 （1）设 φ 是半群 $V_1=<\mathbf{R}^+,\times>$ 到半群 $V_2=<\mathbf{R},+>$ 的映射，其中 $\mathbf{R}^+$ 为正实数集，令 $\varphi(a)=\lg a$。对任意的 $a,b\in\mathbf{R}^+$，因为 $\varphi(a\times b)=\lg(a\times b)=\lg a+\lg b=\varphi(a)+\varphi(b)$，所以 φ 是 V_1 到 V_2 的同态映射。

（2）设 φ 是独异点 $V_1=<\mathbf{Z},+,0>$ 到独异点 $V_2=<Z_n,+_n,[0]>$ 的映射，其中 $\varphi(a)=a(\mathrm{mod}\,n)$ 容易验证 φ 是 V_1 到 V_2 的同态映射。

（3）设 $V_1=<S_1,*>$ $V_2=<S_2,\cdot>$，其中 $S_1=\{a,b,c\}$，$S_2=\{1,2,3\}$，运算表如下：

$*$	a	b	c
a	a	a	a
b	a	a	a
c	a	a	a

$\cdot$	1	2	3
1	1	1	1
2	1	1	1
3	1	1	1

易见 V_1 和 V_2 是半群。令

$$\varphi:S_1\to S_2，其中 \varphi(a)=1，\varphi(b)=2，\varphi(c)=3$$

从运算表可以验证 φ 是 V_1 到 V_2 的同态映射。

二、群

定义 8.4.5 设 $<G,\cdot>$ 是代数系统，$\cdot$ 是非空集合 G 上的二元运算，如果

（1）运算 $\cdot$ 是可结合的；

（2）存在单位元 $e\in G$；

（3）对于 G 中的任何元素 x，都有 $x^{-1}\in G$；

则称 $<G,\cdot>$ 为群（为简单起见，以下在群中将 $a\cdot b$ 简写成 ab，将群 $<G,\cdot>$ 简记为群 G）。

例 8.4.6 例 8.4.1 中的 $<\mathbf{Z},+>$，$<\mathbf{Q},+>$，$<\mathbf{R},+>$，$<\mathbf{R}-\{0\},\times>$ 都是群，$<M_n(\mathbf{R}),+>$ 也是群，$<\mathbf{R},\times>$ 和 $<M_n(\mathbf{R}),\cdot>$ 不是群，$<\mathbf{R},\times>$ 中的 0 没有逆元，并非所有的 n 阶实矩阵都有逆矩阵。

例 8.4.7 设 $A=\{a\}$，定义 A 上的运算 $\cdot$ 如下：

$\cdot$	a
a	a

则 $<A,\cdot>$ 是群，即为平凡群。单位元就是 a，a^{-1} 也是 a。

例 8.4.8 设 $G=\{e,a,b,c\}$，G 上的运算 $\cdot$ 如下表：

·	e	a	b	c
e	e	a	b	c
a	a	e	c	b
b	b	c	e	a
c	c	b	a	e

由运算表看出:运算 · 是可结合的,单位元为 e, G 中任何元素的逆元就是它自己,所以 G 是群。运算 · 还是可交换的,在 a,b,c 3 个元素中,任何两个元素运算的结果都等于另一个元素,这个群称为 Klein **四元群**。

定义 8.4.6 设 G 为群。若 G 是有限集,则称 G 为**有限群**,有限群 G 中元素的个数称为**该有限群的阶**。若 G 是无限集,则称为**无限群**。只含单位元的群称为**平凡群**。若运算 · 满足交换律,则称 G 为**交换群**,或称**阿贝尔(Abel)群**。

Klein 四元群是 4 阶交换群,$< \mathbf{Z}, + >$,$< \mathbf{Q}, + >$,$< \mathbf{R}, + >$,$< \mathbf{R} - \{0\}, \times >$,$< M_n(\mathbf{R}), + >$ 都是交换群;n 阶实可逆矩阵的集合关于矩阵乘法构成的群是非交换群。

定理 8.4.3 设 G 为群($|G| \geqslant 2$),则 G 中不可能有零元。

证 假设群中有零元 θ,对 $\forall x \in G$,有

$$\theta x = x\theta = \theta \neq e$$

即 θ 无逆元,这与群中任何元素都有逆元矛盾,所以群中无零元。

定义 8.4.7 设 G 为群,$a \in G$,e 为单位元,使得等式:$a^m = e$ 成立的最小正整数 m 称为 a 的阶(或周期),记作 $|a| = m$,这时也称 a 为 m **阶元**。若不存在这样的正整数 m,则称 a 是**无限阶元**。

定理 8.4.4 设 G 为群,e 为单位元,则 G 中的幂运算满足:

(1) $\forall a \in G, (a^{-1})^{-1} = a$;

(2) $\forall a,b \in G, (ab)^{-1} = b^{-1}a^{-1}$;

(3) $\forall a \in G, a^m a^n = a^{m+n}, m,n \in \mathbf{Z}$;

(4) $\forall a \in G, (a^m)^n = a^{mn}, m,n \in \mathbf{Z}$;

(5) 若 G 为交换群,则 $(ab)^n = a^n b^n$。

证 只证(1)和(2),(3)(4)的证明留作练习。

(1) a^{-1} 是 a 的逆元,而 a 也是 a^{-1} 的逆元,根据逆元的唯一性,有 $(a^{-1})^{-1} = a$

(2) 因为 $(b^{-1}a^{-1})(ab) = b^{-1}(a^{-1}a)b = b^{-1}b = e$

$$(ab)(b^{-1}a^{-1}) = a(bb^{-1})a^{-1} = aa^{-1} = e$$

所以 ab 的逆元为 $(b^{-1}a^{-1})$,即 $(ab)^{-1} = b^{-1}a^{-1}$。

定理 8.4.5 设 G 为群,则 G 中适合消去律,即对于 $\forall a,b,c \in G$ 有

(1) 若 $ab = ac$,则 $b = c$;

(2) 若 $ba = ca$,则 $b = c$。

定理 8.4.6 设 G 为群,则 G 中除单位元外,不可能有其他的幂等元。

证 设有 $x \in G$,使得 $xx = x$,于是有 $xx = xe$,由消去律得:$x = e$。

所以群中除单位元外没有其他的幂等元。

定理 8.4.7　设 G 为群，$\forall a,b\in G$，方程 $ax=b$ 和 $ya=b$ 在 G 中有唯一解。

证　因为 $a(a^{-1}b)=(aa^{-1})b=eb=b$，所以 $a^{-1}b$ 是方程 $ax=b$ 的解（解存在）。假设 x' 是方程 $ax=b$ 的解，则有 $ax'=b$，从而有

$$x'=ex'=(a^{-1}a)x'=a^{-1}(ax')=a^{-1}b$$

所以解唯一。

同理可证 ba^{-1} 是方程 $ya=b$ 的唯一解。

定理 8.4.8　设 G 为群，$a\in G$，且 $|a|=r$，设 k 是整数，则

(1) $a^k=e$，当且仅当 k 是 r 的倍数。

(2) $|a|=|a^{-1}|$。

证　(1) 先证充分性。设 $r|k$，则存在 $m\in Z$，使得 $k=mr$，有 $a^k=a^{mr}=(a^r)^m=e^m=e$。再证必要性。由 $r,k\in Z$，知存在整数 m 和 i，使得

$$k=mr+i,0\leqslant i\leqslant r-1$$

则　　　　　　　　$$e=a^k=a^{mr+i}=(a^r)^m a^i=ea^i=a^i$$

因为 $|a|=r$，必有 $i=0$，所以 $r|k$，必要性得证。

(2) 由 $(a^{-1})^r=(a^r)^{-1}=e^{-1}=e$，知 a^{-1} 的阶存在，且由 (1) 知 a^{-1} 的阶是 r 的因子。而 a 是 a^{-1} 的逆元，所以 a 的阶 r 也是 a^{-1} 的阶的因子，所以 $|a|=|a^{-1}|=r$。

由上面定理可证，当 a,b 是群 G 中有限阶元时，有

$$|b^{-1}ab|=|a|,|ab|=|ba|$$

证明留作练习。

8.4.2　子群、陪集和拉格朗日定理

定义 8.4.8　设 G 是一个群，H 是 G 的非空子集，如果 H 关于 G 的运算也构成群，则称 H 是 G 的**一个子群**，记为 $H\leqslant G$。若 H 是 G 的子群，且 $H\subset G$，则称 H 是 G 的**真子群**，记为 $H<G$。

对于任何群 G 至少存在两个子群：群 G 本身和群 $<\{e\},*>$，它们称为 G 的**平凡子群**。

例如 $<\mathbf{Z},+>$ 是 $<\mathbf{R},+>$ 的子群（$\mathbf{Z}$ 是整数集，$\mathbf{R}$ 是实数集，$+$ 是普通加法）。$n\mathbf{Z}$ 是整数加群的子群，当 $n\neq 1$ 时，$n\mathbf{Z}$ 是 $\mathbf{Z}$ 的真子群。

定理 8.4.9　设 G 是群，H 是 G 的一个子群，则 G 中的单位元 e 必定也是 H 中的单位元。

证　设 e' 为 $<H,*>$ 的单位元，则对于任一 $x\in H\subseteq G$，在 H 中有：$e'*x=x$，在 G 中有：$e*x=x$，所以有：$e'*x=e*x$，由消去律知：$e'=e$。

在独异点中就没有这个性质，即独异点中的单位元不一定是其子独异点中的单位元，见例 8.4.4。

下面给出子群的判定定理。

定理 8.4.10（判定定理一）　设 G 为群，H 是 G 的非空子集，H 是 G 的子群，当且仅当下面的条件成立：

(1) 对 $\forall a,b\in H$ 有 $ab\in H$；

(2) 对 $\forall a\in H$ 有 $a^{-1}\in H$。

证　必要性显然。下面证充分性，只需证单位元 $e\in H$：因为 H 非空，所以必存在 $a\in H$，由条件 (2) 知 $a^{-1}\in H$，再由条件 (1) 有 $aa^{-1}\in H$，即 $e\in H$。所以 H 是 G 的子群。

定理 8.4.11 （**判定定理二**） 设 G 为群，H 是 G 的非空子集，H 是 G 的子群，当且仅当对 $\forall a,b \in H$，有 $ab^{-1} \in H$。

证 必要性：任取 $a,b \in H$，由于 H 是 G 的子群，必有 $b^{-1} \in H$，因此 $ab^{-1} \in H$。

充分性：因为 H 非空，必存在 $a \in H$，所以 $aa^{-1} \in H$，即 $e \in H$。任取 $a \in H$，由 $e, a \in H$，得 $ea^{-1} \in H$，即 $a^{-1} \in H$。任取 $a,b \in H$，则由刚才的证明知 $b^{-1} \in H$，所以 $a(b^{-1})^{-1} \in H$，即 $ab \in H$。因此由判定定理一知 H 是 G 的子群。

定理 8.4.12 （**判定定理三**） 设 G 为群，H 是 G 的非空子集，如果 H 是有限集，则 H 是 G 的子群，当且仅当 $\forall a,b \in H$，有 $ab \in H$。

证 必要性显然，下面证充分性：由判定定理一，只需证对 $\forall a \in H$ 有 $a^{-1} \in H$。任取 $a \in H$，若 $a = e$，则 $a^{-1} = e^{-1} = e \in H$。若 $a \neq e$，令 $S = \{a, a^2, a^3, \cdots\}$，则 $S \subseteq H$。由于 H 是有限集，必存在正整数 $i, j (i < j)$ 使得：$a^i = a^j$。根据 G 中的消去律：$a^{j-i} = e$，又由于 $a \neq e$，必有 $j - i > 1$，因此 $a^{j-i-1}a = e$，且 $aa^{j-i-1} = e$，所以 $a^{-1} = a^{j-i-1} \in S$，即有 $a^{-1} \in H$。

例 8.4.9 设 G 为群，$a \in G$，令
$$H = \{a^k \mid k \in \mathbf{Z}\}$$
为 a 的所有幂构成的集合，则 H 是 G 的子群。称 H 为由 a **生成的子群**，简记为 $<a>$，a 称为**生成元**。

证 因为 $a \in <a>$，所以 $<a> \neq \phi$，任取 $a^m, a^n \in <a> (m, n \in \mathbf{Z})$，有
$$a^m(a^n)^{-1} = a^m a^{-n} = a^{m-n} \in <a>$$
由判定定理二知：$<a>$ 是 G 的子群。

例如在整数加群中，由 3 生成的子群是
$$<3> = \{3k \mid k \in \mathbf{Z}\}$$
而在群 $<Z_6, +_6>$ 中，由 $[3]$ 生成的子群是
$$<[3]> = \{[0], [3]\}$$
因为 $[3]^2 = [3] +_6 [3] = [(3+3)(\mathrm{mod}\ 6)] = [0]$。

对于 Klein 四元群 $G = <e, a, b, c>$ 来说，它的 4 个生成子群为
$$<e> = \{e\}, \quad <a> = \{e, a\}, \quad <b> = \{e, b\}, \quad <c> = \{e, c\}$$

例 8.4.10 设 G 为群，令 C 为与 G 中所有元素都可交换的元素构成的集合，即
$$C = \{a \mid a \in G \text{ 且对 } \forall x \in G \text{ 都有 } ax = xa\}$$
则 C 是 G 的子群。并称 C 为 G 的**中心**。

证 因为 $e \in C$，所以 C 是 G 的非空子集，任取 $a, b \in C$，对 $\forall x \in G$，有
$$
\begin{aligned}
(ab^{-1})x &= ab^{-1}x = ab^{-1}(x^{-1})^{-1} = a(x^{-1}b)^{-1} = a(bx^{-1})^{-1} \quad （因为 b \in C）\\
&= a(xb^{-1}) = (ax)b^{-1} = (xa)b^{-1} \quad\quad\quad\quad （因为 a \in C）\\
&= x(ab^{-1})
\end{aligned}
$$
所以 $ab^{-1} \in C$。由判定定理二知 C 是 G 的子群。

对任意群 G，G 的中心 C 一定存在，因为 $e \in C$。交换群的中心就是它自己。

定义 8.4.9 H 是 G 的子群，$a \in G$，令
$$Ha = \{ha \mid h \in H\} \quad (aH = \{ah \mid h \in H\})$$
称 $Ha(aH)$ 是子群 H 在 G 中的**右陪集**（**左陪集**），称元素 a 为陪集 $Ha(aH)$ 的**代表元素**。

例 8.4.11 设 $G = <e, a, b, c>$ 是 Klein 四元群，$H = \{e, a\}$ 是 G 的子群，H 的所有右陪

集为：
$$He = \{e,a\}, Ha = \{a,e\}, Hb = \{b,c\}, Hc = \{c,b\}$$

例 8.4.12 设 $G = \mathbf{R} \times \mathbf{R}$（$\mathbf{R}$ 为实数集），G 上的二元运算 $+$ 定义为
$$<x_1,y_1> + <x_2,y_2> = <x_1+x_2, y_1+y_2>$$
容易证明 G 是群，设 $H = \{<x,y>|y=2x\}$，则 H 是 G 的子群。设 $<a,b> \in G$，H 关于 $<a,b>$ 的右陪集 $H<a,b> = \{<x+a,y+b>|<x,y> \in H\}$。

此例的几何意义是：G 为笛卡尔平面，H 为直线 $y=2x$，右陪集 $H<a,b>$ 为过点 $<a,b>$ 且平行于 H 的直线。

下面的定理说明右陪集中的任何元素都可以作为它的代表元素。

定理 8.4.13 设 H 是群 G 的子群，则对于 $\forall a,b \in G$，有
$$a \in Hb \Leftrightarrow ab^{-1} \in H \Leftrightarrow Ha = Hb$$

证
$$a \in Hb \Leftrightarrow \exists h(h \in H \wedge a = hb)$$
$$\Leftrightarrow \exists h(h \in H \wedge ab^{-1} = h)$$
$$\Leftrightarrow ab^{-1} \in H$$

下面证 $a \in Hb \Leftrightarrow Ha = Hb$

充分性容易证得：设 $Ha = Hb$，则由 $a \in Ha$ 知必有 $a \in Hb$。

再证必要性：设 $a \in Hb$，则 $\exists h \in H$ 使得 $a = hb$，即 $b = h^{-1}a$，任取 $h_1 \in H$ 则有 $h_1a \in Ha$，于是有
$$h_1a = h_1(hb) = (h_1h)b \in Hb$$
所以 $Ha \subseteq Hb$；反之，任取 $h_2 \in H$ 则有 $h_2b \in Hb$ 于是有
$$h_2b = h_2(h^{-1}a) = (h_2h^{-1})a \in Ha$$
所以 $Hb \subseteq Ha$，综上所述有 $Ha = Hb$。

定理 8.4.14 设 H 是群 G 的子群，在 G 上定义二元关系 R：$\forall a,b \in G$
$$<a,b> \in R \Leftrightarrow ab^{-1} \in H$$
则 R 是 G 上的等价关系，且 $[a]_R = Ha$。

证 对 $\forall a \in G$，因为 $aa^{-1} = e \in H \Leftrightarrow <a,a> \in R$，所以 R 在 G 上是自反的；

对 $\forall a,b \in G$，由 $<a,b> \in R \Rightarrow ab^{-1} \in H \Rightarrow (ab^{-1})^{-1} \in H \Rightarrow ba^{-1} \in H \Rightarrow <b,a> \in H$，知 R 在 G 上是对称的；

对 $\forall a,b,c \in G$，由
$$<a,b> \in R \wedge <b,c> \in R \Rightarrow ab^{-1} \in H \wedge bc^{-1} \in H \Rightarrow (ab^{-1})(bc^{-1}) \in H \Rightarrow ac^{-1} \in H \Rightarrow <a,c> \in H$$
知 R 在 G 上是传递的。因此 R 是 G 上的等价关系。

另外对 $\forall a \in G$，$[a]_R$ 一定存在，任取 $b \in G$，由
$$b \in [a]_R \Leftrightarrow <a,b> \in R \Leftrightarrow ab^{-1} \in H \Leftrightarrow Ha = Hb \Leftrightarrow b \in Ha$$
得到 $[a]_R = Ha$。

推论 设 H 是群 G 的子群，则 H 的全部右陪集，形成了对 G 的一个划分，即有：

(1) $\forall a,b \in G$，必有 $Ha = Hb$ 或 $Ha \cap Hb = \phi$；

(2) $\cup \{Ha|a \in G\} = G$。

注：因为 $H = He$，所以 H 本身也是一个它自己的右陪集。

由一一映射的定义不难看出：

定理 8.4.15　设 H 是群 G 的子群,则 H 与 H 的每一个右陪集 $Ha(a \in G)$ 之间都存在一个一一映射。

由此定理对任一右陪集 $Ha(a \in G)$ 有: $|Ha| = |H|$,即右陪集形成的划分是一个等数量的划分。

设 H 是群 G 的子群,所有关于右陪集的性质都适用于左陪集,且易知 H 在 G 中的右陪集的个数和左陪集的个数是相等的,称为 H 在 G 中的陪集数,也叫做 H 在 G 中的**指数**,记为$[G:H]$。

定理 8.4.16　(**拉格朗日定理**)设 G 是有限群,H 是 G 的子群,则
$$|G| = |H| \cdot [G:H]$$

证　设$[G:H] = m, a_1, a_2, \cdots, a_m$ 分别是 H 的 m 个右陪集的代表元素,则由上推论知
$$G = Ha_1 \cup Ha_2 \cup \cdots \cup Ha_m$$
且这 m 个右陪集两两的交集为空,所以 $|G| = |Ha_1| + |Ha_2| + \cdots + |Ha_m|$,又由定理8.4.15知
$$|H| = |Ha_i| \quad (i = 1, 2, \cdots, m)$$
所以
$$|G| = |H| \cdot [G:H]$$

8.4.3　循环群与置换群

循环群与置换群是两类重要的群。

定义 8.4.10　设 G 为群,若存在 $a \in G$ 使得
$$G = \{a^k \mid k \in Z\}$$
则称 G 是**循环群**,记作 $G = <a>$,称 a 为 G 的**生成元**。

循环群 $G = <a>$ 根据生成元 a 的阶可分成两类:若 a 是 n 阶元,则 $G = \{a^0 = e, a^1, a^2, a^3, \cdots, a^{n-1}\}$,此时称 G 为 n 阶循环群;若 a 是无限阶元,则 $G = \{a^0 = e, a^{\pm 1}, a^{\pm 2}, \cdots\}$,此时称 G 为无限循环群。

注:(1)若循环群 $G = <a>$,则的逆 a^{-1} 也是生成元;

(2)若 $G = <a>$ 是无限阶循环群,则它只有 a, a^{-1} 这一对生成元。

例如整数加群 $<\mathbf{Z}, +>$ 是无限阶循环群,它只有两个互逆的生成元 1 和 -1;模 6 整数加群 $<Z_6, +_6>$ 是 6 阶循环群,它的生成元是互逆的两个元素:[1]和[5]。

定理 8.4.17　循环群是阿贝尔群。

证　设 $G = <a>$,则对于 $\forall x, y \in G$,有 $x = a^r, y = a^s$,其中 $r, s \in \mathbf{Z}$,则
$$xy = a^r a^s = a^{r+s} = a^{s+r} = a^s a^r = yx$$
所以 G 是阿贝尔群。

定理 8.4.18　循环群的子群仍是循环群。

证　设 H 是 $G = <a>$ 的子群,若 $H = \{e\}$,则 H 是循环群;若 $H \neq \{e\}$,则 H 中必有 a^s,其中 s 为 H 中元素的最小正幂次,可证明 $H = <a^s>$。

显然 $<a^s> \subseteq H$;下面证明 $H \subseteq <a^s>$,任取 $a^r \in H$,则 $r = ps + q$,其中 $r, p \in \mathbf{Z}, 0 \leqslant q < s$,则 $a^q = a^r a^{-ps} = a^r (a^s)^{-p} \in H$。由 s 的最小正幂次性知 $q = 0$,所以 $a^r = (a^s)^p$,即 H 中任一元素都可以表成 a^s 的整数次幂,所以 $H \subseteq <a^s>$。综上所述有 $H = <a^s>$,即循环群的子群仍是循环群。

定理 8.4.19 设 $G = <a>$ 是 n 阶循环群,则对于 n 的任一因子 d,存在唯一的 d 阶子群。

证 设 $d \mid n$,若 $d = 1$ 或 n,则有唯一的平凡子群 $<\{e\}, *>$ 或 $<G, *>$;当 $1 < d < n$ 时,令 $s = n/d$,则易见 $H = <a^s>$ 是 G 的 d 阶子群,设 $H' = <a^m>$ 也是 G 的一个 d 阶子群,其中 a^m 为 H' 中的最小正幂元,则由 $(a^m)^d = e$ 可知 n 整除 md,又因 $s = n/d$ 即 s 整除 n,所以 s 整除 m,可令 $m = ts$,其中 $t \in \mathbf{N}$,则有 $a^m = a^{ts} = (a^s)^t \in H$,即 $H' \subseteq H$。又由 $|H'| = |H| = d$,所以 $H' = H$,故 G 存在唯一的 d 阶子群。

由上面定理不难求出 n 阶循环群的子群,例如 $G = Z_6$ 是 6 阶循环群,6 的正因子有 1,2,3,6,因此 G 的子群有:$<[0]> = \{[0]\}$ 为 1 阶子群;$<[3]> = \{[0],[3]\}$ 为 2 阶子群;$<2> = \{[0],[2],[4]\}$ 为 3 阶子群;$<[1]> = Z_6$ 为 6 阶子群。

推论 若 $G = <a>$ 为无限循环群,则 G 的子群除 $\{e\}$ 外都是无限循环群(证明略)。

定义 8.4.11 设 $S = \{a_1, a_2, \cdots, a_n\}$,$S$ 上的任何双射函数 $\sigma: S \to S$ 称为 S 上的 **n 元置换**。记为

$$\begin{pmatrix} a_1 & a_2 & \cdots & a_n \\ \sigma(a_1) & \sigma(a_2) & \cdots & \sigma(a_n) \end{pmatrix}$$

例如 $S = \{1,2,3,4\}$,则

$$\sigma = \begin{pmatrix} 1 & 2 & 3 & 4 \\ 4 & 3 & 2 & 1 \end{pmatrix}, \tau = \begin{pmatrix} 1 & 2 & 3 & 4 \\ 3 & 2 & 4 & 1 \end{pmatrix}$$

都是 4 元置换。这种记法的特点是:上一行是元素的一个固定次序,下一行是元素的一个排列。

注:若集合 S 有 $|S| = n$,用 S_n 记由 S 上全部 $n!$ 个不同置换组成的集合,于是有:$|S_n| = n!$。

下面定义置换的乘法:

定义 8.4.12 设 σ, τ 是集合 S 上的 n 元置换,则 σ 和 τ 的复合 $\sigma \circ \tau$ 也是 n 元置换,称为 σ 与 τ 的乘积,记作 $\sigma\tau$,复合的顺序与二元关系复合的顺序相同,即若当 $a, b, c \in S, \sigma(a) = b, \tau(b) = c$,有:$\sigma\tau(a) = c$。

例如上面的 4 元置换 σ 和 τ 有

$$\sigma\tau = \begin{pmatrix} 1 & 2 & 3 & 4 \\ 1 & 4 & 2 & 3 \end{pmatrix}, \tau\sigma = \begin{pmatrix} 1 & 2 & 3 & 4 \\ 2 & 3 & 1 & 4 \end{pmatrix}$$

若对 $i = 1, 2, \cdots, n$,有 $\sigma(a_i) = a_i$,则称 σ 为恒等置换记为 σ_e;σ 的逆函数 σ^{-1} 称为 σ 的逆置换。显然,任何两个 n 元置换的乘积仍是 n 元置换,置换的乘法满足结合律,恒等置换 σ_e 是 S_n 中的单位元,对于任何 n 元置换,逆置换 σ^{-1} 是 σ 的逆元,因此 S_n 关于置换乘法构成群,称为 n 元**对称群**。

定义 8.4.13 S_n 的任何一个子群,称为集合 S 上的一个**置换群**。

例 8.4.13 设 $S = \{1,2,3\}$,写出 S 上的对称群 S_3 及置换群。

解 S 上的对称群 S_3 中 3! 个不同置换为 $\{\sigma_e, \sigma_1, \sigma_2, \sigma_3, \sigma_4, \sigma_5\}$,其中

$$\sigma_e = \begin{pmatrix} 1 & 2 & 3 \\ 1 & 2 & 3 \end{pmatrix}, \sigma_1 = \begin{pmatrix} 1 & 2 & 3 \\ 2 & 1 & 3 \end{pmatrix}, \sigma_2 = \begin{pmatrix} 1 & 2 & 3 \\ 3 & 2 & 1 \end{pmatrix}$$

$$\sigma_3 = \begin{pmatrix} 1 & 2 & 3 \\ 1 & 3 & 2 \end{pmatrix}, \sigma_4 = \begin{pmatrix} 1 & 2 & 3 \\ 2 & 3 & 1 \end{pmatrix}, \sigma_5 = \begin{pmatrix} 1 & 2 & 3 \\ 3 & 1 & 2 \end{pmatrix}$$

易知 S_3 的子集:$\{\sigma_e,\sigma_1\},\{\sigma_e,\sigma_2\},\{\sigma_e,\sigma_3\},\{\sigma_e,\sigma_4,\sigma_5\}$ 关于置换的乘法,构成置换群。一般来说,置换群不是交换群。

定义 8.4.14 设 $<G,\circ>$ 是集合 S 上的一个置换群,称

$$R = \{<a,b>\mid \sigma(a) = b,\sigma \in G\}$$

为由 $<G,\circ>$ 所诱导的 S 上的二元关系。

例如,不难验证 $S = \{1,2,3,4\}$,$G = \{\sigma_e,\sigma_1,\sigma_2,\sigma_3\}$ 构成置换群,其中

$$\sigma_e = \begin{pmatrix} 1 & 2 & 3 & 4 \\ 1 & 2 & 3 & 4 \end{pmatrix}, \sigma_1 = \begin{pmatrix} 1 & 2 & 3 & 4 \\ 2 & 1 & 3 & 4 \end{pmatrix}, \sigma_2 = \begin{pmatrix} 1 & 2 & 3 & 4 \\ 1 & 2 & 4 & 3 \end{pmatrix}, \sigma_3 = \begin{pmatrix} 1 & 2 & 3 & 4 \\ 2 & 1 & 4 & 3 \end{pmatrix}$$

则 G 诱导的 S 上的关系 $R = \{<1,1>, <1,2>, <2,2>, <2,1>, <3,3>, <4,4>, <3,4>, <4,3>\}$ 是 S 上的等价关系。

定理 8.4.20 由置换群 $<G,\circ>$ 诱导的 S 上的二元关系是一个等价关系。

证 恒等置换 σ_e 是 G 中的单位元,对 $\forall a \in S$,有 $\sigma_e(a) = a$,即 $<a,a> \in R$,所以 R 是自反的;

若 $<a,b> \in R$,即有某 $\sigma \in G$ 使 $\sigma(a) = b$,必有 $\sigma^{-1} \in G$ 使 $\sigma^{-1}(b) = a$,即 $<b,a> \in R$,所以 R 是对称的;

若 $<a,b> \in R$ 且 $<b,c> \in R$,即有 $\sigma_1,\sigma_2 \in G$ 使 $\sigma_1(a) = b$ 且 $\sigma_2(b) = c$,由 $\sigma_1\sigma_2 \in G$ 及 $\sigma_1\sigma_2(a) = c$,知 $<a,c> \in R$,所以 R 是传递的。综上 R 是等价关系。

定义 8.4.15 如果集合 S 上的置换 σ 将 S 中的元素 a 映射到它自身,即有 $\sigma(a) = a$,那么元素 a 称为在这个置换下的不变元。任一置换 σ 中不变元的个数用非负整数函数 $\chi(\sigma)$ 表示。

例如置换

$$\sigma = \begin{pmatrix} a & b & c & d \\ a & b & d & c \end{pmatrix}, \tau = \begin{pmatrix} a & b & c & d \\ b & a & d & c \end{pmatrix}$$

则 $\chi(\sigma) = 2$,$\chi(\tau) = 0$。

定理 8.4.21(伯恩赛德定理) 由 S 的置换群 $<G,\circ>$ 诱导的等价关系将 S 划分所得的等价类数目等于

$$\sum_{\sigma \in G}\chi(\sigma)/|G|$$

(证明略)。

例 8.4.14 设有红、黄、蓝 3 种颜色的珠子,从中选 5 粒串成手镯,若将一只手镯经过顺时针旋转而得到另一只手镯看成是没有区别的手镯(称这两只手镯是旋转等价的),那么,在考虑旋转等价的条件下,不同手镯的数目为多少?

解 不旋转时,所有 5 粒珠子串成的手镯共有 $|S| = 3^5 = 243$ 个。手镯的旋转方式可以有:不旋转、顺时针旋转 1 粒珠子、2 粒珠子、3 粒珠子、4 粒珠子(旋转 5 粒视为不旋转)共 5 种情形。设 $G = \{\sigma_e,\sigma_1,\sigma_2,\sigma_3,\sigma_4\}$,其中 σ_e 为不旋转,σ_1 为旋转 1 粒珠子,σ_2 为旋转 2 粒珠子…。由定理 8.4.21 $\chi(\sigma_e) = 243$,$\chi(\sigma_1) = 3$,$\chi(\sigma_2) = 3$,$\chi(\sigma_3) = 3$,$\chi(\sigma_4) = 3$。所以,在考虑旋转等价时不同手镯的数目为 $(243 + 3 + 3 + 3 + 3)/5 = 51$

8.4.4　正规子群与商群

定义 8.4.16　设 H 是群 G 的子群。如果 $\forall a \in G$ 都有 $Ha = aH$，则称 H 是 G 的**正规子群**（或不变子群），记作 $H \lhd G$。

任何一个群 G 的两个平凡子群 G 和 $\{e\}$ 都是正规子群，因为对 $\forall a \in G$，总有

$$Ga = aG = G; ea = ae = a$$

如果 G 是阿贝尔群，则 G 的所有子群都是正规子群，因为 G 的每一个元 a 可以和任一元 x 交换，所以对一个子群 H 来说，自然也有 $Ha = aH$。

显然，群 G 的中心是 G 的正规子群。

如果 H 是群 G 的正规子群，则 H 的左陪集 aH 也就是它的右陪集 Ha，此时简称为陪集。

下面给出正规子群的判定定理：

定理 8.4.22　设 H 是群 G 的子群，H 是群 G 的正规子群，当且仅当对 $\forall g \in G$，有

$$gHg^{-1} = H$$

证　设 H 是群 G 的正规子群，则对于 $\forall g \in G$ 有 $gH = Hg$，则

$$gHg^{-1} = (gH)g^{-1} = (Hg)g^{-1} = H(gg^{-1}) = H$$

反之若 $gHg^{-1} = H$，则

$$Hg = (gHg^{-1})g = gH(g^{-1}g) = gH$$

所以 H 是群 G 的正规子群。

定理 8.4.23　设 H 是群 G 的子群，H 是群 G 的正规子群，当且仅当对 $\forall g \in G$，$\forall h \in H$ 有

$$ghg^{-1} \in H$$

证　设 H 是群 G 的正规子群，则由定理 8.4.22 有 $gHg^{-1} = H$，所以 $\forall g \in G$，$\forall h \in H$ 有 $ghg^{-1} \in H$。下面证充分性，即证对 $\forall g \in G$ 有 $gH = Hg$。事实上可任取 $gh \in gH$，由条件有 $ghg^{-1} \in H$，所以存在 $h_1 \in H$，使得 $ghg^{-1} = h_1$，从而 $gh = h_1 g \in Hg$，所以 $gH \subseteq Hg$；同理可证 $Hg \subseteq gH$。于是有 $gH = Hg$，即 H 是 G 的正规子群。

注：由定理 8.4.14 知，G 的任意子群可诱导出 G 上的一个等价关系，而 G 的正规子群 H 则可诱导出 G 上的一个同余关系 R。由 R 产生的等价类（这里称为同余类）就是由 H 得到的陪集。

设 H 是群 G 的正规子群，令 G/H 是 H 在 G 中的全体陪集构成的集合，即

$$G/H = \{Ha \mid a \in G\}$$

在 G/H 上定义二元运算 $*$ 如下：

$$\text{对 } \forall Ha, Hb \in G/H, \text{有 } Ha * Hb = Hab$$

可以证明 G/H 对于运算 $*$ 构成群。首先，运算 $*$ 与陪集的代表元素无关，即若

$$Ha = Hx, Hb = Hy, \text{则 } Ha * Hb = Hx * Hy$$

又因　　　　$a \in Ha = Hx, b \in Hb = Hy$，所以 $\exists h_1, h_2 \in H$，使得 $a = h_1 x, b = h_2 y$，于是 $ab = h_1 x h_2 y$

又由于 H 是正规子群，有 $xH = Hx$，所以 $\exists h_3 \in H$，使得 $xh_2 = h_3 x$，于是

$$Hab = Hh_1 x h_2 y = Hh_1 h_3 xy = Hxy$$

即　　　　　　　　　　　　　$$Ha * Hb = Hx * Hy$$

其次,易知 G/H 关于运算 $*$ 是封闭的,且运算 $*$ 是可结合的,即对 $\forall a,b,c\in G$ 有
$$(Ha*Hb)*Hc = Hab*Hc = H(abc) = Ha(bc)$$
$$= Ha*Hbc = Ha*(Hb*Hc)$$
又 $He=H$ 是 G/H 关于运算 $*$ 的单位元,$\forall Ha\in G/H$,Ha^{-1} 是 Ha 的逆元。故 G/H 对于运算 $*$ 构成群。

定义 8.4.17 群 G 的正规子群 H 的陪集对于上面定义的运算构成的群,称为 G 的**商群**,记为 G/H。

例如对于整数加群 $<\mathbf{Z},+>$,$n\mathbf{Z}=\{nz|z\in\mathbf{Z}\}$($n$ 是某个固定的整数)是 $<\mathbf{Z},+>$ 的正规子群,$<n\mathbf{Z},+>$ 的陪集,也就是模 n 的剩余类,对于运算:$[a]+[b]=[a+b]$ 做成一个群 $\mathbf{Z}/n\mathbf{Z}$。

下面介绍群同态基本定理,为此首先引入同态核的定义。

定义 8.4.18 f 是从 G 到 G_1 的群同态映射,G 中由其像为 G_1 中幺元 e_1 的元素组成的集合称为核,记作 $\mathrm{Ker}f$,即
$$\mathrm{Ker}f = \{a\mid a\in G, f(a)=e_1\}$$
任意群同态映射的核是非空的,这是因为 G 中幺元 e 的像就是 G_1 中的幺元 e_1,即 $e\in\mathrm{Ker}f$。

定理 8.4.24 f 是从 $G=<G,\circ>$ 到 $G_1=<G_1,\circ_1>$ 的群同态映射,则

(1)$\mathrm{Ker}f$ 是群 G 的正规子群;

(2)f 是单射,当且仅当 $\mathrm{Ker}f=\{e\}$。

证 (1)因为 $\mathrm{Ker}f$ 非空,可任取 $g_1,g_2\in\mathrm{Ker}f$,由于 $f(g_1)=f(g_2)=e_1$,因而有
$$f(g_1\circ g_2) = f(g_1)\circ_1 f(g_2) = e_1\circ_1 e_1 = e_1$$
$$f(g_1^{-1}) = (f(g_1))^{-1} = e_1^{-1} = e_1$$
故 $g_1\circ g_2\in\mathrm{Ker}f$,$g_1^{-1}\in\mathrm{Ker}f$,从而 $\mathrm{Ker}f$ 是 G 的子群。任取 $g\in G,k\in\mathrm{Ker}f$,
$$f(g^{-1}\circ k\circ g) = (f(g))^{-1}\circ_1 f(k)\circ_1 f(g) = e_1$$
故 $g^{-1}\circ k\circ g\in\mathrm{Ker}f$。由定理 8.4.23 知 $\mathrm{Ker}f$ 是 G 的正规子群。

(2)当 f 是单射时,只有 e 的像为 e_1,故 $\mathrm{Ker}f=\{e\}$。反之,当 $\mathrm{Ker}f=\{e\}$ 时,假设存在 $g_1\in G_1$,它有两个不同的原像 $g,g'\in G,g\neq g'$,且 $f(g)=f(g')=g_1$,那么有
$$f(g\circ(g')^{-1}) = f(g)\circ_1(f(g'))^{-1} = g_1\circ_1 g_1^{-1} = e_1$$
于是 $g\circ(g')^{-1}\in\mathrm{Ker}f=\{e\}$,即 $g\circ(g')^{-1}=e$,推出 $g=g'$,与假设矛盾。所以 f 是单射。

定理 8.4.25(群同态基本定理) 设 f 是从群 $G=<G,\circ>$ 到群 $G_1=<G_1,\circ_1>$ 的满同态映射,则有 $G/H\cong G_1$,这里 $H=\mathrm{Ker}f$,G/H 是 G 的商群。

证 由定理 8.4.24 知,H 是正规子群。对任意 $a,b\in G$,可定义 G/H 的元素,即陪集间的运算 $*:Ha*Hb=H(a\circ b)$,于是可得到商群 $<G/H,*>$,简记为 G/H。可以证明正则映射 $g:G\rightarrow G/H,g(a)=aH$ 是自然同态映射。由于 H 是同态映射 f 的核,容易证明 $Ha=Hb$,当且仅当 $f(a)=f(b)$。

下面定义映射 $h:G/H\rightarrow G_1$,对任意的 $Ha\in G/H,h(Ha)=f(a)$。需要说明的是,同一陪集可以取它的任一元素作代表元素,但无论哪一个作代表元素,上一段最后两个等式说明它们在 f 下的像是相同的,即 h 确为映射无疑。任取 $y\in G_1=f(G)$,因为 f 是满射,必存在 $a\in G$,

使得 $y = f(a)$，于是 $Ha \in G/H$ 是 y 在 h 下的原像，因此 h 为满射。又若 $Ha, Hb \in G/H$ 都是 $y \in f(G)$ 的原像，那么 $f(a) = f(b)$，于是 $f(a^{-1} \circ b) = (f(a))^{-1} \circ_1 f(b) = e_1$，故 $a^{-1} \circ b \in H$，由定理 8.4.13 知 $Ha = Hb$，因此 h 是单射。所以 h 是双射。又因为有下面等式成立：

$$
\begin{aligned}
h(Ha * Hb) &= h(H(a \circ b)) \\
&= f(a \circ b) = f(a) \circ_1 f(b) \\
&= h(Ha) \circ_1 h(Hb)
\end{aligned}
$$

因此，h 是群同构映射，即 $G/H \cong G_1$。

定理涉及的映射关系请见图 8.4.1。

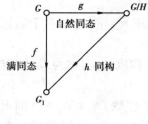

图 8.4.1

8.5 环与域

8.5.1 环的定义及基本性质

定义 8.5.1 设 $<R, +, \cdot>$ 是一个代数系统，"$+$"和"$\cdot$"是二元运算，如果满足以下条件：

（1）$<R, +>$ 是阿贝尔群；

（2）$<R, \cdot>$ 是半群；

（3）运算"$\cdot$"对运算"$+$"适合分配律。

则称 $<R, +, \cdot>$ 是一个**环**。为方便起见，有时称"$+$"为加法，称"$\cdot$"为乘法。

例 8.5.1 （1）整数集合、有理数集合、实数集合和复数集合关于普通加法和普通乘法都构成环，分别称为整数环 **Z**、有理数环 **Q**、实数环 **R** 和复数环 **C**。

（2）实系数多项式集合 $R[f] = \{f(x) \mid f(x) = a_n x^n + a_{n-1} x^{n-1} + \cdots + a_0, a_i \in \mathbf{R}\}$ 关于多项式的加法和乘法构成环。

（3）$n(n \geq 2)$ 阶实矩阵的集合 $M_n(\mathbf{R})$ 关于矩阵加法和矩阵乘法构成环。

（4）集合 A 的幂集 $P(A)$ 关于集合的对称差运算 $\oplus$ 和并运算 $\cup$ 构成环。

称 $<R, +>$ 为加法群，加法的单位元记为 0，又称**环的零元**；乘法的单位元记为 1（如果该环对于乘法有单位元的话），又称**环的单位元**。a 的加法逆元称为**负元**，记为 $-a$，若 a 存在乘法逆元，则将它称为逆元，记为 a^{-1}。$a \cdot b$ 可简记为 ab，用 $a - b$ 表示 $a + (-b)$，ab 的负元记为 $-ab$。

容易证明环的运算有下列性质：

定理 8.5.1 设 $<R, +, \cdot>$ 是环，则对 $\forall a, b, c \in R$，有

（1）$a0 = 0a = 0$。

（2）$a(-b) = (-a)b = -ab$。

（3）$(-a)(-b) = ab$。

（4）$a(b - c) = ab - ac$。

（5）$(b - c)a = ba - ca$。

证 只证（1）（2），其余的留作练习

（1）因为　$0a = (0+0)a = 0a + 0a$，由消去律，得 $0a = 0$。同理可证 $a0 = 0$。

（2）因为　$ab + a(-b) = a[b+(-b)] = a0 = 0$，所以　$a(-b) = -ab$。同理可证 $(-a)b = -ab$。

定义 8.5.2　设 R 是一个环，S 是 R 的非空子集，若 S 关于 R 的加法和乘法运算也构成环，则称 S 是 R 的**子环**。若 S 是 R 的子环，且 $S \subset R$，则称 S 是 R 的**真子环**。

例如整数环 **Z** 和有理数环 **Q** 都是实数环 **R** 的真子环。$\{0\}$ 和 **R** 称为实数环 **R** 的平凡子环。

定理 8.5.2　设 R 是环，S 是 R 的非空子集，若

（1）$\forall a,b \in S,\ a-b \in S$

（2）$\forall a,b \in S,\ ab \in S$

则 S 是 R 的子环。

证　由子群的判定定理及（1），S 关于 R 的加法构成群；由（2），S 关于 R 的乘法构成半群；而由于 S 是 R 的子集，所以加法的交换律和乘法对加法的分配律在 S 中显然也成立，所以 S 是 R 的子环。

下面定义环的同态映射：

定义 8.5.3　设 $<R_1, +_1, \cdot_1>$，$<R_2, +_2, \cdot_2>$ 是环，$\varphi: R_1 \rightarrow R_2$，若对于 $\forall x,y \in R_1$ 有

$$\varphi(x +_1 y) = \varphi(x) +_2 \varphi(y)$$
$$\varphi(x \cdot_1 y) = \varphi(x) \cdot_2 \varphi(y)$$

成立，则称 φ 是环 R_1 到 R_2 的同态映射，简称**环同态**。

8.5.2　整环和域

定义 8.5.4　设 $<R, +, \cdot>$ 是环（下面用 0 表示环的零元，乘法表示中略去符号"$\cdot$"），

（1）若环中乘法适合交换律，则称 R 是**交换环**；

（2）若环中存在乘法的单位元，则称 R 是**含幺环**；

（3）若有 $a,b \in R$，$a \neq 0, b \neq 0$，如果 $ab = 0$，则称 a 是 b 的**左零因子**；b 是 a 的**右零因子**，左、右零因子可简称**零因子**。

（4）若 $\forall a,b \in R, ab = 0, \Rightarrow a = 0 \lor b = 0$，则称 R 是**无零因子环**；

（5）若 R 既是交换环、含幺环，还是无零因子环，则称 R 是**整环**。

例如整数环 **Z**、有理数环 **Q**、实数环 **R** 和复数环 C 都是整环。

定理 8.5.3　设 R 是环，R 是无零因子环，当且仅当 R 中的乘法适合消去律，即

$$\forall a,b,c \in R, a \neq 0, \text{有} \quad ab = ac \Rightarrow b = c$$
$$ba = ca \Rightarrow b = c$$

证　若 R 无零因子，并设 $a \neq 0, ab = ac$，则有 $ab - ac = a(b-c) = 0$，所以必有 $b = c$。反之，若消去律成立，设 $a \neq 0, ab = 0$，则 $ab = a0$ 消去 a 即得 $b = 0$，因此 R 无零因子。

定义 8.5.5　设 R 是至少含有两个元素的整环，若 $\forall a \in R* = R - \{0\}$，都有 $a^{-1} \in R$，则称 R 是**域**。

例如有理数集、实数集、复数集关于普通加法和乘法都构成域，分别称为有理数域、实数域和复数域。模 n 的整数环 Z_n，若 n 是素数，则 Z_n 是域。整数环 **Z** 不是域，因为非零的整数中除 1 之外在 **Z** 中都没有逆元。

例 8.5.2　判断下述集合关于给定的运算是否构成环、整环和域：

（1）$A = \{a + b\sqrt{2} \mid a, b \in \mathbf{Z}\}$，关于数的加法和乘法；

（2）$B = \{a + b\sqrt{3} \mid a, b \in \mathbf{Q}\}$，关于数的加法和乘法；

（3）$D = \{a + bi \mid a, b \in Z, i^2 = -1\}$，关于复数的加法和乘法；

（4）$E = \{a + bM_2 \mid M_2$ 是二阶整数矩阵$, a, b \in \mathbf{Z}\}$，关于矩阵的加法和乘法。

解 （1）是整环，不是域，因为 $\sqrt{2} \in A$，但 $\sqrt{2}$ 没有逆元。

（2）是域，自然也是整环和环。

（3）是整环，但不是域，因为 $2i$ 没有逆元。

（4）是环，但不是整环和域，因为

$$\begin{pmatrix} 1 & -1 \\ -1 & 1 \end{pmatrix} \cdot \begin{pmatrix} 1 & 1 \\ 1 & 1 \end{pmatrix} = \begin{pmatrix} 0 & 0 \\ 0 & 0 \end{pmatrix}$$

因此 $\begin{pmatrix} 1 & -1 \\ -1 & 1 \end{pmatrix}$ 是左零因子，$\begin{pmatrix} 1 & 1 \\ 1 & 1 \end{pmatrix}$ 是右零因子，E 不是无零因子环，所以也不是整环和域。

*8.6　代数结构中的算法

8.6.1　判定构成代数系统或半群、群、环、域的算法与程序

本算法集中体现了代数运算与代数系统的基本概念及主要运算定律及其判定法则。通过编程和实现算法，可以加深和巩固代数系统有关章节的基础知识，并为它们的实际应用奠定很好的基础。

一、算法实现的主要功能

指定一个有限集合，不管用何种方法（表或公式）确定一个或两个二元运算，就可以用本算法判定它们是否构成代数系统或特殊代数系统；若是还可以进一步判定运算满足的特殊性质和指出特殊元素，据此可进一步判定它们构成的是否是特殊代数系统：对于一个运算，检查是否构成半群或含幺半群（独异点）或群；对于两个运算检查是否构成环或域。

二、算法体现的主要知识点与运算定律

在本算法中应掌握的基础知识有：

（1）代数运算满足封闭性、结合律、交换律、幂等律、运算可逆等性质的条件；针对运算的特殊元素：零元、幺元、幂等元、逆元的性质。

（2）集合对于运算满足封闭性构成代数系统；满足结合律的代数系统为半群；含有幺元的半群为含幺半群（或称独异点）；运算满足可逆的含幺半群为群。

（3）对于两个二元运算（分别记作 + 和 *）的代数系统，若对 + 运算，集合构成交换群，而对 * 运算集合构成半群，同时 * 运算对 + 运算满足分配律，则该代数系统为环。构成环的代数系统 $\langle A, +, * \rangle$ 的零元记作 θ，若又有集合 $A - \{\theta\}$ 对于 * 运算构成交换群，则该环为域。

除上述主要知识点外，还需了解有限整数集合上的一些主要运算，如模 m 的加法，模 m 的乘法，求最大公约数，最小公倍数，以及求最大与最小运算等。了解这些运算在集合上满足什么性质，集合一起构成什么样的代数系统等。

三、实现算法的基本流程

本算法的结构按功能分成四大块:一个二元运算的处理方式、两个二元运算的处理方式、运算表的产生(自定义运算表或指定某种常用运算)、判定运算满足何种性质,有否特殊元的子程序。通过上述一、二的叙述不难了解每一个功能块所要处理的基本内容。

1. 程序中使用的数组和主要变量

一维数组 a 表示集合(限定为有限整数集合);一维数组 $a1$ 表示在 A 的基础上减少一个特殊元素(这里是零元)后所得集合: $A - \{\theta\}$。

二维数组 b 和 t 用来装 A 中元素进行二元运算的结果,当只有一个运算时,仅使用数组 b;当有两个运算时,先将 b 的元素复制到数组 t 中(即其中所装为第一个运算表),再用 b 装第二个运算表。$b(i,j)$ 的值为 A 中第 i 个元素(左元素)与第 j 个元素(右元素)进行该运算后所得结果。

二维数组 $b1$ 用来装 $A1$ 中元素进行 $\star$ 运算的结果。

符号常量 n,nn 分别表示集合 A 和 $A1$ 中的元素的个数(限定 $n \leqslant 20$)。

变量 li 用来装幺元(若 $li = -999$ 表示集合无幺元);变量 l 的值为二元运算的个数,变量 $l1$ 用作选择程序列出的几种运算方式中的某一种。

逻辑变量 $p1,p2,p3,p4$ 分别用来作在调用判定运算性质的子程序后,得出的封闭性、交换性、结合律及是否为群。

2. 程序的主要流程

对上述数组和变量做恰当的说明后,进入下面流程:

①输入集合 A 的元素;使用者回答二元运算的个数(是 1 个还是 2 个)装入变量 l 之中,$ll: = l$,若 $l = 1$ 转②;若 $l = 2$ 则转④。

②使用者选择下面 9 种确定运算的方式中的一种,选择的序号装入变量 $l1$ 之中:

A. 自定义的运算表;B. 模 m 的加法;C. 模 m 的乘法;D. 求 MAX;E. 求 MIN;F. 求 GCD(最大公约数);G. 求 LCM(最小公倍数);H. 数的加法;I. 数的乘法。当选择 $l1 = 6$(即选 F 时)时,程序将调用函数子程序所得的数值装入函数名 GCD 之后返回调用程序;当选择 $l1 = 2$ 或 3(即选 B 或 C)时,需要回答 m 的值。

③由②中选择的运算,形成运算表装入数组 b 之中,再调用子程序 SUB。若返回的 $p1$ 为真,则集合对该运算构成代数系统,$p1$ 为假,则不能构成代数系统,转⑦。在 $p1$ 为真的前提下,若又有 $p2$ 为真,则运算满足交换律;$p3$ 为真,则代数系统为半群;$p4$ 为真,则代数系统构成群,$ll: = ll - 1$。若 $ll = 0$ 且 $l = 1$ 则转⑦;若 $ll = 0$ 且 $l = 2$ 转⑤;若 $ll = 1$,转④。

④若 $ll = 2$,先对第一个运算进行处理,转②;若 $ll = 1$ 则调用程序 SUB 后的结论是针对第一个运算的,若 $\langle A,+\rangle$ 不能成阿贝尔群,则 $\langle A,+,\star\rangle$ 不能构成环,转⑦;否则将第一个运算的运算表从数组 b 复制到数组 t 中去,将第一个运算形成的幺元作为 $\langle A,+,\star\rangle$ 的零元($lz: = li$),转②。

⑤此时调用子程序 SUB 后的结论是针对第二个运算的,若 $\langle A,\star\rangle$ 不能构成半群,则 $\langle A,+,\star\rangle$ 不能构成环,转⑦;否则进一步考查 $\star$ 运算对 $+$ 运算是否满足分配律(此时 $+$ 运算表在 t 中,$\star$ 运算表在 b 中,方法是分别考查是否满足左、右分配律来进行的)。若满足分配律,则 $\langle A,+,\star\rangle$ 构成环(还可进一步确定此环是否为含幺环或交换环),转⑥;否则 $\langle A,+,\star\rangle$ 不构成环,转⑦。

⑥在 A 中删除环的零元 lz，形成 $A1$，在 $*$ 运算表 b 中删除含有 lz 的行与列，形成在 $A1$ 中的 $*$ 运算表 $b1$。使用 $nn,A1,b1$ 调用子程序 SUB，若结论为 $\langle A1,*\rangle$ 构成群，则 $\langle A,+,*\rangle$ 构成域；否则 $\langle A,+,*\rangle$ 不能构成域。

⑦输出相应结论，程序终止。

8.6.2 判定同余关系、代数系统同态、同构的算法

借用 5.4 及 8.6.1 的子程序，本算法以关系矩阵及其运算作为基本手段与工具；综合了关系与映射及它们的类型的判定，代数系统中运算的选择及封闭性检查等知识；用模块化程序设计方法进行组装。这对本课程的学习及掌握程序设计的方法都有好处。

一、算法实现的主要功能及体现的主要知识点

1. 让使用者正确地输入有限整数集合 A 上的等价关系 R；求出集合 A 关于 R 的等价类及相应的商集 A/R。这里运用的主要知识点是等价关系，等价类和商集的定义及表现形式。

2. 判定等价关系 R 是否是 A 上的对给定运算的同余关系，判定的理论依据是同余关系的定义：设代数系统 $V=\langle A,*\rangle$，其中 $*$ 是集合 A 上的二元运算，若满足：(1) R 是 A 上的等价关系；(2) 对任意的 $x_1,x_2\in A$ 和 $y_1,y_2\in A$，如由 $(x_1Rx_2)\wedge(y_1Ry_2)$ 可推出 $(x_1*y_1)R(x_2*y_2)$，则称 R 是 A 上对运算 $*$ 的同余关系（或称 R 对运算 $*$ 满足代换性质）。

3. 让使用者正确地输入两个代数系统 $\langle A,*\rangle$，$\langle A_1,\cdot\rangle$ 及前者到后者的一个映射 f；判定 f 是否为 A 到 A_1 的同态映射，若是，又为何种类型的同态。主要理论依据是同态映射的定义：对任意的 $x,y\in A, f(x*y)=f(x)\cdot f(y)$，其中 $f(x),f(y)\in A_1$（即映射 f 是保持运算的）。

二、实现算法的基本流程

1. 程序的结构

程序是由一个主程序和 6 个子程序（过程）构成。6 个子程序均在 3.4,4.6 和 8.6.1 中建立并使用过，这里只需调用。它们是 SRJH（输入集合）；SRJZ（输入关系）；SCGX（以矩阵和集合形式输出关系）；XZYS（选择运算方式，取自 8.6.1 算法中的主程序）；DSXTPD（判定集合及以上运算是否为代数系统，取自 8.6.1 算法中的主程序）；HSLXPD（判定关系是否为映射，为何种映射，取自 5.4 同名子程序）。

2. 程序中所用的数组及主要变量

一维数组 $a,a1$ 分别用来装基数为 $n,n1$ 的两个有限整数集合 A 和 $A1$ 的元素；d 用来装每一个等价类的元素的个数。

二维数组 r 表示集合 A 上的等价关系；$r0$ 用来按等价类装集合 A 的元素：$r0(i,j)$ 表示第 i 个等价类的第 j 个元素；c 用来装等价类中的元素在 A 中的序号：$c(i,j)$ 表第 i 个等价类的第 j 个元素在集合 A 中的序号值；f 表示集合 A 到集合 $A1$ 上的映射关系矩阵；$m,m1$ 分别集合 A 和集合 A 上定义的两个运算（记作"$*$"和"$\cdot$"）所形成的运算表，如 $m(i,j)$ 表示 A 中第 i 个元素（左元素）与第 j 个元素（右元素）进行 $*$ 运算所得结果（为 A 中的某一元素）。

整型变量 $n,n1$ 分别表示集合 $A,A1$ 的基数；l 为使用者选择的序号值；kd 表示等价类的个数；其余为工作变量。

逻辑变量 p 用于是否退出程序运行的选择；当使用者选择 $l=1$ 时，$p1$ 表示关系 R 是否为等价关系，$p2$ 在求等价类时为工作变量，其后表示等价关系 R 是否为同余关系；当使用者选择 $l=2$ 时，$p1,p2,p3$ 分别表示关系 f 是否为映射、单射或满射，$p4$ 是工作变量。

3. 主程序的基本流程

①为用户提供序号为 $0 \sim 2$ 的三种选择,选择 $l = 0$ 为退出程序; $l = 1$ 转向②; $l = 2$ 转向⑥。

②调用 SRJH,输入集合 A, $p1 := \text{false}$。

③当 $p1 = \text{true}$ 时,转向④,否则令 $p1 := \text{true}$,调用 SRJZ,输入 A 上的关系 R, i, j 均从 1 到 n,考查 $r(i, j)$,若发现其不符合自反,对称、传递性质中的某一种时,令 $p1 := \text{false}$,转向③。

④统计集合 A 关于 R 的等价类及其元素的基本做法如下: i 从 1 到 n, j 从 1 到 n,考查 $r(i, j)$ 的值,若 $r(i, j) = 1$,说明 A 中第 j 个元素属同一等价类,除开 $j = i$ 的情况(此时 $a(i)$ 属于自身所在的等价类),必有 $j = ir$,其中 $i + 1 \leqslant ir \leqslant n$, $1 \leqslant r \leqslant n - i$(此时 $i \neq n$),在以后的考查中将跳过第 ir 行;在取 $i = ik$,若第 ik 个元素还未列入前面的等价类中,则这个元素将作为下一个等价类的第一个元素($1 \leqslant ik \leqslant n$);将第 i 个等价类的第 j 个元素在 A 中的序号值,放入数组元素 $c(i, j)$ 中;统计结束时, kd 为等价类的个数($1 \leqslant kd \leqslant n$), $d(i)$ 为第 i 个等价类元素的个数,这样形成了按等价类存放的 A 中元素组成的二维数组 $r0$(共 kd 行,第 i 行元素个数为 $d(i)$),由此可输出商集 A/R。

⑤调用 XZYS,选择集合 A 上的一种运算方式,将 A 中元素进行运算后的结果,放入运算表 m 中。判定等价关系 R 是否为同余关系的基本做法如下:先令 $p := \text{false}$。 i 从 1 到 kd, j 从 1 到 $d(i)$,取第 i 个等价类的第 j 个元素 $x1$(它在 A 中的序号为 $c(i, j)$); k 从 j 到 $d(i)$,取第 i 个等价类的第 k 个元素 $x2$(它在 A 中的序号为 $c(i, k)$) ii 从 i 到 kd, jj 从 1 到 $d(ii)$,取第 ii 个等价类的第 jj 个元素 $y1$(它在 A 中的序号为 $c(ii, jj)$), kk 从 jj 到 $d(ii)$,取第 ii 个等价类的第 kk 个元素 $y2$(它在 A 中的序号为 $c(ii, kk)$)。

由运算表 m,查得 $z1 = x1 * y1$, $k1$ 从 1 到 kd, $k2$ 从 1 到 $d(k1)$,取 $r0(k1, k2)$ 与 $z1$ 进行比较,若相等,则查到 $z1$ 属第 $l1(= k1)$ 个等价类(逻辑变量 $p3$ 为真表示查找应继续,否则查找结束,退出查找循环)。再由运算表 $m1$,查到 $z2 = x2 * y2$,若在第 $l1$ 个等价类中查到有元素与 $z2$ 相等,则说明 $z2$ 与 $z1$ 同属第 $l1$ 个等价类, $p := \text{true}$。若 $i = kd$ 或者 $p2$ 为真,则判定同余关系的过程结束,转向①,否则继续进行⑤中的查找和判定工作。

⑥分别调用 SRJH 和 XZYS 输入集合 A 和 $A1$ 的元素,并选择相应的运算,形成运算表 m, $m1$;再分别调用 DSXTPD 考查它们是否构成代数系统;如不是,则转向⑥重输,如是,则转向⑦。

⑦调用 SRJZ 输入集合 A 到 $A1$ 的关系 f,并调用 SCGX,用矩阵和集合的形式输出。调用 HSLXPD,若返回的参数 $p1$ 为假,则说明关系 f 不是映射,需重输 f,转向⑦;否则转向⑧。

⑧判定两代数系统间的映射是否为同态映射的基本做法如下:

先令 $p1 := \text{true}$。 i 从 1 到 n,取 A 中第 i 个元素 x; k 从 1 到 n,通过映射 f,在集合 $A1$ 中,找到 x 在 $A1$ 中的像 $x1$(它在 $A1$ 中的序号值为 $k0$)。 j 从 1 到 n,取 A 中第 j 个元素 y。如上所述,找到它在 $A1$ 中的像 $y1$(它在 $A1$ 中的序号值为 $k1$)。 x 与 y 经 A 中的运算 $*$ 后的结果为 $z = m(i, j)$。 k 从 1 到 n,在 A 中查找 z 在 A 中的序号值为 $l0$,一旦查到,即刻退出查找;再让 k 从 1 到 n,通过映射 f,查到 z 在 $A1$ 中的像 $z1 = f(l0, l1)$($z1$ 在 $A1$ 中的序号为 $l1$)。最后考察 $z1$ 是否为 $x1$ 与 $y1$ 经 $A1$ 中运算后的结果,即是否有 $z1 = m1(k0, k1)$,若不是,则令 $p1 := \text{false}$。

⑨先考查集合 A 与 $A1$ 是否相符,若是则 $p4 := \text{true}$,否则 $p4 := \text{false}$。再结合由⑦中调用 HSLXPD 所返回的参数 $p1$, $p2$, $p4$ 的值,可判定自同态映射,自同构映射及一般同态、单同态、满同态及同构等类型的映射。

习题 8

8.1 在下表所列的集合和运算中,请根据运算是否封闭,在相应的位置上画"√"或"×"。

运算 是否封闭 集 合	$+$ $-$ $\cdot$ $\|x-y\|$ max min $\|x\|$
N Z $\{x \mid 0 \leqslant x \leqslant 10\}$ $\{x \mid -10 \leqslant x \leqslant 10\}$ $\{2x \mid x \in \mathbf{Z}\}$	

8.2 对于实数集合 **R**,下表所列的二元运算是否具有左边一列中的那些性质,请在相应的位置画"√"或"×"。

	$+$	$-$	$\cdot$	$\|x-y\|$	max	min
可结合性						
可交换性						
存在幺元						
存在零元						

8.3 设代数系统 $<A, *>$,其中 $A = \{a,b,c\}$,$*$ 是 A 上的二元运算。对于由以下几个表所确定的运算,试分别讨论它们的交换性、幂等性,以及在 A 中关于 $*$ 是否有幺元。如果有幺元,那么 A 中的每个元素是否有逆元。

(1)

$*$	a	b	c
a	a	b	c
b	b	c	a
c	c	a	b

(2)

$*$	a	b	c
a	a	b	c
b	b	a	c
c	c	c	c

(3)			
*	a	b	c
a	a	b	c
b	a	b	c
c	a	b	c

(4)			
*	a	b	c
a	a	b	c
b	b	b	c
c	c	c	b

8.4 给定代数系统 $<\mathbf{R}, *>$,其中 $\mathbf{R}$ 是实数集,$*$ 定义如下:

(1)$a * b = |a - b|$; (2)$a * b = (a + b)/2$

试分别讨论运算 $*$ 的可交换性,$\mathbf{R}$ 是否有单位元,对于运算 $*$,每个元素的逆元是什么?

8.5 设 $*$ 是自然数集合 $\mathbf{N}$ 中的二元运算,并定义 $x * y = x$,试证明 $*$ 不可交换但可结合。有单位元和逆元吗?

8.6 设 $V_1 = <\{1,2,3\}, \cdot, 1>$,其中 $x \cdot y = \max\{x,y\}$,$V_2 = <\{5,6\}, *, 6>$,其中 $x * y = \min\{x, y\}$,求出 V_1 和 V_2 的所有的子代数,指出哪些是平凡子代数,哪些是真子代数。

8.7 $U = <\mathbf{Z}, +>$,$V = <\{-1,1\}, \times>$,$+$ 和 $\times$ 是普通加法和乘法运算,从 $\mathbf{Z}$ 到 $\{-1, 1\}$ 的映射 f 定义为:

$$f(n) = \begin{cases} 1 & n = 2k, k \in Z \\ -1 & n \neq 2k, k \in Z \end{cases}$$

试证 f 是 U 到 V 的同态映射,并问(1)f 是否是满同态?

(2)f 是否是单一同态?

8.8 设代数系统 $U = <A, *>$ 和 $V = <B, \Delta>$,其中 $A = \{a,b,c\}$ 和 $B = \{1,2,3\}$,二元运算 $*$ 和 Δ 分别由下表(1)(2)给出,试证代数系统 U 和 V 同构。

(1)			
*	a	b	c
a	a	b	c
b	b	b	c
c	c	b	c

(2)			
Δ	1	2	3
1	1	2	1
2	1	2	2
3	1	2	3

8.9 设代数系统 $<\mathbf{Z}, +>$,$\mathbf{Z}$ 是整数集合,$+$ 是普通加法运算,以下定义在 $\mathbf{Z}$ 上的二元关系 R 是同余关系吗?

(1)$<x,y> \in R$,当且仅当 $(x < 0 \wedge y < 0 = \vee (x \geq 0 \wedge y \geq 0)$;

(2)$<x,y> \in R$,当且仅当 $|x - y| < 10$;

(3)$<x,y> \in R$,当且仅当 $(x = y = 0) \vee (x \neq 0 \wedge y \neq 0)$;

(4)$<x,y> \in R$,当且仅当 $x \geq y$。

8.10 证明:一个集合上任意两个同余关系的交也是一个同余关系。

8.11 设 $S = \{0,1,2,3\}$,$\times_4$ 为模 4 乘法,即

$\forall a,b \in S, a \times_4 b = (ab)(\mod 4)$

问 $<S,\times_4>$ 构成什么代数系统(半群,独异点,群)? 为什么?

8.12 设 A 是一个非空集合,对任意的 $a,b\in A$,定义 $a\circ b=a$,试证明 $<A,\circ>$ 是一个半群。

8.13 下列代数 $<S,*>$ 中哪些能够形成群? 如果是群,指出其单位元,并给出每个元素的逆元。

(1) $S=\{1,3,4,5,9\}$,$*$ 是模 11 的乘法;

(2) $S=\mathbf{Q}$($\mathbf{Q}$ 是有理数集),$*$ 是普通加法;

(3) $S=\mathbf{Q}$($\mathbf{Q}$ 是有理数集),$*$ 是普通乘法;

(4) $S=\{a,b,c,d\}$,$*$ 如下表(1)定义。

<table>
<tr><td colspan="5" align="center">(1)</td><td colspan="5" align="center">(2)</td></tr>
<tr><td>*</td><td>a</td><td>b</td><td>c</td><td>d</td><td>*</td><td>a</td><td>b</td><td>c</td><td>d</td></tr>
<tr><td>a</td><td>b</td><td>d</td><td>a</td><td>c</td><td>a</td><td>a</td><td>b</td><td>c</td><td>d</td></tr>
<tr><td>b</td><td>d</td><td>c</td><td>b</td><td>a</td><td>b</td><td>b</td><td>a</td><td>d</td><td>c</td></tr>
<tr><td>c</td><td>a</td><td>b</td><td>c</td><td>d</td><td>c</td><td>c</td><td>d</td><td>a</td><td>a</td></tr>
<tr><td>d</td><td>c</td><td>a</td><td>d</td><td>b</td><td>d</td><td>d</td><td>c</td><td>b</td><td>b</td></tr>
</table>

(5) $S=\{a,b,c,d\}$,$*$ 如上表(2)定义。

8.14 设 $G=\{x\,|\,x\in\mathbf{Q},$ 且 $x\neq 1\}$,对任意的 $x,y\in G$,定义

$$x\circ y=x+y-xy$$

证明: $<G,\circ>$ 是一个群。

8.15 指出下列哪些是群? 哪些是交换群?

(1) $<M_{m\times n}(\mathbf{R}),+>$,其中 $M_{m\times n}(\mathbf{R})$ 为 $m\times n$ 实矩阵,$+$ 是矩阵的加法;

(2) $<A,(\quad)>$,其中 $(\quad)$ 为求 a,b 的最大公约数运算,$A=\{1,2,3,4,6,12\}$;

(3) $<M_n(\mathbf{R}),\cdot>$,其中 $M_n(\mathbf{R})$ 为 n 阶实矩阵,$\cdot$ 是矩阵乘法;

8.16 设 G 为群,且存在 $a\in G$,使得

$$G=\{a^k\,|\,k\in\mathbf{Z}\}$$

证明: G 是交换群。

8.17 设 G 为群,证明单位元 e 为 G 中唯一的幂等元。

8.18 设 G 为群,$a,b\in G,k\in\mathbf{Z}^+$,证明

$$(a^{-1}\circ b\circ a)^k=a^{-1}\circ b\circ a\Leftrightarrow b^k=b$$

8.19 设 G 为群,证明 G 是可交换的,当且仅当对任意的 $a,b\in G$,有 $(a\circ b)^2=a^2\circ b^2$。

8.20 设 G 为群,$a,b\in G$ 是有限阶元,证明

(1) $|b^{-1}\circ a\circ b|=|a|$;   (2) $|a\circ b|=|b\circ a|$

8.21 设 $<G,*>$ 是群,对任意的 $a\in G$,令 $H=\{y\,|\,y*a=a*y,y\in G\}$,试证明: $<H,*>$ 是 $<G,*>$ 的子群。

8.22 设 H、K 都是群 G 的子群,试证明 $H\cap K$ 也是 G 的子群。

8.23 设 $G=\{[1],[2],[3],[4],[5],[6]\}$,$G$ 上的二元运算 $\times_7$ 如下表所示,问 $<G,$

$\times_7 >$ 是循环群吗？若是，找出它的生成元。

$\times_7$	[1]	[2]	[3]	[4]	[5]	[6]
[1]	[1]	[2]	[3]	[4]	[5]	[6]
[2]	[2]	[4]	[6]	[1]	[3]	[5]
[3]	[3]	[6]	[2]	[5]	[1]	[4]
[4]	[4]	[1]	[5]	[2]	[6]	[3]
[5]	[5]	[3]	[1]	[6]	[4]	[2]
[6]	[6]	[5]	[4]	[3]	[2]	[1]

8.24　设置换

$$S = \begin{pmatrix} 1 & 2 & 3 & 4 & 5 \\ 2 & 4 & 3 & 5 & 1 \end{pmatrix}, T = \begin{pmatrix} 1 & 2 & 3 & 4 & 5 \\ 2 & 5 & 1 & 4 & 3 \end{pmatrix}$$

求 $S^2, S \circ T, S^{-1}, T^{-1}$。

8.25　G 为非零有理数乘法群，记作 $\mathbf{G} = <\mathbf{Q} - \{0\}, \times >, H = \{-1, 1\}$，求 H 的左陪集。

8.26　设 f 是 G_1 到 G_2 的群同态，则

(1) f 将子群映射到子群，即若 H 是 G_1 的子群，则 H 的像 $f(H) = \{f(h) \mid h \in H\}$ 是 G_2 的子群。特别地，若 f 是满同态，则 f 将正规子群映射到正规子群，试证之。

(2) 设 e_2 是 G_2 中的幺元，集合 $K = \{a \mid a \in G, f(a) = e_2\}$，则 K 是 G_1 的正规子群，称 K 为同态 f 的核，记作 $\mathrm{Ker} f = K$。

8.27　设 $f(x) = a_0 + a_1 x + a_2 x^2 + \cdots + a_n x^n, a_0, a_1, \cdots, a_n$ 为实数，称 $f(x)$ 为实数域上的 n 次多项式，令 $A = \{f(x) \mid f(x)$ 为实数域上的 n 次多项式，$n \in N\}$。证明 A 关于多项式的加法和乘法构成环，称为实数域上的多项式环。

8.28　设 a 和 b 是含幺环 R 中的两个可逆元，证明：

(1) $-a$ 也是可逆元，且 $(-a)^{-1} = -a^{-1}$；

(2) ab 也是可逆元，且 $(ab)^{-1} = b^{-1} a^{-1}$。

8.29　设 $<F, +, \cdot >$ 是一个域，$S_1 \subseteq F, S_2 \subseteq F$，且 $<S_1, +, \cdot >, <S_2, +, \cdot >$ 都构成域，证明：$<S_1 \cap S_2, +, \cdot >$ 也构成域。

第 **9** 章
格与布尔代数

在代数系统中引入序关系,让一个代数系统具有序结构,这就是本章要介绍的代数系统——布尔代数,先从格的概念说起。

9.1 格的概念及基本性质

9.1.1 偏序格、代数格及其性质

定义 9.1.1 设 $<S,\leqslant>$ 是偏序集,如果对任意 $x,y(S,\{x,y\}$ 都有最小上界(上确界)和最大下界(下确界),则 S 关于偏序 $\leqslant$ 作成一个**偏序格**,简称**格**。

由于最小上界和最大下界的唯一性,可以把求 $\{x,y\}$ 的最小上界和最大下界,分别看成是 x 与 y 的二元运算 $\vee$ 和 $\wedge$,即 $x\vee y$ 和 $x\wedge y$ 分别表示 x 与 y 的最小上界和最大下界。

例 9.1.1 设 $\mathbf{Z}^+$ 是正整数的集合,在 $\mathbf{Z}^+$ 上定义一个二元关系 $\leqslant$:对于 $a,b\in\mathbf{Z}^+$,$a\leqslant b$,当且仅当 a 整除 b,则 $\leqslant$ 是 $\mathbf{Z}^+$ 上的一个偏序关系。该偏序关系中任意两个元素 x,y 的最小公倍数 $\mathrm{lcm}(x,y)$、最大公约数 $\gcd(x,y)$,就是这两个元素的最小上界和最大下界,因此 $<\mathbf{Z}^+,\leqslant>$ 是格。

例 9.1.2 设 n 是正整数,S_n 是 n 的正因子的集合,$\leqslant$ 为整除关系,则偏序集 $<S_n,\leqslant>$ 为格或记为 $<S_n,|>$,其中"|"表示整除关系。对任意 $x,y\in S,x\vee y=\mathrm{lcm}(x,y)$,$x\wedge y=\gcd(x,y)$。图 9.1.1 给出了格 $<S_8,|>$,$<S_6,|>$ 和 $<S_{30},|>$ 的哈斯图。

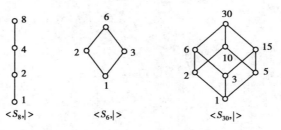

图 9.1.1

例 9.1.3 集合 A 的幂集 $P(A)$ 及其上的包含关系 $\subseteq$ 构成格 $<P(A),\subseteq>$。这是因为对任意的 $x,y\in P(A)$，$x\vee y$ 就是 $x\cup y$，$x\wedge y$ 就是 $x\cap y$，而集合的并、交运算结果存在且唯一。

格中的对偶原理可叙述为：设 P 是含有格中符号 $\leqslant,\geqslant;\vee,\wedge$ 的命题，将 $\leqslant$ 与 $\geqslant;\vee$ 与 $\wedge$；互换得到它的对偶命题 P^*，若 P 对于一切格为真，则 P^* 对一切格也为真。

例 9.1.4 下列由图 9.1.2 所示的哈斯图给出的偏序集都是格。

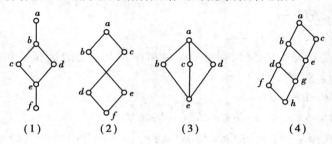

图 9.1.2

例 9.1.5 下列由图 9.1.3 所示的哈斯图给出的偏序集不能构成格。

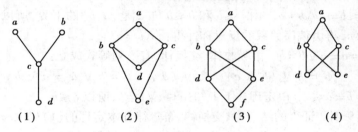

图 9.1.3

由二元运算 $\vee$ 和 $\wedge$ 的定义，可知下面定理显然成立。

定理 9.1.1 设 $<S,\leqslant>$ 是格，对于任意的 $a,b\in S$，都有
$$a\leqslant a\vee b,\ b\leqslant a\vee b;\ a\wedge b\leqslant a,\ a\wedge b\leqslant b$$

定理 9.1.2 设 $<S,\leqslant>$ 是格，则运算 $\vee$ 和 $\wedge$ 适合交换律、结合律、幂等律和吸收律，即对 $\forall a,b,c\in S$，有

(1) $a\vee b=b\vee a,\ a\wedge b=b\wedge a$

(2) $a\vee(b\vee c)=(a\vee b)\vee c,\ a\wedge(b\wedge c)=(a\wedge b)\wedge c$

(3) $a\vee a=a,\ a\wedge a=a$

(4) $a\vee(a\wedge b)=a,\ a\wedge(a\vee b)=a$

证 (1) 格中任何两个元素 a,b 的最小上界（最大下界）等于 b,a 的最小上界（最大下界），所以 $a\vee b=b\vee a(a\wedge b=b\wedge a)$

(2) 因为 $b\leqslant a\vee b\leqslant(a\vee b)\vee c$ 且 $c\leqslant(a\vee b)\vee c$，所以有
$$b\vee c\leqslant(a\vee b)\vee c$$

又因为 $a\leqslant a\vee b\leqslant(a\vee b)\vee c$，所以
$$a\vee(b\vee c)\leqslant(a\vee b)\vee c$$

同理可证　$(a\vee b)\vee c\leqslant a\vee(b\vee c)$

则由偏序关系的反对称性有 $a\vee(b\vee c)=(a\vee b)\vee c$

由对偶原理得 $a \wedge (b \wedge c) = (a \wedge b) \wedge c$

(3)显然 $a \leqslant a \vee a$,又由 $a \leqslant a$ 可得 $a \vee a \leqslant a$,由反对称性有 $a \vee a = a$

由对偶原理得 $a \wedge a = a$

(4)显然 $a \leqslant a \vee (a \wedge b)$,又由 $a \leqslant a$ 和 $a \wedge b \leqslant a$

可得 $a \vee (a \wedge b) \leqslant a$

所以 $a \vee (a \wedge b) = a$

由对偶原理得 $a \wedge (a \vee b) = a$。

定理 9.1.3 设 $< S, \leqslant >$ 是格,则对偏序 $\leqslant$ 和在 S 上定义的运算 $\vee$ 和 $\wedge$ 满足下面几条性质,即任意的 $a, b, c \in S$,有

(1) $a \leqslant b \Leftrightarrow a \wedge b = a \Leftrightarrow a \vee b = b$

(2)保序性:如果 $b \leqslant c$,则 $a \wedge b \leqslant a \wedge c, a \vee b \leqslant a \vee c$

(3)分配不等式: $a \vee (b \wedge c) \leqslant (a \vee b) \wedge (a \vee c), a \wedge (b \vee c) \geqslant (a \wedge b) \vee (a \wedge c)$

(4)模不等式: $a \leqslant b \Leftrightarrow a \vee (b \wedge c) \leqslant b \wedge (a \vee c)$

证 只证(1)和(2);(3)和(4)的证明留作练习。

(1)先证 $a \leqslant b \Rightarrow a \wedge b = a$。由 $a \leqslant b$ 和 $a \leqslant a$ 知 a 是 $\{a, b\}$ 的下界,所以 $a \leqslant a \wedge b$,由定理 9.1.1 有 $a \wedge b \leqslant a$,再由偏序关系的反对称性得: $a \wedge b = a$。

再证 $a \wedge b = a \Rightarrow a \vee b = b$。由吸收律、交换律,有下列等式成立:

$$b = b \vee (b \wedge a) = b \vee (a \wedge b) = b \vee a = a \vee b$$

最后证 $a \vee b = b \Rightarrow a \leqslant b$。由定理 9.1.1 知: $a \leqslant a \vee b = b$,所以 $a \leqslant b$。

(2)由定理 9.1.2 证得的结合律、交换律、幂等律和本定理的(1) ($b \leqslant c \Leftrightarrow b \wedge c = b$)可知 $(a \wedge b) \wedge (a \wedge c) = (a \wedge a) \wedge (b \wedge c) = a \wedge (b \wedge c) = a \wedge b \Rightarrow a \wedge b \leqslant a \wedge c$

同理可证 $a \vee b \leqslant a \vee c$。

定理 9.1.4 设 $< S, \leqslant >$ 是格,对任意的 $a, b, c, d \in S$,若 $a \leqslant b$ 且 $c \leqslant d$,则

$$a \wedge c \leqslant b \wedge d, \quad a \vee c \leqslant b \vee d$$

证 $a \wedge c \leqslant a \leqslant b, a \wedge c \leqslant c \leqslant d \Rightarrow a \wedge c \leqslant b \wedge d$

同理可证 $a \vee c \leqslant b \vee d$。

定理 9.1.1—定理 9.1.4 给出了偏序格的性质。下面给出代数格的定义:

定义 9.1.2 设 $< S, *, \circ >$ 是代数系统, $*$ 和 $\circ$ 是 S 上的二元运算,如果 $*$ 和 $\circ$ 满足交换律、结合律和吸收律,则 $< S, *, \circ >$ 构成**代数格**。

定理 9.1.5 代数格中的两个运算满足幂等律。

证 由定义,这两个运算 $*, \circ$ 满足交换律、结合律和吸收律,于是对 $\forall a \in S$,有

$$a * a = a * (a \circ (a * a)) = a$$

同理有 $a \circ a = a$。即是说运算 $*, \circ$ 分别满足幂等律。

定理 9.1.6 由定义 9.1.1 定义的偏序格和定义 9.1.2 定义的代数格是等价的。

证 (1)在偏序格上定义的两个二元运算与集合 S 显然可以构成一个代数系统 $< S, \wedge, \vee >$,这个代数系统称为由偏序格诱导出的代数系统,由定理 9.1.2 知,这两个运算满足交换律、结合律和吸收律,因此这个代数系统就是代数格,即由偏序格可以得到代数格。

(2)设 $< S, *, \circ >$ 是代数格。在 S 上定义二元关系 R,对 $\forall a, b \in S$,

$$< a, b > \in R \Leftrightarrow a \circ b = b \quad (\text{或} < a, b > \in R \Leftrightarrow a * b = a)$$

下面将根据代数格的定义和性质来证明 R 是 S 上的偏序关系。

对 $\forall a \in S$,有 $a \circ a = a$,即 $<a,a> \in R$,所以 R 具有自反性;

对 $\forall a,b \in S$,若 $<a,b> \in R$ 且 $<b,a> \in R \Rightarrow a \circ b = b$ 且 $b \circ a = a \Rightarrow a = b \circ a = a \circ b = b$,则 R 具有反对称性;对 $\forall a,b,c \in S$,若 $<a,b> \in R$ 且 $<b,c> \in R \Rightarrow a \circ b = b$ 且 $b \circ c = c \Rightarrow a \circ c = a \circ (b \circ c) = (a \circ b) \circ c = b \circ c = c \Rightarrow <a,c> \in R$,则 R 具有传递性。因此 R 是 S 上的偏序关系,可记为 $\leqslant$,且可记 $<a,b> \in R$ 为 $a \leqslant b$。

下面证明 $<S, \leqslant>$ 构成偏序格。因为

$$a \circ (a \circ b) = (a \circ a) \circ b = a \circ b \quad 即 a \leqslant a \circ b$$

又因为 $\quad b \circ (a \circ b) = (b \circ a) \circ b = (a \circ b) \circ b = a \circ (b \circ b) = a \circ b \quad 即 b \leqslant a \circ b$

所以 $a \circ b$ 是 $\{a,b\}$ 的上界;

假设 c 为 $\{a,b\}$ 的任一上界,则有 $a \circ c = c$ 和 $b \circ c = c$,从而有

$$(a \circ b) \circ c = a \circ (b \circ c) = = a \circ c = c$$

即 $a \circ b \leqslant c$,所以 $a \circ b$ 是 $\{a,b\}$ 的最小上界,即 $a \vee b = a \circ b$。

利用对偶原理及类似方法,可证得 $a * b$ 是 $\{a,b\}$ 的最大下界,即 $a \wedge b = a * b$。

由 a,b 的任意性及 $\{a,b\}$ 的最小上界和最大下界的存在性,知 $<S, \leqslant>$ 构成偏序格,即由代数格可得到偏序格。至此我们便证明了偏序格和代数格的等价性。

有了这个定理,以后不再区分偏序格还是代数格,而统称为格。

例 9.1.6 设 $<\mathbf{N}, \leqslant>$ 是一个偏序集,其中 $\mathbf{N}$ 是自然数,$\leqslant$ 是普通的数与数之间的"小于等于"关系,因为对于任意的 $a,b \in \mathbf{N}$,有

$$a \vee b = \max(a,b)$$
$$a \wedge b = \min(a,b)$$

所以,$<\mathbf{N}, \leqslant>$ 是一个格,由这个格诱导的代数格是 $<\mathbf{N}, \wedge, \vee>$。

例 9.1.7 设 $\mathbf{Z}$ 是整数集合,$\mathbf{Z}$ 中两个二元运算 $\wedge$ 和 $\vee$ 定义为:对任意的 $x,y \in Z$,

$$x \wedge y = \min(x,y);$$
$$x \vee y = \max(x,y)。$$

容易看出,$\wedge$ 和 $\vee$ 是 $\mathbf{Z}$ 中的两个二元运算,并且满足结合律、交换律和吸收律。于是 $<\mathbf{Z}, \wedge, \vee>$ 是代数格,它对应的偏序格就是 $<\mathbf{Z}, \leqslant>$,其中 $\leqslant$ 是数的小于等于关系。

9.1.2 子格与格同态

定义 9.1.3 设 $<L, \vee, \wedge>$ 是格,S 是 L 的非空子集,若 S 关于 L 中的运算 $\vee$ 和 $\wedge$ 仍构成格,则称 S 是 L 的**子格**。

例 9.1.8 设格 $<L, \leqslant>$ 如图 9.1.4 所示:取 $L_1 = \{a,b,d,f\}$,$L_2 = \{c,e,g,h\}$,$L_3 = \{a,b,c,d,e,g,h\}$

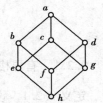

图 9.1.4

则 $<L_1, \leqslant>$ 和 $<L_2, \leqslant>$ 都是 $<L, \leqslant>$ 的子格;而 $<L_3, \leqslant>$ 虽然是格,却不是 $<L, \leqslant>$ 的子格,因为 $b \wedge d = f \notin L_3$

类似于群的同态,也可以定义格的同态:

定义 9.1.4 设 $<L_1, \vee_1, \wedge_1>$ 和 $<L_2, \vee_2, \wedge_2>$ 是格,$f: L_1 \to L_2$,若 $\forall a,b \in L_1$,有

$$f(a \vee_1 b) = f(a) \vee_2 f(b)$$

$$f(a \wedge_1 b) = f(a) \wedge_2 f(b)$$

则称 f 为格 $<L_1, \vee_1, \wedge_1>$ 到格 $<L_2, \vee_2, \wedge_2>$ 的同态映射,简称格同态。当 f 是双射时,则称 f 为格 $<L_1, \vee_1, \wedge_1>$ 到格 $<L_2, \vee_2, \wedge_2>$ 的同构映射,亦称格 $<L_1, \vee_1, \wedge_1>$ 与格 $<L_2, \vee_2, \wedge_2>$ 是同构的。

例 9.1.9 设 $L_1 = \{2n \mid n \in Z^+\}$, $L_2 = \{2n+1 \mid n(N)\}$,则 L_1 和 L_2 关于通常数的小于或等于关系构成格。令

$$f: L_1 \rightarrow L_2, f(x) = x - 1$$

不难验证 f 是 L_1 到 L_2 的同态映射,因为对 $\forall x, y \in L_1$,求它们的上(下)确界就是求它们的最大(小)者,于是有

$$f(x \vee y) = f(\max(x, y)) = \max(x, y) - 1 = \max(x-1, y-1)$$
$$= (x-1) \vee (y-1) = f(x) \vee f(y)$$
$$f(x \wedge y) = f(\min(x, y)) = \min(x, y) - 1 = \min(x-1, y-1)$$
$$= (x-1) \wedge (y-1) = f(x) \wedge (y)$$

定理 9.1.7 设 f 为格 $<L_1, \leq_1>$ 到格 $<L_2, \leq_2>$ 的同态映射,则对 $\forall x, y \in L_1$,如果 $x \leq_1 y$,必有 $f(x) \leq_2 f(y)$。

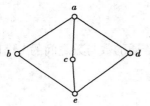

图 9.1.5

证 因为 $x \leq_1 y$,由定理 9.1.3 $x \wedge_1 y = x, f(x) = f(x \wedge_1 y) = f(x) \wedge_2 f(y)$,所以 $f(x) \leq_2 f(y)$。

此定理说明格同态是保序的,但是其逆定理不一定成立,即若 f 是保序的,f 不一定是格同态映射,见例 9.1.10。

例 9.1.10 设 $<L, \leq>$ 是如图 9.1.5 所示的格,其中 $L = \{a, b, c, d, e\}$。

L 的幂集 $P(L)$ 对于包含关系 $\subseteq$ 也构成格 $<P(L), \subseteq>$,作映射 $f: L \rightarrow P(L)$,对 $\forall x \in L$,

$$f(x) = \{y \mid y \in L, y \leq x\}$$

即

$$f(a) = L, f(b) = \{e, b\}, f(c) = \{e, c\},$$
$$f(d) = \{e, d\}, f(e) = \{e\}$$

显然,当 $x \leq y$ 时,有 $f(x) \subseteq f(y)$,所以 f 是保序的。但是

$$f(b \vee d) = f(a) = L \neq \{e, b, d\} = f(b) \cup f(d)$$

所以 f 不是格同态。

9.2 特殊格

9.2.1 有界格与有补格

定义 9.2.1 设 L 是格,若存在元素 $a \in L$,使得对 $\forall x \in L$,都有 $a \leq x$,则称 a 为格 L 的**全下界**;若存在元素 $b \in L$,使得对 $\forall x \in L$,都有 $x \leq b$,则称 b 为格 L 的**全上界**。

可以证明格 L 若有全下界和全上界,则全下界和全上界是唯一的。一般将格 L 的全下界记为 0,全上界记为 1。

例 9.2.1　设 A 为一集合,则在格 $<P(A),\subseteq>$ 中,全上界为 A,全下界为空集 $\varnothing$。在图 9.1.5 所示的格中,全上界为 a,全下界为 e。

定义 9.2.2　设 L 是格,若 L 存在全下界和全上界,则称 L 为**有界格**。

上例的两个格都是有界格。不难看出,有限格一定是有界格。对于无限格,有的是有界格,有的不是有界格,如整数集 **Z** 关于数的小于等于关系构成的格就不是有界格,因为不存在最小和最大的整数;闭区间 $[0,1]$ 上的实数集关于通常数的小于等于关系是有界格,0,1 分别是全下界和全上界。

定义 9.2.3　设 L 是有界格,对 $a\in L$,若存在 $b\in L$,使得
$$a\wedge b=0\qquad a\vee b=1$$
则称 b 是 a 的**补元**,可记为 $\bar{a}=b$。

从定义可知,若 $\bar{a}=b$,则 $\bar{b}=a$,即 a 和 b 互为补元。

例 9.2.2　参见图 9.2.1。

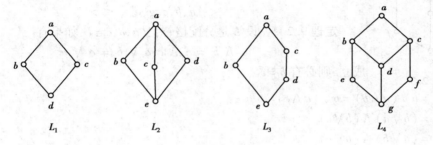

图 9.2.1

L_1 中元素 a 与 d 互为补元,b 与 c 互为补元;

L_2 中元素 a 和 e 互为补元;b 有两个补元 c,d;c 有两个补元 b,d;d 有两个补元 b,c;格 L_2 称为**钻石格**。

L_3 中元素 a 和 e 互为补元;b 有两个补元 c,d;c 和 d 的补元都是 b;格 L_3 称为**五角格**。

L_4 中元素 a 和 g 互为补元;d 无补元;b 和 f 互为补元;c 和 e 互为补元。

定义 9.2.4　设 L 是有界格,如果对 $\forall a\in L$,在 L 中都有 a 的补元存在,则称 L 为**有补格**。图 9.2.1 中 L_1、L_2 和 L_3 都是有补格,L_4 不是有补格,因为 d 无补元。

9.2.2　分配格与布尔格

一般来说,格中运算 $\wedge$ 和 $\vee$ 满足分配不等式,即对 $\forall a,b,c\in L$,有
$$a\vee(b\wedge c)\leqslant(a\vee b)\wedge(a\vee c)$$
但不一定满足分配律,满足分配律的格称为分配格。

定义 9.2.5　设 $<L,\wedge,\vee>$ 是格,若 $\forall a,b,c\in L$,有
$$a\wedge(b\vee c)=(a\wedge b)\vee(a\wedge c)$$
$$a\vee(b\wedge c)=(a\vee b)\wedge(a\vee c)$$
则称 L 为**分配格**。

图 9.2.2

例 9.2.3　图 9.2.1 中格 L_1 是分配格,图 9.2.2 的格是分配格;而图 9.2.1 中格 L_2 不是分配格,因为
$$b\wedge(c\vee d)=b\wedge a=b$$

而 $(b \wedge c) \vee (b \wedge d) = e \vee e = e$

容易看出，图 9.2.1 中格 L_3 和 L_4 也不是分配格，因为在 L_3 中

$$d \vee (b \wedge c) \neq (d \vee b) \wedge (d \vee c)$$

在 L_4 中 $\qquad e \vee (b \wedge f) \neq (e \vee b) \wedge (e \vee f)$

幂集格 $<P(A), \subseteq>$ 是分配格，因为集合的交运算和并运算满足分配律。

下面给出一个格是分配格的充分必要条件。

定理 9.2.1 设 L 是格，则 L 是分配格，当且仅当 L 中不含有与钻石格或五角格同构的子格。

推论 （1）小于五元的格都是分配格；

（2）任何一条链都是分配格。

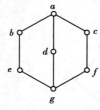

图 9.2.3

例 9.2.4 图 9.2.3 所示的格不是分配格，因为它有一个与五角格同构的子格

$$< \{a, b, e, g, d\}, \leqslant >$$

定理 9.2.2 设 L 是分配格，对 $\forall a, b, c \in L$，如果有

$$a \wedge b = a \wedge c, \quad a \vee b = a \vee c$$

成立，则必有 $b = c$。

证
$$
\begin{aligned}
b &= b \vee (a \wedge b) = b \vee (a \wedge c) \\
&= (b \vee a) \wedge (b \vee c) \\
&= (a \vee b) \wedge (b \vee c) \\
&= (a \vee c) \wedge (b \vee c) \\
&= (a \wedge b) \vee c \\
&= (a \wedge c) \vee c = c
\end{aligned}
$$

定理 9.2.3 设 L 是有界分配格，若 $a \in L$，且 a 有补元 b，则 b 也是 a 的唯一补元。

证 假设 c 也是 a 的补元，则有 $a \vee c = 1$，$a \wedge c = 0$，因为 b 是 a 的补元，所以有 $a \vee b = 1$，$a \wedge b = 0$，从而有 $a \vee c = a \vee b$ 且 $a \wedge c = a \wedge b$，由定理 9.2.2 知，$b = c$。

在有界分配格中，通常将 a 的补元记为 $\bar{a}$ 或 a'。

定义 9.2.6 如果一个格是有补分配格，则称它为布尔格或布尔代数。

图 9.3 的 L_1 是布尔格。

幂集格 $<P(A), \subseteq>$ 是布尔格，$\forall B \in P(A)$，B 的补元是 $A - B$。

9.3 布尔代数

9.3.1 布尔代数及其性质

若 L 是一个布尔格，则每个元素都有唯一的补元，因此可以定义 L 上的一元运算"补运算"，记为"$'$"（或 $\bar{\ }$），下面的定理告诉我们布尔代数的性质：

定理 9.3.1 设 $<B, \wedge, \vee, ', 0, 1>$ 是布尔代数，则

（1）$\forall a \in B, (a')' = a$ （双重否定律）

(2) $\forall a,b \in B$, $(a \wedge b)' = a' \vee b'$, $(a \vee b)' = a' \wedge b'$ （德·摩根律）

证 (1) $(a')'$ 是 a' 的补元，a 也是 a' 的补元，由补元的唯一性有 $(a')' = a$

(2) 对 $\forall a,b \in B$，有

$$(a \wedge b) \vee (a' \vee b') = (a \vee a' \vee b') \wedge (b \vee a' \vee b')$$
$$= (1 \vee b') \wedge (a' \vee 1) = 1 \wedge 1 = 1$$
$$(a \wedge b) \wedge (a' \vee b') = (a \wedge b \wedge a') \vee (a \wedge b \wedge b')$$
$$= (0 \wedge b) \vee (a \wedge 0) = 0 \vee 0 = 0$$

所以 $a' \vee b'$ 是 $a \wedge b$ 的补元，由补元的唯一性有 $(a \wedge b)' = a' \vee b'$。

同理可证 $(a \vee b)' = a' \wedge b'$

由前节的定义，我们要验证一个代数系统是布尔代数时，必须验证交换律、结合律、吸收律、分配律，还必须验证每个元素都有补元存在。下面的定义告诉我们，只需验证交换律、分配律、同一律和补元律，就可以证明一个代数系统是布尔代数了。

定义 9.3.1 设 $<B, *, \circ>$ 是代数系统，$*$ 和 $\circ$ 是二元运算，对 $\forall a,b,c \in B$，若运算 $*$ 和 $\circ$ 满足：

(1) 交换律 $\qquad a * b = b * a, \quad a \circ b = b \circ a$

(2) 分配律 $\qquad a * (b \circ c) = (a * b) \circ (a * c)$

$\qquad\qquad\qquad a \circ (b * c) = (a \circ b) * (a \circ c)$

(3) 同一律 存在 $0, 1 \in B$，使得对 $\forall a \in B$ 有

$$a * 1 = a, \quad a \circ 0 = a$$

(4) 补元律 对 $\forall a \in B$ 存在 $a' \in B$，使得

$$a * a' = 0, \quad a \circ a' = 1$$

则称 $<B, *, \circ>$ 是一个布尔代数。

可以证明布尔代数的两种定义是等价的。

下面讨论有限布尔代数的构造性质。

定义 9.3.2 设 $<B, \wedge, \vee, ', 0, 1>$ 是有限布尔代数，如果 B 中元素 a 盖住 0，则称 a 为 B 中的一个**原子**。

定理 9.3.2 有限布尔代数 $<B, \wedge, \vee, ', 0, 1>$ 中的原子具有如下相关性质：

(1) 对 B 中任意元素 $b \neq 0$，至少存在一个原子 a 与它是可比的，即 $b \wedge a = a$（或 $a \leqslant b$）；若原子 a 与它不可比，则有 $b \wedge a = 0$，且 $a \leqslant b'$。

(2) 对于 B 中任意两个原子 a_1, a_2，若 $a_1 \wedge a_2 \neq 0$，则有 $a_1 = a_2$。

(3) 对任意 B 中元素 $b \neq 0$，a_i 是所有满足 $a_i \leqslant b$ 的原子 $i = 1, \cdots, k$，则 $b = a_1 \vee a_2 \vee \cdots \vee a_k$，且这种表达方式是唯一的。

证 (1) b 由于有 $0 < b$，说明至少有一条链连接 0 和 b，于是在这条链中盖住 0 的元素 a 就是满足要求的原子，因为在一条链上，显然有 $a \leqslant b$，也即 $b \wedge a = a$。又设原子 a 与 b 不可比，即 a 不是 b 的下界，因此 0 是它们共同的且是唯一的下界，故 0 是 $\{a,b\}$ 的最大下界，即 $b \wedge a = 0$。由此等式推出 $(a \wedge b) \vee b' = b'$，对该等式的左边使用分配律，于是有

$$(a \wedge b) \vee b' = (a \vee b') \wedge (b \vee b') = (a \vee b') \wedge 1 = a \vee b' = b'$$

最后一个等式说明 b' 是 $\{a,b'\}$ 的最小上界，所以有 $a \leqslant b'$。

(2) 因 a_1 是原子，于是 $a_1 \wedge a_2 = a_1$；同样因 a_2 是原子，于是 $a_1 \wedge a_2 = a_2$。所以 $a_1 = a_2$。

（3）由 $a_i \leqslant b(i=1,\cdots,k)$，知 $a_1 \vee a_2 \vee \cdots \vee a_k \leqslant b$，令 $c=a_1 \vee a_2 \vee \cdots \vee a_k$，假设 $b \wedge c' \neq 0$，则有原子 $a \leqslant b \wedge c'$。因 $b \wedge c' \leqslant b$ 且 $b \wedge c' \leqslant c'$，由传递性 $a \leqslant b$ 且 $a \leqslant c'$，于是 a 是诸原子 a_1，$a_2,\cdots,a_k$ 之一，由已知 $a \leqslant c$。又由 $a \leqslant c$ 及 $a \leqslant c'$，得 $a \leqslant 0$，但这是不可能的。因此假设不成立，即有 $b \wedge c' = 0$。由（1）的证明中可得 $b \leqslant c$，即 $b \leqslant a_1 \vee a_2 \vee \cdots \vee a_k$。由反对称性知，$b = a_1 \vee a_2 \vee \cdots \vee a_k$。

假设还有其他的表达方法如 $b = a_{j1} \vee a_{j2} \vee \cdots \vee a_{jt}$，$a_{j1},\cdots,a_{jt}$ 均是原子，且满足 $a_{j1} \leqslant b,\cdots$，$a_{jt} \leqslant b$。令 $A_1 = \{a_1,a_2,\cdots,a_k\}$，$a_1,a_2,\cdots,a_k$ 为所有满足 $a_i \leqslant b$ 的原子的集合，而 $A_2 = \{a_{j1}$，$a_{j2},\cdots,a_{jt}\}$，则是后一种表达方式中的原子集合。易知 $A_2 \subseteq A_1$。任取 $a_i(1 \leqslant i \leqslant k)$ 由 $a_i \leqslant b$，即有 $a_i \wedge b = a_i$。于是有 $a_i \wedge (a_{j1} \vee a_{j2} \vee \cdots \vee a_{jt}) = a_i$，由分配律有 $(a_i \wedge a_{j1}) \vee (a_i \wedge a_{j2}) \vee \cdots \vee (a_i \wedge a_k) = a_i$，说明在 $a_{j1},a_{j2},\cdots,a_{jt}$ 中至少有一个 a_{js}，使 $a_i \wedge a_{js} \neq 0$。又因 a_i 和 a_{js} 同为原子，由本定理（2）知 $a_i = a_{js}$，$a_i \in A_2$。故 $A_1 \subseteq A_2$，所以 $A_1 = A_2$，说明表达方式是唯一的。

定理 9.3.3（Stone 定理） 设 $<B,\wedge,\vee,',0,1>$ 是有限布尔代数，S 是它的所有原子组成的集合，则 $<B,\wedge,\vee,',0,1>$ 同构于由 $<P(S),\subseteq>$ 定义的代数系统。

证明的基本思路是：首先构造一个映射 $f:B \to P(S)$，对任意的 $x \in B$ 和 B 中原子 a，有

$$f(x) = \begin{cases} \phi & x=0 \\ \{a \mid a \in S \wedge a \leqslant x\} & x \neq 0 \end{cases}$$

再证明 f 是双射，最后证明 f 对 3 种运算：$\wedge$，$\vee$，$'$，满足同态式。详细证明略。

推论 1 任意有限布尔代数 B 的元素个数为 2^n，其中 n 是 B 中所有原子的个数。

推论 2 任何具有 2^n 个元素（或任何具有相等个数原子）的布尔代数都是同构的。

下面给出子布尔代数的定义：

定义 9.3.3 设 $<B,\wedge,\vee,',0,1>$ 是布尔代数，S 是 B 的非空子集，若 $0,1 \in S$，且 S 对于运算 $\wedge$、$\vee$ 和 $'$ 都是封闭的，则称 S 是 B 的子布尔代数。

例 9.3.1 设 $B = \{x \mid x \in \mathbf{Z}^+, x \mid 110\}$ 即为 110 的全体正因子的集合，B 关于求最小公倍数和最大公约数运算构成布尔代数。B 有以下的子布尔代数：

$$S_1 = \{1,110\}$$
$$S_2 = \{1,2,55,110\}$$
$$S_3 = \{1,5,22,110\}$$
$$S_4 = \{1,10,11,110\}$$
$$S_5 = \{1,2,5,10,11,22,55,110\}$$

类似地，还可定义布尔代数的同态映射：

定义 9.3.4 设 $<A,\wedge,\vee,',0,1>$ 和 $<B,\cap,\cup,^-,q,E>$ 是两个布尔代数，这里 $\cap$，$\cup$，$^-$ 泛指布尔代数 B 中求最大下界、最小上界和补元运算，q 和 E 分别是 B 的全下界和全上界。$f:A \to B$，若对 $\forall x,y \in A$ 有

$$f(x \wedge y) = f(x) \cap f(y)$$
$$f(x \vee y) = f(x) \cup f(y)$$
$$f(x') = \overline{f(x)}$$

则称 f 是布尔代数 A 到 B 的同态映射，简称布尔代数同态。如果 f 还是一个双射，则称 f 是布尔代数 A 到 B 的同构映射。

9.3.2 布尔表达式与布尔函数

定义 9.3.5 设 $<B,\wedge,\vee,',0,1>$ 是一个布尔代数，**布尔表达式**定义如下：

（1）B 中任何一个元素是布尔表达式；

（2）布尔变元是布尔表达式；

（3）如果 e_1 和 e_2 是布尔表达式，则 e_1'，$(e_1 \land e_2)$ 和 $(e_1 \lor e_2)$ 是布尔表达式；

（4）只有有限次运用（1）（2）和（3）所构造的符号串是布尔表达式。

例 9.3.2　设 $<\{a,b,0,1\}, \land, \lor, '>$ 是布尔代数，则 $0 \lor a, a \land b, (x \land b)'$ 等都是布尔表达式，其中 x 是布尔变元。0 是布尔常元。

当一个布尔表达式中有 n 个变元时，称为 n 元布尔表达式，记为 $E(x_1, x_2, \cdots, x_n)$。其中 $x_1, x_2, \cdots, x_n$ 为布尔变元。对变元 $x_1, x_2, \cdots, x_n$ 赋以 B 中元素为值，便可得到表达式的值。

定义 9.3.6　设 $E_1(x_1, x_2, \cdots, x_n)$ 和 $E_2(x_1, x_2, \cdots, x_n)$ 为布尔代数 $<B, \lor, \lor, '>$ 中两个 n 元布尔表达式，如果对 n 个变元任意赋值均取值相等，则说这两个 n 元布尔表达式等价，记作 $E_1(x_1, x_2, \cdots, x_n) = E_2(x_1, x_2, \cdots, x_n)$

例 9.3.3　布尔代数 $<\{0,1\}, \land, \lor, '>$ 上两个布尔表达式：

$$E_1(x_1, x_2) = (x_1 \lor x_2)'$$
$$E_2(x_1, x_2) = x_1' \land x_2'$$

容易验证 E_1 和 E_2 是等价的，因为

$E_1(0,0) = (0 \lor 0)' = 0' = 1$	$E_2(0,0) = 0' \land 0' = 1 \land 1 = 1$
$E_1(0,1) = (0 \lor 1)' = 1' = 0$	$E_2(0,1) = 0' \land 1' = 1 \land 0 = 0$
$E_1(1,0) = (1 \lor 0)' = 1' = 0$	$E_2(1,0) = 1' \land 0' = 0 \land 1 = 0$
$E_1(1,1) = (1 \lor 1)' = 1' = 0$	$E_2(1,1) = 1' \land 1' = 0 \land 0 = 0$

定义 9.3.7　设 $<B, \land, \lor, '>$ 是一个布尔代数，一个从 B^n 到 B 的函数，若能用 $<B, \land, \lor, '>$ 上的 n 元布尔表达式表示，则称这个函数为**布尔函数**。

注：对有限布尔代数 $<B, \land, \lor, '>$，$|B| = 2^m$，m 是其原子的个数，当 $m = 1$ 时，一个从 B^n 到 B 的函数一定能用 n 元布尔表达式（n 元命题公式）表示，即它一定就是布尔函数（n 元真值函数）。当 $m > 1$ 时，一个从 B^n 到 B 的函数不一定能用 n 元布尔表达式表示，即不一定是布尔函数。

例 9.3.4　布尔代数 $<\{0,1\}, \land, \lor, '>$ 上的布尔表达式（$m = 1$）

$$E_1(x_1, x_2, x_3) = (x_1' \land x_2 \land x_3') \lor (x_1 \land x_2') \lor (x_1 \land x_2)$$

也是 3 元命题公式，定义了一个从 $\{0,1\}^3$ 到 $\{0,1\}$ 的函数，即为布尔函数（3 元真值函数），见表 9.3.1：

表 9.3.1

x_1	x_2	x_3	$f(x_1, x_2, x_3)$
<0	0	$0>$	0
<0	0	$1>$	0
<0	1	$0>$	1
<0	1	$1>$	0
<1	0	$0>$	1
<1	0	$1>$	1
<1	1	$0>$	0
<1	1	$1>$	1

开关代数可以用布尔代数 < {断开,闭合},并联,串联,反向 > 来描述,一个开关就是一个变元,它取值"断开"或"闭合",任一开关线路就是一个布尔表达式。

至此,可以将布尔代数与前面所学知识联系起来。从以下几方面概括其要点:

(1)第 1 章涉及的是布尔代数 < {0,1},∧,∨,¬,0,1 >,在布尔代数中,符号 ∧、∨、¬、0、1(命题的合取、析取、否定运算及命题的假、真)分别代表求最大下界、最小上界、补元等运算及全下界、全上界。

(2)第 3 章涉及的是布尔代数 < $P(A)$,∩,∪,~,Φ,A >(即布尔格 < $P(A)$,⊂ >),在布尔代数中 $P(A)$ 是集合的幂集,∩、∪、~、Φ、A(集合的交、并、补运算及空集、全集)等符号分别代表求最大下界、最小上界、补元等运算及全下界、全上界。

(3)1.2 节所列基本等值式(见表 1.2.2)包括了上述(1)中布尔代数的基本性质;而 3.2 节所列集合运算基本定律(见 3.2.2)包括了上述(2)中布尔代数的基本性质。它们的共同之处正好反映了作为布尔代数本身的基本性质。

(4)在 1.1.3 我们提到了 n 元真值函数 $F:\{0,1\}^n \to \{0,1\}$,不同的 n 元真值函数共有 2^{2^n} 个,当 $n=2$ 时就有 16 个,组成集合 $S = \{F_0,F_1,F_2,\cdots,F_{15}\}$,其中 F_0 是永假函数,F_{15} 是永真函数。不难看出函数 F_1,F_2,F_4,F_8 对应 2 元命题公式的 4 个极小项 m_0,m_1,m_2,m_3 由 1.3 节知任一除 F_0 外的 2 元真值函数(2 元命题公式),都可由这 4 个函数(极小项)的析取表示。这样我们可以定义一个代数系统 < S,∧,∨,¬,F_0,F_{15} >,不难证明它为布尔代数,F_1,F_2,F_4,F_8 是它的 4 个原子,其结构分为 5 层。第 1 层:F_0;第 2 层:F_1,F_2,F_4,F_8;第 3 层:F_3,F_5,F_9,F_6,F_{10},F_{12};第 4 层:F_7,F_{11},F_{13},F_{14};第 5 层:F_{15}。从第 3 层起函数的构造关系为:

$$F_3 = F_1 \vee F_2,\ F_5 = F_1 \vee F_4,\ F_9 = F_1 \vee F_8,\ F_6 = F_2 \vee F_4,\ F_{10} = F_2 \vee F_8,\ F_{12} = F_4 \vee F_8;$$

$$F_7 = F_1 \vee F_2 \vee F_4,\ F_{11} = F_1 \vee F_2 \vee F_8,\ F_{13} = F_1 \vee F_4 \vee F_8,\ F_{14} = F_2 \vee F_4 \vee F_8$$

$$F_{15} = F_1 \vee F_2 \vee F_4 \vee F_8$$

容易看出结构中函数下标之间的关系。每一个函数的表达形式作为公式来说都是主析取范式。

如 3.1 节,用二进制整数表示幂集,4 个元素的集合 A 的幂集 $P(A) = S = \{F_0,F_1,F_2,\cdots,F_{15}\}$,其中,$F_0$ = 空集,F_{15} = 全集 A,这样得到的幂集格 < $P(A)$,⊆ > 与上述布尔代数同构,其哈斯图见图 9.3.1(图中虚线表示点所在的层)。

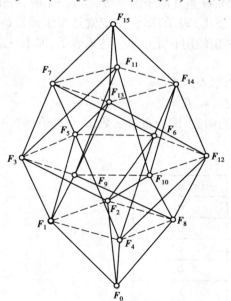

图 9.3.1

习题 9

9.1 下列集合对于整除关系是否构成格？对构成格的，画出其对应的哈斯(Hasse)图。

(1) $L = \{1,2,3,4,5\}$ (2) $L = \{1,2,3,4,6,12\}$

(3) $L = \{1,2,4,8\}$ (4) $L = \{1,2,2^2,2^3,\cdots,2^n\}, n \in \mathbf{Z}^+$

9.2 设 $A = \{a,b,c\}$，求出幂集格 $<P(A), \subseteq>$ 的所有 4 元子格。

9.3 判断图 9.1 中给出的 4 个偏序集，哪些是格，如果不是格，请说明理由。

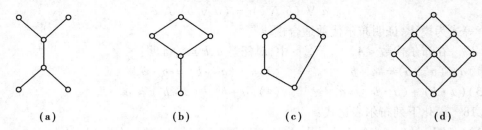

(a) (b) (c) (d)

题图 9.1

9.4 设 $<L, \leqslant>$ 是格，任取 $a \in L$，令

$$S = \{x \mid x \in L, x \leqslant a\}$$

证明：$<S, \leqslant>$ 是 L 的子格。

9.5 设 L 是格，$a,b,c \in L$，且 $a \leqslant b \leqslant c$，证明

$$a \vee b = b \wedge c$$

9.6 设 $<L, \wedge, \vee, 0, 1>$ 是有界格，则 $\forall a \in L$ 有

$$a \wedge 0 = 0, \quad a \vee 0 = a; \quad a \wedge 1 = 1, \quad a \vee 1 = 1$$

9.7 在图 9.2 中给出的格，哪个是分配格，哪个是有补格？

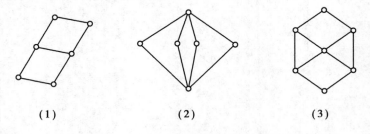

(1) (2) (3)

题图 9.2

9.8 试举 4 个格，一个既是分配格又是有补格，一个是分配格而不是有补格，一个不是分配格而是有补格，一个既不是分配格又不是有补格。

9.9 试证 $<Z, \min, \max>$ 是一个分配格，其中 Z 是整数集合。

9.10 $<L, \wedge, \vee>$ 是格，证明：格 L 可分配，当且仅当对任意 $a,b,c \in L$，有 $(a \vee b) \wedge c \leqslant a \vee (b \wedge c)$。

9.11 若 $<A, \leqslant>$ 是分配格。求证：如对某个 $a \in A$，有 $a \wedge x = a \wedge y$，$a \vee x = a \vee y$，那么 $x = y$。

9.12 证明在有补分配格 $<L,\otimes,\oplus>$ 中,对任意 $a,b\in L$,有 $a\leqslant b\Leftrightarrow a\otimes\bar{b}=0,\bar{b}\leqslant\bar{a}\Leftrightarrow a\oplus b=1,a\leqslant b\Leftrightarrow\bar{b}\leqslant\bar{a}$,其中 $\bar{a},\bar{b}$ 分别为 a 和 b 的补元。

9.13 设 $<L,\leqslant_1>$ 和 $<S,\leqslant_2>$ 是两个格,f 是从 $<L,\leqslant_1>$ 到 $<S,\leqslant_2>$ 的格同态映射。证明:f 是保序的,即对任意 $a,b\in L$,如果 $a\leqslant_1 b$,则 $f(a)\leqslant_2 f(b)$。

9.14 $<A,\leqslant>$ 是一个分配格,$a,b\in A$ 且 $a<b$。证明:$f(x)=(x\vee a)\wedge b$,f 是一个从 A 到 B 的同态映射,其中 $B=\{x\mid x\in A$ 且 $a\leqslant x\leqslant b\}$。

9.15 设 B 是布尔代数,$\forall a,b\in B$,证明:
$$a\leqslant b\Leftrightarrow a\wedge b'=0\Leftrightarrow a'\vee b=1$$

9.16 设 B 是布尔代数,$\forall a,b,c\in B$,若 $a\leqslant c$,则有
$$a\vee(b\wedge c)=(a\vee b)\wedge c$$
称这个等式为模律,证明布尔代数适合模律。

9.17 在布尔代数 $<A,+,\cdot,'>$ 中,对任意 $a,b\in A$,证明:

(1) $a+(a'\cdot b)=a+b$ (2) $a\cdot(a'+b)=a\cdot b$

(3) $(a\cdot b)+(a\cdot b')=a$ (4) $(a+b)\cdot(a+b')=a$

9.18 简化下列布尔表达式:

(1) $(a\wedge b)\vee(a\wedge b\wedge c)\vee(b\wedge c)$ (2) $(a\wedge b)\vee(a'\wedge b'\wedge c)\vee(b\wedge c)$

(3) $(a\wedge b)\vee(a'\wedge b\wedge c')\vee(b\wedge c)$ (4) $(a\wedge b'\vee c)\wedge(a\vee b')$

* 第 **10** 章

组合论基础

组合论又称组合数学。从理论和应用的角度来看,该学科的内容可分为组合分析和组合算法两大部分。组合分析的主要内容是计数和枚举。基本问题是当按某种规律或某种要求安排一些事物时,要讨论安排的存在性,安排的数量关系,如何构造这些安排,能否进行最优安排,等等。组合算法则是在组合分析的基础上,要讨论采用怎样的算法,如何借助电子计算机来实现计数和枚举,还要讨论各种算法所需要的计算量和存储量,即讨论算法的时间复杂性和空间复杂性。

组合数学是一个既古老又年轻的数学分支。随着电子计算机的发展,近年来,组合数学得到了迅速的发展,它的研究成果在自然科学、工程学、社会科学中都有应用,其发展前景十分广阔。

10.1 排列与组合

一、加法法则和乘法法则

计数问题是组合数学的主要问题之一,其中最常用、最基本的法则就是加法法则和乘法法则。

定理 10.1.1(**加法法则**) 设 S 是有限集,若 $S_i \subseteq S, S = \bigcup_{i=1}^{n} S_i$,当 $i \neq j$ 时,$S_i \cap S_j = \phi$,则有

$$| S | = \left| \bigcup_{i=1}^{n} S_i \right| = \sum_{i=1}^{n} | S_i | \tag{10.1}$$

特别地,当 $n = 2$ 时,有

$$| S | = | S_1 \cup S_2 | = | S_1 | + | S_2 |$$

例 10.1.1 A 是大于零小于 10 的偶数的集合,B 是大于零小于 10 的奇数的集合,问大于零小于 10 的整数有多少?

解 令 S 为大于零小于 10 的整数集合,显然有 $S = A \cup B$,且 $A \cap B = \phi$,因为 $|A| = |B| = 5$,由加法法则有

$$| S | = | S_1 | + | S_2 | = 5 + 5 = 10$$

定理 10.1.2(**乘法法则**) 设有限集的笛卡儿积 $S = S_1 \times S_2 \times \cdots \times S_n = \{(a_1, a_2, \cdots, a_n) \mid a_i \in S_i, i = 1, 2, \cdots, n\}$,则有

$$|S| = S_1 \times S_2 \times \cdots \times S_n = \prod_{i=1}^{n} |S_i| \tag{10.2}$$

特别地,当 $n = 2$ 时,有

$$|S| = |S_1 \times S_2| = |S_1| \cdot |S_2|$$

注:S 中的元素,即 n 元有序组中的分量是相互独立的。

例 10.1.2 求比 1 000 小的正整数中含有数字 1 的数的个数。

解 先求出不含数字 1 的 3 位数的个数 m。根据乘法法则,由数字 $0, 2, \cdots, 9$ 组成的 3 位数的个数等于 $9 \times 9 \times 9 = 729$,因为 000 不是正整数,所以 $m = 729 - 1 = 728$。于是小于 1 000 且含有数字 1 的数的个数为 $999 - m = 999 - 728 = 271$。

二、排列

定义 10.1.1 设 A 是具有 n 个元素的集合。从这 n 个元素中取 r 个按次序排列得到的结果称为集合 A 的 **r-排列**,其排列的数目记作 $P(n, r)$ 或 P_n^r,当 $r = n$ 时,称为集合 A 的**全排列**。

定理 10.1.3 对于正整数 $n, r(r \leq n)$,有

$$P(n, r) = n(n-1) \cdots (n-r+1) = \frac{n!}{(n-r)!} \tag{10.3}$$

证 设 n 为某集合 A 的基数。可如下构造 A 的 r-排列:任选一个元素作为排列的第一项,有 n 种选法;从剩下的 $n-1$ 个元素中再任选一个元素作为第二项,有 $n-1$ 种选法;照此下去,就有 $n-r+1$ 种选法来得到排列的第 r 项。由乘法法则,这 r 项共有 $n \cdot (n-1) \cdots (n-r+1)$ 种选法。故所证等式成立。

注:为处理问题方便,当 $r > n$ 时,定义 $P(n, r) = 0$。另有特例:$P(n, 0) = 1$,全排列 $P(n, n) = n!$。

推论 1 当 $n \geq r \geq 2$ 时,有 $P(n, r) = nP(n-1, r-1)$ $\qquad$ (10.4)

推论 2 当 $n \geq r \geq 2$ 时,有 $P(n, r) = rP(n-1, r-1) + P(n-1, r)$ $\qquad$ (10.5)

定义 10.1.1 中所述排列,可视为将取出的元素排在一条直线上,所以又可称为**线排列**。

定义 10.1.2(**圆排列**) 设 A 是具有 n 个元素的集合。从这 n 个元素中取 r 个按照某种次序排成一个圆圈,称这样的排列为 r 圆排列(循环排列)。

注:圆排列与线排列的区别在于:将一个圆排列按顺(逆)时针任意旋转所得到的排列均被视为同一排列。

定理 10.1.4 设 A 是具有 n 个元素的集合,其圆排列的个数为:

$$\frac{P(n, r)}{r} = \frac{n!}{r(n-r)!} \tag{10.6}$$

证 在 $P(n, r)$ 个线排列中,不妨以排列 $a_1 a_2 \cdots a_r$ 为例。按圆排列定义,它与 $a_2 a_3 \cdots a_r a_1, \cdots, a_r a_1 a_2 \cdots a_{r-1}$,共 r 个线排列为同一排列,故圆排列的个数为 $P(n, r)/r = n!/(r(n-r)!)$。

例 10.1.3 有 10 人围圆桌就餐,问有多少种就座方式? 如有两个人不愿坐在一起,又有多少种就座方式?

解　由公式（10.6）及 $n = r = 10$ 知 10 人围圆桌一共有 $10! / 10 = 9!$ 种就座方式。两人始终坐在一起的圆排列相当于 9 人围坐，共有 $9! / 9 = 8!$ 种就座方式，但其中这两人的相对位置有左、右之分，所以两人相邻的坐法共有 $2 \times 8!$ 种方式。于是有两人不愿坐在一起的就座方式的数目为

$$9! - 2 \times 8! = 7 \times 8! = 282\ 240$$

线排列与圆排列的共同之处是：集合 A 的元素在取出的 r 个元素中至多只出现一次，即是说，当取出 A 中某元素后，该元素便不能再被取到。若允许元素被重复取出，则有重排列的如下定义。

定义 10.1.3　在 n 个元素中取 r 个的排列中，允许被取出的元素可重复任意遍，这样的排列称为 r-**可重复排列**，记这样排列的总数为 $U(n, r)$。

定理 10.1.5　n 个元素的 r-可重复排列数 $U(n, r) = n^r$（证略）。

例 10.1.4　由 $1, 2, 3, 4, 5$ 这 5 个数字能组成多少个 4 位数？其中大于 1234 的数有多少？

解　这是一个重排列问题。由定理 10.1.5 这 5 个数字可组成 $5^4 = 625$ 个 4 位数。大于千位的数字 1 有 4 个数字，3 个低位上的数字可在这 5 个数字中任取，由乘法法则和定理 10.1.5，这样的大于 1234 的数共有 4×5^3 个。类似地，取定千位的数字 1 后，大于 1234 的数共有 3×5^2；取定千位、百位的 1, 2 之后，大于 1234 的数共有 2×5^1；取定前 3 位后，大于 1234 的数只有 1 个。所以大于 1234 的数的总数为：$4 \times 5^3 + 3 \times 5^2 + 2 \times 5^1 + 1 = 500 + 75 + 10 + 1 = 586$。

定理 10.1.6　设 n 个元素可分为 k 类，不同类的元素不相等，同类元素均相等。第 k 类的元素个数为 n_k。则这 n 个元素的 n 排列个数为：

$$\frac{n!}{n_1! \cdot n_2! \cdot \cdots \cdot n_k!}$$

证　先将 n 个元素视为不相同的元素，则其全排列个数为 $n!$。其中任一个全排列中所含的第 i 类的全体 n_i 个元素可形成 $n_i!$ 个全排列，由于 $i = 1, 2, 3, \cdots, k$，又由乘法法则这样的排列共有 $n_1! \cdot n_2! \cdot \cdots \cdot n_k!$ 个，实际上它们是同一排列。故这 n 个元素的不相同的排列个数为：

$$\frac{n!}{n_1! \cdot n_2! \cdot \cdots \cdot n_k!}$$

例 10.1.5　由 10 个字母组成的字符串中含 1 个 A，2 个 B，3 个 C，4 个 D，问有多少个这样的字符串？

解　由定理 10.1.6 知共有　$10! / (1! \times 2! \times 3! \times 4!) = 12\ 600$ 个这样的字符串。

三、组合

定义 10.1.4　设 A 是具有 n 个元素的集合，从中不考虑次序地取出 r 个元素，所得到的结果称为 n 的 r-组合，所有可能的 r-组合的数目称为 n 的 r-组合数，记为 $C(n, r)$（或 C_n^r，或 $\binom{n}{r}$）。

定理 10.1.7　对于 $1 \leqslant r \leqslant n$，有

$$C(n,r) = \frac{P(n,r)}{r!} = \frac{n!}{r!(n-r)!} \tag{10.7}$$

证　在总数为 $C(n,r)$ 的组合中任取一个,所得到的 r 个元素可形成 $r!$ 个 r-排列。于是 $C(n,r)$ 个 r-组合就对应 $r!\,C(n,r)$ 个 r-排列,这实际上就是从 n 个不同的元素中取 r 个组成的排列数 $P(n,r)$,故求证的等式成立。

推论 1　$C(n,r) = C(n,n-r)$ $\tag{10.8}$

推论 2　$C(n,r) = C(n-1,r) + C(n-1,r-1)$ $\tag{10.9}$

推论 3　$C(n,r) = C(n-1,r-1) + C(n-2,r-1) + \cdots + C(r-1,r-1)$ $\tag{10.10}$

例 10.1.6　从 $1\sim300$ 任取 3 个不同的整数,使得其和能被 3 除尽,问有多少种取法?

解　将 1 到 300 的整数分为 3 类:被 3 除余 0(被 3 除尽);被 3 除余 1;被 3 除余 2。显然每一类均有 100 个数。符合要求的 3 个数,只有两种情形:它们取自同一类;它们分别取自不同的类。3 个数取自某一类的取法应有 $C(100,3)$ 种,于是取自同一类的取法共有 $3C(100,3)$ 种;由乘法法则,它们分别取自不同类的取法应有 100^3 种。所以符合要求的 3 个数的取法总共有

$$3C(100,3) + 100^3 = 3 \times \frac{100 \times 99 \times 98}{3 \times 2 \times 1} + 1\,000\,000 = 1\,485\,100$$

与可重复排列类似,我们可定义 r-重复组合。

定义 10.1.5　在 n 个元素中取 r 个的组合中,允许被取出的元素可重复任意遍,这样的组合称为 r-**可重复组合**,记这样组合的总数为 $F(n,r)$。

定理 10.1.8　n 个元素的 r 可重复组合数 $F(n,r) = C(n+r-1,r)$,$1\leqslant r\leqslant n$(证略)。

注:$F(n,r)$ 有与 $C(n,r)$ 相似的表达方式:$F(n,r) = C(n+r-1,r) = \dfrac{(n+r-1)!}{r!(n-1)!} = \dfrac{n(n+1)\cdots(n+r-1)}{r!}$。

例 10.1.7　在装有 5 个不同颜色球的袋中任取出 1 个,记下它的颜色后放回袋中。照此方法记下了 10 次球的颜色,请问这 10 次球的颜色组合方式有多少种?

解　这是一个重复组合问题。据题意,所求方式数为 $F(5,10) = C(5+10-1,10) = C(14,10) = 1\,001$。

例 10.1.8　求能除尽 1 400,且大于 1 的整数的个数。

解　对 1 400 进行质因子分解后得:$1\,400 = 2^3 \times 5^2 \times 7$。故符合条件的数应表示为:$2^l \times 5^m \times 7^n$,其中 $0\leqslant l\leqslant3$,$0\leqslant m\leqslant2$,$0\leqslant n\leqslant1$,但应排除 $l=m=n=0$。根据乘法法则,符合条件的数的个数为:

$$K = (3+1) \times (2+1) \times (1+1) - 1 = 23$$

四、二项式定理及组合恒等式

在计算机科学,特别是在算法分析中,二项式定理及其组合系数有重要作用,现列于后,证略。

定理 10.1.9(二项式定理)　设 n 是正整数,则对任何数 x 和 y,都有

$$(x+y)^n = \sum_{k=0}^{n} C(n,k)x^k y^{n-k} = \sum_{k=0}^{n} C_n^k x^k y^{n-k} = \sum_{k=0}^{n} \binom{n}{k} x^k y^{n-k} \tag{10.11}$$

二项式展开式的各项系数为组合数。式(10.8)—式(10.10)给出了这些组合系数的一些性质。作为二项式定理的推论,下面不加证明地再列出部分常用的组合恒等式。

推论 1　设 n 是正整数,则对任何数 x,有

$$(1 + x)^n = \sum_{k=0}^{n} C(n,k)x^k = \sum_{k=0}^{n} C(n,n-k)x^k \qquad (10.12)$$

推论 2　设 n 是正整数,在推论 1 中令 $x = 1$,有

$$\sum_{k=0}^{n} C(n,k) = 2^n \qquad (10.13)$$

该推论表明,任意具有 n 个元素的集合,其子集的个数为 2^n。

推论 3　设 n 是正整数,在推论 1 中令 $x = -1$,有

$$\sum_{k=0}^{n} (-1)^k C(n,k) = 0 \qquad (10.14)$$

该推论表明,任意具有 n 个元素 $(n \neq 0)$ 的集合,含偶数个元素的子集的个数与含奇数个元素的子集的个数相等。

下面用定理的形式,列出若干组合恒等式(证略)。

定理 10.1.10　对于指定的整数,有以下恒等式。

(1)设 n,k 为正整数,于是有　$C(n,k) = nC(n-1,k-1)/k$ $\qquad (10.15)$

(2)设 n 为正整数,有　$\displaystyle\sum_{k=1}^{n} kC(n,k) = n \cdot 2^{n-1}$ $\qquad (10.16)$

(3)设 n 为正整数,有　$\displaystyle\sum_{k=0}^{n} \frac{1}{k+1}C(n,k) = \frac{2^{n+1}-1}{n+1}$ $\qquad (10.17)$

(4)设 n,m 为正整数,令 $p \leqslant \min\{m,n\}$,则有

$$\sum_{k=0}^{p} C(n,k)C(m,p-k) = C(m+n,p) \qquad (10.18)$$

(5)设 p,q,n 为非负整数,有

$$\sum_{k=0}^{p} C(p,k)C(q,k)C(n+k,p+q) = C(n,p)C(n,q) \qquad (10.19)$$

(6)设 n,k 为非负整数,有

$$\sum_{i=0}^{n} C(i,k) = C(n+1,k+1) \qquad (10.20)$$

用任意实数 α 来代替二项式定理中的正整数,可得到推广的二项式定理。

定理 10.1.11　设 α 是一个任意实数,则对于满足 $\left| \dfrac{x}{y} \right| < 1$ 的所有 x 和 y,有

$$(x + y)^{\alpha} = \sum_{k=0}^{\infty} C(\alpha,k)x^k y^{n-k} \qquad (10.21)$$

式中,$C(\alpha,k) = \dfrac{\alpha(\alpha-1)\cdots(\alpha-k+1)}{k!}$ 称为广义的二项式系数。

在该定理中,若令 α 是正整数 n,因为当 $k > n$ 时,$C(n,k) = 0$,这样就得到了前面的二项式定理。

10.2 容斥原理与鸽巢原理

一、容斥原理回顾

在 3.3 节中,我们引入了集合的计数问题,并由定理 3.3.2 和定理 3.3.3 给出了容斥原理的简单的和一般的形式。下面列出简单形式(10.22)和改变了写法的一般形式(10.23)和式(10.24)。

(1)设 A 和 B 为任意有限集合,则

$$|A \cup B| = |A| + |B| - |A \cap B| \tag{10.22}$$

(2)设 $A_1, A_2, \cdots, A_n$ 是有限集合,则

$$|A_1 \cup A_2 \cup \cdots \cup A_n| = \sum_{i=1}^{n} |A_i| - \sum_{i=1}^{n} \sum_{j>i} |A_i \cap A_j| + \sum_{i=1}^{n} \sum_{j>i} \sum_{k>j} |A_i \cap A_j \cap A_k| - \cdots +$$
$$(-1)^{n-1} |A_1 \cap A_2 \cap \cdots \cap A_n| \tag{10.23}$$

(3)设有限集 $A_1, A_2, \cdots, A_n$ 是全集 S 的子集,则

$$|\overline{A_1} \cap \overline{A_2} \cap \cdots \cap \overline{A_n}| = |S| - \sum_{i=1}^{n} |A_i| + \sum_{i=1}^{n} \sum_{j>i} |A_i \cap A_j| - \sum_{i=1}^{n} \sum_{j>i} \sum_{k>j} |A_i \cap A_j \cap A_k| +$$
$$\cdots + (-1)^n |A_1 \cap A_2 \cap \cdots \cap A_n| \tag{10.24}$$

例 10.2.1 求由 a, b, c, d 4 个字母构成的 n 位符号串中,a, b, c 至少出现一次的符号串的数目。

解 令 A_1, A_2, A_3 分别表示 n 位符号串中不出现 a, b, c 的符号集合。由于 n 位中的每一位都可取这 4 个字母中的一个,顾不允许出现 a(或 b,或 c)的符号串个数应是 3^n。于是有

$$|A_i| = 3^n, \quad |A_i \cap A_j| = 2^n, i \neq j, i,j = 1,2,3; \quad |A_1 \cap A_2 \cap A_3| = 1.$$

a, b, c 至少出现一次的符号串集合为 $\overline{A_1} \cap \overline{A_2} \cap \overline{A_3}$,其基数为

$$|\overline{A_1} \cap \overline{A_2} \cap \overline{A_3}| = 4^n - (|A_1| + |A_2| + |A_3|) + (|A_1 \cap A_2| +$$
$$|A_1 \cap A_3| + |A_2 \cap A_3|) - |A_1 \cap A_2 \cap A_3| = 4^n - 3 \cdot 3^n + 3 \cdot 2^n - 1$$

例 10.2.2 求欧拉函数 $\phi(n)$(定义为小于 n 且与 n 互素的正整数的个数)之值。

解 任意大于 1 的正整数 n,都可以唯一地分解为素数的方幂的乘积形式:

$$n = p_1^{a_1} p_2^{a_2} \cdots p_m^{a_m}$$

设 $S = \{1, 2, \cdots, n\}$,A_i 是 S 中能被素数 p_i 整除的整数集合($i = 1, 2, \cdots, m$)。则

$$|A_i| = \frac{n}{p_i}, i = 1, 2, \cdots, m$$

$$|A_i \cap A_j| = \frac{n}{p_i p_j}, i,j = 1,2,\cdots,m, i \neq j$$

$\cdots$

$$\phi(n) = |\overline{A_1} \cap \overline{A_2} \cap \cdots \cap \overline{A_m}|$$

$$= n - \left(\frac{n}{p_1} + \frac{n}{p_2} + \cdots + \frac{n}{p_m}\right) + \left(\frac{n}{p_1 p_2} + \frac{n}{p_1 p_3} + \cdots + \frac{n}{p_{m-1} p_m}\right) - \cdots \pm \frac{n}{p_1 p_2 \cdots p_m}$$

$$= n \left(1 - \frac{1}{p_1} \right) \left(1 - \frac{1}{p_2} \right) \cdots \left(1 - \frac{1}{p_m} \right)$$

例如 $n = 36 = 2^2 \times 3^2$，则

$$\phi(36) = 36 \left(1 - \frac{1}{2} \right) \left(1 - \frac{1}{3} \right) = 36 \times 1/2 \times 2/3 = 12$$

即小于 36 且与它互素的正数有 12 个:$5,7,11,13,17,19,23,25,29,31,35$，还有 1。

二、错排问题

定义 10.2.1　给 n 个元素的每一个都确定一个序号。若这 n 个元素的一个排列使得所有的元素都不在原来的位置上，则称这个排列为这 n 个元素的一个**错排**，用 D_n 来记错排的个数。

例如以 $1,2,3,4$ 为 4 个元素的序号,则以下的序号排列均为错排:$4321,3421,2341$,等等。

定理 10.2.1　当 $n \geq 1$ 时,有

$$D_n = n! \left(1 - \frac{1}{1!} + \frac{1}{2!} + \cdots + (-1)^n \frac{1}{n!} \right) \tag{10.25}$$

证　给 n 个元素标号为 $1,2,\cdots,n$。设 A_i 为数 i 在第 i 位上的全体排列的集合,易知

$$|A_i| = (n-1)! \, (i = 1,2,\cdots,n)$$
$$|A_i \cap A_j| = (n-2)! \, (i,j = 1,2,\cdots,n, i \neq j)$$
$$\cdots$$

由式(10.24),每个元素都不在原来位置上的排列数为

$$|\overline{A_1} \cap \overline{A_2} \cap \cdots \cap \overline{A_n}| = n! - C(n,1)(n-1)! + C(n,2)(n-2)! - \cdots + (-1)^n C(n,n)1!$$

$$= n! \left(1 - \frac{1}{1!} + \frac{1}{2!} - \cdots + (-1)^n \frac{1}{n!} \right)$$

例 10.2.3　数 $1,2,\cdots,9$ 的全排列中,求奇数在原来位置上,其余都不在原来位置上的错排数目。

解　这是 $2,4,6,8$ 四个数的错排问题,总数 D_4 为

$$D_4 = 4! \left(1 - 1 + \frac{1}{2} - \frac{1}{6} + \frac{1}{24} \right) = 9$$

定理 10.2.2　错排数有以下递归关系(证略):$D_n = (n-1)(D_{n-1} + D_{n-2})(n = 3,4,\cdots)$

例 10.2.4　求 $1,2,\cdots,n$ 的全排列中,正好只有 $r \, (0 \leq r \leq n)$ 个元素在原来位置上的排列个数。

解　从 $1,2,\cdots,n$ 中取 r 个数,一共有 $C(n,r)$ 种方式。取定 r 后,还剩 $n-r$ 个数不在原来的位置上,这相当于 $n-r$ 个元素的错排,其错排数为 D_{n-r},于是由乘法法则知所求排列的个数为

$$C(n,r) D_{n-r} = C(n,r)(n-r)! \left(1 - \frac{1}{1!} + \frac{1}{2!} - \cdots + (-1)^{n-r} \frac{1}{(n-r)!} \right)$$

$$= \frac{n!}{r!} \left(1 - \frac{1}{1!} + \frac{1}{2!} - \cdots + (-1)^{n-r} \frac{1}{(n-r)!} \right)$$

三、有限制的排列问题

在研究排列时,常遇到对某些位置有限制条件的排列问题,比如错排就是一种特殊限制条件的排列问题。用容斥原理可以解决部分一般限制条件的排列问题。

例 10.2.5 由 4 个 a, 3 个 b, 2 个 c 组成的 9 个字母的全排列中, 求不出现 $aaaa$, bbb, cc 的排列数。

解 用 A_1, A_2, A_3 分别记所有出现 $aaaa$, bbb, cc 的排列集合。在含 $aaaa$ 的排列中, 将其视为占一个位置, 另外 5 个位置中字母 b 和字母 c 分别重复三遍和二遍, 于是有

$$|A_1| = \frac{6!}{3!2!}$$

类似地有 $\quad |A_2| = \frac{7!}{4!2!}$, $\quad |A_3| = \frac{8!}{4!3!}$,

$$|A_1 \cap A_2| = \frac{4!}{2!}, \quad |A_1 \cap A_3| = \frac{5!}{3!}, \quad |A_2 \cap A_3| = \frac{6!}{4!}, \quad |A_1 \cap A_2 \cap A_3| = 3!$$

这 9 个字母的全排列中有相同字母, 故全排列总数中不同排列数为 $\frac{9!}{4!3!2!}$, 所以所求排列数为

$$|\overline{A_1} \cap \overline{A_2} \cap \overline{A_3}| = \frac{9!}{4!3!2!} - |A_1| - |A_2| - |A_1| + |A_1 \cap A_2| +$$
$$|A_1 \cap A_3| + |A_2 \cap A_3| - |A_1 \cap A_2 \cap A_3|$$
$$= \frac{9!}{4!3!2!} - \left(\frac{6!}{3!2!} + \frac{7!}{4!2!} + \frac{8!}{4!3!}\right) + \left(\frac{4!}{2!} + \frac{5!}{3!} + \frac{6!}{4!}\right) - 3!$$
$$= 1\,260 - (60 + 105 + 280) + (12 + 20 + 30) - 6 = 871$$

定理 10.2.3 用 Q_n 记 $\{1, 2, \cdots, n\}$ 的全排列中, 不出现 $12, 23, \cdots, (n-1)n$ 的排列个数, 有

$$Q_n = n! - C(n-1, 1)(n-1)! + C(n-1, 2)(n-2)! - \cdots + (1)^{n-1} C(n-1, n-1)1!$$

例 10.2.6 6 人列队跑步, 若要求每天每个人前面的人都不相同 (第一人除外), 问至多能有多少天能连续达到此要求?

解 此题可直接应用定理 10.2.3, 令 $n = 6$
$$Q_6 = 6! - C(5,1)5! + C(5,2)4! - C(5,3)3! + C(5,4)2! - C(5,5)1!$$
$$= 720 - 600 + 240 - 60 + 10 - 1 = 309$$

有限制的排列问题中, 有一类是有禁区的排列问题。例如在图 10.2.1(1) 中有阴影的格子表示是禁区。将 4 个元素 p_1, p_2, p_3, p_4 放入 4 个格子中, 规定 p_1 不能在第 4 格; p_2 不能在第 1 和第 4 格中; p_3 不能在第 2 和第 4 格中; p_4 不能在第 2 格中。

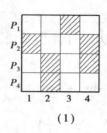 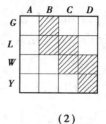

(1)   (2)

图 10.2.1

定理 10.2.4 n 个元素有禁区的排列数为

$$N = n! - r_1(n-1)! + r_2(n-2)! - \cdots + (-1)^n r_n$$

其中,r_i 是有 i 个元素($i=1,2,\cdots,n$)放到禁区格子中的方案数(证略)。

例 10.2.7　为 G,L,W,Y 4 个人分配 A,B,C,D 4 项任务,如图 10.2.1(2)所示,其中阴影格表示相应的人不能从事的任务。即 G 不能从事任务 B;L 不能从事任务 B,C;W 不能从事任务 C,D;Y 不能从事任务 D。问有多少种不同的分配方案?

解　A,B,C,D 的每一种满足禁区要求的排列对应一种分配方案,如 $CDBA$ 表示 $G,L,W,$ Y 分别从事任务 C,D,B,A。给 1 个人分配禁区任务的方案数共有 6 种(正好是图 10.2.1(2)中的阴影格),即 $r_1=6$;经过分析知 $r_2=10$;$r_3=4$;$r_4=0$,所以总方案数

$$N = 4! - 6\times3! + 10\times2! - 4 = 24 - 36 + 20 - 4 = 4$$

四、鸽巢原理

鸽巢原理又称抽屉原理,它是组合数学中最简单也是最基本的原理,它可以表示为下面定理。

定理 10.2.5(鸽巢原理)　若有 n 个鸽子巢(盒子),$n+1$ 只鸽子(物体),则至少有一个鸽子巢(盒子)里至少有两只鸽子(物体)。

证　用反证法证。若每个巢里至多有一只鸽子,则 n 个巢最多共有 n 只鸽子,这与有 $n+1$ 只鸽子矛盾。所以原结论成立。

例 10.2.8　边长为 2 的正方形中有 5 个点,证明至少有两个点,它们之间的距离不超过 $\sqrt{2}$。

证　将已知正方形分为 4 个全等的边长为 1 的正方形格。由鸽巢原理知 5 个点中至少有两个点在同一小格。因为小格中任两点间的距离不超过其对角线的长度,而该长度为 $\sqrt{2}$,所以结论成立。

例 10.2.9　设 $a_1,a_2,\cdots,a_n$ 是正整数序列,则存在 k 和 $l(0\leqslant k<l\leqslant n)$,使得 $a_{k+1}+a_{k+2}+\cdots+a_l$ 能被 n 整除。

证　构造 n 个和的序列:a

$$s_1 = a_1, s_2 = a_1+a_2, s_3 = a_1+a_2+a_3, \cdots, s_n = a_1+a_2+\cdots+a_n$$

分两种情况:

(1)若某 s_i 能被 n 整除($1\leqslant i\leqslant n$),取 $k=0,l=i$,则结论成立。

(2)若所有 s_i 均不能被 n 整除,即 $r_i\equiv s_i(\bmod n)$,余数 $r_i\neq0$ 且小于等于 $n-1$($i=1,\cdots,$ n)。这样 n 个余数,只能取 $1,2,\cdots,n-1$ 这 $n-1$ 个值。由鸽巢原理知,必有两个余数相等。设有 k 和 $l(1\leqslant k<l\leqslant n)$ 使得 $r_k=r_l$,即 $s_l-s_k=a_{k+1}+\cdots+a_l\equiv0\ (\bmod n)$,则结论亦成立。

鸽巢原理的一般形式由下面定理表示。

定理 10.2.6　设 q_i 是正整数($i=1,2,\cdots,n$),$q\geqslant q_1+q_2+\cdots+q_n-n+1$,如果把 q 个物体放入 n 个盒子中去,则存在 i,使得第 i 个盒子中至少有 q_i 个物体。

证　用反证法。假设结论不成立,即对每一个 i,第 i 个盒子至多放有 n_i 个物体,$n_i\leqslant q_i-1$,这样,n 个盒子装有物体的总数为

$$q = \sum_{i=1}^{n} n_i \leqslant \sum_{i=1}^{n}(q_i-1) = \sum_{i=1}^{n} q_i - n < q_1+q_2+\cdots+q_n-n+1$$

这与 $q\geqslant q_1+q_2+\cdots+q_n-n+1$ 矛盾,于是原结论成立。

推论 1　设有 n 个盒子装 m 个物体,则至少有一个盒子中装有不少于 $\left\lfloor\dfrac{m-1}{n}\right\rfloor+1$ 个

物体。

推论 2　如果把 $n(r-1)+1$ 个物体放入 n 个盒子中,则至少有一个盒子装有不少于 r 个物体。

推论 3　设 $m_i(i=1,2,\cdots,n)$ 是正整数,如果

$$\frac{m_1+m_2+\cdots+m_n}{n} > r-1$$

则至少存在一个 $j(1 \leqslant j \leqslant n)$,使得 $m_j \geqslant r$。

例 10.2.10　如果将 $1,2,\cdots,10$ 随机地摆成一圈,则必有某相邻 3 个数之和大于等于 17。

证　设 $m_i(i=1,2,\cdots,10)$ 表示该圈上相邻 3 个数之和,即 $1+2+3,2+3+4,\cdots,10+1+2$。显然数 $1\sim10$ 都出现在这 10 个和的 3 个之中,且有

$$\frac{m_1+m_2+\cdots+m_{10}}{10} = \frac{3(1+2+\cdots+10)}{10} = 16.5 > 17-1$$

由推论 3 知,存在一个 $j(j=1,2,\cdots,10)$,使得 $m_j \geqslant 17$。

鸽巢原理的另一个重要推广是下面的 Ramsey 定理。

定理 10.2.7　6 个人中至少存在 3 个人或是互相认识,或是互相不认识。

可以用图论的方法证明(证略)。

定义 10.2.2　一对正整数 a,b 对应一个正整数,它是保证有 a 个人彼此认识或者 b 个人彼此不认识所需要的最少人数,记作 $r(a,b)$,称为 a 和 b 的 Ramsey 数。

定理 10.2.7 意味着 $R(3,3) \leqslant 6$。

下面以定理的形式给出 Ramsey 数的一些重要性质。

定理 10.2.8　$r(a,b)=r(b,a)$; $r(a,2)=a$。

定理 10.2.9　当 $a,b \geqslant 2$ 时,有

$$r(a,b) \leqslant r(a-1,b)+r(a,b-1)$$

定理 10.2.10　$r(3,3)=6$; $r(3,4)=r(4,3)=9$; $r(3,5)=r(5,3)=14$。

10.3　母函数与递推关系

母函数又称生成函数,其类型较多,本书将结合计数问题,仅简单介绍普通母函数和指数母函数。

一、普通母函数

定义 10.3.1　给定无穷序列 $\{a_k\}(k=0,1,2,\cdots,n\cdots)$,称函数

$$f(x)=a_0+a_1x+a_2x^2+\cdots+a_nx^n+\cdots$$

为该序列的**普通母函数**。

注:(1)定义中母函数有时用幂级数表达,有时也用它的收敛函数 $f(x)$ 表达。

(2)母函数的幂级数表达只是一种形式幂级数,其中 x 是形式变元,我们不讨论它的收敛性。

(3)一个序列与普通母函数是一一对应的,因而可将普通母函数看成是序列的另一表达形式。

(4)有限序列 $\{a_k\}(k=0,1,\cdots,n)$，可视为特殊的无穷序列，$a_k=0$，当 $k\geqslant n+1$，故它也可以用母函数表达。

例 10.3.1 （1）由定义 10.3.1 和公式（10.12），知序列 $\{C(n,i)\}(i=0,1,\cdots,n)$ 的普通母函数为

$$f(x) = C(n,0) + C(n,1)x + C(n,2)x^2 + \cdots + C(n,n)x^n = (1+x)^n$$

（2）在（1）中对第二个等式两边的 x 求导得

$$n(1+x)^{n-1} = C(n,1) + 2C(n,2)x + 3C(n,3)x^2 + \cdots + nC(n,n)x^{n-1}$$

可知该等式的任一边的函数都是序列 $C(n,1),2C(n,2),3C(n,3),\cdots,nC(n,n)$ 的普通母函数。

例 10.3.2 求序列 $0,1\times2\times3,2\times3\times4,\cdots,n(n+1)(n+2),\cdots$ 的普通母函数。

解 将下面的幂级数及其收敛函数

$$\frac{1}{1-x} = \sum_{n=0}^{\infty} x^n$$

同时求三阶导数得

$$\frac{6}{(1-x)^4} = \sum_{n=0}^{\infty} n(n-1)(n-2)x^{n-3}$$

再将上式两边同乘以 x 得

$$\frac{6x}{(1-x)^4} = \sum_{n=0}^{\infty} n(n-1)(n-2)x^{n-2} = \sum_{n=0}^{\infty} n(n+1)(n+2)x^n$$
$$= 0 + 1\times2\times3x + 2\times3\times4x^2 + \cdots + n(n+1)(n+2)x^n + \cdots$$

由定义知，$f(x)=6x/(1+x)^4$ 是序列 $0,1\times2\times3,2\times3\times4,\cdots,n(n+1)(n+2),\cdots$ 的普通母函数。

二、指数母函数

定义 10.3.2 给定无穷序列 $\{a_k\}(k=0,1,2,\cdots,n\cdots)$，称函数

$$f_e(x) = a_0 + a_1\frac{x^1}{1!} + a_2\frac{x^2}{2!} + \cdots + a_n\frac{x^n}{n!} + \cdots$$

为该序列的**指数母函数**。

例 10.3.3 （1）函数 $f_e(x) = 1 + \frac{3x}{1!} + \frac{9x^2}{2!} + \frac{28x^3}{3!} + \frac{70x^4}{4!} + \frac{170x^5}{5!} + \frac{350x^6}{6!} + \frac{560x^7}{7!}$ 是序列 $1,3,9,28,70,170,350,560$ 的指数母函数。

（2）设 n 是整数，根据定义 10.3.2 和公式（10.7），由排列组成的序列：$P(n,0),P(n,1),\cdots,P(n,n)$ 的指数母函数的表达形式为：

$$f_e(x) = P(n,0) + P(n,1)\frac{x^1}{1!} + P(n,2)\frac{x^2}{2!} + \cdots + P(n,n)\frac{x^n}{n!} + 0 + \cdots$$
$$= C(n,0) + C(n,1)x + C(n,2)x^2 + \cdots + C(n,n)x^n$$
$$= (1+x)^n$$

由例 10.3.1(1)和例 10.3.3(2)可以看出序列 $\{C(n,k)\}$ 的普通母函数和序列 $\{P(n,k)\}$ $(k=0,1,\cdots,n)$ 的指数母函数是相同的。在一般情况下，关于普通母函数和指数母函数，有下面定理。

定理 10.3.1 设 $f(x),f_e(x)$ 分别是序列 $a_0,a_1,\cdots,a_n\cdots$ 的普通母函数和指数母函数，则

有(证略)

$$f(x) = \int_0^\infty e^{-s} f_e(sx) \, ds$$

三、母函数在排列、组合中的应用

首先,讨论如何用多项式的形式来解释组合的概念及其性质。

用 a,b,c 表示 3 个物体。选取某物体有两种方法:x^0 表示不选;x^1 表示选。由加法法则,以 a 为例 $x^0 + ax^1$ 表示选取 a 的情形,简记为 $1 + ax$。同理 $1 + bx, 1 + cx$ 表示选取 b 和选取 c 的情形。于是由乘法法则,多项式(其中 x 是形式变元)

$$(1 + ax)(1 + bx)(1 + cx) = 1 + (a + b + c)x + (ab + bc + ca)x^2 + (abc)x^3$$

表示所有可能选取的情形,其中 x^i 的系数就是从 3 个物体中选取 i 个物体的方法。

如果只对选取方法的个数感兴趣,只需令 $a = b = c = 1$,这样多项式

$$(1 + x)(1 + x)(1 + x) = 1 + 3x + 3x^2 + x^3$$

的 4 个系数分别表示在 3 个物体中选取 0 个,1 个,2 个,3 个的方法数,这正好验证了组合等式:$C(3,0) = 1, C(3,1) = 3, C(3,2) = 3, C(3,3) = 1$。一般来说,选取 n 个物体的所有情形可由下面多项式

$$(1 + x)(1 + x)\cdots(1 + x) = (1 + x)^n = \sum_{r=0}^n C(n,r)x^r$$

的系数来表示,即从 n 个物体中选取 r 个的方法数,正好就是该幂级数展开式中的系数 $C(n, r)$。

在处理允许重复选取的排列、组合问题时,母函数有较为突出的作用。此时可用 $(1 + x + x^2 + x^3 \cdots)$ 形式地表示某物体或不选,或选 1 次,或选 2 次,或选 3 次,$\cdots$。于是幂级数 $(1 + x + x^2 + x^3 \cdots)^n$ 就表达从 n 个物体可重复选取的所有情形,其中该级数展开式中,x^r 的系数就表示从 n 个不同的物体中允许重复地选取 r 个物体的方式数。

例 10.3.4 用母函数的方法证明:从 n 个不同的物体中允许重复地选取 r 个物体的方式数 $F(n, r) = C(n + r - 1, r)$。

证 设序列 $a_0, a_1, \cdots, a_r, \cdots$ 为分别选取 $0, 1, \cdots, r, \cdots$ 个物体的方式数,其母函数为

$$f(x) = (1 + x + x^2 + x^3 \cdots)^n = \left(\frac{1}{1-x}\right)^n = \sum_{r=0}^\infty \frac{-n(-n-1)\cdots(-n-r+1)}{r!}(-x)^r$$

$$= \sum_{r=0}^\infty \frac{n(n+1)\cdots(n+r-1)}{r!} x^r = \sum_{r=0}^\infty C(n+r-1, r)x^r$$

由定义有 $\quad a_r = F(n, r) = C(n + r - 1, r)$

例 10.3.5 16 个物体中,物体甲有 4 个;物体乙有 3 个;物体丙有 4 个;物体丁有 5 个。求从中选取 12 个物体的方式数。

解 设 a_r 是选取 r 个物体的方式数,于是序列 $a_0, a_1, \cdots, a_r, \cdots$ 的普通母函数为

$$f(x) = (1 + x + x^2 + x^3 + x^4)(1 + x + x^2 + x^3)(1 + x + x^2 + x^3 + x^4)$$

$$(1 + x + x^2 + x^3 + x^4 + x^5) = 1 + 4x + 10x^2 + 20x^3 + 34x^4 + 50x^5 + 65x^6 +$$

$$76x^7 + 80x^8 + 76x^9 + 65x^{10} + 50x^{11} + 34x^{12} + 20x^{13} + 10x^{14} + 4x^{15} + x^{16}$$

因为母函数的展开式中,x^{12} 的系数是 34,所以 $a_{12} = 34$ 即为所求。

定理 10.3.2 物体 a_1 有 n_1 个,物体 a_2 有 n_2 个,$\cdots$,物体 a_k 有 n_k 个。从由此组成的

$n(n = n_1 + n_2 + \cdots + n_k)$ 个物体中取 r 个不同的排列数记为 p_r,则 $p_0, p_1, \cdots, p_n$ 的指数型母函数为(证略)

$$f_e(x) = \left(1 + \frac{x}{1!} + \frac{x^2}{2!} + \cdots + \frac{x^{n_1}}{n_1!}\right)\left(1 + \frac{x}{1!} + \frac{x^2}{2!} + \cdots + \frac{x^{n_2}}{n_2!}\right)\cdots\left(1 + \frac{x}{1!} + \frac{x^2}{2!} + \cdots + \frac{x^{n_k}}{n_k!}\right)$$

例 10.3.6 求由 $1,3,5,7,9$ 五个数字组成的 r 位数的个数,要求其中 $1,3$ 出现的次数为偶数,对其余数字出现的次数不加限制。

解 设满足条件的 i 位数的个数为 a_i,则序列 $a_0, a_1, \cdots, a_r, \cdots$ 对应的指数母函数为

$$f_e(x) = \left(1 + \frac{x^2}{2!} + \frac{x^4}{4!} + \cdots\right)^2 \cdot \left(1 + \frac{x}{1!} + \frac{x^2}{2!} + \cdots\right)^3$$

因为

$$e^{-x} = 1 - \frac{x}{1!} + \frac{x^2}{2!} - \frac{x^3}{3!} + \cdots; e^x = 1 + \frac{x}{1!} + \frac{x^2}{2!} + \frac{x^3}{3!} + \cdots$$

故

$$\frac{e^{-x} + e^x}{2} = 1 + \frac{x^2}{2!} + \frac{x^4}{4!} + \cdots$$

所以有

$$f_e(x) = \frac{1}{4}(e^{-x} + e^x)^2 e^{3x} = \frac{1}{4}(e^{5x} + 2e^{3x} + e^x)$$

$$= \frac{1}{4}\left(\sum_{r=0}^{\infty} \frac{5^r}{r!}x^r + 2\sum_{r=0}^{\infty} \frac{3^r}{r!}x^r + \sum_{r=0}^{\infty} \frac{x^r}{r!}\right)$$

$$= \frac{1}{4}\sum_{r=0}^{\infty}(5^r + 2\times 3^r + 1)\frac{x^r}{r!}$$

于是 $a_r = \frac{1}{4}(5^r + 2\times 3^r + 1)$

四、递推关系

定义 10.3.3 将序列 $\{a_k\}$ $(k = 0, 1, \cdots, r, \cdots)$ 中的 a_r 和它前面的某些元素 $a_i (0 \leqslant i < r)$ 关联起来,得到的方程称为一个**递推**(或称**递归**)**关系**。

例如由定理 10.2.2 给出的等式为一递推关系:$D_n = (n-1)(D_{n-1} + D_{n-2})(n = 3, 4, \cdots)$。若令 $D_0 = 0, D = 1$,称这样的递推关系为带初值的递推关系。

下面以例题的形式介绍组合数学中两个著名的问题:"Hanoi 塔"和"Fibonacci 序列"。

例 10.3.7(Hanoi 塔) n 个大小不一的圆盘依半径的大小,从下而上地套在柱 A 上。现要求将所有圆盘全部转移到柱 C 上,且盘的顺序不变,转移时可借助柱 B,并规定在转移过程中每次取一个盘,而且不允许大盘放在小盘上。试问要转移多少盘次才能完成全部转移工作?

解 设 $h(n)$ 表示转移 n 个盘所需要的盘次数。设想前面 $n-1$ 个已经按要求转移到 B 上;然后把第 n 个盘转移到 C 上;最后按以前方法再一次将 B 上的 $n-1$ 个盘转到 C 上。当 $n = 1$ 时,显然有 $h(1) = 1$,当 $n = 2$ 时,可按此法转移,且有 $h(2) = 3 = 2h(1) + 1$。于是有带初值的递推关系式:

$$h(n) = 2h(n-1) + 1(n \geqslant 2), h(1) = 1$$

稍后将利用母函数得到 $h(n)$ 的直接结果:$h(n) = 2^n - 1$。

例 10.3.8(Fibonacci 序列——兔子繁殖问题) 把雌雄各一的一对兔子放入养殖场中,雌兔每月产雌雄各一的一对新兔。从第二个月开始,每对新兔也是每月产一对兔子。试问第 n 个月后,养殖场中共有多少对兔子?

解 设第 n 个月开始时共有 F_n 对兔子。定义 $F_0 = 1$，显然有 $F_1 = 1$。在第 n 个月开始时，除了有在第 $n-1$ 个月开始时的 F_{n-1} 对兔子之外，还有在第 $n-2$ 月时的 F_{n-2} 对兔子产下的 F_{n-2} 对兔子，所以有带初值的递推关系式：

$$\begin{cases} F_n = F_{n-1} + F_{n-2}(n \geq 2) \\ F_0 = 1, F_1 = 1 \end{cases}$$

由以上递推式，可依次写出该序列的各元素：$1, 1, 2, 3, 5, 8, 13, 21, 34, 55, 89, 144, 233, 377, \cdots$。序列是一个奇特而又常见的序列，它在最优化方法及算法分析中有着重要的作用。

定理 10.3.3 Fibonacci 序列的元素称为 Fibonacci 数，它有以下一些性质：

(1) 用母函数的方法或其他方法可解出 $F_n = \dfrac{1}{\sqrt{5}}\left(\dfrac{1+\sqrt{5}}{2}\right)^n$

(2) $F_1 + F_2 + \cdots + F_n = F_{n+2} - 1$

(3) $F_1 + F_3 + F_5 + \cdots + F_{2n-1} = F_{2n}$

(4) $F_1^2 + F_2^2 + \cdots + F_n^2 = F_n F_{n+1}$

(5) $F_{n+1} \cdot F_{n-1} - F_n^2 = (-1)^n$

(6) $\lim\limits_{n \to \infty} \dfrac{F_{n-1}}{F_n} = \dfrac{2}{1+\sqrt{5}} \approx 0.618$

比较简单的递推关系是常系数线性递推关系，它又可以分为齐次和非齐次两种。

定义 10.3.4 序列 $\{a_k\}(k = 0, 1, \cdots, n)$ 中，相邻的 $k+1$ 项之间的关系

$$a_n = b_1 a_{n-1} + b_2 a_{n-2} + \cdots + b_k a_{n-k}(n \geq k)$$

称为该序列的 k 阶**常系数线性齐次递推关系式**，其中 $b_i(i = 1, 2, \cdots, k)$ 是常数，且 $b_i \neq 0$。

定义 10.3.5 与定义 10.3.4 中递推关系式相联系的方程

$$x^k - b_1 x^{k-1} - b_2 x^{k-2} - \cdots - b_k = 0$$

称为该递推关系式的特征方程，这个方程的根称为相应递推关系式的**特征根**。

定理 10.3.4 (1) 若 $q \neq 0$，$a_n = q^n$ 是递推关系式的解，当且仅当 q 是其相应的特征方程的根。

(2) 若 $q_1, q_2, \cdots, q_k$ 是递推关系式的特征根，$c_1, c_2, \cdots, c_k$ 是任意常数，则

$$a_n = c_1 q_1^n + c_2 q_2^n + \cdots + c_k q^n$$

是该递推关系式的解（若递推关系式的任一解都可表达成上式的形式，则称这样的解为**通解**）。

(3) 若 $q_1, q_2, \cdots, q_k$ 是递推关系式的互不相同的特征根，则

$$a_n = c_1 q_1^n + c_2 q_2^n + \cdots + c_k q_k^n$$

该递推关系式的通解。（证略）

例 10.3.9 求下面 n 阶行列式的值

$$d_n = \begin{bmatrix} 1 & 1 & 0 & 0 & \cdots & 0 & 0 & 0 \\ 1 & 1 & 1 & 0 & \cdots & 0 & 0 & 0 \\ 0 & 1 & 1 & 1 & \cdots & 0 & 0 & 0 \\ \vdots & \vdots & \vdots & \vdots & & \vdots & \vdots & \vdots \\ \vdots & \vdots & \vdots & \vdots & & \vdots & \vdots & \vdots \\ 0 & 0 & 0 & 0 & \cdots & 1 & 1 & 0 \\ 0 & 0 & 0 & 0 & \cdots & 1 & 1 & 1 \\ 0 & 0 & 0 & 0 & \cdots & 0 & 1 & 1 \end{bmatrix}$$

解 沿行列式第一行展开得递推关系式
$$d_n = d_{n-1} - d_{n-2}, d_1 = 1, d_2 = 0$$

令 $n = 2$，利用上式得 $d_0 = 1$，于是可得下面特征方程
$$x^2 - x + 1 = 0$$

解方程得
$$x = \frac{1 \pm \sqrt{3}\,i}{2} = e^{\pm \frac{\pi}{3} i}$$

设
$$d_n = A \cos n \frac{\pi}{3} + B \sin n \frac{\pi}{3}$$

利用初值条件解下面方程
$$\begin{cases} A \cos \left(0 \cdot \frac{\pi}{3} \right) + B \sin \left(0 \cdot \frac{\pi}{3} \right) = 1 \\ A \cdot \frac{1}{2} + B \cdot \frac{\sqrt{3}}{2} = 1 \end{cases}$$

得
$$A = 1, \quad B = \frac{\sqrt{3}}{3}$$

最后得
$$d_n = \cos n \frac{\pi}{3} + \frac{\sqrt{3}}{3} \sin n \frac{\pi}{3}, \quad n \geq 1。$$

定义 10.3.6 序列 $\{a_k\}$ $(k = 0, 1, \cdots, n)$ 中，相邻的 $k+1$ 项之间的关系
$$a_n = b_1 a_{n-1} + b_2 a_{n-2} + \cdots + b_k a_{n-k} + f(n) \quad (n \geq k)$$
称为该序列的 k 阶**常系数线性非齐次递推关系式**，其中 $b_i (i = 1, 2, \cdots, k)$ 是常数，且 $b_i \neq 0$，$f(n) \neq 0$。

定义 10.3.7 在定义 10.3.6 的递推关系式中，若 $f(n) = 0$，则称
$$a_n = b_1 a_{n-1} + b_2 a_{n-2} + \cdots + b_k a_{n-k}$$
为由相应的非齐次递推关系式**导出的**（或称相应的）**常系数线性齐次递推关系式**。

定理 10.3.5 若 $\overline{a_n}$ 是非齐次递推关系式的一个特解，而 $a_n^* = \sum_{i=1}^{k} c_i q_i^n$ 是其相应的齐次递推关系式的通解，则
$$a_n = \overline{a_n} + a_n^*$$
是非齐次递推关系式的通解（证略）。

五、母函数在递推关系中的应用

例 10.3.10 利用母函数求 Hanoi 塔的递推关系式：$h(n) = 2h(n-1) + 1 (n \geq 2), h(1) = 1$ 的解 $h(n)$。

解 令 $H(x)$ 是序列 $h(1), h(2), h(3) \cdots$ 的母函数，于是
$$H(x) = h(1)x + h(2)x^2 + h(3)x^3 + \cdots$$
两边乘 $-2x$：$-2xH(x) = -2h(1)x^2 - 2h(2)x^3 + \cdots$
两式相加：$(1 - 2x)H(x) = h(1)x + [h(2) - 2h(1)]x^2 + [h(3) - 2h(2)]x^3 + \cdots$
由递推式有 $(1 - 2x)H(x) = x + x^2 + x^3 + \cdots = \dfrac{x}{1-x}$
于是得
$$H(x) = \frac{x}{(1-x)(1-2x)}$$

利用部分分式和待定系数法,有

$$H(x) = \frac{A}{1-x} + \frac{B}{1-2x}$$

容易求得 $A = -1, B = 1$。由相应幂级数展开式得:

$$H(x) = (1 + 2 + 2^2 x^2 + 2^3 x^3 + \cdots) - (1 + x + x^2 + x^3 + \cdots) = \sum_{n=1}^{\infty} (2^n - 1)x^n$$

所以有 $\quad h(n) = 2^n - 1$。

例 10.3.11 试求 n 个数的连乘积 $b_1 \cdot b_2 \cdot \cdots \cdot b_n$ 的不同的结合方式数。

解 设不同的结合方式数为 a_n,定义 $a_0 = 1$,显然有 $a_1 = 1$。首先求出方式数的递推关系式。对连乘积的任一结合方式,必存在 $k(1 \leq k \leq n)$,使得原连乘积等于积 $b_1 \cdot b_2 \cdot \cdots \cdot b_k$ 与积 $b_{k+1} \cdot b_{k+2} \cdot \cdots \cdot b_n$ 相乘。对这两个部分乘积,分别又有 a_k 和 a_{n-k} 种不同的结合方式。由乘法法则知,对某个 k 共有 $a_k a_{n-k}$ 种不同的结合方式。再由加法法则得到下面递推关系式。

$$\begin{cases} a_n = \sum_{k=1}^{n-1} a_k \cdot a_{n-k} & n \geq 2 \\ a_1 = 1, a_2 = 1 \end{cases}$$

下面对这个非线性递推关系式求解。设 $f(x) = \sum_{n=1}^{\infty} a_n x^n$ 是序列 $a_1, a_2, \cdots, a_n, \cdots$ 的普通母函数。则

$$f^2(x) = \left(\sum_{n=1}^{\infty} a_n x^n \right)^2 = a_1^2 x^2 + (a_1 a_2 + a_2 a_1)x^3 + \cdots + \left(\sum_{k=1}^{n-1} a_k a_{n-k} x^n \right) + \cdots$$

$$= \sum_{n=2}^{\infty} \left(\sum_{k=1}^{n-1} a_k a_{n-k} \right) x^n = \left(\sum_{n=1}^{\infty} a_n x^n \right) - a_1 x$$

$$= f(x) - x$$

解这个方程得出 $f(x)$ 的两个解:

$$f_1(x) = (1 + \sqrt{1 - 4x})/2, f_2(x) = (1 - \sqrt{1 - 4x})/2$$

由于 $f(0) = 0$,而 $f_1(0) = 1 \neq 0$,故舍去 $f_1(x)$。所以有

$$f(x) = \left(1 - \sqrt{1 - 4x} \right)/2$$

在下面幂级数

$$\sqrt{1 + z} = 1 + \sum_{n=1}^{\infty} \frac{(-1)^{n-1}}{n \cdot 2^{2n-1}} C(2n - 2, n - 1)z^n$$

中,令 $z = -4x$ 有

$$\sqrt{1 - 4x} = 1 + \sum_{n=1}^{\infty} \frac{(-1)^{n-1}}{n \cdot 2^{2n-1}} C(2n - 2, n - 1)(-4x)^n = 1 - \sum_{n=1}^{\infty} \frac{2}{n} C(2n - 2, n - 1)x^n$$

故 $\quad f(x) = (1 - \sqrt{1 - 4x})/2 = \sum_{n=1}^{\infty} \frac{1}{n} C(2n - 2, n - 1)x^n$

因此有 $\quad a_n = \frac{1}{n} C(2n - 2, n - 1)$

称本例题的序列 $a_1, a_2, \cdots, a_n, \cdots$ 为 Catalan 序列,称元素 a_n 为 Catalan 数,许多有意义的计数问题都与该数有关。

习题 10

10.1　10 个人坐成一排,问有多少种就座方式? 若有两人不愿坐在一起,又有多少种就座方式?

10.2　n 个男 n 个女排成一男女相间的队伍,问有多少种不同的方案? 若围成一圆桌就座,又有多少种不同的方案?

10.3　试求 n 个完全一样的骰子能掷出多少种不同的方案?

10.4　求 $1 \sim 10\,000$ 中,有多少整数,它的数字之和等于 5? 又有多少数字之和小于 5 的整数?

10.5　试证一整数是另一整数的平方的必要条件是除尽它的数目为奇数。

10.6　有多少种方法把字母 a,a,a,a,b,c,d,e 排列成无两 a 相邻的字母串?

10.7　证明在由数字 $0,1,2$ 生成的长度为 n 的数字串中

(1)0 出现偶数次的数字串有 $\dfrac{3^n+1}{2}$ 个;

(2)$C(n,0)2^n + C(n,2)2^{n-2} + \cdots + C(n,q)2^{n-q} = \dfrac{3^n+1}{2}$,其中 $q = 2\left|\dfrac{n}{2}\right|$。

10.8　在 1 到 n 的自然数中选取不同且互不相邻的 k 个数,问有多少种选取方案?

10.9　任给 5 个整数,则必能从中选出 3 个,使得它们的和能被 3 整除。

10.10　已知 n 个正整数 $a_1, a_2, \cdots, a_n$,证明:在这 n 个数中总是可以选择两个数,使得这两个数的和或差能被 n 整除。

10.11　求 $(1 + x^4 + x^8)^{100}$ 中 x^{20} 项的系数。

10.12　有红、黄、蓝、白球各两个,绿、紫、黑的球各 3 个,若从中取出 10 个球,试问有多少种取法?

10.13　相邻位不同为 0 的 n 位 2 进制数中一共出现了多少个 0?

10.14　在一个圆周上取 n 个点,过一对顶点可作一弦,设不存在三弦共点的情况,问弦把圆分割成几个部分?

10.15　在边长为 1 的等边三角形内任取 5 个点,试证至少有两点距离小于 $1/2$。

10.16　在平面直角坐标系中,至少任取多少个整点,才能保证其中存在 3 个点构成的三角形的重心是整点?

10.17　求下列序列的普通母函数。

(1)$1, -1, 1, \cdots, (-1)^n, \cdots$

(2)$c^0, c^1, c^2, \cdots, c^n, \cdots$($c$ 是实数)

(3)$a_0, a_1, a_2, \cdots, a_n, \cdots$,其中 $a_n = C(n,2)$

10.18　求下列序列的指数母函数。

(1)$0!, 1!, 2!, \cdots, n!, \cdots$

(2)$1, 2, 2^2 \cdot 2!, 2^3 \cdot 3!, \cdots, 2^n \cdot n!, \cdots$

10.19 已知序列 $1, b, b^2, \cdots, b^n, \cdots$ 的普通母函数是 $1/(1-bx)$，求以 $b^k x^k/(1-bx)^{k+1}$ 为普通母函数的序列。

10.20 求从 n 个不同的物体中，允许重复地选取 r 个物体，但每个物体出现奇数次的方式数。

参考文献

[1] 黄天发.离散数学[M].成都:电子科技大学出版社,1995.

[2] 朱一清.离散数学[M].北京:电子工业出版社,1997.

[3] 耿素云,屈婉玲.离散数学[M].2版.北京:高等教育出版社,2004.

[4] 傅彦,顾小丰.离散数学及其应用[M].北京:电子工业出版社,1997.

[5] 姜泽渠,罗示丰,成和平.离散数学[M].重庆:重庆大学出版社,1997.

[6] 徐俊明.图论及其应用[M].3版.合肥:中国科学技术大学出版社,2010.

[7] 陈树柏,等.网络图论及其应用[M].北京:科学出版社,1982.

[8] 孙世新.组合数学[M].3版.成都:电子科技大学出版社,2003.

[9] 卢开澄.卢华明.组合数学[M].4版.北京:清华大学出版社,2006.

[10] 左孝凌,刘永才,等.离散数学[M].上海:上海科学技术文献出版社,1982.